책 구입 시 드리는 혜택

① 전 과목 실기 이론 동영상 강의 제공
② 최근 기출문제 동영상 강의 평생 제공
③ 우수회원 인증 후 2012년 ~ 2014년 3개년
   추가 기출문제(해설 포함) 제공

2025 개정 11판

평생무료 평생 무료 동영상과 함께하는 ▶ YouTube Daum

위험물기능사

실기

평생무료

강석민   정진홍   공저

전 과목 실기 이론 및 최근 기출문제 동영상 강의 평생 제공
전 과목 실기 이론 상세 해설 / 최근 10개년 기출문제 수록 및 완벽 해설
빠른 합격을 위한 상세한 이론 구성 / 문제 해설을 이해하기 쉽도록 자세히 설명
저자 1대1 질의응답 카페 운영

무료 동영상 강의

▶ YouTube 정진홍
Daum 정진홍위험물세상   http://cafe.daum.net/dangerouspass

www.sejinbooks.kr

머리말

인류문명의 발전으로 우리의 삶은 풍요롭고 안락한 생활을 할 수 있게 되었으나 경제발전의 속도보다 안전관리에 대한 피해의 증가 속도는 빠르게 진행되고 있습니다.

따라서 그 어느 때보다도 위험물의 안전관리와 화재예방 및 화재진압에 대한 체계적이고 전문적인 지식을 갖춘 위험물에 관한 전문 인력의 필요성이 크게 대두되고 있는 현실입니다.

이에 본인은 금호석유화학(주) 여천공장 및 (주)오씨아이다스(동양화학 계열사) 인천공장에서 오랫동안 위험물에 대한 생산관리 및 안전관리업무 실무 경력과 한국산업인력공단의 출제기준을 토대로 위험물에 대한 전문 인력이 되기 위한 위험물기능사 및 위험물산업기사, 위험물기능장 등 각종 위험물 및 소방 분야의 자격시험에 응시하고자 하는 많은 수험생들을 위하여 본서를 집필하게 되었습니다.

이 책의 특징은

1. 오랜 실무 경험과 학원 강의 경력을 기본으로 하여 집필하였으며
2. 위험물의 취급실무에 대한 핵심 요약정리를 통하여 학습시간을 단축할 수 있으며
3. 최근 과년도 문제를 총정리하여 초보자 입장에서 상세한 해설을 하였으며
4. 한국산업인력공단의 출제기준을 토대로 최근 출제경향을 완전 분석할 수 있습니다.

부족한 부분은 신속히 수정 · 보완하여 위험물 분야 수험서로서 최고가 되도록 열심히 노력할 것을 약속드리며 이 수험서를 출간하기까지 애써주신 세진북스 편집부 직원과 홍세진 사장님께 감사드리며 수험생 여러분의 합격을 진심으로 기원합니다.

저자 정 진 홍(119sbsb@hanmail.net) 드림

출제기준

실 기

직무분야	화학	중직무분야	위험물	자격종목	위험물기능사	적용기간	2025.1.1 ~ 2029.12.31

- **직무내용**: 위험물제조소 등에서 위험물을 저장·취급하고, 각 설비에 대한 점검과 재해 발생 시 응급조치 등의 안전관리 업무를 수행하는 직무이다.
- **수행준거**: 1. 위험물을 안전하게 관리하기 위하여 성상·위험성·유해성 조사, 운송·운반 방법, 저장·취급 방법, 소화방법을 수립할 수 있다.
  2. 사고예방을 위하여 운송·운반 기준과 시설을 파악할 수 있다.
  3. 위험물 저장기준을 파악하고 위험물저장소 내에서 위험물을 안전하게 저장할 수 있다.
  4. 허가 받은 위험물취급소와 이동탱크저장소에서 위험물을 안전하게 취급할 수 있다.
  5. 위험물 제조소의 안전성을 유지하기 위하여 위치·구조·설비기준을 파악하고 시설을 점검할 수 있다.
  6. 위험물 저장소의 안전성을 유지하기 위하여 위치·구조·설비기준을 파악하고 시설을 점검할 수 있다.
  7. 위험물 취급소의 안전성을 유지하기 위하여 위치·구조·설비기준을 파악하고 시설을 점검할 수 있다.

실기검정방법	필답형	시험시간	1시간 30분 정도

실기 과목명	주요항목	세부항목	세세항목
위험물 취급 실무	1. 제4류 위험물 취급	1. 성상 및 특성	1. 제4류 위험물의 품목을 구별하여 성상을 조사할 수 있다. 2. 제4류 위험물의 일반적인 물리·화학적 성질을 검토하여 성상을 조사할 수 있다. 3. 제4류 위험물의 관련 기준을 검토하여 환경 유해성을 조사할 수 있다. 4. 제4류 위험물의 관련 기준을 검토하여 인체 유해성을 조사할 수 있다.
		2. 저장방법 확인하기	1. 제4류 위험물 기준을 확인하여 안전하게 저장할 수 있다. 2. 제4류 위험물 품목별 수납 방법을 확인하여 안전하게 저장할 수 있다. 3. 제4류 위험물 품목별 저장 장소를 확인하여 안전하게 저장할 수 있다. 4. 제4류 위험물을 보관 기준을 확인하여 안전하게 저장할 수 있다.
		3. 취급방법 파악하기	1. 제4류 위험물을 기준을 검토하여 안전하게 취급할 수 있다. 2. 제4류 위험물의 물리·화학적 성질을 검토하여 위험물을 안전하게 취급할 수 있다. 3. 환경조건을 검토하여 제4류 위험물을 안전하게 취급할 수 있다. 4. 제4류 위험물 운송·운반 관련 하역절차·설비를 파악하여 안전하게 취급할 수 있다.
		4. 소화방법 수립하기	1. 제4류 위험물 기준을 검토하여 안전하게 소화할 수 있다. 2. 제4류 위험물 소화 원리를 검토하여 안전하게 소화할 수 있다. 3. 제4류 위험물 소화설비 설치 기준을 검토하여 안전하게 소화할 수 있다. 4. 제4류 위험물의 소화기구 적응성을 검토하여 안전하게 소화할 수 있다.
	2. 제1류, 제6류 위험물 취급	1. 성상 및 특성	1. 제1류, 제6류 위험물의 품목을 구별하여 성상을 조사할 수 있다. 2. 제1류, 제6류 위험물의 일반적인 물리·화학적 성질을 검토하여 성상을 조사할 수 있다. 3. 제1류, 제6류 위험물의 관련 기준을 검토하여 환경 유해성을 조사할 수 있다. 4. 제1류, 제6류 위험물의 관련 기준을 검토하여 인체 유해성을 조사할 수 있다.
		2. 저장방법 확인하기	1. 제1류, 제6류 위험물 기준을 검토하여 안전하게 저장할 수 있다. 2. 제1류, 제6류 위험물의 품목별 수납 방법을 확인하여 안전하게 저장할 수 있다. 3. 제1류, 제6류 위험물의 품목별 저장 장소를 확인하여 안전하게 저장할 수 있다. 4. 제1류, 제6류 위험물을 유별 위험물 보관 기준을 확인하여 안전하게 저장할 수 있다.

실기 과목명	주요항목	세부항목	세세항목
		3. 취급방법 파악하기	1. 제1류, 제6류 위험물을 기준을 검토하여 안전하게 취급할 수 있다. 2. 제1류, 제6류 위험물의 물리·화학적 성질을 검토하여 위험물을 안전하게 취급할 수 있다. 3. 제1류, 제6류 위험물의 환경조건을 검토하여 안전하게 취급할 수 있다. 4. 제1류, 제6류 위험물의 운송·운반 관련 하역절차·설비를 파악하여 안전하게 취급할 수 있다.
		4. 소화방법 수립하기	1. 제1류, 제6류 위험물 기준을 검토하여 안전하게 소화할 수 있다. 2. 제1류, 제6류 위험물 소화 원리를 검토하여 안전하게 소화할 수 있다. 3. 제1류, 제6류 위험물 소화설비 설치 기준을 검토하여 안전하게 소화할 수 있다. 4. 제1류, 제6류 위험물 소화기구 적응성을 검토하여 안전하게 소화할 수 있다.
	3. 제2류, 제5류 위험물 취급	1. 성상 및 특성	1. 제2류, 제5류 위험물 품목을 구별하여 성상을 조사할 수 있다. 2. 제2류, 제5류 위험물 일반적인 물리·화학적 성질을 검토하여 성상을 조사할 수 있다. 3. 제2류, 제5류 위험물 관련 기준을 검토하여 환경 유해성을 조사할 수 있다. 4. 제2류, 제5류 위험물 관련 기준을 검토하여 인체 유해성을 조사할 수 있다.
		2. 저장방법 확인하기	1. 제2류, 제5류 위험물을 안전하게 저장하기 위해서 기준을 검토할 수 있다. 2. 제2류, 제5류 위험물의 품목별 수납 방법을 확인하여 안전하게 저장할 수 있다. 3. 제2류, 제5류 위험물의 품목별 저장 장소를 확인하여 안전하게 저장할 수 있다. 4. 제2류, 제5류 위험물의 유별 위험물 보관 기준을 확인하여 안전하게 저장할 수 있다.
		3. 취급방법 파악하기	1. 제2류, 제5류 위험물 기준을 검토하여 안전하게 취급할 수 있다. 2. 제2류, 제5류 위험물의 물리·화학적 성질을 검토하여 안전하게 취급할 수 있다. 3. 제2류, 제5류 위험물의 환경조건을 검토하여 안전하게 취급할 수 있다. 4. 제2류, 제5류 위험물의 운송·운반 관련 하역절차·설비를 파악하여 안전하게 취급할 수 있다.
		4. 소화방법 수립하기	1. 제2류, 제5류 위험물 기준을 검토하여 안전하게 소화할 수 있다. 2. 제2류, 제5류 위험물 소화 원리를 검토하여 안전하게 소화할 수 있다. 3. 제2류, 제5류 위험물 소화설비 설치 기준을 검토하여 안전하게 소화할 수 있다. 4. 제2류, 제5류 위험물 소화기구 적응성을 검토하여 안전하게 소화할 수 있다.
	4. 제3류 위험물 취급	1. 성상 및 특성	1. 제3류 위험물 품목을 구별하여 성상을 조사할 수 있다. 2. 제3류 위험물 일반적인 물리·화학적 성질을 검토하여 성상을 조사할 수 있다. 3. 제3류 위험물 관련 기준을 검토하여 환경 유해성을 조사할 수 있다. 4. 제3류 위험물 관련 기준을 검토하여 인체 유해성을 조사할 수 있다.
		2. 저장방법 확인하기	1. 제3류 위험물을 안전하게 저장하기 위해서 기준을 검토할 수 있다. 2. 제3류 위험물의 품목별 수납 방법을 확인하여 안전하게 저장할 수 있다.

출제기준

실기 과목명	주요항목	세부항목	세세항목
			3. 제3류 위험물의 품목별 저장 장소를 확인하여 안전하게 저장할 수 있다. 4. 제3류 위험물의 유별 위험물 보관 기준을 확인하여 안전하게 저장할 수 있다.
		3. 취급방법 파악하기	1. 제3류 위험물 기준을 검토하여 안전하게 취급할 수 있다. 2. 제3류 위험물의 물리·화학적 성질을 검토하여 안전하게 취급할 수 있다. 3. 제3류 위험물의 환경조건을 검토하여 안전하게 취급할 수 있다. 4. 제3류 위험물의 운송·운반 관련 하역절차·설비를 파악하여 안전하게 취급할 수 있다.
		4. 소화방법 수립하기	1. 제3류 위험물 기준을 검토하여 안전하게 소화할 수 있다. 2. 제3류 위험물 소화 원리를 검토하여 안전하게 소화할 수 있다. 3. 제3류 위험물 소화설비 설치 기준을 검토하여 안전하게 소화할 수 있다. 4. 제3류 위험물 소화기구 적응성을 검토하여 안전하게 소화할 수 있다.
	5. 위험물 운송·운반시설 기준 파악	1. 운송기준 파악하기	1. 위험물의 안전한 운송을 위하여 이동탱크저장소의 위치 기준을 파악할 수 있다. 2. 위험물의 안전한 운송을 위하여 이동탱크저장소의 구조 기준을 파악할 수 있다. 3. 위험물의 안전한 운송을 위하여 이동탱크저장소의 설비 기준을 파악할 수 있다. 4. 위험물의 안전한 운송을 위하여 이동탱크저장소의 특례 기준을 파악할 수 있다.
		2. 운송시설 파악하기	1. 위험물 운송시설의 종류별 특징에 따라 안전한 운송을 할 수 있다. 2. 위험물 이동탱크저장소 구조를 파악하여 안전한 운송을 할 수 있다. 3. 위험물 컨테이너식 이동탱크저장소 구조를 파악하여 안전한 운송을 할 수 있다. 4. 위험물 주유탱크차 구조를 파악하여 안전한 운송을 할 수 있다.
		3. 운반기준 파악하기	1. 운반기준에 따라 적합한 운반용기를 선정할 수 있다. 2. 운반기준에 따라 적합한 적재방법을 선정할 수 있다. 3. 운반기준에 따라 적합한 운반방법을 선정할 수 있다.
	6. 위험물 저장	1. 저장기준 조사하기	1. 저장의 공통기준을 조사할 수 있다. 2. 위험물의 유별 저장의 공통기준을 조사할 수 있다. 3. 탱크저장소에서의 저장의 기준을 조사할 수 있다. 4. 옥내저장소에서의 저장의 기준을 조사할 수 있다. 5. 옥외저장소에서의 저장의 기준을 조사할 수 있다.
		2. 탱크저장소에 저장하기	1. 위험물의 저장기준에 따라 옥외탱크저장소에서 위험물을 안전하게 저장할 수 있다. 2. 위험물의 저장기준에 따라 옥내탱크저장소에서 위험물을 안전하게 저장할 수 있다. 3. 위험물의 저장기준에 따라 지하탱크저장소에서 위험물을 안전하게 저장할 수 있다. 4. 위험물의 저장기준에 따라 이동탱크저장소에서 위험물을 안전하게 저장할 수 있다.
		3. 옥내저장소에 저장하기	1. 위험물의 저장기준에 따라 옥내저장소에서 위험물이 아닌 물품을 위험물과 함께 저장할 수 있다. 2. 위험물의 저장기준에 따라 옥내저장소에서 유별을 달리하는 위험물을 함께 저장할 수 있다. 3. 위험물의 저장기준에 따라 옥내저장소에서 위험물을 용기에 수납하여 저장할 수 있다. 4. 위험물의 저장기준에 따라 옥내저장소에서 자연발화 할 우려가 있는 위험물을 다량 저장할 수 있다.

실기 과목명	주요항목	세부항목	세세항목
			5. 위험물의 저장기준에 따라 옥내저장소에서 위험물 용기를 겹쳐 쌓아 저장할 수 있다.
		4. 옥외저장소에 저장하기	1. 위험물의 저장기준에 따라 옥외저장소에서 위험물이 아닌 물품을 위험물과 함께 저장할 수 있다. 2. 위험물의 저장기준에 따라 옥외저장소에서 유별을 달리하는 위험물을 함께 저장할 수 있다. 3. 위험물의 저장기준에 따라 옥외저장소에서 위험물을 용기에 수납하여 저장할 수 있다. 4. 위험물의 저장기준에 따라 옥외저장소에서 위험물 용기를 겹쳐 쌓아 저장할 수 있다. 5. 위험물의 저장기준에 따라 옥외저장소에서 유황을 저장할 수 있다.
	7. 위험물 취급	1. 취급기준 조사하기	1. 취급의 공통기준을 조사할 수 있다. 2. 위험물의 유별 취급의 공통기준을 조사할 수 있다. 3. 위험물의 취급 중 제조에 관한 기준을 조사할 수 있다. 4. 위험물의 취급 중 용기에 옮겨 담는 기준을 조사할 수 있다. 5. 위험물의 취급 중 소비에 관한 기준을 조사할 수 있다. 6. 취급소에서의 취급의 기준을 조사할 수 있다. 7. 이동탱크저장소에서의 취급기준을 조사할 수 있다. 8. 알킬알루미늄등 및 아세트알데하이드등의 취급기준을 조사할 수 있다.
		2. 제조소에서 취급하기	1. 제조소에서 취급하는 위험물의 위험성을 조사할 수 있다. 2. 제조소에서 위험물 취급작업을 준비할 수 있다. 3. 제조소에서 취급기준에 따라 위험물을 취급할 수 있다. 4. 제조소에서 위험물 취급작업 후 안전조치할 수 있다.
		3. 저장소에서 취급하기	1. 저장소에서 취급하는 위험물의 위험성을 조사할 수 있다. 2. 저장소에서 위험물 취급작업을 준비할 수 있다. 3. 저장소에서 취급기준에 따라 위험물을 취급할 수 있다. 4. 저장소에서 위험물 취급작업 후 안전조치할 수 있다.
		4. 취급소에서 취급하기	1. 취급소에서 취급하는 위험물의 위험성을 조사할 수 있다. 2. 취급소에서 위험물 취급작업을 준비할 수 있다. 3. 취급소에서 취급기준에 따라 위험물을 취급할 수 있다. 4. 취급소에서 위험물 취급작업 후 안전조치할 수 있다.
	8. 위험물 제조소 유지관리	1. 제조소의 시설기술기준 조사하기	1. 사업장에 설치된 제조소의 위치기준을 조사할 수 있다. 2. 사업장에 설치된 제조소의 구조기준을 조사할 수 있다. 3. 사업장에 설치된 제조소의 설비기준을 조사할 수 있다. 4. 사업장에 설치된 제조소의 특례기준을 조사할 수 있다.
		2. 제조소의 위치 점검하기	1. 위치와 관련된 최종 허가도면을 찾아 위치에 관한 사항을 확인할 수 있다. 2. 위치와 관련된 최종 허가도면에 존재하지 않는 건축물, 공작물의 존부를 확인할 수 있다. 3. 설치허가 당시의 안전거리 및 보유공지에 관한 기술기준을 파악하고, 이에 저촉되는 건축물, 공작물의 존부를 확인할 수 있다. 4. 현행의 안전거리 및 보유공지의 기술기준에 저촉되는 새로이 설치된 건물, 공작물의 존부를 확인할 수 있다. 5. 위치에 관한 기술기준 또는 허가도면에 저촉되는 건축물 또는 공작물의 제거 또는 법적·안전상 해결방안을 강구할 수 있다. 6. 제조소의 일반점검표에 위치 점검결과를 기록할 수 있다.
		3. 제조소의 구조 점검하기	1. 제조소의 일반점검표에 정해진 점검항목 중 사업장에 해당하는 것을 확인하고, 점검취지와 방법을 조사할 수 있다. 2. 제조소의 구조 점검대상물 및 점검기기를 작동하고 그 결과를 판정할 수 있다. 3. 기술기준과 상이한 것은 허가도면을 색인하여 허가 시 적용된 기준을 확인할 수 있다.

출제기준

실기 과목명	주요항목	세부항목	세세항목
			4. 구조에 관한 기술기준 또는 허가도면에 저촉되는 사항의 법적·안전상 해결방안을 강구할 수 있다. 5. 제조소의 일반점검표에 구조 점검결과를 기록할 수 있다.
		4. 제조소의 설비 점검하기	1. 제조소의 일반점검표에 정해진 점검항목 중 사업장에 해당하는 것을 확인하고, 점검취지와 방법을 조사할 수 있다. 2. 제조소의 설비 점검대상물 및 점검기기를 작동하고 그 결과를 판정할 수 있다. 3. 기술기준과 상이한 것은 허가도면을 색인하여 허가 시 적용된 기준을 확인할 수 있다. 4. 설비에 관한 기술기준 또는 허가도면에 저촉되는 사항의 법적·안전상 해결방안을 강구할 수 있다. 5. 제조소의 일반점검표에 설비 점검결과를 기록할 수 있다.
		5. 제조소의 소방시설 점검하기	1. 제조소의 일반점검표에 정해진 점검항목 중 사업장에 해당하는 것을 확인하고, 점검취지와 방법을 조사할 수 있다. 2. 제조소의 소화설비·경보설비·피난설비 점검대상물 및 점검기기를 작동하고 그 결과를 판정할 수 있다. 3. 기술기준과 상이한 것은 허가도면을 찾아서 허가 시 적용된 기준을 확인할 수 있다. 4. 소화설비·경보설비·피난설비에 관한 기술기준 또는 허가도면에 저촉되는 사항의 법적·안전상 해결방안을 강구할 수 있다. 5. 제조소의 일반점검표에 제조소의 소화설비·경보설비·피난설비 점검결과를 기록할 수 있다.
	9. 위험물 저장소 유지관리	1. 저장소의 시설기술기준 조사하기	1. 사업장에 설치된 저장소의 위치기준을 조사할 수 있다. 2. 사업장에 설치된 저장소의 구조기준을 조사할 수 있다. 3. 사업장에 설치된 저장소의 설비기준을 조사할 수 있다. 4. 사업장에 설치된 저장소의 특례기준을 조사할 수 있다.
		2. 저장소의 위치 점검하기	1. 위치와 관련된 최종 허가도면을 찾아 위치에 관한 사항을 확인할 수 있다. 2. 위치와 관련된 최종 허가도면에 존재하지 않는 건축물, 공작물의 존부를 확인할 수 있다. 3. 설치허가 당시의 안전거리 및 보유공지에 관한 기술기준을 파악하고, 이에 저촉되는 건축물, 공작물의 존부를 확인할 수 있다. 4. 현행의 안전거리 및 보유공지의 기술기준에 저촉되는 새로이 설치된 건물, 공작물의 존부를 확인할 수 있다. 5. 위치에 관한 기술기준 또는 허가도면에 저촉되는 건축물 또는 공작물의 제거 또는 법적·안전상 해결방안을 강구할 수 있다. 6. 저장소의 일반점검표에 위치 점검결과를 기록할 수 있다.
		3. 저장소의 구조 점검하기	1. 저장소의 일반점검표에 정해진 점검항목 중 사업장에 해당하는 것을 확인하고, 점검취지와 방법을 조사할 수 있다. 2. 저장소의 구조 점검대상물 및 점검기기를 작동하고 그 결과를 판정할 수 있다. 3. 기술기준과 상이한 것은 허가도면을 색인하여 허가 시 적용된 기준을 확인할 수 있다. 4. 구조에 관한 기술기준 또는 허가도면에 저촉되는 사항의 법적·안전상 해결방안을 강구할 수 있다. 5. 저장소의 일반점검표에 구조 점검결과를 기록할 수 있다.
		4. 저장소의 설비 점검하기	1. 저장소의 일반점검표에 정해진 점검항목 중 사업장에 해당하는 것을 확인하고, 점검취지와 방법을 조사할 수 있다. 2. 저장소의 설비 점검대상물 및 점검기기를 작동하고 그 결과를 판정할 수 있다. 3. 기술기준과 상이한 것은 허가도면을 색인하여 허가 시 적용된 기준을 확인할 수 있다. 4. 설비에 관한 기술기준 또는 허가도면에 저촉되는 사항의 법적·안전상 해결방안을 강구할 수 있다. 5. 저장소의 일반점검표에 설비 점검결과를 기록할 수 있다.

실기 과목명	주요항목	세부항목	세세항목
		5. 저장소의 소방시설 점검하기	1. 저장소의 일반점검표에 정해진 점검항목 중 사업장에 해당하는 것을 확인하고, 점검취지와 방법을 조사할 수 있다. 2. 저장소의 소화설비·경보설비·피난설비 점검대상물 및 점검기기를 작동하고 그 결과를 판정할 수 있다. 3. 기술기준과 상이한 것은 허가도면을 찾아서 허가 시 적용된 기준을 확인할 수 있다. 4. 소화설비·경보설비·피난설비에 관한 기술기준 또는 허가도면에 저촉되는 사항의 법적·안전상 해결방안을 강구할 수 있다. 5. 저장소의 일반점검표에 저장소의 소화설비·경보설비·피난설비 점검결과를 기록할 수 있다.
	10. 위험물 취급소 유지관리	1. 취급소의 시설기술기준 조사하기	1. 사업장에 설치된 취급소의 위치기준을 조사할 수 있다. 2. 사업장에 설치된 취급소의 구조기준을 조사할 수 있다. 3. 사업장에 설치된 취급소의 설비기준을 조사할 수 있다. 4. 사업장에 설치된 취급소의 특례기준을 조사할 수 있다.
		2. 취급소의 위치 점검하기	1. 위치와 관련된 최종 허가도면을 찾아 위치에 관한 사항을 확인할 수 있다. 2. 위치와 관련된 최종 허가도면에 존재하지 않는 건축물, 공작물의 존부를 확인할 수 있다. 3. 설치허가 당시의 안전거리 및 보유공지에 관한 기술기준을 파악하고, 이에 저촉되는 건축물, 공작물의 존부를 확인할 수 있다. 4. 현행의 안전거리 및 보유공지의 기술기준에 저촉되는 새로이 설치된 건물, 공작물의 존부를 확인할 수 있다. 5. 위치에 관한 기술기준 또는 허가도면에 저촉되는 건축물 또는 공작물의 제거 또는 법적·안전상 해결방안을 강구할 수 있다. 6. 취급소의 일반점검표에 위치 점검결과를 기록할 수 있다.
		3. 취급소의 구조 점검하기	1. 취급소의 일반점검표에 정해진 점검항목 중 사업장에 해당하는 것을 확인하고, 점검취지와 방법을 조사할 수 있다. 2. 취급소의 구조 점검대상물 및 점검기기를 작동하고 그 결과를 판정할 수 있다. 3. 기술기준과 상이한 것은 허가도면을 색인하여 허가 시 적용된 기준을 확인할 수 있다. 4. 구조에 관한 기술기준 또는 허가도면에 저촉되는 사항의 법적·안전상 해결방안을 강구할 수 있다. 5. 취급소의 일반점검표에 구조 점검결과를 기록할 수 있다.
		4. 취급소의 설비 점검하기	1. 취급소의 일반점검표에 정해진 점검항목 중 사업장에 해당하는 것을 확인하고, 점검취지와 방법을 조사할 수 있다. 2. 취급소의 설비 점검대상물 및 점검기기를 작동하고 그 결과를 판정할 수 있다. 3. 기술기준과 상이한 것은 허가도면을 색인하여 허가 시 적용된 기준을 확인할 수 있다. 4. 설비에 관한 기술기준 또는 허가도면에 저촉되는 사항의 법적·안전상 해결방안을 강구할 수 있다. 5. 취급소의 일반점검표에 설비 점검결과를 기록할 수 있다.
		5. 취급소의 소방시설 점검하기	1. 취급소의 일반점검표에 정해진 점검항목 중 사업장에 해당하는 것을 확인하고, 점검취지와 방법을 조사할 수 있다. 2. 취급소의 소화설비·경보설비·피난설비 점검대상물 및 점검기기를 작동하고 그 결과를 판정할 수 있다. 3. 기술기준과 상이한 것은 허가도면을 찾아서 허가 시 적용된 기준을 확인할 수 있다. 4. 소화설비·경보설비·피난설비에 관한 기술기준 또는 허가도면에 저촉되는 사항의 법적·안전상 해결방안을 강구할 수 있다. 5. 취급소의 일반점검표에 저장소의 소화설비·경보설비·피난설비 점검결과를 기록할 수 있다.

차례 Contents

제 1 부 핵심요점정리　13

제 1 장 화재예방과 소화방법　15
- 1-1 화재예방 ── 15
- 1-2 소화방법 ── 20

제 2 장 위험물의 성상　26
- 2-1 제1류 위험물 ── 26
- 2-2 제2류 위험물 ── 32
- 2-3 제3류 위험물 ── 37
- 2-4 제4류 위험물 ── 43
- 2-5 제5류 위험물 ── 56
- 2-6 제6류 위험물 ── 61

제 3 장 위험물의 시설기준　65
- 3-1 제조소의 위치, 구조 및 설비의 기준 ── 65
- 3-2 옥내저장소의 위치·구조 및 설비의 기준 ── 74
- 3-3 옥외탱크저장소의 위치·구조 및 설비의 기준 ── 79
- 3-4 옥내탱크저장소의 위치·구조 및 설비의 기준 ── 84
- 3-5 지하탱크저장소의 위치·구조 및 설비의 기준 ── 84
- 3-6 간이탱크저장소의 위치·구조 및 설비의 기준 ── 86
- 3-7 이동탱크저장소의 위치·구조 및 설비의 기준 ── 87
- 3-8 옥외저장소의 위치 및 설비의 기준 ── 89
- 3-9 암반탱크저장소의 위치·구조 및 설비의 기준 ── 92
- 3-10 주유취급소의 위치·구조 및 설비의 기준 ── 92
- 3-11 판매취급소의 위치·구조 및 설비의 기준 ── 96
- 3-12 소화설비, 경보설비 및 피난설비의 기준 ── 97
- 3-13 제조소등에서의 위험물의 저장 및 취급에 관한 기준 ── 101
- 3-14 위험물의 운반에 관한 기준 ── 101
- 3-15 탱크의 내용적 및 공간용적 ── 103

제 4 장 위험물 안전관리 법령　105

제 5 장 연소의 계산　108
- 5-1 연소의 일반적인 기초사항 ── 108
- 5-2 일반화학의 기초 ── 111
- 5-3 유기화합물 ── 114

제 2 부　최근 기출문제　119

2015년도
2015년　3월　15일 시행 ·················· 121
2015년　5월　24일 시행 ·················· 128
2015년　9월　5일 시행 ···················· 138
2015년　11월　22일 시행 ·················· 148

2016년도
2016년　3월　13일 시행 ·················· 157
2016년　5월　22일 시행 ·················· 165
2016년　8월　27일 시행 ·················· 172
2016년　11월　26일 시행 ·················· 180

2017년도
2017년　3월　12일 시행 ·················· 188
2017년　5월　21일 시행 ·················· 197
2017년　9월　10일 시행 ·················· 205
2017년　11월　25일 시행 ·················· 213

2018년도
2018년　3월　11일 시행 ·················· 221
2018년　5월　21일 시행 ·················· 230
2018년　8월　26일 시행 ·················· 240
2018년　11월　25일 시행 ·················· 247

2019년도
2019년　3월　24일 시행 ·················· 255
2019년　5월　26일 시행 ·················· 262
2019년　8월　24일 시행 ·················· 270
2019년　11월　23일 시행 ·················· 278

2020년도
2020년　4월　5일 시행 ···················· 285
2020년　6월　14일 시행 ·················· 299
2020년　8월　29일 시행 ·················· 313
2020년　11월　28일 시행 ·················· 326

Contents

2021년도
- 2021년 4월 3일 시행 ········· 338
- 2021년 6월 13일 시행 ········· 352
- 2021년 8월 22일 시행 ········· 364
- 2021년 11월 27일 시행 ········· 380

2022년도
- 2022년 3월 20일 시행 ········· 392
- 2022년 5월 27일 시행 ········· 406
- 2022년 8월 14일 시행 ········· 418
- 2022년 11월 6일 시행 ········· 430

2023년도
- 2023년 3월 26일 시행 ········· 445
- 2023년 6월 10일 시행 ········· 461
- 2023년 8월 12일 시행 ········· 477
- 2023년 11월 19일 시행 ········· 490

2024년도
- 2024년 3월 16일 시행 ········· 503
- 2024년 6월 1일 시행 ········· 518
- 2024년 8월 18일 시행 ········· 535
- 2024년 11월 9일 시행 ········· 551

제 1 부
핵심요점정리

제 1 장	화재예방과 소화방법
제 2 장	위험물의 성상
제 3 장	위험물의 시설기준
제 4 장	위험물 안전관리 법령
제 5 장	연소의 계산

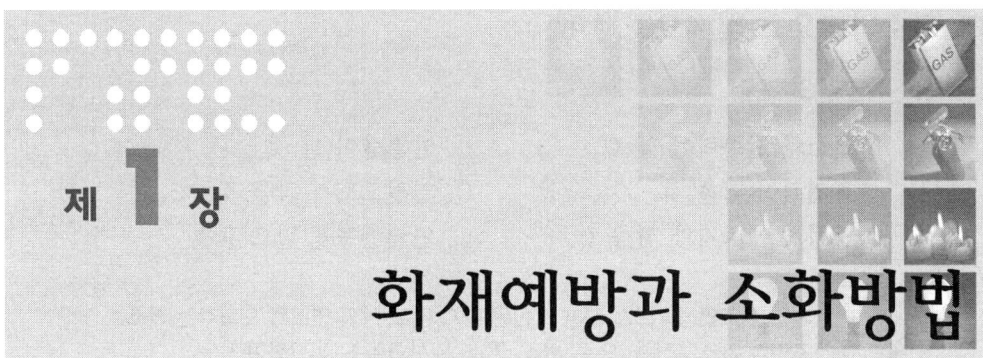

제 1 장 화재예방과 소화방법

1-1 화재예방

1. 화재의 분류 ★★★★★

종류	등급	색 표 시	주된 소화 방법
일반화재	A급	백색	냉각소화
유류 및 가스화재	B급	황색	질식소화
전기화재	C급	청색	질식소화
금속화재	D급	–	피복소화
주방화재	K급	–	냉각 및 질식소화

2. 폭굉과 폭연의 차이점 ★★★

- 폭굉(디토네이션 : Detonation) : 연소속도가 **음속보다 빠르다.**(초음속)
- 폭연(디플러그레이션 : Deflagration) : 연소속도가 **음속보다 느리다.**(아음속)

폭굉유도거리(DID)가 짧아지는 경우
❶ 압력이 상승하는 경우
❷ 관속에 방해물이 있거나 관경이 작아지는 경우
❸ 점화원 에너지가 증가하는 경우

3. 연소의 3요소 및 4요소 ★★★★

(1) 가연물의 조건

① 산소와 **친화력**이 클 것 ② **발열량**이 클 것
③ 표면적이 넓을 것 ④ **열전도도**가 작을 것
⑤ 활성화 에너지가 적을 것 ⑥ **연쇄반응**을 일으킬 것

> **지연성(조연성)가스** : 자기 자신은 타지 않고 남의 연소를 도와주는 가스
> **조연성 가스** : 산소, 오존, 불소, 염소, 일산화질소, 이산화질소

(2) 가연물이 될 수 없는 조건

① 산화반응이 완전히 끝난 물질
② 질소 또는 질소산화물(흡열반응하기 때문)
③ 주기율표상 **18족 원소**(불활성 기체)
  He(헬륨), Ne(네온), Ar(아르곤), Kr(크립톤), Xe(크세논), Rn(라돈)

- 연소의 3요소 : 가연물+산소+점화원
- 연소의 4요소 : 가연물+산소+점화원+순조로운 연쇄반응

※ 기화열(기화잠열)은 점화원이 될 수 없다.

4. 열 에너지원의 종류 ★

에너지의 종류	종류
화학적 에너지	연소열, 분해열, **용해열**, 반응열, **자연발화**, 중합열
전기적 에너지	**저항가열**, 유도가열, **유전가열**, 아크가열, 정전스파크, **낙뢰**
기계적 에너지	**마찰열**, **압축열**, 충격(마찰)스파크
원자력 에너지	핵분열, 핵융합

5. 연소의 형태 ★★★★★

 **필수정리** ★★★★

연소의 종류
1. 표면연소(surface reaction) : 숯, 코크스, 목탄, 금속분
2. 증발 연소(evaporating combustion) : 파라핀(양초), 황, 나프탈렌, 왁스, 휘발유, 등유, 경유, 아세톤 등 제4류 위험물
3. 분해연소(decomposing combustion) : 석탄, 목재, 플라스틱, 종이, 합성수지(고분자), 중유
4. 자기연소(내부연소) : 질화면(나이트로 셀룰로오스), 셀룰로이드, 나이트로글리세린등 제5류 위험물
5. 확산연소(diffusive burning) : 아세틸렌, LPG, LNG 등 가연성 기체
6. 불꽃연소+표면연소 : 목재, 종이, 셀룰로오스, 열경화성 합성수지

6. 불꽃연소와 표면연소(응축연소, 작열연소) ★

	가연물	
산소	**불꽃연소**	점화원
	연쇄반응	

[불꽃연소의 4요소]

	가연물	
산소	**표면연소**	점화원

[표면연소의 3요소]

7. 블로우 오프(Blow-off) 현상 ★

화염이 노즐에 정착하지 못하고 떨어지게 되어 **화염이 꺼지는 현상**

8. 역화(back fire)현상 ★

가스분출속도가 연소속도보다 느려 화염이 버너 내부로 들어가 착화하는 현상

9. 자연발화 ★★★★★

(1) 자연발화의 형태

자연발화 형태	자연발화 물질
• 산화열	석탄, 건성유, 고무분말, 금속분, 기름걸레
• 분해열	셀룰로이드, 나이트로셀룰로오스, 나이트로글리세린
• 흡착열	활성탄, 목탄분말
• 미생물열	퇴비, 먼지

(2) 자연발화의 방지대책

① 저장실 주위온도를 낮춘다.
② 물질을 **건조하게 유지**
③ 통풍하여 열의 축적을 방지
④ 저장용기에 불활성기체 봉입하여 공기접촉 차단
⑤ 물질의 **표면적을 최소화**

(3) 자연발화에 영향을 미치는 것

① 주위온도 ② 습도 ③ 발열량 ④ 표면적 ⑤ 열전도율 ⑥ 퇴적방법

10. 유류저장탱크 및 가스저장탱크의 화재발생 현상 ★★

① 보일 오버(boil over)
   탱크 바닥의 물이 비등하여 유류가 연소하면서 분출
② 슬롭 오버(slop over)
   물이 연소유 표면으로 들어갈 때 유류가 연소하면서 분출
③ 프로스 오버(froth over)
   탱크 바닥의 물이 비등하여 유류가 연소하지 않고 분출
④ 블레비(BLEVE)
   액체 저장탱크 주위에 화재가 발생하여 저장탱크 벽면이 장시간 화염에 노출되면 윗부분의 온도가 상승하여 재질의 인장력이 저하되고 내부의 비등현상으로 인한 압력상승으로 저장탱크 벽면이 파열되는 현상
⑤ 화이어볼(Fire ball)
   분출된 액화가스의 증기가 공기와 혼합하여 연소범위가 형성되어서 공 모양의 대형화염이 상승하는 현상

11. 인화점, 발화점, 연소점 ★

① 인화점(flash point) : **점화원에 의하여** 점화되는 **최저온도**
② 발화점(ignition point) : **점화원 없이** 점화되는 **최저온도**
③ 연소점(fire point) : 가연성 물질이 발화한 후 연속적으로 연소할 수 있는 최저온도

• 발화점 : 압력이 증가하면 발화점은 낮아진다.

제 1 장 화재예방과 소화방법

12. 공기 중 산소의 농도를 증가시켰을 때 ★

① 발화온도가 낮아진다.　　② 연소범위가 넓어진다.
③ 화염의 온도가 높아진다.　④ 점화에너지가 감소한다.

13. 탄화수소화합물 중 탄소수가 증가할수록 나타나는 현상 ★

① 연소속도가 늦어진다.　　② 발화온도가 낮아진다.
③ 발열량이 커진다.　　　　④ 인화점, 비점이 높아진다.
⑤ 수용성, 휘발성, 연소범위, 비중이 감소한다.
⑥ 이성질체가 많아진다.

14. 착화점이 낮아지는 경우 ★

① 압력이 클 때　　　　　　② 발열량이 클 때
③ 산소농도가 클 때　　　　④ 산소와 친화력이 클 때
⑤ 화학적 활성도가 클 때　⑥ 습도 및 가스압력이 낮을 때

15. 플래쉬 오버(flash over) 현상 ★★

폭발적인 착화현상 및 급격한 화염의 확대현상

• 플래쉬 오버 발생시기 : 성장기　　• 주요발생원인 : 열의 공급

16. 플래쉬 오버의 발생시각 ★

① 개구율(개구부 크기) : 클수록 빠르다. ② 내장재료 : 가연성일수록 빠르다
③ 화원의 크기 : 클수록 빠르다.　　④ 열전도율 : 작을수록 빠르다.
⑤ 내장재료의 두께 : 얇을수록 빠르다.　⑥ 가연물의 표면적 : 넓을수록 빠르다.
⑦ 화재하중 : 클수록 빠르다.

17. 플래쉬 오버의 지연대책 ★★

① 열전도율이 큰 내장재를 사용　　② 주요 구조부를 내화구조로 한다.
③ 개구부를 크게 설치(배연창 설치)　④ 두께가 두꺼운 내장재를 사용
⑤ 실내 가연물은 소량씩 분산 저장　⑥ 내장재 불연화

18. 백 드래프트(Back Draft) 현상 ★★

폭발적 연소와 함께 폭풍을 동반하여 화염이 외부로 분출되는 현상

- 백드래프트의 발생 시기 : 감쇠기
- 주요 발생원인 : 산소의 공급
- 백드래프트 현상 발생 시 폭풍 또는 충격파 있음

19. 증기 비중 ★★★★

(1) 공기의 조성

질소(N_2) 78.03%, 산소(O_2) 20.99%, 아르곤(Ar) 0.94%, 이산화탄소(CO_2) 0.03% 등으로 구성

- 공기 중 산소의 **부피**(%) = 21%
- 공기 중 산소의 **중량(무게)**(%) = 23%

(2) 공기의 평균 분자량

$28(N_2) \times 0.7803 + 32(O_2) \times 0.2099 + 40(Ar) \times 0.0094 + 44(CO_2) \times 0.0003$
$= 28.95 ≒ 29$

- 공기의 평균 분자량 = 29
- 증기비중 = $\dfrac{M(분자량)}{29(공기평균분자량)}$

1-2 소화방법

1. 소화방법 ★★★

(1) 냉각소화

가연성 물질을 발화점 이하로 온도를 냉각시키는 방법

> **물이 소화제로 이용되는 이유**
> ❶ 물의 기화열(539kcal/kg)이 크기 때문
> ❷ 물의 비열(1kcal/kg℃)이 크기 때문

(2) 질식소화

산소농도를 21%에서 15% 이하로 감소시켜 소화

• 질식소화 시 산소의 유지농도 : 10~15%

(3) 억제소화(부촉매소화, 화학적소화)

연쇄반응을 억제시켜 소화

① 부촉매 : 화학적 반응의 속도를 느리게 하는 것
② 부촉매 효과 : 할로젠화합물 소화약제
 (할로젠족 원소 : 불소(F), 염소(Cl), 브로민(취소)(Br), 아이오딘(I))
③ 부촉매(소화효과)의 크기 순서
 불소(F) < 염소(Cl) < 브로민(취소)(Br) < 아이오딘(I)
④ 반응력(친화력)의 크기 순서
 불소(F) > 염소(Cl) > 브로민(취소)(Br) > 아이오딘(I)

(4) 제거소화

화재구역에서 가연성물질을 제거시켜 소화

제거소화의 예
❶ 산불이 발생하면 화재의 진행방향을 앞질러 벌목한다.
❷ 화학반응기의 화재시 원료공급관의 밸브를 잠근다.
❸ 유전화재시 폭약으로 폭풍을 일으켜 화염을 제거한다.
❹ 촛불을 입김으로 불어 화염을 제거한다.

(5) 피복소화

가연물 주위를 공기와 차단시켜 소화

(예) 방안에서 화재가 발생시 이불이나 담요로 덮는다.

(6) 희석소화

수용성액체 화재시 물을 방사하여 연소농도를 희석하여 소화

(예) 아세톤에 물을 다량으로 섞는다.

(7) 유화소화(에멀젼소화)

비수용성 인화성액체의 유류화재 시 물분무로 방사하여 액체표면에 불연성의

유막을 형성하여 소화

물의 유화효과 (에멀젼 효과)를 이용한 방호대상설비 : 기름탱크

2. 물의 소화능력 향상 첨가제 ★★

(1) 부동액(Anti-freeze agent)
① 물의 빙점(어는점) 낮추는 첨가제
② 한랭지역에서 사용

(2) 침윤제(Wetting agent)
① 물의 표면장력 감소 위한 첨가제
② 심부화재에 적합

(3) 농축제(Viscosity agent)
① 물의 점도향상 첨가제
② 산불화재에 적합

(4) 밀도 개질제(Density modifier)
물의 밀도를 개질하기 위한 첨가제로 수용성 폼이 있다.

3. CO_2 또는 할로젠화합물 소화기 설치금지 장소 ★★★
(할론1301 및 청정소화약제 제외)

① 지하층 ② 무창층 ③ 밀폐된 거실로서 바닥면적 $20m^2$ 미만인 장소

4. 분말약제의 주성분 및 착색 ★★★★★

종별	주성분	약제명	착색	적응 화재
제1종	$NaHCO_3$	탄산수소나트륨, 중탄산나트륨, 중조	백색	B, C 급
제2종	$KHCO_3$	탄산수소칼륨, 중탄산칼륨	담회색	B, C 급
제3종	$NH_4H_2PO_4$	제1인산암모늄	담홍색(핑크색)	A, B, C 급
제4종	$KHCO_3+(NH_2)_2CO$	중탄산칼륨+요소	회 색(쥐색)	B, C 급

5. 분말약제의 열분해 ★★★★★

종 별	약제명	착 색	열분해 반응식
제1종	중탄산나트륨	백 색	$2NaHCO_3 \rightarrow Na_2CO_3 + CO_2 + H_2O$
제2종	중탄산칼륨	담회색	$2KHCO_3 \rightarrow K_2CO_3 + CO_2 + H_2O$
제3종	제1인산암모늄	담홍색	$NH_4H_2PO_4 \rightarrow HPO_3 + NH_3 + H_2O$
제4종	중탄산칼륨+요소	회(백)색	$2KHCO_3 + (NH_2)_2CO \rightarrow K_2CO_3 + 2NH_3 + 2CO_2$

6. 소화약제별 소화능력 ★★

소화약제명	화학식	소화능력
이산화탄소	CO_2	1.0(기준)
분말약제	-	2.0
할론 2402	$C_2F_4Br_2$	1.7
할론 1211	CF_2ClBr	1.4
할론 1301	CF_3Br	3.0

7. 소화기의 올바른 사용방법 ★★

① 적응화재에만 사용할 것
② 불과 가까이 가서 사용할 것
③ 바람을 등지고 풍상에서 풍하의 방향으로 사용 할 것
④ 양옆으로 비로 쓸 듯이 골고루 사용할 것

8. 강화액 소화기 ★

① 물의 빙점(어는점)이 낮은 단점을 강화시킨 **탄산칼륨**(K_2CO_3) **수용액**
② 반응식은 내부에 황산(H_2SO_4)이 있어 탄산칼륨과 화학반응에 의한 CO_2가 압력원이 된다.

$$H_2SO_4 + K_2CO_3 \rightarrow K_2SO_4 + H_2O + CO_2 \uparrow$$

③ 무상인 경우 A, B, C 급 화재에 모두 적응한다.
④ 소화약제의 pH는 12이다.(알카리성을 나타낸다.)
⑤ 어는점(빙점)이 약 $-30℃ \sim -25℃$, 비중이 1.3~1.4이다.
⑥ 빙점이 매우 낮아 추운 지방에서 사용
⑦ 강화액소화제는 알카리성을 나타낸다.

9. 산·알칼리 소화기 ★★

① 내통 : 황산(H_2SO_4)

② 외통 : 탄산수소나트륨($NaHCO_3$)

- 산·알칼리 소화기의 화학반응식
  $$H_2SO_4 + 2NaHCO_3 \rightarrow Na_2SO_4 + 2H_2O + 2CO_2 \uparrow$$
  (황산)　　(탄산수소나트륨)　　(황산나트륨)　(물)　(이산화탄소)

10. 할로젠화합물 소화약제 ★★★

(1) 할로젠화합물 소화약제

구분 \ 종류	할론 2402	할론 1211	할론 1301	할론 1011
화학식	$C_2F_4Br_2$	CF_2ClBr	CF_3Br	CH_2ClBr

할로젠화합물 소화약제 명명법 : 할론 ⓐ ⓑ ⓒ ⓓ

ⓐ : C 원자수　　ⓑ : F 원자수　　ⓒ : Cl 원자수　　ⓓ : Br 원자수

할로젠화합물 소화약제

구분 \ 종류	할론 2402	할론 1211	할론 1301	할론 1011
분자식	$C_2F_4Br_2$	CF_2ClBr	CF_3Br	CH_2ClBr

(2) CTC(Carbon Tetra Chloride, 사염화탄소)

① 할로젠화합물 소화약제

② 방사 시 포스겐의 맹독성가스 발생으로 현재는 사용 금지된 소화약제

③ 화학식은 CCl_4이다.

사염화탄소와 이산화탄소의 반응
$CCl_4 + CO_2 \rightarrow 2COCl_2$ (포스겐가스)

11. 화학포(공기포) 소화약제 ★★★

① 내약제(B제) : 황산알루미늄($Al_2(SO_4)_3$)

② 외약제(A제) : 중탄산나트륨($NaHCO_3$), 기포안정제

화학포의 기포안정제
- 사포닝　　• 계면활성제　　• 소다회　　• 가수분해단백질

③ 반응식

$$6NaHCO_3 + Al_2(SO_4)_3 \cdot 18H_2O \rightarrow 3Na_2SO_4 + 2Al(OH)_3 + 6CO_2 + 18H_2O$$
  (탄산수소나트륨)   (황산알루미늄)   (황산나트륨) (수산화알루미늄) (이산화탄소) (물)

12. 오존파괴지수(ODP) 및 지구온난화지수(GWP) ★★

① **오존파괴지수**(ODP : Ozone Depletion Potential)
어떤 물질의 **오존 파괴능력**을 상대적으로 나타내는 지표의 정의

$$ODP = \frac{어떤 물질 1kg이 파괴하는 오존량}{CFC-11\ 1kg이 파괴하는 오존량}$$

[참고] CFC [Chloro(Cl), Fluoro(F), Carbon(C)]

[할론 약제별 오존파괴지수]

할론 소화약제	오존파괴지수(ODP)
할론 1301	14.1
할론 2402	6.6
할론 1211	2.4

② **지구 온난화지수**(GWP : Global Warming Potential)
어떤 물질이 기여하는 **온난화 정도**를 상대적으로 나타내는 지표의 정의

$$GWP = \frac{어떤\ 물질\ 1kg이\ 기여하는\ 온난화\ 정도}{CO_2-1kg이\ 기여하는\ 온난화\ 정도}$$

③ NOAEL(No Observed Adverse Effect Level)
심장 독성시험에서 심장에 영향을 **미치지 않는 농도**

④ LOAEL(Lowest Observed Adverse Effect Level)
심장 독성시험에서 심장에 영향을 **미칠 수 있는 최소농도**

제 1 부 핵심요점정리

제 2 장

위험물의 성상

 2-1 제1류 위험물

1. 품명 및 지정수량 ★★★★

성 질	품 명	지정수량	위험등급
산화성 고체	1. 아염소산염류	50kg	I
	2. 염소산염류		
	3. 과염소산염류		
	4. 무기과산화물		
	5. 브로민산염류	300kg	II
	6. 질산염류		
	7. 아이오딘산염류		
	8. 과망가니즈산염류	1000kg	III
	9. 다이크로뮴산염류		

2. 공통적 성질 ★★

① **산화성 고체**이며 대부분 **수용성**이다.
② **불연성**이지만 다량의 **산소를 함유**하고 있다.
③ 분해시 산소를 방출하여 남의 연소를 돕는다.(**조연성**)
④ 열·타격·충격, 마찰 및 다른 화학물질과 접촉시 쉽게 분해된다.
⑤ 분해속도가 대단히 빠르고, **조해성**이 있는 것도 포함한다.

무기과산화물
① 물에 의한 주수소화는 금한다.(산소발생)
② 물과 접촉 시 산소방출
③ 열분해 시 산소방출

3. 저장 및 취급방법 ★★

① **무기과산화물**은 물과 접촉 시 반응하여 **산소를 방출**하므로 습기와 접촉금지(금수성 물질)
② 조해성물질은 저장용기를 밀폐시킨다.
③ 가열, 충격, 마찰을 금지한다.

4. 소화방법 ★★

① **다량의 물**을 방사하여 **냉각 소화**한다.
② 무기(알칼리금속)과산화물은 금수성 물질로 물에 의한 소화는 절대금지하고 **마른 모래**로 소화한다.
③ **자체적으로 산소를 함유**하고 있어 질식소화는 효과가 없고 물을 대량 사용하여 **냉각소화가 효과적**이다.

5. 품명에 따른 특성 ★★★★

(1) 아염소산염류

① **아염소산나트륨**($NaClO_2$)
  ㉮ 조해성이 있고 무색의 결정성 분말이다.
  ㉯ 보통 수분을 약간 함유하기 때문에 130~140℃에서 분해 된다.
  ㉰ 무수물(수분을 함유하지 않은 것) 350℃에서 분해시작
  ㉱ 산과 반응하여 이산화염소(ClO_2)가 발생된다.
  ㉲ 수용액 상태에서도 강력한 산화력을 가지고 있다.

$$3NaClO_2 + 2HCl \rightarrow 3NaCl + 2ClO_2 + H_2O_2$$
  (아염소산나트륨) (염산) (염화나트륨) (이산화염소) (과산화수소)

② **아염소산칼륨**($KClO_2$)
  ㉮ 조해성이 있고 무색의 결정성 분말이다.
  ㉯ 가열, 충격에 의한 폭발가능성이 있다.

(2) 염소산염류

① 염소산칼륨($KClO_3$) ★★★
　㉮ 무색 또는 백색분말
　㉯ 비중 : 2.34
　㉰ 온수, 글리세린에 용해
　㉱ 냉수, 알코올에는 용해하기 어렵다.
　㉲ 400℃ 부근에서 분해가 시작

$$2KClO_3(염소산칼륨) \rightarrow KCl(염화칼륨) + KClO_4(과염소산칼륨) + O_2\uparrow(산소)$$

　㉳ 540℃~560℃ 정도에서 완전 열분해되어 염화칼륨과 산소를 방출

$$2KClO_3(염소산칼륨) \rightarrow 2KCl(염화칼륨) + 3O_2(산소)$$

　㉴ 유기물 등과 접촉 시 충격을 가하면 폭발하는 수가 있다.

② 염소산나트륨($NaClO_3$) ★★
　㉮ 조해성이 크고, 알코올, 에테르, 물에 녹는다.
　㉯ 철제를 부식시키므로 철제용기 사용금지
　㉰ 산과 반응하여 유독한 이산화염소(ClO_2)를 발생시키며 이산화염소는 폭발성이다.
　㉱ 열분해하여 염화나트륨과 산소를 발생한다.

$$2NaClO_3(염소산나트륨) \rightarrow 2NaCl(염화나트륨 : 소금) + 3O_2\uparrow(산소)$$

③ 염소산암모늄(NH_4ClO_3)
　㉮ 대단히 폭발성이고 조해성이 있다.
　㉯ 산화성이고 금속부식성이 강하다.

(3) 과염소산염류 ★★★

① 과염소산칼륨($KClO_4$)
　㉮ 물에 녹기 어렵고 알코올, 에테르에 불용
　㉯ 진한 황산과 접촉 시 폭발성이 있다.
　㉰ 황, 탄소, 유기물등과 혼합 시 가열, 충격, 마찰에 의하여 폭발한다.
　㉱ 400℃에서 분해가 시작되어 600℃에서 완전 분해하여 산소를 발생 한다.

$$KClO_4 \rightarrow KCl(염화칼륨) + 2O_2\uparrow(산소)$$

② 과염소산나트륨($NaClO_4$)
　㉮ 물에 잘 녹고 알코올, 에테르에 불용
　㉯ 유기물등과 혼합 시 가열, 충격, 마찰에 의하여 폭발한다.
　㉰ 400℃ 이상에서 분해되면서 산소를 방출한다.

③ 과염소산암모늄(NH_4ClO_4) ★★
  ㉮ 물, 아세톤, 알코올에는 녹고 에테르에는 잘 녹지 않는다.
  ㉯ 조해성이므로 밀폐용기에 저장
  ㉰ 130℃에서 분해가 시작되어 산소를 방출하고 300℃에서 분해가 급격히 진행된다.

  - 130℃에서 분해 $NH_4ClO_4 \rightarrow NH_4Cl + 2O_2 \uparrow$
  - 300℃에서 분해 $2NH_4ClO_4 \rightarrow N_2 + Cl_2 + 2O_2 + 4H_2O$

  ㉱ 충격 및 분해온도 이상에서 폭발성이 있다.

(4) 무기과산화물 ★★★★★

① 과산화나트륨(Na_2O_2)
  ㉮ 상온에서 물과 격렬히 반응하여 산소(O_2)를 방출하고 폭발하기도 한다.

  $2Na_2O_2$(과산화나트륨) $+ 2H_2O$(물) $\rightarrow 4NaOH$(수산화나트륨) $+ O_2 \uparrow$ (산소)

  ㉯ 공기 중 이산화탄소(CO_2)와 반응하여 산소(O_2)를 방출한다.

  $2Na_2O_2 + 2CO_2 \rightarrow 2Na_2CO_3 + O_2 \uparrow$

  ㉰ 산과 반응하여 과산화수소(H_2O_2)를 생성시킨다.

  $Na_2O_2 + 2CH_3COOH \rightarrow 2CH_3COONa + H_2O_2$

  ㉱ 열분해 시 산소(O_2)를 방출한다.

  $2Na_2O_2 \rightarrow 2Na_2O + O_2 \uparrow$

  ㉲ 주수소화는 금물이고 마른모래(건조사)등으로 소화한다.

② 과산화칼륨(K_2O_2)
  ㉮ 무색 또는 오렌지색 분말상태
  ㉯ 상온에서 물과 격렬히 반응하여 산소(O_2)를 방출하고 폭발하기도 한다.

  $2K_2O_2 + 2H_2O \rightarrow 4KOH + O_2 \uparrow$

  ㉰ 공기 중 이산화탄소(CO_2)와 반응하여 산소(O_2)를 방출한다.

  $2K_2O_2 + 2CO_2 \rightarrow 2K_2CO_3 + O_2 \uparrow$

  ㉱ 산과 반응하여 과산화수소(H_2O_2)를 생성시킨다.

  $K_2O_2 + 2CH_3COOH \rightarrow 2CH_3COOK + H_2O_2$

  ㉲ 열분해 시 산소(O_2)를 방출한다.

  $2K_2O_2 \rightarrow 2K_2O + O_2 \uparrow$

  ㉳ 주수소화는 금물이고 마른모래(건조사) 등으로 소화한다.

③ 과산화마그네슘(MgO_2)
  ㉮ 백색 분말이다
  ㉯ 습기 또는 물과 접촉 시 산소를 방출한다.
  ㉰ 가연성유기물과 혼합되어 있을 때 가열, 충격에 의해 폭발 위험이 있다.
  ㉱ 물과 접촉하여 수산화마그네슘 및 산소를 발생한다.

  $$2MgO_2 + 2H_2O \rightarrow 2Mg(OH)_2\text{(수산화마그네슘)} + O_2\uparrow\text{(산소)}$$

  ㉲ 산과 접촉하여 과산화수소를 발생한다.

  $$MgO_2 + 2HCl\text{(염산)} \rightarrow MgCl_2 + H_2O_2\text{(과산화수소)}$$

④ 과산화바륨(BaO_2)
  ㉮ 탄산가스와 반응하여 탄산염과 산소 발생

  $$2BaO_2 + 2CO_2 \rightarrow 2BaCO_3\text{(탄산바륨)} + O_2\uparrow\text{(산소)}$$

  ㉯ 염산과 반응하여 염화바륨과 과산화수소 생성

  $$BaO_2 + 2HCl \rightarrow BaCl_2\text{(염화바륨)} + H_2O_2\text{(과산화수소)}$$

  ㉰ 가열 또는 온수와 접촉하면 산소가스를 발생

  • **가열**　　$2BaO_2 \rightarrow 2BaO\text{(산화바륨)} + O_2\uparrow\text{(산소)}$
  • **온수와 반응** $2BaO_2 + 2H_2O \rightarrow 2Ba(OH)_2\text{(수산화바륨)} + O_2\uparrow\text{(산소)}$

(5) 브로민산염류

  • 종류 : $KBrO_3$, $NaBrO_3$, $Ba(BrO_3)_2 \cdot 6H_2O$ 등

(6) 질산염류

  ① 질산칼륨(KNO_3)
    ㉮ 질산칼륨에 숯가루, 황가루를 혼합하여 흑색화약제조에 사용한다.
    ㉯ 열분해하여 산소를 방출한다.

    $$2KNO_3 \rightarrow 2KNO_2 + O_2\uparrow$$

    ㉰ 물, 글리세린에는 잘 녹으나 알코올, 에테르에는 잘 녹지 않는다.
    ㉱ 유기물 및 강산과 접촉 시 매우 위험하다.
    ㉲ 소화는 주수소화방법이 가장 적당하다.

흑색화약(Black Power)
❶ 원료 : 질산칼륨, 숯, 황
❷ 조성 : 75%KNO_3 + 15%C + 10%S
❸ 폭발반응식 : $38KNO_3 + 64C + 16S \rightarrow 3K_2CO_3 + 16K_2S + 19N_2 + 44CO_2 + 17CO$

② 질산나트륨($NaNO_3$)
  ㉮ 무색, 무취의 백색 분말
  ㉯ 조해성이 강하다.
  ㉰ 물, 글리세린에 녹고 알코올, 에테르에는 녹지 않는다.
  ㉱ 가열시 약 380℃에서 열분해 하여 아질산나트륨과 산소를 발생 시킨다.

$$2NaNO_3 \rightarrow 2NaNO_2 + O_2 \uparrow$$

  ㉲ 충격, 마찰, 타격을 피한다.
  ㉳ 유기물과 혼합을 피한다.
  ㉴ 화재 시 다량의 물로 냉각소화 한다.

③ 질산암모늄(NH_4NO_3)
  ㉮ 단독으로 가열, 충격 시 분해 폭발할 수 있다.
  ㉯ 화약원료로 쓰이며 유기물과 접촉 시 폭발우려가 있다.
  ㉰ 무색, 무취의 결정이다.
  ㉱ 조해성 및 흡습성이 매우 강하다.
  ㉲ 물에 용해 시 흡열반응을 나타낸다.
  ㉳ 급격한 가열충격에 따라 폭발의 위험이 있다.

  • 질산암모늄의 열분해 반응식 : $2NH_4NO_3 \rightarrow 2N_2 + O_2 + 4H_2O$

(7) 아이오딘산염류

$NaIO_3$, KIO_3, NH_4IO_3

(8) 과망가니즈산염류

① 과망가니즈산칼륨($KMnO_4$) ★★★
  ㉮ 흑자색의 주상결정으로 물에 녹아 진한보라색을 띠고 강한 산화력과 살균력이 있다.
  ㉯ 염산과 반응시 염소(Cl_2)를 발생시킨다.
  ㉰ 240℃에서 산소를 방출한다.

$$2KMnO_4 \rightarrow K_2MnO_4(망가니즈산칼륨) + MnO_2(이산화망가니즈) + O_2\uparrow (산소)$$

  ㉱ 알코올, 에테르, 글리세린, 황산과 접촉시 폭발우려가 있다.
  ㉲ 주수소화 또는 마른모래로 피복소화한다.
  ㉳ 강알칼리와 반응하여 산소를 방출한다.

② 과망가니즈산나트륨($NaMnO_4 \cdot 3H_2O$), 과망가니즈산칼슘($Ca(MnO_4)_2 \cdot 4H_2O$) 과망가니즈산칼륨과 비슷한 성질을 갖는다.

(9) 다이크로뮴산염류

$$K_2Cr_2O_7,\ Na_2Cr_2O_7 \cdot 2H_2O,\ (NH_4)_2Cr_2O_7$$

① 다이크로뮴산칼륨($K_2Cr_2O_7$)
- ㉮ 밝은 오렌지색 결정으로 녹는점 398℃, 비중 2.61이다.
- ㉯ 500℃ 이상으로 가열하면 산소를 방출하면서 분해한다.
- ㉰ 알코올에는 녹지 않지만 물에는 잘 녹는다.

② 다이크로뮴산나트륨($Na_2Cr_2O_7$)
- ㉮ 녹는점 356 ℃. 비중 2.35이다.
- ㉯ 400℃ 이상에서는 산소를 방출하면서 분해한다.
- ㉰ 물에는 잘 녹지만 알코올에는 녹지 않는다.

 2-2 제2류 위험물

1. 품명 및 지정수량 ★★★

성 질	품 명	지정수량	위험등급	비 고
가연성 고체	1. 황화인	100kg	Ⅱ	
	2. 적린			
	3. 황			• 순도가 60중량% 이상인 것
	4. 철분	500kg	Ⅲ	• 53㎛의 표준체 통과 50중량% 미만인 것 제외
	5. 금속분			• 알칼리금속, 알칼리토금속, 철, 마그네슘 제외 • 구리분, 니켈분 및 150㎛의 표준체를 통과하는 것이 50중량% 미만인 것 제외
	6. 마그네슘			• 2mm체 통과 못하는 덩어리 제외 • 직경 2mm 이상 막대모양 제외
	7. 인화성고체	1000kg		• 고형알코올 및 1기압에서 인화점이 40℃ 미만 고체

2. 제2류 위험물의 판단기준 ★★★★★

① 황

순도가 60중량% 이상인 것을 말한다. 이 경우 순도측정에 있어서 불순물은 활석등 불연성물질과 수분에 한한다.

② 철분
철의 분말로서 53μm의 표준체를 통과하는 것이 50중량% 미만인 것은 제외
③ 금속분
알칼리금속·알칼리토금속·철 및 마그네슘 외의 금속의 분말을 말하고, 구리분·니켈분 및 150μm의 체를 통과하는 것이 50중량% 미만인 것은 제외
④ 마그네슘은 다음 각목의 1에 해당하는 것은 제외한다.
㉮ 2mm의 체를 통과하지 아니하는 덩어리 상태의 것
㉯ 직경 2mm 이상의 막대 모양의 것
⑤ 인화성고체
고형알코올 그 밖에 1기압에서 인화점이 섭씨 40도 미만인 고체

3. 공통적 성질 ★★

① 낮은 온도에서 착화가 쉬운 **가연성 고체**
② **연소속도가 빠른 고체**
③ 연소 시 **유독가스**를 발생하는 것도 있다.
④ 금속분은 물 또는 산과 접촉시 발열된다.

4. 저장 및 취급방법 ★★

① **산화제와 접촉을 피한다.**
② 점화원, 고온물체, 가열을 피한다.
③ 금속분은 물 또는 산과 접촉을 피한다.

5. 소화방법 ★★★

① 금속분을 제외하고 주수에 의한 **냉각소화**를 한다.
② **금속분은 마른모래로 소화**한다.

6. 품명에 따른 특성 ★★★

(1) 황화인(제2류 위험물) : 황과 인의 화합물

① 삼황화인(P_4S_3)
㉮ 황색결정으로 물, 염산, 황산에 녹지 않으며 질산, 알칼리, 이황화탄소에 녹는다.
㉯ 조해성이 없다.

㉰ 연소하면 오산화인과 이산화황이 생긴다.

$$P_4S_3 + 8O_2 \rightarrow 2P_2O_5 + 3SO_2\uparrow$$

② 오황화인(P_2S_5)
  ㉮ 담황색 결정이고 조해성이 있다.
  ㉯ 수분을 흡수하면 분해된다.
  ㉰ 이황화탄소(CS_2)에 잘 녹는다.
  ㉱ 물, 알칼리와 반응하여 인산과 황화수소를 발생한다.

$$P_2S_5 + 8H_2O \rightarrow 2H_3PO_4 + 5H_2S\uparrow$$

③ 칠황화인(P_4S_7)
  ㉮ 담황색 결정이고 조해성이 있다.
  ㉯ 수분을 흡수하면 분해 된다.
  ㉰ 이황화탄소(CS_2)에 약간 녹는다.
  ㉱ 냉수에는 서서히 분해가 되고 더운물에는 급격히 분해 된다.

(2) 적린(P) ★★★

① **황린의 동소체**이며 황린보다 안정하다.
② 공기 중에서 자연발화하지 않는다.(**발화점 : 260℃, 승화점 : 460℃**)
③ **황린을 공기차단상태**에서 가열, 냉각 시 **적린으로 변한다**.

$$황린(P_4) \xrightarrow{\text{공기차단(250℃가열, 냉각)}} 적린(P)$$

④ 성냥, 불꽃놀이 등에 이용된다.
⑤ **연소 시 오산화인**(P_2O_5)**이 생성**된다.

$$4P + 5O_2 \rightarrow 2P_2O_5(오산화인)$$

⑥ 다량의 물을 주수하여 **냉각 소화**한다.

동소체 : 같은 원소로 구성되어 있으나 성질이 다른 단체
동소체의 종류
❶ 산소(O_2)와 오존(O_3)   ❷ 적린(P)과 황린(P_4)
❸ 사방황(S), 단사황(S), 고무상황(S)   ❹ 다이아몬드(C)와 흑연(C)

동소체의 확인방법
연소 시 같은 물질이 생성되는 것을 확인한다.
   적린 $4P + 5O_2 \rightarrow 2P_2O_5$(오산화인)
   황린 $P_4 + 5O_2 \rightarrow 2P_2O_5$(오산화인)
• 적린(가연성고체)은 제2류 위험물이고 황린(자연발화성)은 제3류 위험물이다.

(3) 황(S)

① 동소체로 사방황, 단사황, 고무상황이 있다.
② 황색의 고체 또는 분말상태이다.
③ **물에 녹지 않고 이황화탄소**(CS_2)**에는 잘 녹는다.**
④ 공기 중에서 연소 시 푸른 불꽃을 내며 이산화황이 생성된다.

$$S + O_2 \rightarrow SO_2 \text{ (이산화황 또는 아황산가스)}$$

⑤ 산화제와 접촉 시 위험하다.
⑥ 분진폭발의 위험성이 있고 목탄가루와 혼합시 가열, 충격, 마찰에 의하여 폭발위험성이 있다.
⑦ 다량의 물로 주수소화 또는 질식 소화한다.

(4) 철분(Fe)

① 회백색 금속광택을 가진 비교적 연한금속분말이다.
② 철을 **염산에 용해시키면 수소가 발생**한다.

$$Fe + 2HCl \rightarrow FeCl_2 + H_2 \uparrow$$

③ 가열된 철은 수증기와 반응하여 수소를 발생시킨다.(주수소화금지)

$$3Fe + 4H_2O \rightarrow Fe_3O_4 + 4H_2 \uparrow$$

④ **주수소화는 엄금**이며 **마른모래** 등으로 피복 소화한다.

(5) 금속분(금속분말)

① 알루미늄분(Al) ★★★
  ㉮ 산화제와 혼합시 가열, 충격, 마찰 등에 의하여 착화위험이 있다.
  ㉯ 할로젠원소(F, Cl, Br, I)와 접촉 시 자연발화 위험이 있다.
  ㉰ **분진폭발** 위험성이 있다.
  ㉱ 가열된 알루미늄은 **수증기와 반응하여 수소를 발생**시킨다.(주수소화금지)

$$2Al + 6H_2O \rightarrow 2Al(OH)_3 + 3H_2 \uparrow$$

  ㉲ **주수소화는 엄금**이며 마른모래 등으로 피복 소화한다.

② 아연분(Zn)
  ㉮ 은백색의 분말이다.
  ㉯ 공기 중 가열 시 쉽게 연소된다.
  ㉰ **산, 알칼리에 녹아 수소**(H_2)**를 발생시킨다.**
  ㉱ **주수소화는 엄금**이며 마른모래 등으로 피복 소화한다.

(6) 마그네슘(Mg) ★★★

① 2mm체 통과 못하는 덩어리는 위험물에서 제외 한다.
② 직경 2mm 이상 막대모양은 위험물에서 제외한다.
③ 은백색의 광택이 나는 가벼운 금속이다.
④ 물과 반응하여 수소기체 발생

$$Mg + 2H_2O \rightarrow Mg(OH)_2(수산화마그네슘) + H_2\uparrow (수소발생)$$

⑤ 이산화탄소약제를 방사하면 폭발적으로 반응하기 때문에 위험하다.
- 마그네슘과 CO_2의 반응식 : $2Mg + CO_2 \rightarrow 2MgO + C$

⑥ 산과 작용하여 수소를 발생시킨다.
- 마그네슘과 황산의 반응식 : $Mg + H_2SO_4 \rightarrow MgSO_4 + H_2$
- 마그네슘과 염산의 반응식 : $Mg + 2HCl \rightarrow MgCl_2 + H_2\uparrow$

⑦ 공기 중 습기에 발열되어 자연발화 위험이 있다.
- 마그네슘의 연소식 : $2Mg + O_2 \rightarrow 2MgO + QKcal$

⑧ 주수소화는 엄금이며 마른모래 등으로 피복 소화한다.

(7) 인화성고체

고형알코올 또는 1기압에서 인화점이 40℃ 미만인 고체를 말한다.

고형알코올
합성수지와 메틸알코올로 고체화시킨 것으로 인화점은 30℃이다.
❶ 비누류에 알코올을 흡수시킨 것과 아세트산 셀룰로스를 빙초산 또는 아세톤에 녹여서 알코올을 흡수시켜 겔 상태로 만든 것
❷ 깡통에 넣어 휴대용 연료로 등산·캠핑 등을 할 때 사용하며, 점화하면 불꽃을 내며 서서히 연소
❸ 안개 속에서나 비가 올 때도 타며, 특히 연료를 구하기 어려운 겨울등산 등에는 편리한 연료로 사용

2-3 제3류 위험물

1. 품명 및 지정수량 ★★★

성 질	품 명	지정수량	위험등급
자연 발화성 및 금수성 물질	1. 칼륨	10kg	I
	2. 나트륨		
	3. 알킬알루미늄		
	4. 알킬리튬		
	5. 황린	20kg	
	6. 알칼리금속(칼륨 및 나트륨 제외)및 알칼리토금속	50kg	II
	7. 유기금속화합물(알킬알루미늄 및 알킬리튬 제외)		
	8. 금속의 수소화물	300kg	III
	9. 금속의 인화물		
	10. 칼슘 또는 알루미늄의 탄화물		

2. 공통적 성질 ★★

① 물과 접촉 시 **발열반응 및 가연성 가스를 발생**한다.
② 대부분 **금수성 및 불연성 물질**(황린, 칼륨, 나트륨, 알킬알루미늄제외)이다.
③ 대부분 무기물이며 고체상태이다.

3. 저장 및 취급방법 ★★

① **물과 접촉을 피한다.**
② 보호액속에 저장 시 보호액 표면의 노출에 주의한다.
③ 화재 시 소화가 어려우므로 **소분(소량씩 분리함)**하여 저장한다.

4. 소화방법

① 물에 의한 **주수소화는 절대 금한다.**
② 마른모래 또는 금속화재용 분말약제로 소화한다.
③ **알킬알루미늄**화재는 **팽창질석 또는 팽창진주암**으로 소화한다.

5. 품명에 따른 특성

(1) 칼륨(K) ★★★★★

① 가열시 **보라색 불꽃**을 내면서 연소한다.
② **물과 반응하여 수소 및 열을 발생한다.**(금수성 물질)

$$2K + 2H_2O \rightarrow 2KOH + H_2\uparrow + 92.8kcal$$

③ **보호액으로 파라핀, 경유, 등유**를 사용한다.
④ 피부와 접촉 시 화상을 입는다.
⑤ 마른모래 등으로 질식 소화한다.
⑥ 화학적으로 활성이 대단히 크고 **알코올과 반응하여 수소를 발생**시킨다.

$$2K + 2C_2H_5OH \rightarrow 2C_2H_5OK + H_2\uparrow$$

석유란 무엇인가?
석유를 지하에서 지상으로 올렸을 때 그 기름을 '원유'라고 합니다. 원유를 분별증류하면 휘발유(가솔린), 등유, 경유, 중유의 4가지, 그리고 기체인 석유가스와 찌꺼기 아스팔트까지 총 6가지로 분류됩니다.

(2) 나트륨(Na) ★★★★★

① 가열시 **노란색 불꽃**을 내면서 연소한다.
② **물과 반응하여 수소 및 열을 발생한다.**(금수성 물질)

$$2Na + 2H_2O \rightarrow 2NaOH + H_2\uparrow + 88.2kcal$$

③ **보호액으로 파라핀, 경유, 등유**를 사용한다.
④ 피부와 접촉 시 화상을 입는다.
⑤ 마른모래 등으로 질식 소화한다.

금속나트륨 화재 시 CO_2소화기 사용금지 이유
(금속나트륨과 이산화탄소는 폭발적으로 반응하기 때문에 위험)
$4Na + 3CO_2 \rightarrow 2Na_2CO_3 + C$

(3) 알킬알루미늄[$(C_nH_{2n+1}) \cdot Al$] ★★★

① 알킬기(C_nH_{2n+1})에 알루미늄(Al)이 결합된 화합물이다.
② $C_1 \sim C_4$는 자연발화의 위험성이 있다.
③ **물과 접촉시 가연성 가스 발생하므로 주수소화는 절대 금지**한다.

㉮ 트라이메틸알루미늄(TMA : Tri Methyl Aluminium)

$$(CH_3)_3Al + 3H_2O \rightarrow Al(OH)_3 + 3CH_4 \uparrow \text{(메탄)}$$

㉯ 트라이에틸알루미늄(TEA : Tri Eethyl Aluminium)

$$(C_2H_5)_3Al + 3H_2O \rightarrow Al(OH)_3 + 3C_2H_6 \uparrow \text{(에탄)}$$

$$(C_2H_5)_3Al + 3CH_3OH \rightarrow Al(CH_3O)_3\text{(트라이메톡시알루미늄)} + 3C_2H_6\text{(에탄)}$$

④ 알킬알루미늄의 희석제
㉮ 벤젠   ㉯ 헥산   ㉰ 톨루엔   ㉱ 펜탄   ㉲ 헵탄

⑤ 알킬알루미늄의 종류
㉮ 트라이메틸알루미늄(TMA)[$(CH_3)_3Al$]
㉯ 트라이에틸알루미늄(TEA)[$(C_2H_5)_3Al$]

⑥ 저장용기에 **불활성기체**(N_2)**를 봉입**한다.

⑦ 피부접촉 시 화상을 입히고 연소시 흰연기가 발생한다.

⑧ 소화 시 주수소화는 절대 금하고 **팽창질석**, **팽창진주암** 등으로 **피복 소화**한다.

(4) 알킬리튬[$(C_nH_{2n+1})Li$]

① 알킬기(C_nH_{2n+1})에 Li이 결합된 화합물이다.

② **물과 접촉 시 가연성 가스 발생**한다.

③ 주수소화 절대 금하고 팽창질석, 팽창진주암 등으로 피복 소화한다.

메틸리튬(CH_3Li), 에틸리튬(C_2H_5Li)
❶ 제3류위험물의 알킬리튬에 해당
❷ 금수성이고 또한 자연발화성 물질
❸ 은백색의 연한 금속으로서 공기 중에 노출되면 자연발화위험
❹ 저장용기에는 벤젠, 헥산, 톨루엔, 펜탄, 헵탄 등의 안전 희석용 용제를 넣는다.
❺ 질소(N_2) 아르곤(Ar) 등의 불활성가스를 봉입
❻ 취급 중에는 불활성가스 중에서 취급

(5) 황린(P_4)[별명 : 백린] ★★★★★

① 백색 또는 담황색의 고체이다.

② 공기 중 약 **40~50℃에서 자연발화**한다.

③ 저장시 자연발화성이므로 반드시 **물속에 저장**한다.

④ **인화수소(PH_3)의 생성을 방지**하기 위하여 물의 **pH=9가 안전한계**이다.

⑤ 물의 온도가 상승시 황린의 용해도가 증가되어 산성화속도가 빨라진다.

⑥ **연소 시 오산화인(P_2O_5)의 흰 연기가 발생**한다.

$$P_4 + 5O_2 \rightarrow 2P_2O_5$$

⑦ **강알칼리의 용액**에서는 유독기체인 **포스핀**(PH_3) **발생**한다. 따라서 저장시 물의 pH(수소이온농도)는 9를 넘어서는 안된다.
(• 물은 약알칼리의 석회 또는 소다회로 중화하는 것이 좋다.)

$$P_4 + 3NaOH + 3H_2O \rightarrow 3NaH_2PO_2 + PH_3\uparrow$$

⑧ 약 260℃로 가열(공기차단)시 적린이 된다.
⑨ 피부 접촉 시 화상을 입는다.
⑩ 소화는 물분무, 마른모래 등으로 질식 소화한다.
⑪ 고압의 주수소화는 황린을 비산시켜 연소면이 확대될 우려가 있다.

[황린과 적린의 비교]

구 분	황 린	적 린
• 외관	백색 또는 담황색 고체	검붉은 분말
• 냄새	마늘냄새	없음
• 용해성	이황화탄소(CS_2)에 잘 녹는다.	이황화탄소(CS_2)에 녹지 않는다.
• 공기중 자연발화	자연발화(40℃~50℃)	자연발화 없음
• 발화점	약 34℃	약 260℃
• 연소시 생성물	오산화인(P_2O_5)	오산화인(P_2O_5)
• 독 성	맹독성	독성 없음
• 사용 용도	적린제조, 농약	성냥 껍질

(6) 알칼리금속(K, Na 제외) 및 알칼리토금속

① **리튬(Li)**
  ㉮ 은백색의 가벼운 알칼리금속으로 칼륨(K), 나트륨(Na)과 성질이 비슷하다.
  ㉯ 물과 극렬히 반응하여 수소(H_2)를 발생한다.

$$2Li + 2H_2O \rightarrow 2LiOH + H_2\uparrow$$

  ㉰ 주기율표 1족에 속하는 알칼리금속원소
  ㉱ 2차 전지 생산의 원료로 사용
  ㉲ 원자번호 3, 원자량 6.9, 녹는점 180.54℃, 끓는점 1347℃, 비중 0.534

② **칼슘(Ca)**
  ㉮ 은백색의 알칼리토금속이며 결합력이 강하다.
  ㉯ 물과 작용하여 수소(H_2)를 발생한다.

$$Ca + 2H_2O \rightarrow Ca(OH)_2 + H_2\uparrow$$

③ 알칼리금속 및 알칼리토금속의 소화

　　　물 및 포약제의 소화는 절대 금하고 마른모래 등으로 피복소화한다.

(7) 금속의 수소화물

① 수소화리튬(LiH)

㉮ 알칼리 금속의 수소화물중 가장 안정된 화합물이다.

㉯ 물과 반응하여 **수소(H_2)를 발생**한다.

$$LiH + H_2O \rightarrow LiOH + H_2 \uparrow$$

㉰ 알코올에는 용해되지 않는다.

㉱ 물 및 포약제의 소화는 절대 금하고 마른모래 등으로 피복소화한다.

② 수소화나트륨(NaH)

㉮ 습기가 많은 공기중 분해한다.

㉯ 물과 격렬히 반응하여 **수소(H_2)를 발생**한다.

$$NaH + H_2O \rightarrow NaOH + H_2 \uparrow + 21kcal$$

㉰ 물 및 포약제의 소화는 절대 금하고 마른모래 등으로 피복소화한다.

③ 수소화칼슘(CaH_2)

㉮ 물과 반응하여 수소를 발생한다.

$$CaH_2 + 2H_2O \rightarrow Ca(OH)_2 + 2H_2 + 48kcal$$

㉯ 물 및 포약제 소화는 절대 금하고 마른모래 등으로 피복소화한다.

금속의 수소화물 : 위험물 제3류
① 수소화바륨(BaH_2)　　　② 리튬알루미늄하이드라이드($LiAlH_4$)
③ 수소화나트륨(NaH)　　　④ 수소화칼슘(CaH_2)

(8) 금속의 인화물

① 인화칼슘(Ca_3P_2)[별명 : 인화석회] ★★★★

㉮ 적갈색의 괴상고체

㉯ 물 및 약산과 격렬히 반응, 분해하여 **인화수소(포스핀)(PH_3)을 생성**한다.

$$Ca_3P_2 + 6H_2O \rightarrow 3Ca(OH)_2 + 2PH_3 \text{(인화수소=포스핀)}$$
$$Ca_3P_2 + 6HCl \rightarrow 3CaCl_2 + 2PH_3 \text{(인화수소=포스핀)}$$

㉰ **포스핀은 맹독성가스**이므로 취급시 방독마스크를 착용한다.

㉱ 물 및 포약제의 의한 소화는 절대 금하고 마른모래 등으로 피복하여 자연진

화되도록 기다린다.
② 인화알루미늄(AlP)
㉮ 황색 또는 암회색 분말
㉯ 물과 작용하여 포스핀(PH_3)의 유독성 가스를 발생.

$$AlP + 3H_2O \rightarrow Al(OH)_3(수산화알루미늄) + PH_3 \uparrow (포스핀)$$

(9) 칼슘 또는 알루미늄의 탄화물

① 탄화칼슘(CaC_2) : 제 3류 위험물 중 칼슘탄화물
㉮ 물과 접촉 시 아세틸렌을 생성하고 열을 발생시킨다.

$$CaC_2 + 2H_2O \rightarrow Ca(OH)_2(수산화칼슘) + C_2H_2 \uparrow (아세틸렌)$$

㉯ 아세틸렌의 폭발범위는 2.5~81%로 대단히 넓어서 폭발위험성이 크다.
㉰ 장기 보관 시 불활성기체(N_2 등)를 봉입하여 저장한다.
㉱ 고온(700℃)에서 질화되어 석회질소($CaCN_2$)가 생성된다.

$$CaC_2 + N_2 \rightarrow CaCN_2(석회질소) + C(탄소)$$

㉲ 물 및 포 약제에 의한 소화는 절대 금하고 마른모래 등으로 피복 소화한다.
② 탄화알루미늄(Al_4C_3) ★★★
㉮ 물과 접촉시 **메탄가스를 생성**하고 발열반응을 한다.

$$Al_4C_3 + 12H_2O \rightarrow 4Al(OH)_3 + 3CH_4(메탄) + 360kcal$$

㉯ 황색 결정 또는 백색분말로 **1400℃ 이상에서는 분해**가 된다.
㉰ 물 및 포약제에 의한 소화는 절대 금하고 마른모래 등으로 피복소화한다.
③ 탄화망가니즈

• 물과의 반응식
$Mn_3C + 6H_2O \rightarrow 3Mn(OH)_2(수산화망가니즈) + CH_4(메탄) + H_2 \uparrow (수소)$

2-4 제4류 위험물

1. 품명 및 지정수량 ★★★★★

성질	품명		지정수량	위험등급	비고
인화성 액체	특수인화물		50L	I	• 발화점 100℃ 이하 • 인화점 -20℃ 이하 & 비점 40℃ 이하 • 이황화탄소, 다이에틸에터
	제1석유류	비수용성	200L	II	• 인화점 21℃ 미만 • 아세톤, 휘발유
		수용성	400L		
	알코올류		400L		• C_1~C_3 포화1가 알코올 (변성알코올 포함)
	제2석유류	비수용성	1000L	III	• 인화점 21℃ 이상 70℃ 미만 • 등유, 경유
		수용성	2000L		
	제3석유류	비수용성	2000L		• 인화점 70℃ 이상 200℃ 미만 • 중유, 크레오소트유
		수용성	4000L		
	제4석유류		6000L		• 인화점이 200℃ 이상 250℃ 미만인 것
	동식물유류		10000L		• 동물의 지육 또는 식물의 종자나 과육으로부터 추출한 것으로 1기압에서 인화점이 250℃ 미만인 것

[제4류 위험물의 지정품목과 기타조건에 의한 분류]

구분	지정품목	기타 조건 (1atm에서)
특수인화물	• 이황화탄소 • 다이에틸에터	• 발화점 100℃ 이하 • 인화점 -20℃ 이하 이고 비점이 40℃ 이하
제1석유류	• 아세톤 • 휘발유	• 인화점 21℃ 미만.
알코올류	C_1 ~ C_3 까지 포화 1가 알코올 (변성알코올 포함) • 메틸알코올 • 에틸알코올 • 프로필알코올	
제2석유류	• 등유 • 경유	• 인화점 21℃ 이상 70℃ 미만
제3석유류	• 중유 • 크레오소트유	• 인화점 70℃ 이상 200℃ 미만
제4석유류	• 기어유 • 실린더유	• 인화점 200℃ 이상 250℃ 미만
동식물유류	• 동물의 지육 등 또는 식물의 종자나 과육으로부터 추출한 것으로서 인화점이 250℃ 미만인 것	

2. 공통적 성질 ★★★

① 대단히 인화되기 쉬운 인화성액체이다.
② 증기는 공기보다 무겁다.(증기비중=분자량/공기평균분자량(28.84))
③ 증기는 공기와 약간 혼합되어도 연소한다.
④ 일반적으로 물보다 가볍고 물에 잘 안 녹는다.

3. 저장 및 취급방법 ★★★

① 화기의 접근은 절대로 금한다.
② 증기 및 액체의 누출을 피한다.
③ 액체의 이송 및 혼합시 정전기 방지 위한 접지를 한다.
④ 증기의 축적을 방지하기 위하여 통풍장치를 한다.

4. 소화방법 ★★★

① 봉상의 주수소화는 연소면 확대로 절대 금한다.
  (단, 수용성 위험물은 주수소화도 가능하다)

봉상주수
물 방사형태가 막대모양으로 옥내 및 옥외소화전설비가 여기에 해당 된다.

② 일반적으로 포약제에 의한 소화방법이 가장 적당하다.
③ 수용성인 알코올화재는 포약제 중 알코올포를 사용한다.
④ 물에 의한 분무소화도 효과적이다.

5. 품명에 따른 특성

(1) 특수인화물(이다아산) ★★★★

이황화탄소, 다이에틸에터 그 밖에 1기압에서 발화점이 100℃ 이하 또는 인화점이 −20℃ 이하이고 비점이 40℃ 이하인 것

특수인화물(이다아산)
① 이황화탄소(CS_2) ② 다이에틸에터($C_2H_5OC_2H_5$)
③ 아세트알데하이드(CH_3CHO) ④ 산화프로필렌(CH_3CH_2CHO)

① 이황화탄소(CS_2) ★★★★★
　㉮ 무색투명한 액체이다.
　㉯ 물에는 녹지 않고 알코올, 에테르, 벤젠 등 유기용제에 녹는다.
　㉰ 햇빛에 방치하면 황색을 띤다.
　㉱ 연소 시 아황산가스(SO_2) 및 CO_2를 생성한다.

$$CS_2 + 3O_2 \rightarrow CO_2 + 2SO_2$$

　㉲ 물과 반응하여 황화수소와 이산화탄소를 발생한다.

$$CS_2(이황화탄소) + 2H_2O(물) \rightarrow 2H_2S(황화수소) + CO_2(이산화탄소)$$

　㉳ 저장 시 저장탱크를 물속에 넣어 저장한다.
　㉴ 4류 위험물중 착화온도(100℃)가 가장 낮다.
　㉵ 화재 시 다량의 포를 방사하여 질식 및 냉각 소화한다.

② 다이에틸에터($C_2H_5OC_2H_5$) ★★★
　㉮ 증기비중=2.55(증기비중=분자량/공기평균분자량=74/29=2.55)
　㉯ 연소범위(폭발범위)는 1.7~48%이다.
　㉰ 직사광선에 장시간 노출 시 과산화물 생성

과산화물 생성 확인방법
다이에틸에터 + KI용액(10%) → 황색변화(1분 이내)

　㉱ 용기에는 5% 이상 10% 이하의 안전공간 확보할 것
　㉲ 용기는 갈색 병을 사용하며 냉암소에 보관.
　㉳ 정전기 방지를 위하여 약간의 $CaCl_2$를 넣어준다
　㉴ 폭발성의 과산화물 생성방지를 위해 용기 내에 40mesh 구리 망을 넣어준다.

다이에틸에터 제조방법
$$C_2H_5OH + C_2H_5OH \xrightarrow{C-H_2SO_4} C_2H_5OC_2H_5 + H_2O$$

③ 메틸에틸에테르($CH_3OC_2H_5$)
　㉮ 무색의 휘발성 액체이다.
　㉯ 증기는 달콤한 냄새를 가진다.
　㉰ 물, 알코올, 아세톤, 클로로포름에 녹는다.
　㉱ 직사광선에 노출시 과산화물을 생성한다.
　㉲ 인화점 -37℃, 비점 10℃, 연소범위 2.0~10.1%이다.

④ 아세트알데하이드(CH_3CHO) ★★★
  ㉮ 휘발성이 강하고 과일냄새가 있는 무색 액체
  ㉯ 물, 에탄올에 잘 녹는다.
  ㉰ 산화되어 초산(CH_3COOH)이 된다.

  $$2CH_3CHO + O_2 \rightarrow 2CH_3COOH(초산)$$

  ㉱ 연소범위는 약 4~60%이다.
  ㉲ 저장용기 사용 시 구리, 마그네슘, 은, 수은 및 합금용기는 사용금지.(중합 반응 때문)
  ㉳ 다량의 물로 주수 소화한다.
  ㉴ 아세트알데하이드 등을 취급하는 설비에는 연소성 혼합기체의 생성에 의한 폭발을 방지하기 위한 불활성기체 또는 수증기를 봉입하는 장치를 갖출 것

⑤ 산화프로필렌(CH_3CH_2CHO) ★★★
  ㉮ 휘발성이 강하고 에테르냄새가 나는 액체이다.
  ㉯ 물, 알코올, 벤젠 등 유기용제에는 잘 녹는다.
  ㉰ 연소범위는 2.8~37%이다.
  ㉱ 저장용기 사용 시 구리, 마그네슘, 은, 수은 및 합금용기 사용금지(아세틸라이트 생성)
  ㉲ 저장 용기 내에 질소(N_2) 등 불연성가스를 채워둔다.
  ㉳ 소화는 포 약제로 질식 소화한다.

(2) 제1석유류(아가 BTCM PH 초개) ★★★

아세톤, 휘발유 그 밖에 1기압에서 인화점이 21℃ 미만인 것

> **제1석유류(아가콜 BTM PH 초개)**
> 여기서 B : Benzene, T : Toluene, M : MEK, P : Pyridine, H : Hexane
> ❶ 아세톤(CH_3COCH_3)   ❷ 휘발유(가솔린)
> ❸ 벤젠(C_6H_6)   ❹ 톨루엔($C_6H_5CH_3$)
> ❺ 콜로디온(질화면+알코올(3)+에테르(1))
> ❻ 메틸에틸케톤(Methyl Ethyl Keton, MEK)[$CH_3COC_2H_5$]
> ❼ 피리딘(C_5H_5N)   ❽ 헥산(C_6H_{14})
> ❾ 초산에스터류   ❿ 의산(개미산)에스터류

① 아세톤(CH_3COCH_3) ★★
  ㉮ 무색의 휘발성 액체이다.
  ㉯ 물 및 유기용제에 잘 녹는다.

㉰ 아이오딘포름 반응을 한다.

아이오딘포름 반응
- 아세톤, 아세트알데하이드, 에틸알코올에 수산화칼륨(KOH)과 아이오딘을 반응시키면 노란색의 아이오딘포름(CHI_3)의 침전물이 생성된다.
- 분자 중에 $CH_3CH(OH)-$나 CH_3CO-(아세틸기)를 가진 물질은 I_2와 KOH나 NaOH를 넣고 60℃~80℃로 가열하면, 황색의 아이오딘포름(CHI_3) 침전이 생김

$$아세톤, 아세트알데하이드, 에틸알코올 \xrightarrow{KOH + I_2} 아이오딘포름(CHI_3)(노란색)$$

- 아세톤 : $CH_3COCH_3 + 3I_2 + 4NaOH \rightarrow CH_3COONa + 3NaI + CHI_3 \downarrow + 3H_2O$
- 아세트알데하이드 : $CH_3CHO + 3I_2 + 4NaOH \rightarrow HCOONa + 3NaI + CHI_3 \downarrow + 3H_2O$
- 에틸알코올 : $C_2H_5OH + 4I_2 + 6NaOH \rightarrow HCOONa + 5NaI + CHI_3 \downarrow + 5H_2O$

㉱ 아세틸렌을 잘 녹이므로 아세틸렌(용해가스) 저장시 아세톤에 용해시켜 저장한다.
㉲ 보관 중 황색으로 변색되며 햇빛에 분해가 된다.
㉳ 피부 접촉 시 탈지작용을 한다.
㉴ 다량의물 또는 알코올포로 소화한다.

② **휘발유(가솔린)** ★★
㉮ C_5~C_9까지의 포화, 불포화 탄화수소의 혼합물
㉯ 연소범위 : 1.2~7.6%
㉰ 발화점 : 300℃, 인화점이 −20~−43℃로 낮아 상온에서도 매우 위험하다.
㉱ 전기의 부도체이며 정전기발생에 주의하여야 한다.
㉲ 연소성 향상을 위하여 4−에틸납((C_2H_5)$_4$Pb)을 첨가하여 오렌지색 또는 청색으로 착색되어 있다.(옥탄가 향상 때문)
㉳ 자동차에 사용하는 휘발유에는 배기가스 유해성 때문에 4−에틸납을 첨가하지 않는다.(무연휘발유 사용)
㉴ 이소옥탄(ISO octane)의 옥탄가를 100 헵탄(heptane)의 옥탄가를 0으로 하여 옥탄가를 측정한다.

$$옥탄가 = \frac{이소옥탄(ISO-octane)}{이소옥탄(ISO-octane) + 헵탄(Heptane)} \times 100$$

㉵ 포에 의한 소화가 가장 효과적이다.

가솔린 제조방법
❶ 직류법   ❷ 열분해법   ❸ 접촉개질법

③ 벤젠(C_6H_6)
  ㉮ 무색 투명한 휘발성 액체이다.
  ㉯ 착화온도 : 562℃ (이황화탄소의 착화온도 100℃)
  ㉰ 방향성이 있으며 증기는 마취성 및 독성이 강하다.
  ㉱ 물에는 용해되지 않고 아세톤, 알코올, 에테르 등 유기용제에 용해된다.
  ㉲ 취급 시 정전기에 유의해야 한다.
  ㉳ 소화는 다량 포약제로 질식 및 냉각소화한다.

④ 톨루엔($C_6H_5CH_3$) ★★★★★
  ㉮ 무색 투명한 휘발성 액체이다.
  ㉯ 물에는 용해되지 않고 유기용제에 용해된다.
  ㉰ 독성은 벤젠의 $\frac{1}{10}$ 정도이다.
  ㉱ 소화는 다량의 포약제로 질식 및 냉각소화한다.

⑤ 콜로디온(질화면+알코올(3)+에테르(1)) ★★★
  ㉮ 무색의 점성이 있는 액체
  ㉯ 연소시 용제가 휘발한 후에 폭발적으로 연소한다.
  ㉰ 질화도가 낮은 질화면에 알코올(3), 에테르(1), 혼합액에 녹인 것이다.
  ㉱ 얇게 늘이면 무색 투명한 필름
  ㉲ 포약제중 알코올포로 소화한다.

⑥ 메틸에틸케톤(Methyl Ethyl Keton, MEK)[$CH_3COC_2H_5$]
  ㉮ 무색의 액체이며 물, 알코올, 에테르에 잘 녹는다.
  ㉯ 탈지작용이 있으므로 직접 피부에 닿지 않도록 한다.
  ㉰ 화재 시 물분무 또는 알코올포로 질식소화를 한다.
  ㉱ 저장 시 용기는 밀폐하여 통풍이 양호하고 찬 곳에 저장한다.
  ㉲ 융점은 약 −86.4℃이다

⑦ 피리딘(C_5H_5N)
  ㉮ 물, 알코올, 에테르에 잘 녹는다.
  ㉯ 약알칼리성을 나타낸다.
  ㉰ 순수한 것은 무색 투명액체이며 악취와 독성을 갖고 있다.
  ㉱ 발화점 : 482℃
  ㉲ 인화점은 20℃로 상온(20℃)과 거의 비슷하다.
  ㉳ 흡습성이 강하고 질산과 가열해도 폭발하지 않는다.

⑧ 헥산(C_6H_{14})
  ㉮ 무색투명한 휘발성액체

㉯ 물에 녹지 않고 알코올, 에테르에 녹는다.

⑨ 초산에스터류

　㉮ 아세트산메틸(초산메틸)[CH_3COOCH_3]
　　㉠ 과일 냄새를 가진 무색투명한 액체이다.
　　㉡ 수용액상태에서도 인화의 위험이 있다.
　　㉢ 물에 녹으며 수지, 유기물을 잘 녹인다.
　　㉣ 인화성물질로서 인화점은 −4℃ 이하이다.
　　㉤ 강산화제와 접촉을 피할 것
　　㉥ 피부에 닿으면 탈지작용을 한다.
　　㉦ 화재 시 알코올포로 소화한다.
　　㉧ 공업용 메탄올을 함유하므로 독성이 있다.

　㉯ 아세트산에틸(초산에틸)[$CH_3COOC_2H_5$]
　　㉠ 파인애플, 딸기, 간장 등의 휘발성방향성분으로 무색 투명한 액체
　　㉡ 물, 알코올, 유기용매에 녹는다.
　　㉢ 연소범위 2.0~11.5%, 비중 0.897~0.906, 녹는점 −83.6℃, 끓는점 77.15℃.

⑩ 의산(개미산)에스터류

　㉮ 의산(개미산)메틸($HCOOCH_3$) − 수용성
　　㉠ 무색 투명한 액체
　　㉡ 증기는 마취성이 있고 독성이 강하다.
　　㉢ 물에 잘 녹는다.

　㉯ 의산(개미산)에틸($HCOOC_2H_5$)
　　㉠ 무색 투명한 액체
　　㉡ 에테르, 벤젠에 잘 녹으며 물에는 약간 녹는다.

⑪ 사이클로헥산(Cyclohexane) C_6H_{12}

　㉮ 무색의 액체이며 자극성이 있고 변질되기 쉽다.
　㉯ 발화점 260℃, 비중 0.78(20℃), 비점 81.4℃, 인화점 −20℃, 연소범위 1.3%~8%
　㉰ 알코올, 에테르에 쉽게 녹고 물에는 녹지 않는다.
　㉱ 제품의 주요한 불순물은 벤젠, 사이클로헥센이다.

(3) 알코올류 ★★★★

1분자를 구성하는 탄소원자의 수가 1개부터 3개까지인 포화1가 알코올(변성알코올 포함)

제 1 부 핵심요점정리

 **알코올류(메 에 프 변 퓨)**
❶ 메틸알코올(CH_3OH) ❷ 에틸알코올(C_2H_5OH)
❸ 프로필알코올(C_3H_7OH) ❹ 변성알코올 ❺ 퓨젤유

① 메틸알코올(CH_3OH)
  ㉮ 무색, 투명한 술 냄새가 나는 휘발성 액체로 목정 또는 메탄올이라고도 한다.
  ㉯ 물에 아주 잘 녹으며, 먹으면 실명 또는 사망할 수 있다.
  ㉰ 연소 시 주간에는 불꽃이 잘 보이지 않는다.
  ㉱ 공기 중에서 연소 시 연한 불꽃을 낸다.

$$2CH_3OH + 3O_2 \rightarrow 2CO_2 + 4H_2O$$

  ㉲ 비중이 물보다 작다.
  ㉳ 연소범위 : 7.3~36%, 인화점 : 11℃
  ㉴ Me-OH는 현장에서 많이 사용하는 약어로서 Methanol 또는 Methyl alcohol을 의미한다.

② 에틸알코올(C_2H_5OH)
  ㉮ 술속에 포함되어 있어 주정이라고 한다.
  ㉯ 무색투명한 액체이다.
  ㉰ 물에 아주 잘 녹으며 유기용제이다.
  ㉱ 연소시 주간에는 불꽃이 잘 보이지 않는다.

$$C_2H_5OH + 3O_2 \rightarrow 2CO_2 + 3H_2O$$

  ㉲ 금속나트륨, 금속칼륨을 가하면 수소(H_2)가 발생한다.

$$2C_2H_5OH + 2Na \rightarrow 2C_2H_5ONa + H_2\uparrow$$

  ㉳ 아이오딘포름 반응을 하므로 에탄올검출에 이용된다.

[메탄올과 에탄올의 비교표]

항목 \ 종류	메탄올	에탄올
화학식	CH_3OH	C_2H_5OH
외관	무색 투명한 액체	무색 투명한 액체
액체비중	0.8	0.8
증기비중	1.1	1.6
인화점	11℃	13℃
수용성	물에 잘 녹음	물에 잘 녹음
연소범위	7.3~36%	4.3~19%

③ 이소프로필알코올(C_3H_7OH)

㉮ 물에 아주 잘 섞이며 아세톤, 에테르 유기용제에 잘 녹는다.

㉯ 산화되면 아세톤이 생성되고 탈수하면 프로필렌이 생성된다.

④ 변성알코올 : 에탄올에 메탄올 또는 석유 등이 혼합되어 음료에는 부적당하며 공업용으로 사용되는 값이 싼 알코올이다.

⑤ 퓨젤유 : 이소아밀알코올이 주성분이며 알코올을 발효할 때 발생되며 이용가치가 별로 없다.

(4) 제2석유류

등유, 경유 그밖에 1기압에서 인화점이 21℃ 이상 70℃ 미만인 것(다만, 도료류 그 밖의 물품에 있어서 가연성 액체량이 40중량% 이하이면서 인화점이 40℃ 이상인 동시에 연소점이 60℃ 이상인 것은 제외)

제2석유류 (개초장에 송등 테스경 크클메하)

❶ 등유(케로신) ❷ 경유(디젤유)
❸ 크실렌(자이렌)($C_6H_4(CH_3)_2$) ❹ 의산(개미산)(HCOOH)
❺ 초산(아세트산)(CH_3COOH) ❻ 테레핀유(타펜유, 송정유)
❼ 클로로벤젠(C_6H_5Cl) ❽ 장뇌유
❾ 스티렌($C_6H_5CHCH_2$) ❿ 송근유
⓫ 에틸셀로솔브($C_2H_5OCH_2CH_2OH$) ⓬ 메틸셀로솔브($CH_3OCH_2CH_2OH$)
⓭ 하이드라진(Hydrazine)

① 등유(케로신)

㉮ 포화, 불포화 탄화수소의 혼합물이다.

㉯ 물에 녹지 않고, 유기용제에 잘 녹는다.

㉰ 폭발범위는 1.1~6%, 발화점은 254℃이다.

② 경유(디젤유)

㉮ 각종 탄화수소의 혼합물이다.

㉯ 물에 녹지 않고 유기용제에 잘 녹는다.

㉰ 폭발범위는 1~6%, 착화점은 257℃이다.

③ 크실렌(자이렌)($C_6H_4(CH_3)_2$) ★★★★★

㉮ 3가지의 이성질체가 있다.

크실렌(자이렌)($C_6H_4(CH_3)_2$)의 이성질체

❶ 오르토(ortho) - 크실렌(인화점 : 32℃) : 제2석유류
❷ 메타(meta) - 크실렌(인화점 : 27.5℃) : 제2석유류
❸ 파라(para) - 크실렌(인화점 : 27.2℃) : 제2석유류

㉯ 벤젠의 수소원자 2개가 메틸기(CH_3)로 치환된 것이다.

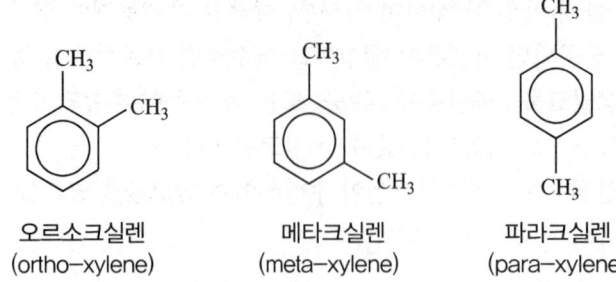

오르소크실렌　　메타크실렌　　파라크실렌
(ortho-xylene)　(meta-xylene)　(para-xylene)

㉰ 물에는 용해되지 않고 알코올, 에테르 등 유기용제에 용해된다.
③ 의산(개미산)(HCOOH)
　㉮ 무색 투명한 자극성을 갖는 액체이다.
　㉯ 물에 아주 잘녹고 피부접촉시 수포가 발생한다.
　㉰ 연소시 푸른불꽃을 내면서 연소한다.
　㉱ 은거울 반응을 하며 페엘링용액을 환원시킨다.
④ 초산(아세트산)(CH_3COOH)
　㉮ 16.7℃ 이하에서 얼음과 같이 되어 빙초산이라고도 한다.
　㉯ 3~4%의 수용액이 식초이다.
　㉰ 물에 잘 혼합되고 피부접촉시 수포가 발생한다.

- 초산과 에틸알코올의 반응식

$$CH_3COOH + C_2H_5OH \xrightarrow{C-H_2SO_4} CH_3COOC_2H_5 + H_2O$$
　　(초산)　　　(에틸알코올)　　　　　(초산에틸)　　(물)

 **$C-H_2SO_4$(진한 황산)의 역할**
탈수작용

⑤ 테레핀유(타펜유, 송정유)
　㉮ 무색 또는 담황색의 액체이다.
　㉯ 물에는 녹지 않으나 유기용제(알코올, 에테르)에 녹는다.
　㉰ 공기중 산화가 쉽고 독성이 있다.
⑥ 클로로벤젠(C_6H_5Cl)
　㉮ 무색의액체로 물보다 무겁다.
　㉯ 물에는 녹지 않고 유기용제에 녹는다.
　㉰ 증기는 공기보다 무겁고 마취성이 있다.

⑦ 장뇌유
    ㉮ 장뇌를 분리한 후 기름이고, 방향성 액체이다.
    ㉯ 정제분류에 따라 백유, 적유, 감색유로 구분한다.
    ㉰ 물에는 녹지 않고 유기용제에 녹는다.

⑧ 스티렌($C_6H_5CHCH_2$)
    ㉮ 가열 또는 과산화물과 중합반응을 한다.
    ㉯ 중합반응이 되면 고상물질(수지)로 변한다.
    ㉰ 무색 액체이며 물에 녹지 않고 유기용제에 녹는다.

⑨ 송근유
    ㉮ 소나무의 뿌리를 건류하여 만든다.
    ㉯ 황갈색 액체이며 물에는 녹지 않고 유기용제에 녹는다.
    ㉰ 테렌핀유와 성질이 비슷하다.

⑩ 에틸셀로솔브($C_2H_5OCH_2CH_2OH$)
    ㉮ 무색의 액체이다.
    ㉯ 발화점 238℃, 인화점 40℃이다.
    ㉰ 가수분해하여 에틸알코올 및 에틸렌글리콜을 만든다.

⑪ 메틸셀로솔브($CH_3OCH_2CH_2OH$)
    ㉮ 무색의 휘발성 액체
    ㉯ 아세톤, 물, 에테르에 용해한다.
    ㉰ 저장용기는 철제용기 사용을 금하고 스테인레스용기를 사용한다.

⑫ 하이드라진(Hydrazine)[$NH_2 \cdot NH_2$]
    ㉮ 무색의 맹독성 발연성 액체이며 물에 잘 녹는다.
    ㉯ 고압보일러의 탈산소제로 이용된다.
    ㉰ 물, 알코올에 잘 용해되고 에테르에는 불용
    ㉱ 약알칼리성으로 180℃에서 암모니아와 질소로 분해된다.

$$2N_2H_4(하이드라진) \rightarrow 2NH_3(암모니아) + N_2(질소) + H_2(수소)$$

    ㉲ 과산화수소(H_2O_2)와 접촉 시 폭발 우려가 있다.

$$N_2H_4 + 2H_2O_2 \rightarrow 4H_2O + N_2 \uparrow$$

    ㉳ 고농도의 과산화수소와 반응시켜 로켓의 추진체로 이용된다.
    ㉴ 발화점 270℃, 인화점 37.8℃이다.

(5) 제3석유류 ★★★

중유, 크레오소트유 그밖에 1기압에서 인화점이 70℃ 이상 200℃ 미만인 것(도료류 및 가연성 액체 40%w/w 이하 제외)

> **제3석유류(아담중 쿨에 니글메)**
> ❶ 중유
> ❷ 크레오소트유(타르유, 액체핏치유)
> ❸ 에틸렌글리콜($C_2H_4(OH)_2$)
> ❹ 글리세린($C_3H_5(OH)_3$)
> ❺ 나이트로벤젠($C_6H_5NO_2$)
> ❻ 아닐린($C_6H_5NH_2$)
> ❼ 메타크레졸($C_6H_4CH_3OH$)

① 중유 ★★★
  ㉮ 갈색 또는 암갈색의 액체이며 벙커유라고도 한다.
  ㉯ 점도에 따라 벙커A유, 벙커B유, 벙커C유로 구분한다.
  ㉰ 화재시 보일오버 현상이 발생한다.
  ㉱ 사용시 약 80℃로 예열하여 사용하기 때문에 인화위험성이 크다.

② 크레오소트유(타르유, 액체핏치유)
  ㉮ 황색 내지 암록색 기름모양의 액체이다.
  ㉯ 타르의 증류에 의하여 얻어지는 혼합유이다.
  ㉰ 물에는 녹지 않고 알코올, 에테르, 벤젠에는 잘 녹는다.

③ 에틸렌글리콜($C_2H_4(OH)_2$)-수용성 ★★
  ㉮ 물과 혼합하여 부동액으로 이용된다.
  ㉯ 물, 알코올, 아세톤 등에 잘 녹는다.
  ㉰ 흡습성이 있고 단맛이 있는 액체이다.
  ㉱ 독성이 있는 2가 알코올이다.

④ 글리세린($C_3H_5(OH)_3$)-수용성 ★★
  ㉮ 무색의 점성이 있는 액체이다.
  ㉯ 단맛이 있어 감유라고도 한다.
  ㉰ 물, 알코올에는 잘 녹는다.
  ㉱ 인체에는 독성이 없고, 화장품의 제조에 이용된다.

⑤ 나이트로벤젠($C_6H_5NO_2$)
  ㉮ 비수용성이며 물보다 무겁다.
  ㉯ 알코올, 에테르, 벤젠에 녹으며 증기는 독성이 있다.
  ㉰ 나이트로화합물이지만 폭발성은 없다.

⑥ 아닐린($C_6H_5NH_2$)
  ㉮ 햇빛 또는 공기에 접촉시 적갈색으로 변색된다.
  ㉯ 물에는 약간 녹고(용해도 3.6%) 유기용제에 녹는다.
  ㉰ 금속과 반응하여 수소를 발생시킨다.
⑦ 메타크레졸($C_6H_4CH_3OH$)
  ㉮ 페놀냄새가 나는 무색 액체이다.
  ㉯ 물에 녹지않으며 에테르, 클로로포름에 녹는다.
  ㉰ 3가지 이성질체가 존재한다.

크레졸($C_6H_4CH_3OH$)의 3가지 이성질체
- 오르소-크레졸(Ortho-Cresol)
- 메타-크레졸(Meta-Cresol)
- 파라-크레졸(Para-Cresol)

(6) 제4석유류 ★★

기어유, 실린더유 그밖에 1기압에서 인화점이 200℃ 이상 250℃ 미만인 것 (다만, 도료류 그 밖의 물품은 가연성 액체량이 40중량% 이하인 것은 제외)

제4석유류(실 기 가)
❶ 기어유   ❷ 실린더유   ❸ 가소제

① 기어유
  ㉮ 인화점이 220℃이며 상온에서 인화위험은 적다.
  ㉯ 점성이 있는 액체로 물에는 녹지 않는다.
  ㉰ 기계장치의 윤활유 또는 냉각기밀유지에 쓰인다.
② 실린더유
  ㉮ 인화점이 250℃이며 상온에서 인화위험은 적다.
  ㉯ 점성이 있는 액체로 물에는 녹지 않는다.
  ㉰ 기계장치의 윤활유 등으로 쓰인다.
③ 가소제
  ㉮ 비교적 휘발성이 적은 용제이다.
  ㉯ 합성수지, 합성고무 등의 가소성 향상에 쓰인다.

(7) 동식물유류 ★★★★

동물의 지육 또는 식물의 종자나 과육으로부터 추출한 것으로 1기압에서 인화점이 250℃ 미만인 것
① 돈지(돼지기름), 우지(소기름) 등이 있다.
② 아이오딘값이 130 이상인 건성유는 자연발화위험이 있다.
③ 인화점이 46℃인 개자유는 저장, 취급 시 특별히 주의한다.

[아이오딘값에 따른 동식물유류의 분류]

구 분	아이오딘값	종 류
건성유	130 이상	해바라기기름, 동유, 정어리기름, 아마인유, 들기름
반건성유	100~130	채종유, 쌀겨기름, 참기름, 면실유, 옥수수기름, 청어기름, 콩기름
불건성유	100 이하	야자유, 팜유, 올리브유, 피마자기름, 낙화생기름, 돈지, 우지, 고래기름

아이오딘값

옥소가(沃素價)라고도 하며 100g의 유지에 의해서 흡수되는 아이오딘의 g수
• 비누화 값의 정의 : 유지 1g을 비누화하는데 필요한 KOH mg수

2-5 제5류 위험물

1. 품명 및 지정수량 ★★★★★★

성질	품명		지정수량	위험등급
자기 반응성물질	• 유기과산화물 • 나이트로화합물 • 아조화합물 • 하이드라진 유도체 • 하이드록실아민염류	• 질산에스터류 • 나이트로소화합물 • 다이아조화합물 • 하이드록실아민	1종 : 10kg 2종 : 100kg	1종 : Ⅰ 2종 : Ⅱ
종판단 완료	• 질산에스터류(대부분)(1종) • 셀룰로이드(2종) • 트라이나이트로톨루엔(1종) • 트라이나이트로페놀(1종) • 테트릴(1종) • 유기과산화물(대부분)(2종)			

2. 공통적 성질 ★★

① 자기연소(내부연소)성 물질이다.
② 연소속도가 대단히 빠르고 폭발적 연소한다.
③ 가열, 마찰, 충격에 의하여 폭발한다.
④ 물질자체가 산소를 함유하고 있다.
⑤ 연소 시 소화가 어렵다.

3. 저장 및 취급방법 ★

① 가열, 마찰, 충격을 피한다.
② 저장 시 소량씩 분산하여 저장한다.
③ 화기 및 점화원의 접근을 피한다.
④ 운반용기 및 저장용기에 "화기엄금 및 충격주의" 등의 표시를 한다.

4. 소화방법 ★★★

① 화재초기 또는 소형화재 이외에는 소화가 어렵다.
② 다량의 물로 주수 소화한다.
③ 물질자체가 산소를 함유하고 있어 질식효과의 소화방법은 효과가 없다.
④ 화재초기에는 소화가 가능하지만 별다른 소화방법이 없어 주위의 위험물을 제거한다.

5. 품명에 따른 특성

(1) 유기과산화물 ★★★

일반적으로 과산화수소의 유도체 물질로 H-O-O-H중의 수소원자 한 개 또는 두 개가 유기기로 치환된 것이다.

① 과산화벤조일=벤조일퍼옥사이드(BPO)[$(C_6H_5CO)_2O_2$]
  ㉮ 무색 무취의 백색분말 또는 결정이다.
  ㉯ 물에 녹지 않고 알코올에 약간 녹으며 에테르 등 유기용제에 잘 녹는다.
  ㉰ 상온에서는 안정하지만 가열하면 100℃에서 흰 연기를 내고 심하게 분해한다.
  ㉱ 폭발성이 매우 강한 강산화제이다.
  ㉲ 희석제로는 프탈산다이메틸, 프탈산다이부틸이 있다.
  ㉳ 직사광선을 피하고 냉암소에 보관한다.

② 메틸에틸케톤퍼옥사이드(MEKPO)[$(CH_3COC_2H_5)_2O_2$] ★★
　㉮ 무색의 기름모양 액체이며 물에 약간 녹는다.
　㉯ 알칼리금속과 접촉시 분해가 더 촉진된다.
　㉰ 시중에 판매되는 것은 프탈산다이메틸, 프탈산다이부틸 등으로 희석하여 순도가 50~60% 정도가 된다.
　㉱ 110℃ 정도에서 급격히 분해되면서 흰연기를 낸다.

$$\begin{array}{c} CH_3 \quad\; O-O \quad\; CH_3 \\ \diagdown\; C \diagup\;\diagdown\; C \diagup \\ C_2H_5 \quad\; O-O \quad\; C_2H_5 \end{array}$$

(2) 질산에스터류 ★★★

① 질산메틸(CH_3ONO_2) ★★
　㉮ 무색·투명한 액체이고 방향성이 있다.
　㉯ 비수용성이며 알코올에 녹는다.
　㉰ 용제, 폭약 등에 이용된다.

② 질산에틸($C_2H_5ONO_2$) ★★
　㉮ 무색 투명한 액체이고 비수용성(물에 녹지 않음)이다.
　㉯ 단맛이 있고 알코올, 에테르에 녹는다.
　㉰ 에탄올을 진한 질산에 작용시켜서 얻는다.

$$C_2H_5OH + HNO_3 \rightarrow C_2H_5ONO_2 + H_2O$$

　㉱ 비중 1.11, 끓는점 88℃을 가진다.
　㉲ 인화점(10℃)이 낮아서 인화의 위험이 매우 크다.
　㉳ 아질산(HNO_2)과 접촉 또는 비점 이상 가열시 폭발한다.
　㉴ 용제, 폭약 등에 이용된다.

③ 나이트로셀룰로오스(Nitro Cellulose) : NC[$(C_6H_7O_2(ONO_2)_3$]n ★★★★
셀룰로오스(섬유소)에 진한질산과 진한 황산의 혼합액을 작용시켜서 만든 것이다.
　㉮ 비수용성이며 초산에틸, 초산아밀, 아세톤에 잘 녹는다.
　㉯ 130℃에서 분해가 시작되고, 180℃에서는 급격하게 연소한다.
　㉰ 직사광선, 산 접촉 시 분해 및 자연 발화한다.
　㉱ 건조상태에서는 폭발위험이 크나 수분함유 시 폭발위험성이 없어 저장·운반이 용이
　㉲ 질산섬유소라고도 하며 화약에 이용 시 면약(면화약)이라 한다.

⑭ 셀룰로이드, 콜로디온에 이용 시 질화면이라 한다.
⑮ 질소함유율(질화도)이 높을수록 폭발성이 크다.
⑯ 저장, 운반 시 물(20%) 또는 알코올(30%)을 첨가 습윤 시킨다.

- 나이트로셀룰로오스의 열분해 반응식
$$2C_{24}H_{29}O_9(ONO_2)_{11} \rightarrow 24CO_2\uparrow + 24CO\uparrow + 12H_2O + 17H_2 + 11N_2$$

[질화도에 따른 분류]

구 분	강면약(강질화면)	취 면	약면약(약질화면)
질화도(질소함량)	12.5~13.5%	10.7~11.2%	11.2~12.3%

④ 나이트로글리세린(Nitro Glycerine) : NG [$(C_3H_5(ONO_2)_3)$] ★★★★★
  ㉮ 상온에서는 액체이지만 겨울철에는 동결한다.
  ㉯ 글리세린에 진한질산과 진한 황산을 가하면 나이트로화하여 나이트로글리세린으로 된다.

- 글리세린의 나이트로화반응
$$C_3H_5(OH)_3 + 3HONO_2 \xrightarrow{H_2SO_4} C_3H_5(ONO_2)_3 + 3H_2O$$
(글리세린)   (질산)   (나이트로글리세린)   (물)

  ㉰ 비수용성이며 메탄올, 아세톤 등에 녹는다.
  ㉱ 가열, 마찰, 충격에 예민하여 대단히 위험하다.
  ㉲ 화재 시 폭굉 우려가 있다.
  ㉳ 산과 접촉 시 분해가 촉진되고 폭발우려가 있다.

- 나이트로글리세린의 열분해 반응식
$$4C_3H_5(ONO_2)_3 \rightarrow 12CO_2\uparrow + 6N_2\uparrow + O_2\uparrow + 10H_2O$$

  ㉴ 다이나마이트(규조토+나이트로글리세린), 무연화약 제조에 이용된다.

(4) 나이트로화합물

유기화합물의 수소원자가 나이트로기(NO_2)로 치환된 것으로 나이트로기가 2개 이상인 화합물

① 피크르산[$C_6H_2(NO_2)_3OH$](TNP : Tri Nitro Phenol) ★★★★★
  ㉮ 페놀에 황산을 작용시켜 다시 진한 질산으로 나이트로화 하여 만든 노란색 결정
  ㉯ 침상결정이며 냉수에는 약간 녹고 더운물, 알코올, 벤젠 등에 잘 녹는다.
  ㉰ 쓴맛과 독성이 있다.
  ㉱ 피크르산[picric acid] 또는 트라이나이트로페놀(Tri Nitro phenol)의 약자로 TNP라고도 한다.

㉮ 단독으로 타격, 마찰에 비교적 둔감하다.
㉯ 연소 시 검은 연기를 내고 폭발성은 없다.
㉰ 휘발유, 알코올, 황과 혼합된 것은 마찰, 충격에 폭발한다.
㉱ 화약, 불꽃놀이에 이용된다.

피크르산(트라이나이트로페놀)의 구조식

피크르산의 열분해 반응식
$2C_6H_2OH(NO_2)_3 \rightarrow 2C + 3N_2\uparrow + 3H_2\uparrow + 4CO_2\uparrow + 6CO\uparrow$

② 트라이나이트로톨루엔[$C_6H_2CH_3(NO_2)_3$](TNT : Tri Nitro Toluene) ★★★★★
㉮ 물에는 녹지 않고 알코올, 아세톤, 벤젠에 녹는다.
㉯ Tri Nitro Toluene의 약자로 TNT라고도 한다.
㉰ 담황색의 주상결정이며 햇빛에 다갈색으로 변색된다.
㉱ 톨루엔과 질산을 반응시켜 얻는다.

$$C_6H_5CH_3 + 3HNO_3 \xrightarrow[\text{나이트로화}]{C-H_2SO_4} C_6H_2CH_3(NO_2)_3 + 3H_2O$$
(톨루엔)   (질산)   (트라이나이트로톨루엔)   (물)

㉲ 강력한 폭약이며 급격한 타격에 폭발한다.

$$2C_6H_2CH_3(NO_2)_3 \rightarrow 2C + 12CO + 3N_2\uparrow + 5H_2\uparrow$$

㉳ 연소 시 연소속도가 너무 빠르므로 소화가 곤란하다.
㉴ 무기 및 다이나마이트, 질산폭약제 제조에 이용된다.

트라이나이트로톨루엔의 구조식

트라이나이트로톨루엔의 열분해 반응식
$2C_6H_2CH_3(NO_2)_3 \rightarrow 2C + 3N_2\uparrow + 5H_2\uparrow + 12CO\uparrow$

(5) 나이트로소화합물

벤젠(C_6H_6)핵의 수소원자가 나이트로소기(-NO)로 치환된 것으로 나이트로소기가 2개 이상인 화합물

① 파라나이트로소벤젠($C_6H_4(NO)_2$)
② 다이나이트로소레졸신올($C_6H_4(NO)_2(OH)_2$)

(6) 아조화합물

① 아조기(-N=N-)를 갖고 있는 화합물의 총칭이다.
② 아조기는 발색단(염료나 색소의 발색원인)이다.

(7) 다이아조화합물

① 다이아조기(-N=N-)를 갖고 있는 화합물의 총칭이다.
② 다이아조늄염은 햇빛에 분해되기 쉽다.
③ 가열, 충격에 격렬하게 폭발한다.

(8) 하이드라진 유도체

① 다이메틸하이드라진[$CH_3NHNHCH_3$]
  ㉮ 암모니아 냄새가 나고 독성이 강한 액체이다.
  ㉯ 물, 에탄올, 에테르에 잘 녹는다.
  ㉰ 로켓의 연료, 유기합성에 이용된다.

2-6 제6류 위험물

1. 품명 및 지정수량 ★★★★★★

성 질	품 명	지정수량	위험등급	비 고
산화성 액체	1. 과염소산	300kg	I	
	2. 과산화수소			농도가 36중량% 이상인 것
	3. 질산			비중이 1.49 이상인 것

2. 공통적 성질 ★★

① 자신은 불연성이고 산소를 함유한 강산화제이다.
② 분해에 의한 산소발생으로 다른 물질의 연소를 돕는다.
③ 액체의 비중은 1보다 크고 물에 잘 녹는다.
④ 물과 접촉 시 발열한다.
⑤ 증기는 유독하고 부식성이 강하다.

3. 저장 및 취급방법 ★★

① 용기재질은 내산성이어야 한다.
② 산화성고체(1류)와 접촉을 피해야 한다.
③ 용기는 밀봉하고 파손 및 누설에 주의한다.
④ 액체 누출 시 중화제로 중화한다.

4. 소화방법

① 마른모래 및 CO_2로 소화한다.
② 무상(안개모양)주수도 효과적일 수 있다.
③ 위급시에는 다량의 물로 냉각 소화한다.

5. 품명에 따른 특성

(1) 과염소산($HClO_4$) ★★★

① 물과 혼합하면 다량의 열을 발생한다.
② 산화력이 강하여 종이, 나무조각 또는 유기물 등과 접촉 시 폭발한다.
③ 비중 1.768(22 ℃), 녹는점 −112 ℃, 끓는점 39℃(56mmHg)
④ 무수물은 자연히 분해하여 폭발하므로 60~70 %의 수용액(비중 1.5~1.6)으로 시판된다.
⑤ 수용액도 부식력이 강하고, 유기물 등과 접촉하면 폭발하는 경우가 있다.
⑥ 산(酸) 중에서도 가장 강한 산이다.

산소산 중 산의 세기
차아염소산($HClO$) < 아염소산($HClO_2$) < 염소산($HClO_3$) < 과염소산($HClO_4$)

(2) 과산화수소(H_2O_2) ★★★★★

① 분해 시 산소(O_2)를 발생시킨다.

$$2H_2O_2 \xrightarrow{MnO_2(정촉매)} 2H_2O + O_2 \uparrow (산소)$$

② 분해안정제로 인산(H_3PO_4) 또는 요산($C_5H_4N_4O_3$)을 첨가한다.
③ 시판품은 일반적으로 30~40% 수용액이다.
④ 저장용기는 밀폐하지 말고 **구멍**이 있는 **마개**를 사용한다.
⑤ 강산화제이면서 환원제로도 사용한다.
⑥ 60% 이상의 고농도에서는 단독으로 폭발위험이 있다.
⑦ 하이드라진($NH_2 \cdot NH_2$)과 접촉 시 분해 작용으로 폭발위험이 있다.

$$NH_2 \cdot NH_2 + 2H_2O_2 \rightarrow 4H_2O + N_2 \uparrow$$

⑧ 3%용액은 옥시풀이라 하며 표백제 또는 살균제로 이용한다.
⑨ 무색인 아이오딘칼륨 녹말종이와 반응하여 청색으로 변화시킨다.

- 과산화수소는 농도가 36중량% 이상인 경우에 위험물에 해당된다.
- 과산화수소는 표백제 및 살균제로 이용된다.

⑩ 다량의 물로 주수 소화한다.

(3) 질산(HNO_3) ★★★★★

① 무색의 발연성 액체이다.
② 시판품은 일반적으로 68%이다.
③ 빛에 의하여 일부 분해되어 생긴 NO_2 때문에 황갈색으로 된다.

$$4HNO_3 \rightarrow 2H_2O + 4NO_2 \uparrow (이산화질소) + O_2 \uparrow (산소)$$

④ 저장용기는 직사광선을 피하고 찬 곳에 저장한다.
⑤ 실험실에서는 갈색병에 넣어 햇빛을 차단시킨다.
⑥ 환원성물질과 혼합하면 발화 또는 폭발한다.

크산토프로테인반응(xanthoprotenic reaction)
단백질에 진한질산을 가하면 노란색으로 변하고 알칼리를 작용시키면 오렌지색으로 변하며, 단백질 검출에 이용된다.

⑦ 다량의 질산화재에 소량의 주수소화는 위험하다.
⑧ 마른모래 및 CO_2로 소화한다.
⑨ 위급한 경우에는 다량의 물로 냉각 소화한다.

⑩ 진한질산에 의하여 부동태가 되는 금속
  Fe(철), Al(알루미늄), Cr(크로뮴), Co(코발트), Ni(니켈)
⑪ 진한질산에 녹지 않는 금속 : Au(금), Pt(백금)

부동태란?
금속이 보통상태에서 나타내는 반응성을 잃은 상태

왕수란 무엇인가?
❶ 진한염산과 진한질산을 3대 1 정도의 비율로 혼합한 액체이다
❷ 강한 산화제로, 산에 잘 녹지 않는 금과 백금 등을 녹일 수 있다.

제3장

위험물의 시설기준

 **3-1 제조소의 위치, 구조 및 설비의 기준**

1. 제조소의 안전거리 ★★★★★

구 분	안전거리
① 사용전압이 7,000V 초과 35,000V 이하	3m 이상
② 사용전압이 35,000V를 초과	5m 이상
③ 주거용	10m 이상
④ 고압가스, 액화석유가스, 도시가스	20m 이상
⑤ 학교·병원·공연장, 영화상영관, 노유자시설	30m 이상
⑥ 지정문화유산 및 천연기념물 등	50m 이상

• 안전거리 : 건축물의 외벽으로부터 당해 제조소의 외벽까지의 수평거리

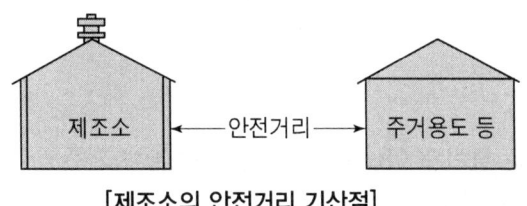

[제조소의 안전거리 기산점]

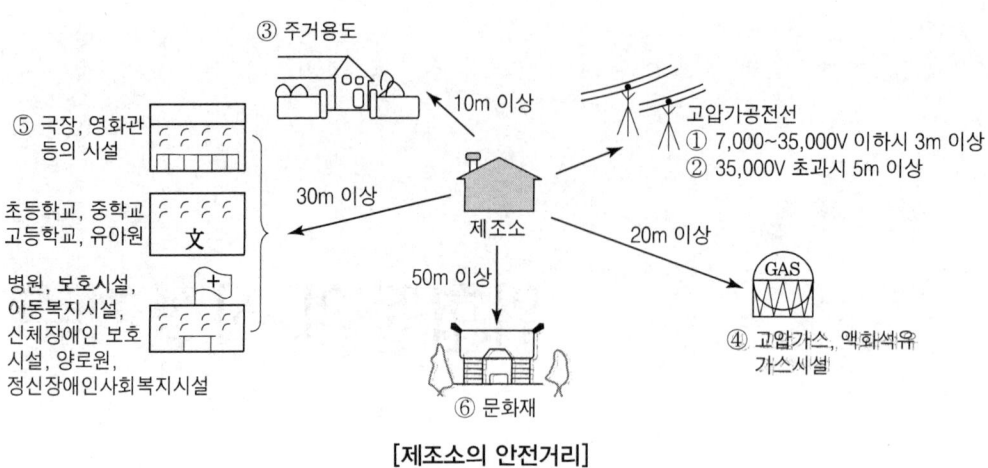

[제조소의 안전거리]

2. 제조소의 보유공지 ★★★

(1) 취급 위험물의 최대수량에 따른 너비의 공지

취급 위험물의 최대수량	공지의 너비
지정수량의 10배 이하	3m 이상
지정수량의 10배 초과	5m 이상

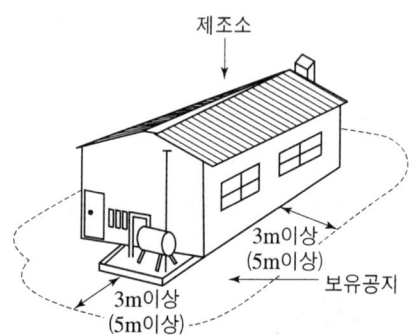

(2) 보유공지를 설치를 아니할 수 있는 격벽설치 기준

① 방화벽은 **내화구조**로 할 것. (제6류 위험물인 경우 **불연재료**)
② 방화벽에 설치하는 출입구 및 창 등의 개구부는 가능한 한 최소로 할 것
③ 출입구 및 창에는 **자동폐쇄식**의 **60분+방화문** 또는 **60분방화문**을 설치할 것
④ 방화벽의 양단 및 상단이 외벽 또는 지붕으로부터 **50cm 이상** 돌출하도록 할 것

3. 제조소의 표지 및 게시판

(1) 표지의 설치기준 ★★

① 보기 쉬운 곳에 "**위험물 제조소**"라는 표시를 한 표지를 설치
② 표지는 한변의 길이가 **0.3m 이상**, 다른 한변의 길이가 **0.6m 이상**인 **직사각형**으로 할 것
③ 표지의 **바탕은 백색**으로, **문자는 흑색**으로 할 것

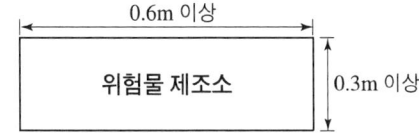

(2) 게시판의 설치기준 ★★★★★

① 한변의 길이가 **0.3m 이상**, 다른 한변의 길이가 **0.6m 이상**인 **직사각형**으로 할 것
② 위험물의 **유별·품명** 및 **저장최대수량** 또는 **취급최대수량**, 지정수량의 **배수** 및 **안전관리자의 성명** 또는 **직명**을 기재할 것
③ 게시판의 **바탕은 백색**으로, **문자는 흑색**으로 할 것
④ 저장 또는 취급하는 위험물에 따라 **주의사항 게시판**을 설치할 것

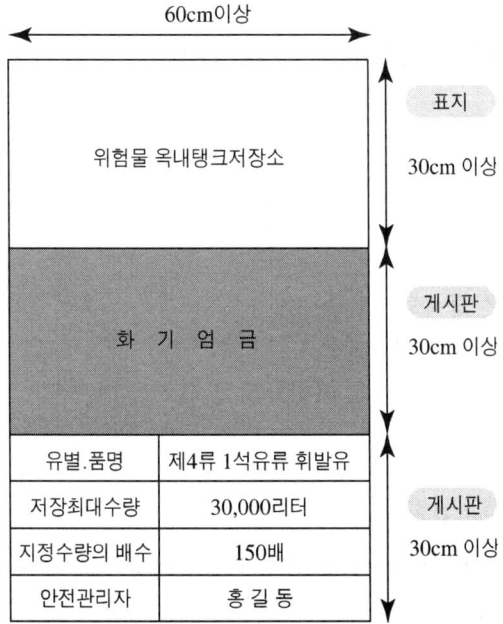

위험물의 종류	주의사항 표시	게시판의 색
• 제1류(알칼리금속 과산화물) • 제3류(금수성 물품)	물기 엄금	청색바탕에 백색문자
• 제2류(인화성 고체 제외)	화기 주의	적색바탕에 백색문자
• 제2류(인화성 고체) • 제3류(자연발화성 물품) • 제4류 • 제5류	화기 엄금	

4. 건축물의 구조 ★★

① 지하층이 없도록 할 것.
② 벽·기둥·바닥·보·서까래 및 **계단은 불연재료**로, **외벽**은 개구부가 없는 **내화구조의 벽**으로 할 것
③ **지붕**은 가벼운 **불연재료**로 덮을 것
④ **출입구와 비상구**에는 60분+방화문·60분방화문 또는 30분방화문을 설치하되, 연소의 우려가 있는 외벽에 설치하는 출입구에는 수시로 열 수 있는 **자동폐쇄식의 60분+방화문 또는 60분방화문**을 설치할 것
⑤ 창 및 출입구에 유리를 이용하는 경우에는 **망입유리**로 할 것
⑥ 건축물의 **바닥**은 적당한 경사를 두어 그 최저부에 **집유설비**를 할 것

5. 채광·조명 및 환기설비의 설치 기준 ★★★

(1) 채광설비

불연재료로 하고, 연소의 우려가 없는 장소에 설치하되 **채광면적**을 **최소**로 할 것

(2) 조명설비

① 조명등은 **방폭등**으로 할 것
② 전선은 **내화·내열전선**으로 할 것
③ **점멸스위치**는 출입구 **바깥부분**에 설치할 것.

(3) 환기설비

① **자연배기방식**으로 할 것
② **급기구**는 바닥면적 150m²마다 1개 이상, 크기는 800cm² 이상으로 할 것.

[바닥면적이 150m² 미만인 경우 급기구의 면적]

바닥면적	급기구의 면적
60m² 미만	150cm² 이상
60m² 이상 90m² 미만	300cm² 이상
90m² 이상 120m² 미만	450cm² 이상
120m² 이상 150m² 미만	600cm² 이상

③ **급기구**는 낮은 곳에 설치하고 가는 눈의 구리망 등으로 **인화방지망**을 설치할 것
④ **환기구**는 **지붕위** 또는 **지상 2m 이상**의 높이에 **회전식 고정 벤티레이터** 또는 **루푸팬** 방식으로 설치할 것

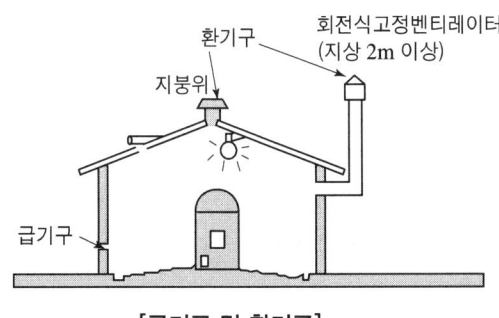

[급기구 및 환기구]

6. 배출설비의 설치기준 ★★

(1) 배출설비는 **국소방식**으로 할 것
(2) 배출설비는 배풍기, 배출닥트, 후드 등을 이용한 **강제배출방식**으로 할 것
(3) 배출능력은 1시간당 배출장소 **용적의 20배 이상**인 것으로 할 것
  (단, **전역방식**의 경우에는 바닥면적 $1m^2$**당** $18m^3$ **이상**으로 할 수 있다)
(4) 배출설비의 급기구 및 배출구 설치 기준
  ① **급기구**는 높은 곳에 설치하고, 가는 눈의 구리망 등으로 **인화방지망**을 설치
  ② **배출구**는 **지상 2m 이상**으로서 연소의 우려가 없는 장소에 설치하고, 배출 닥트가 관통하는 벽부분의 바로 가까이에 화재시 자동으로 폐쇄되는 **방화댐퍼를 설치할 것**
(5) **배풍기**는 **강제배기방식**으로 하고, 옥내닥트의 내압이 대기압 이상이 되지 아니하는 위치에 설치할 것

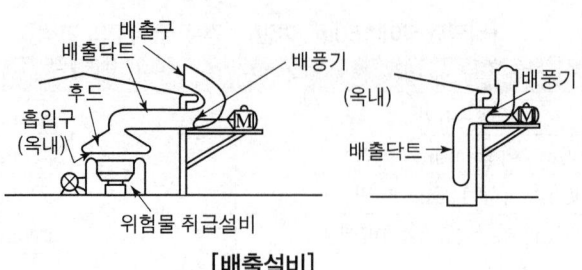

[배출설비]

7. 옥외설비의 바닥 설치기준 ★

① 둘레에 높이 **0.15m 이상의 턱**을 설치하는 등 위험물이 외부로 흘러나가지 않도록 할 것.
② 콘크리트등 위험물이 스며들지 아니하는 재료로 하고, **턱이 있는 쪽이 낮게** 경사지게 할 것.
③ 바닥의 최저부에 **집유설비**를 할 것.
④ 위험물(온도 20℃의 물 100g에 용해되는 양이 1g 미만인 것)을 취급하는 설비에 있어서는 당해 위험물이 직접 배수구에 흘러들어가지 아니하도록 **집유설비** 등 **유분리장치**를 설치한다.

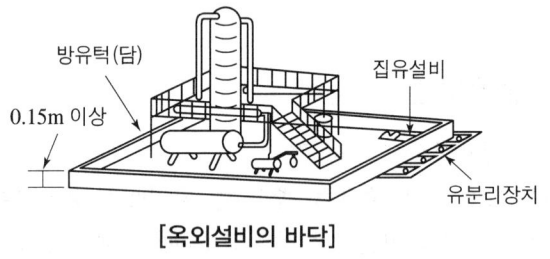

[옥외설비의 바닥]

8. 기타 설비

① 정전기 제거설비 ★★★★★
정전기의 정의 : 정전기는 마찰전기처럼 물체 위에 정지하고 있는 전기를 말한다. 예를 들면 유리막대를 비단 천으로 문지르면 유리막대에 양전기가 생기고, 에보나이트막대를 털로 문지르면 에보나이트막대에 음전기가 생기는데, 전기적 힘으로는 쿨롱 힘만이 문제가 된다.

㉠ **접지**에 의한 방법
㉡ 공기 중의 **상대습도를 70% 이상**으로 하는 방법
㉢ 공기를 **이온화**하는 방법

② 피뢰설비 ★★

지정수량의 **10배 이상**의 위험물을 취급하는 제조소(**제6류 위험물**을 취급하는 위험물제조소를 **제외**)에는 피뢰침을 설치할 것.

9. 위험물 취급탱크 ★★★

① **옥외** 위험물취급탱크의 **방유제 설치기준** ★★

구 분	방유제의 용량
하나의 탱크 주위에 설치하는 경우	**탱크용량의 50% 이상**
2 이상의 탱크 주위에 설치하는 경우	탱크 중 용량이 **최대인 것의 50% + 나머지 탱크용량 합계의 10% 이상**

② **옥내** 위험물취급탱크의 **방유턱 설치기준**

탱크에 수납하는 위험물의 양(하나의 방유턱 안에 **2 이상**의 **탱크가 있는 경우**는 당해 탱크 중 실제로 수납하는 위험물의 **양이 최대인 탱크의 양**)을 전부 수용할 수 있도록 할 것.

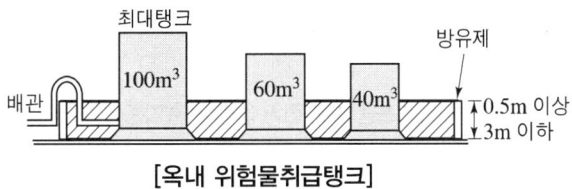

[옥내 위험물취급탱크]

10. 위험물의 성질에 따른 제조소의 특례 ★

(1) 알킬알루미늄등을 취급하는 제조소의 특례

알킬알루미늄 등을 취급하는 설비에는 **불활성기체를 봉입**하는 장치를 갖출 것

(2) 아세트알데하이드등을 취급하는 제조소의 특례

① 취급하는 설비는 은·수은·동·마그네슘 또는 이들을 성분으로 하는 **합금으로 만들지 아니할 것**

② 취급하는 설비에는 연소성 혼합기체의 생성에 의한 폭발을 방지하기 위한 **불활성 기체 또는 수증기를 봉입**하는 장치를 갖출 것

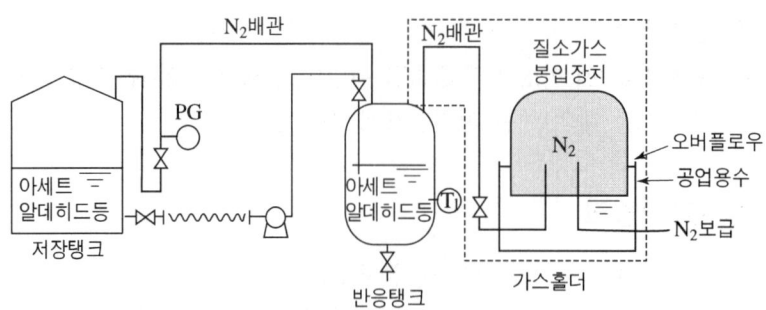

[불활성기체 또는 수증기를 봉입하는 장치]

(3) 하이드록실아민등을 취급하는 제조소의 특례 ★★

① 안전거리의 계산

$$D = 51.1 \sqrt[3]{N}$$

여기서, D : 거리(m)
N : 당해 제조소에서 취급하는 하이드록실아민 등의 지정수량의 배수

② **하이드록실아민** 등을 취급하는 설비에는 **철이온** 등의 **혼입**에 의한 위험한 반응을 **방지**하기 위한 **조치를 강구**할 것

[부표] 제조소등의 안전거리의 단축기준(별표 4관련)

(1) 방화상 유효한 담을 설치한 경우의 안전거리는 다음 표와 같다. (단위 : m)

구 분	취급하는 위험물의 최대 수량(지정수량의 배수)	안 전 거 리 (이상)		
		주거용 건축물	학교·유치원 등	국가 유산
제조소·일반취급소(취급하는 위험물의 양이 주거지역에 있어서는 30배, 상업지역에 있어서는 35배, 공업지역에 있어서는 50배 이상인 것을 제외한다)	10배 미만	6.5	20	35
	10배 이상	7.0	22	38
옥내저장소(취급하는 위험물의 양이 주거지역에 있어서는 지정수량의 120배, 상업지역에 있어서는 150배, 공업지역에 있어서는 200배 이상인 것을 제외한다)	5배 미만	4.0	12.0	23.0
	5배 이상 10배 미만	4.5	12.0	23.0
	10배 이상 20배 미만	5.0	14.0	26.0
	20배 이상 50배 미만	6.0	18.0	32.0
	50배 이상 200배 미만	7.0	22.0	38.0
옥외탱크저장소(취급하는 위험물의 양이 주거지역에 있어서는 지정수량의 600배, 상업지역에 있어서는 700배, 공업지역에 있어서는 1,000배 이상인 것을 제외한다)	500배 미만	6.0	18.0	32.0
	500배 이상 1,000배 미만	7.0	22.0	38.0

구 분	취급하는 위험물의 최대 수량(지정수량의 배수)	안전거리 (이상)		
		주거용 건축물	학교·유치원 등	국가 유산
옥외저장소(취급하는 위험물의 양이 주거지역에 있어서는 지정수량의 10배, 상업지역에 있어서는 15배, 공업지역에 있어서는 20배 이상인 것을 제외한다)	10배 미만	6.0	18.0	32.0
	10배 이상 20배 미만	8.5	25.0	44.0

(2) 방화상 유효한 담의 높이 ★★★★★

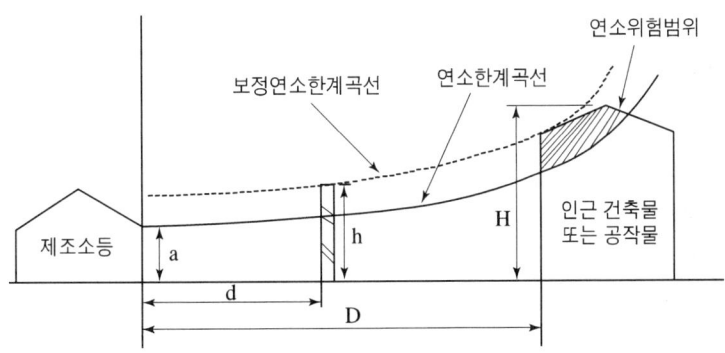

① $H \leq pD^2 + a$ 인 경우 $h = 2$
② $H > pD^2 + a$ 인 경우 $h = H - p(D^2 - d^2)$

여기서, D : 제조소등과 인근 건축물 또는 공작물과의 거리(m)
   H : 인근 건축물 또는 공작물의 높이(m)
   a : 제조소등의 외벽의 높이(m)
   d : 제조소등과 방화상 유효한 담과의 거리(m)
   h : 방화상 유효한 담의 높이(m)
   p : 상수

(3) 인근 건축물 또는 공작물의 구분에 따른 P의 값

인근 건축물 또는 공작물의 구분	P의 값
• 학교·주택·국가유산 등의 건축물 또는 공작물이 목조인 경우 • 학교·주택·국가유산 등의 건축물 또는 공작물이 방화구조 또는 내화구조이고, 제조소 등에 면한 부분의 개구부에 60분+방화문·60분방화문 또는 30분방화문이 설치되지 아니한 경우	0.04
• 학교·주택·국가유산 등의 건축물 또는 공작물이 방화구조인 경우 • 학교·주택·국가유산 등의 건축물 또는 공작물이 방화구조 또는 내화구조이고, 제조소 등에 면한 부분의 개구부에 30분방화문이 설치된 경우	0.15
• 학교·주택·국가유산 등의 건축물 또는 공작물이 내화구조이고, 제조소 등에 면한 개구부에 60분+방화문 또는 60분방화문이 설치된 경우	∞

11. 위험물제조소내의 위험물을 취급하는 배관설치기준 ★★

(1) 내압시험기준
① 불연성 액체를 이용하는 경우 : 최대상용압력의 1.5배 이상
② 불연성 기체를 이용하는 경우 : 최대상용압력의 1.1배 이상

(2) 배관을 지상에 설치하는 경우
① 지진·풍압·지반침하 및 온도변화에 안전한 구조의 지지물에 설치
② 지면에 닿지 아니하도록 할 것
③ 배관의 외면에 부식방지를 위한 도장을 할 것

(3) 배관을 지하에 매설하는 경우
① 외면에는 부식방지를 위하여 도복장·코팅 또는 전기방식 등의 필요한 조치를 할 것
② 배관의 접합부분(용접 접합부 제외)에는 누설여부를 점검할 수 있는 점검구를 설치
③ 지면에 미치는 중량이 당해 배관에 미치지 아니하도록 보호할 것

3-2 옥내저장소의 위치·구조 및 설비의 기준

1. 옥내저장소의 보유공지 ★★

저장 또는 취급하는 위험물의 최대수량	공지의 너비	
	벽·기둥 및 바닥이 내화구조로 된 건축물	그 밖의 건축물
지정수량의 5배 이하		0.5m 이상
지정수량의 5배 초과 10배 이하	1m 이상	1.5m 이상
지정수량의 10배 초과 20배 이하	2m 이상	3m 이상
지정수량의 20배 초과 50배 이하	3m 이상	5m 이상
지정수량의 50배 초과 200배 이하	5m 이상	10m 이상
지정수량의 200배 초과	10m 이상	15m 이상

(단, 지정수량의 20배를 초과하는 옥내저장소와 동일한 부지내에 있는 다른 옥내저장소와의 사이에는 동표에 정하는 공지의 너비의 3분의 1(3m 미만인 경우에는 3m)의 공지를 보유할 수 있다.

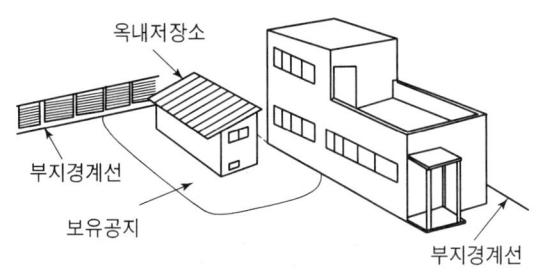

2. 옥내저장소의 표시와 게시판 ★★★

보기 쉬운 곳에 "**위험물 옥내저장소**"라는 표시를 한 표지와 기준에 따라 **방화에 관하여 필요한 사항**을 게시한 게시판을 설치할 것.

3. 옥내저장소의 저장창고 ★

(1) **독립된 건축물**로 할 것.
(2) 처마높이가 **6m 미만**인 **단층건물**로 하고 그 **바닥**을 **지반면보다 높게** 할 것.
(3) 제2류 또는 제4류 위험물만을 저장하는 창고로서 다음의 경우에는 20m 이하로 할 수 있다.
  ① 벽·기둥·보 및 바닥을 내화구조로 할 것
  ② 출입구에 60분+방화문 또는 60분방화문을 설치할 것
  ③ 피뢰침을 설치할 것
(3) 벽·기둥 및 바닥은 내화구조로 하고, 보와 서까래는 불연재료로 할 것
(4) **지붕은 가벼운 불연재료**로 하고, 반자를 만들지 말 것
(5) 출입구에는 **60분+방화문·60분방화문** 또는 **30분방화문**을 설치하되, 연소의 우려가 있는 외벽에 있는 출입구에는 수시로 열 수 있는 **자동폐쇄식의 60분+방화문 또는 60분방화문**을 설치할 것
(6) 창 또는 출입구에 유리를 이용하는 경우에는 **망입유리**로 할 것
(7) 저장창고에는 **인화점이 70℃ 미만**인 위험물의 저장창고에 있어서는 내부에 체류한 **가연성의 증기**를 지붕 위로 **배출하는 설비**를 갖추어야 한다.

4. 옥내저장소에서 위험물을 저장하는 경우 높이 제한.

① 기계에 의하여 하역하는 구조로 된 용기만을 겹쳐 쌓는 경우 : 6m
② 제4류 위험물 중 제3석유류, 제4석유류 및 동식물유류를 수납하는 용기만을 겹쳐 쌓는 경우 : 4m

③ 그 밖의 경우 : 3m

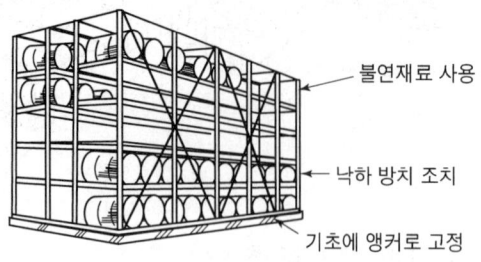
- 불연재료 사용
- 낙하 방지 조치
- 기초에 앵커로 고정

5. 옥내저장소의 저장창고 바닥면적 설치기준 ★★

위험물의 종류	바닥면적
• 제1류 위험물 중 아염소산염류, 염소산염류, 과염소산염류, 무기과산화물, 지정수량 50kg인 것 • 제3류위험물 중 칼륨, 나트륨, 알킬알루미늄, 알킬리튬, 지정수량 10kg인 것 및 황린 • 제4류위험물 중 특수인화물, 제1석유류 및 알코올류 • 제5류위험물 중 유기과산화물, 질산에스터류, 지정수량 10kg인 것 • 제6류위험물	$1000m^2$ 이하
• 위 이외의 위험물	$2000m^2$ 이하
• 내화구조의 격벽으로 완전히 구획된 실	$1500m^2$ 이하

6. 저장창고 바닥을 물이 침투 되지 않는 구조로 하여야 하는 경우

① 제1류 위험물 중 알칼리금속의 과산화물 또는 이를 함유하는 것.
② 제2류 위험물 중 철분 · 금속분 · 마그네슘 또는 이중 어느 하나 이상을 함유하는 것.
③ 제3류 위험물 중 금수성 물질
④ 제4류 위험물

7. 다층건물의 옥내저장소의 기준

① 각층의 바닥을 지면보다 높게 하고 **층고를 6m 미만**으로 할 것.
② 바닥면적 합계는 $1,000m^2$ **이하**로 할 것.
③ 저장창고의 **벽 · 기둥 · 바닥** 및 **보를 내화구조**로 하고, 계단을 불연재료로 하며, 연소의 우려가 있는 외벽은 출입구 외의 개구부를 갖지 아니하는 벽으로 할 것.
④ 2층 이상의 층의 바닥에는 개구부를 두지 않을 것.

8. 복합용도 건축물의 옥내저장소의 기준

① 벽 · 기둥 · 바닥 및 보가 **내화구조**인 건축물의 **1층** 또는 **2층**의 어느 하나의 층에 설치할 것
② 바닥은 지면보다 높게 설치하고 그 층고를 **6m 미만**으로 할 것
③ **바닥면적은 75m² 이하**로 할 것
④ 벽 · 기둥 · 바닥 · 보 및 지붕을 내화구조로 하고, 출입구 외의 개구부가 없는 **두께 70mm 이상**의 **철근콘크리트조** 또는 이와 동등 이상의 강도가 있는 구조의 바닥 또는 벽으로 당해 건축물의 다른 부분과 구획되도록 할 것
⑤ 출입구에는 수시로 열 수 있는 **자동폐쇄방식의 60분+방화문 또는 60분방화문**을 설치할 것
⑥ 창을 설치하지 아니할 것
⑦ **환기설비** 및 **배출설비**에는 방화상 유효한 **댐퍼** 등을 설치할 것

9. 지정과산화물 옥내저장소의 저장창고의 기준 ★★★

(1) 저장창고는 150m² 이내마다 격벽으로 완전하게 구획할 것. 이 경우 당해 격벽은 두께 30cm 이상의 철근콘크리트조 또는 철골철근콘크리트조로 하거나 두께 40cm 이상의 보강콘크리트블록조로 하고, 당해 저장창고의 양측의 외벽으로부터 1m 이상, 상부의 지붕으로부터 50cm 이상 돌출하게 하여야 한다.
(2) 저장창고의 외벽은 두께 20cm 이상의 철근콘크리트조나 철골철근콘크리트조 또는 두께 30cm 이상의 보강콘크리트블록조로 할 것
(3) 저장창고의 지붕은 다음 각목의 1에 적합할 것
　① 중도리 또는 서까래의 간격은 30cm 이하로 할 것
　② 지붕의 아래쪽 면에는 한 변의 길이가 45cm 이하의 환강(丸鋼) · 경량형강(輕量型鋼) 등으로 된 강제(鋼製)의 격자를 설치할 것
　③ 지붕의 아래쪽 면에 철망을 쳐서 불연재료의 도리 · 보 또는 서까래에 단단히 결합할 것
　④ 두께 5cm 이상, 너비 30cm 이상의 목재로 만든 받침대를 설치할 것
(4) 저장창고의 출입구에는 60분+방화문 또는 60분방화문을 설치할 것
(5) 저장창고의 창은 바닥면으로부터 2m 이상의 높이에 두되, 하나의 벽면에 두는 창의 면적의 합계를 당해 벽면의 면적의 80분의 1 이내로 하고, 하나의 창의 면적을 0.4m² 이내로 할 것

10. 지정과산화물의 옥내저장소의 보유공지

옥내저장소의 저장창고 주위에는 부표 2에 정하는 너비의 공지를 보유하여야 한다. 다만, 2 이상의 옥내저장소를 동일한 부지내에 인접하여 설치하는 때에는 당해 옥내저장소의 상호간 공지의 너비를 동표에 정하는 공지 너비의 3분의 2로 할 수 있다.

[부표 2] 지정과산화물의 옥내저장소의 보유공지

저장 또는 취급하는 위험물의 최대수량	공지의 너비	
	저장창고의 주위에 담 또는 토제를 설치하는 경우	왼쪽란에 정하는 경우 외의 경우
5배 이하	3.0m 이상	10m 이상
5배 초과 10배 이하	5.0m 이상	15m 이상
10배 초과 20배 이하	6.5m 이상	20m 이상
20배 초과 40배 이하	8.0m 이상	25m 이상
40배 초과 60배 이하	10.0m 이상	30m 이상
60배 초과 90배 이하	11.5m 이상	35m 이상
90배 초과 150배 이하	13.0m 이상	40m 이상
150배 초과 300배 이하	15.0m 이상	45m 이상
300배 초과	16.5m 이상	50m 이상

11. 자연발화 할 우려가 있는 위험물을 다량 저장하는 경우

- 지정수량 10배 이하마다 구분하여 상호간 0.3m 이상 간격을 두고 저장

3-3 옥외탱크저장소의 위치·구조 및 설비의 기준 ★★★

1. 보유공지 ★★★

(1) 옥외저장탱크의 보유공지

저장 또는 취급하는 위험물의 최대수량	공지의 너비
• 지정수량의 500배 이하	3m 이상
• 지정수량의 500배 초과 1000배 이하	5m 이상
• 지정수량의 1000배 초과 2000배 이하	9m 이상
• 지정수량의 2000배 초과 3000배 이하	12m 이상
• 지정수량의 3000배 초과 4000배 이하	15m 이상
• 지정수량의 4000배 초과	당해 탱크의 수평단면의 최대지름(횡형인 경우에는 긴변)과 높이 중 큰 것과 지정수량의 4,000배 초과 같은 거리 이상. 다만, 30m 초과의 경우에는 30m 이상으로 할 수 있고, 15m 미만의 경우에는 15m 이상으로 하여야 한다.

(2) **제6류 위험물외**의 옥외저장탱크(**4,000배 초과 옥외저장탱크를 제외**)를 동일한 방유제안에 **2개 이상** 인접하여 설치하는 경우 그 인접하는 방향의 보유공지는 규정에 의한 **보유공지의 3분의 1 이상**의 너비로 할 수 있다. 이 경우 보유공지의 너비는 **3m 이상**이 되어야 한다. ★★

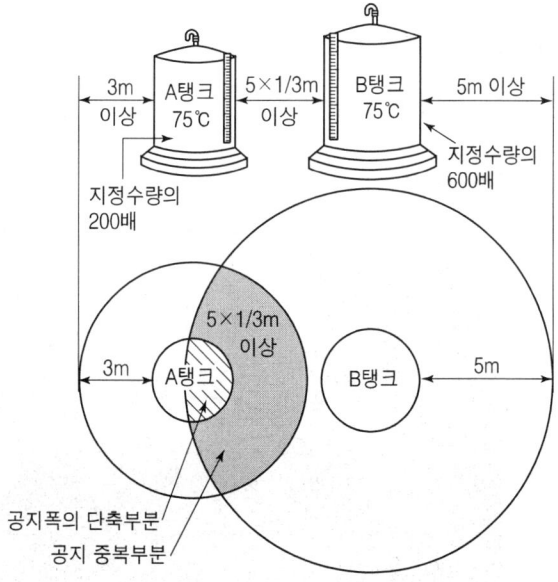

(3) **제6류 위험물의 옥외저장탱크**는 규정에 의한 **보유공지의 3분의 1 이상**의 너비로 할 수 있다. 이 경우 보유공지의 너비는 1.5m **이상**이 되어야 한다. ★★★

(4) **제6류 위험물의 옥외저장탱크**를 동일구내에 2개 이상 인접하여 설치하는 경우 그 인접하는 방향의 보유공지는 산출된 너비의 **3분의 1 이상의 너비로 할 수 있다.** 이 경우 보유공지의 너비는 1.5m **이상**이 될 것.

(5) **지정수량의 4,000배 초과 옥외저장탱크**는 **물분무설비**로 방호 조치한 경우 보유공지의 1/2 이상의 너비로 할 수 있다. 이 경우 공지단축 옥외저장탱크의 화재시 $1m^2$ 당 20kW 이상의 복사열에 노출되는 표면을 갖는 인접한 옥외저장탱크가 있으면 당해 표면에도 다음 각목의 기준에 적합한 **물분무설비로 방호조치**를 함께 할 것.
   ① 탱크의 표면에 **방사하는 물의 양**은 **탱크의 높이**(기초의 높이를 제외한 높이) 15m 이하마다 원주길이 1m에 대하여 37L/분 이상으로 할 것
   ② **수원의 양은 20분 이상** 방사할 수 있는 수량으로 할 것
   ③ 탱크의 **높이가 15m를 초과**하는 경우 15m **이하마다 분무헤드를 설치할 것**

2. 옥외저장탱크의 외부구조 및 설비 ★★

① 옥외저장탱크는 특정옥외저장탱크 및 준특정옥외저장탱크 외에는 **두께 3.2mm 이상의 강철판**으로 할 것
② 압력탱크(최대상용압력이 대기압을 초과하는 탱크)외의 탱크는 충수시험, 압력탱크는 최대상용압력의 1.5배의 압력으로 10분간 실시하는 수압시험에서 각각 새거나 변형되지 아니하여야 한다.

3. 방유제 설치기준 ★★★★★

인화성액체위험물(이황화탄소를 제외)의 옥외탱크저장소의 방유제

(1) **방유제의 용량**

방유제안에 탱크가 하나인 때	방유제안에 탱크가 2기 이상인 때
탱크 용량의 110% 이상	용량이 최대인 것의 용량의 110% 이상

★ 인화성이 없는 액체위험물의 옥외저장탱크 방유제의 용량은 탱크용량의 100%로 한다.

(2) **방유제의 높이는 0.5m 이상 3m 이하**, 두께 0.2m 이상, 지하매설깊이 1m 이상으로 할 것

(3) **방유제 내의 면적은 8만m^2 이하**로 할 것

(4) 방유제 내에 설치하는 **옥외저장탱크의 수는 10**(방유제 내에 설치하는 모든 옥외저장탱크의 **용량이 20만L 이하**이고, 당해 옥외저장탱크에 저장 또는 취급하는 위험물의 **인화점이 70℃ 이상 200℃ 미만인 경우에는 20**) 이하로 할 것

(5) 방유제 외면의 **2분의 1 이상**은 **3m 이상**의 노면 폭을 확보한 **구내도로**에 직접 접하도록 할 것

(6) 방유제는 옥외저장탱크의 지름에 따라 그 탱크의 **옆판으로부터** 다음에 정하는 **거리**를 유지할 것

• **지름이 15m 미만인 경우**	탱크 높이의 3분의 1 이상
• **지름이 15m 이상인 경우**	탱크 높이의 2분의 1 이상

(7) 방유제는 철근콘크리트 또는 흙으로 만들고, 위험물이 방유제의 외부로 유출되지 아니하는 구조로 할 것

(8) 용량이 **1,000만L 이상**인 옥외저장탱크의 **방유제**에는 **탱크마다 간막이 둑을 설치**할 것
  ① 간막이 **둑의 높이**는 0.3m(방유제내 옥외저장탱크의 용량의 합계가 2억L를 넘는 방유제는 1m) 이상으로 하되, 방유제의 높이보다 0.2m **이상 낮게** 할 것
  ② 간막이 **둑은 흙** 또는 **철근콘크리트**로 할 것
  ③ 간막이 **둑의 용량**은 간막이 둑안에 설치된 **탱크의 용량의 10% 이상** 일 것

(9) 방유제에는 **배수구를 설치**하고 이를 **개폐하는 밸브** 등을 방유제 **외부에 설치**할 것

(10) **용량이 100만L 이상**인 옥외저장탱크에 있어서는 **밸브** 등에는 **개폐상황**을 쉽게 **확인할 수 있는 장치**를 설치할 것

(11) **높이가 1m를 넘는 방유제** 및 간막이 둑의 안팎에는 방유제내에 출입하기 위한 **계단 또는 경사로**를 약 50m마다 설치할 것

4. 옥외저장탱크의 외부구조 및 설비 ★★★

(1) 밸브 없는 통기관 ★★★★★

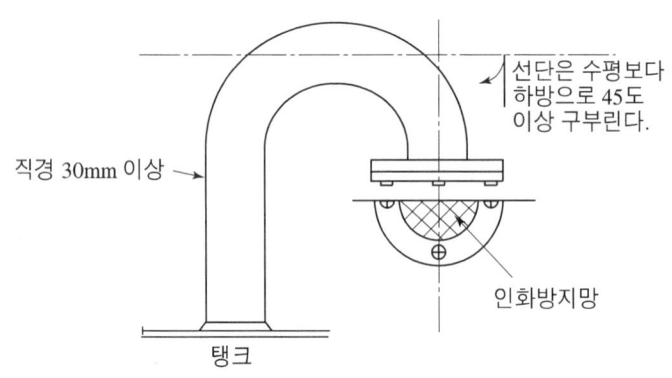

[밸브 없는 통기관]

① 직경은 30mm **이상**일 것
② 끝부분은 수평면보다 **45도** 이상 구부려 빗물 등의 침투를 막는 구조로 할 것
③ **인화점이 38℃ 미만인 위험물만**을 저장, 취급 탱크의 통기관에는 **화염방지장치**를 설치하고, 그 외의 탱크 통기관에는 **40메쉬**(mesh) **이상**의 **구리망** 또는 **인화방지장치**를 설치할 것
④ 가연성의 증기를 회수하기 위한 밸브를 통기관에 설치하는 경우에 있어서는 당해 통기관의 밸브는 저장탱크에 위험물을 주입하는 경우를 제외하고는 항상 개방되어 있는 구조로 하는 한편, 폐쇄하였을 경우에 있어서는 **10kPa 이하**의 압력에서 개방되는 구조로 할 것. 이 경우 개방된 부분의 유효단면적은 $777.15mm^2$ **이상**이어야 한다.

(2) 대기밸브부착 통기관

　　5kPa 이하의 압력차이로 작동할 수 있을 것

5. 탱크전용실에 옥내저장탱크의 용량 ★★★

① 1층 이하의 층 : 지정수량의 40배 이하
② 2층 이상의 층 : 지정수량의 10배 이하

6. 알킬알루미늄 등, 아세트알데하이드 등 및 하이드록실아민 등을 저장, 취급하는 옥외탱크저장소

(1) 알킬알루미늄 등의 옥외탱크저장소

① 옥외저장탱크의 주위에는 누설범위를 국한하기 위한 설비 및 누설된 알킬알루미늄 등을 안전한 장소에 설치된 조에 이끌어 들일 수 있는 설비를 설치할 것
② 옥외저장탱크에는 불활성의 기체를 봉입하는 장치를 설치할 것

(2) 아세트알데하이드 등의 옥외탱크저장소

① 옥외저장탱크의 설비는 동 · 마그네슘 · 은 · 수은 또는 이들을 성분으로 하는 합금으로 만들지 아니할 것
② 옥외저장탱크에는 냉각장치 또는 보냉장치, 그리고 연소성 혼합기체의 생성에 의한 폭발을 방지하기 위한 불활성의 기체를 봉입하는 장치를 설치할 것

(3) 하이드록실아민 등의 옥외탱크저장소

① 옥외탱크저장소에는 하이드록실아민 등의 온도의 상승에 의한 위험한 반응을 방지하기 위한 조치를 강구할 것
② 옥외탱크저장소에는 철이온 등의 혼입에 의한 위험한 반응을 방지하기 위한 조치를 강구할 것

3-4 옥내탱크저장소의 위치·구조 및 설비의 기준

1. 옥내탱크저장소의 기준 ★★★

① 옥내저장탱크는 **단층건축물**에 설치된 탱크전용실에 설치할 것
② 옥내저장**탱크**와 탱크전용실의 **벽과의 사이** 및 **옥내저장탱크의 상호간**에는 0.5m **이상의 간격을 유지**할 것
③ 옥내저장탱크의 용량(동일한 탱크전용실에 옥내저장탱크를 2 이상 설치하는 경우에는 각 탱크의 용량의 합계)은 **지정수량의 40배**(제4석유류 및 동식물유류 외의 제4류 위험물에 있어서 당해 수량이 20,000L를 초과할 때에는 20,000L) 이하일 것

2. 제4류 위험물의 옥내저장탱크 중 밸브 없는 통기관 설치기준 ★★

① 통기관의 끝부분은 건축물의 창·출입구 등의 개구부로부터 1m 이상 떨어진 옥외의 장소에 지면으로부터 4m 이상의 높이로 설치
② 인화점이 40℃ 미만인 위험물의 탱크에 설치하는 통기관은 부지경계선으로부터 1.5m 이상 이격할 것. 다만, 고인화점 위험물만을 100℃ 미만의 온도로 저장 또는 취급하는 탱크에 설치하는 통기관은 그 끝부분을 탱크전용실 내에 설치할 수 있다.

3-5 지하탱크저장소의 위치·구조 및 설비의 기준 ★★

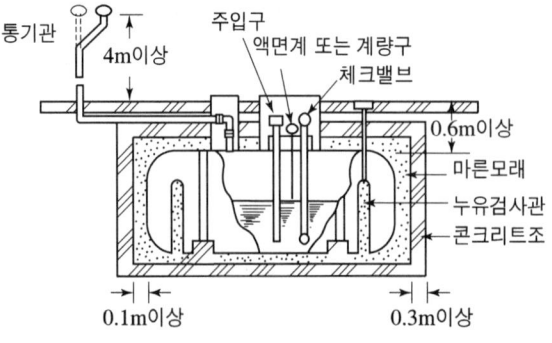

[탱크전용실에 설치된 지하저장탱크]

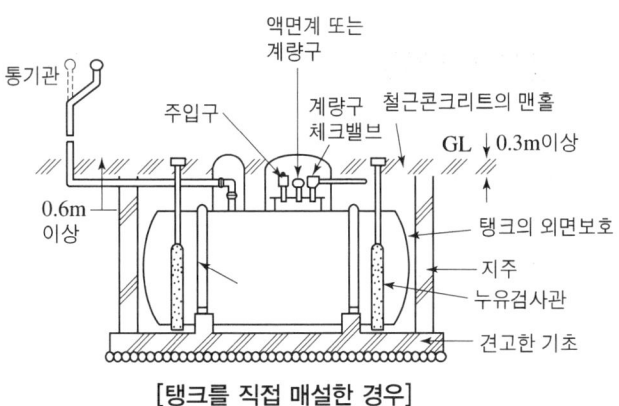

[탱크를 직접 매설한 경우]

① 지하탱크를 지하의 가장 가까운 벽, 피트, 가스관 등 시설물 및 대지경계선으로부터 0.6m 이상 떨어진 곳에 매설할 것 ★★★
② **탱크전용실은** 지하의 가장 가까운 벽·피트·가스관 등의 시설물 및 대지경 계선으로부터 **0.1m 이상** 떨어진 곳에 설치하고, 지하저장탱크와 탱크전용실의 안쪽과의 사이는 **0.1m 이상의 간격**을 유지하도록 하며, 당해 탱크의 주위에 마른 모래 또는 습기 등에 의하여 응고되지 아니하는 **입자지름 5mm 이하의 마른 자갈분**을 채울 것
③ 지하저장탱크의 **윗 부분**은 지면으로부터 **0.6m 이상 아래**에 있을 것. ★★
④ 지하저장탱크를 2 이상 인접해 설치하는 경우에는 그 **상호간에 1m**(당해 2 이상의 지하저장탱크의 용량의 합계가 **지정수량의 100배 이하인 때에는 0.5m**) 이상의 간격을 유지 할 것.

[지하저장탱크를 2 이상 인접해 설치하는 경우]

2 이상의 지하저장탱크의 용량의 합계	지정수량의 100배 초과	지정수량의 100배 이하
탱크상호간 간격	1m 이상	0.5m 이상

⑤ 지하저장탱크의 재질은 **두께 3.2mm 이상의 강철판**으로 하여 완전용입용접 또는 양면겹침 이음용접으로 틈이 없도록 만드는 동시에, **압력탱크(최대상용압력이 46.7kPa 이상인 탱크)** 외의 탱크에 있어서는 70kPa의 압력으로, 압력탱크에 있어서는 **최대상용압력의 1.5배의 압력**으로 각각 10분간 수압시험을 실시하여 새거나 변형되지 아니할 것.

3-6 간이탱크저장소의 위치·구조 및 설비의 기준 ★★★★★

(1) 하나의 간이탱크저장소에 설치하는 **간이저장탱크는 그 수를 3 이하**로 하고, 동일한 품질의 위험물의 간이저장탱크를 2 이상 설치하지 아니할 것
(2) 간이저장탱크는 움직이거나 넘어지지 아니하도록 지면 또는 가설대에 고정시키되, **옥외**에 설치하는 경우에는 그 탱크의 주위에 **너비 1m 이상의 공지**를 두고, 전용실 안에 설치하는 경우에는 **탱크와 전용실의 벽과의 사이에 0.5m 이상의 간격**을 유지 할 것
(3) 간이저장탱크의 **용량은 600L 이하**일 것
(4) 간이저장탱크는 **두께 3.2mm 이상의 강판**으로 흠이 없도록 제작하여야 하며, **70kPa의 압력으로 10분간의 수압시험**을 실시하여 새거나 변형되지 아니할 것.
(5) 간이저장탱크에는 다음 각목의 기준에 적합한 밸브 없는 통기관을 설치할 것
　① 통기관의 지름은 **25mm 이상**으로 할 것
　② 통기관은 옥외에 설치하되, 그 **끝부분의 높이는 지상 1.5m 이상**으로 할 것
　③ 통기관의 끝부분은 수평면에 대하여 아래로 **45도 이상** 구부려 빗물 등이 침투하지 아니하도록 할 것
　④ 가는 눈의 구리망 등으로 **인화방지장치**를 할 것

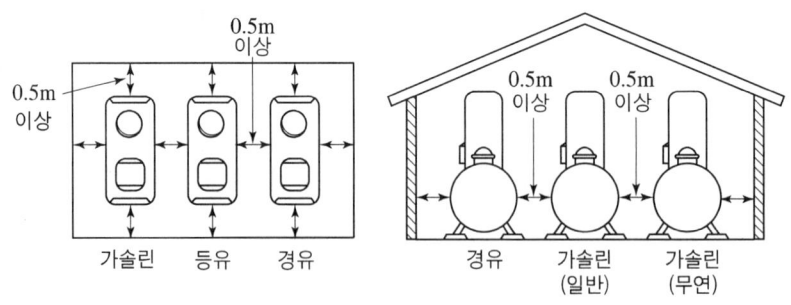

[간이탱크저장소]

3-7 이동탱크저장소의 위치·구조 및 설비의 기준 ★★★

1. 이동저장탱크의 구조 기준

① 10분간의 수압시험을 실시하여 새거나 변형되지 아니할 것.

압력탱크	압력탱크(최대상용압력이 46.7kPa 이상인 탱크)외
최대상용압력의 1.5배의 압력	70kPa의 압력

② 이동저장탱크는 그 내부에 4,000L 이하마다 3.2mm 이상의 강철판 또는 이와 동등 이상의 강도·내열성 및 내식성이 있는 금속성의 것으로 칸막이를 설치할 것.

③ 칸막이로 구획된 각 부분마다 맨홀과 다음 각목의 기준에 의한 안전장치 및 방파판을 설치할 것(단, 칸막이로 구획된 부분의 용량이 2,000L 미만인 부분에는 **방파판**을 설치하지 아니할 수 있다.

2. 안전장치의 설치기준

탱크의 압력	안전장치 작동압력
상용압력이 20kPa 이하	20kPa 이상 24kPa 이하
상용압력이 20kPa 초과	상용압력의 1.1배 이하

3. 방파판의 설치기준 ★★★★★

① 두께 **1.6mm 이상의 강철판** 또는 이와 동등 이상의 강도·내열성 및 내식성이 있는 금속성의 것으로 할 것

② 하나의 구획부분에 **2개 이상의 방파판**을 이동탱크저장소의 **진행방향과 평행**으로 설치하되, 각 방파판은 그 높이 및 칸막이로부터의 거리를 다르게 할 것

③ 하나의 구획부분에 설치하는 각 방파판의 면적의 합계는 당해 구획부분의 **최대 수직단면적의 50% 이상**으로 할 것. 다만, **수직단면이 원형**이거나 **짧은 지름이 1m 이하**의 타원형일 경우에는 40% 이상으로 할 수 있다.

④ 맨홀·주입구 및 안전장치 등이 탱크의 상부에 돌출되어 있는 탱크에 있어서 부속장치의 손상을 방지하기 위한 측면틀 및 방호틀을 설치

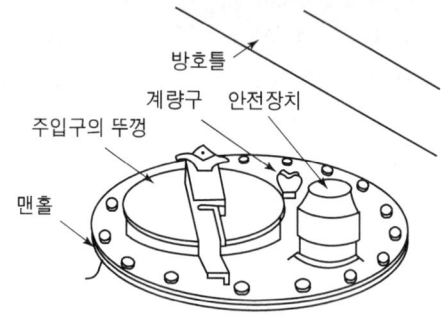

[맨홀 및 안전장치]

- **측면틀**
  ① 최외측선의 수평면에 대한 내각이 75도 이상이 되도록 할 것.
  ② 최외측선과 직각을 이루는 직선과의 내각이 35도 이상이 되도록 할 것
  ③ 탱크상부의 네 모퉁이에 당해 탱크의 전단 또는 후단으로부터 각각 1m 이내의 위치에 설치할 것

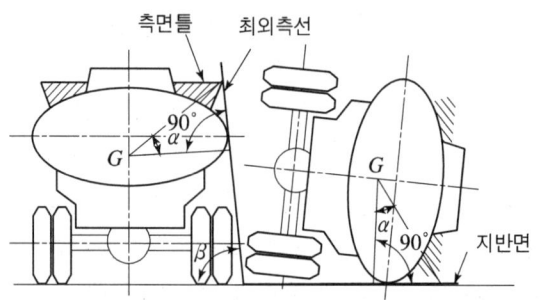

- **방호틀**
  ① 두께 2.3mm 이상의 강철판
  ② 정상부분은 부속장치보다 50mm 이상 높게 할 것

[주유탱크차 예]

4. 측면틀 및 방호틀의 설치기준

(1) 측면틀
  ① 최외측선의 수평면에 대한 **내각이 75도 이상**이 되도록 하고, 최외측선과 직각을 이루는 직선과의 **내각이 35도 이상**이 되도록 할 것
  ② 외부로부터 하중에 견딜 수 있는 구조로 할 것
  ③ 탱크상부의 네 모퉁이에 당해 탱크의 전단 또는 후단으로부터 각각 **1m 이내**의 위치에 설치할 것
  ④ 측면틀에 걸리는 하중에 의하여 탱크가 손상되지 아니하도록 측면틀의 부착부분에 **받침판**을 설치할 것

(2) 방호틀
  ① 두께 **2.3mm 이상**의 강철판 또는 이와 동등 이상의 기계적 성질이 있는 재료로써 산모양의 형상으로 하거나 이와 동등 이상의 강도가 있는 형상으로 할 것
  ② 정상부분은 부속장치보다 50mm **이상** 높게 하거나 이와 동등 이상의 성능이 있는 것으로 할 것

 3-8 옥외저장소의 위치 및 설비의 기준

1. 옥외저장소의 공지의 너비 ★★★

경계표시의 주위에는 그 저장 또는 취급하는 위험물의 최대수량에 따라 다음 표에 의한 너비의 공지를 보유할 것. 다만, 제4류 위험물 중 **제4석유류와 제6류 위험물**을 저장 또는 취급하는 옥외저장소의 보유공지는 다음 표에 의한 공지의 너비의 **3분의 1**

이상의 너비로 할 수 있다.

저장 또는 취급하는 위험물의 최대수량	공지의 너비
지정수량의 10배 이하	3m 이상
지정수량의 10배 초과 20배 이하	5m 이상
지정수량의 20배 초과 50배 이하	9m 이상
지정수량의 50배 초과 200배 이하	12m 이상
지정수량의 200배 초과	15m 이상

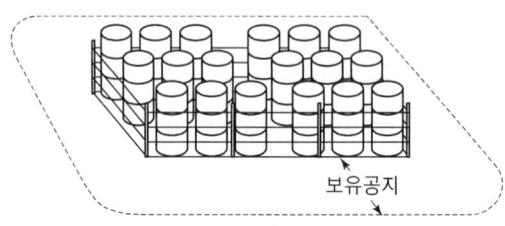

[옥외저장소의 울타리]

2. 옥외저장소의 선반 설치기준 ★★★★

① 선반은 불연재료로 만들고 견고한 지반면에 고정할 것
② 선반은 당해 선반 및 그 부속설비의 자중·저장하는 위험물의 중량·풍하중·지진의 영향 등에 의하여 생기는 응력에 대하여 안전할 것
③ 선반의 높이는 6m를 초과하지 아니할 것
④ 선반에는 위험물을 수납한 용기가 쉽게 낙하하지 아니하는 조치를 강구할 것

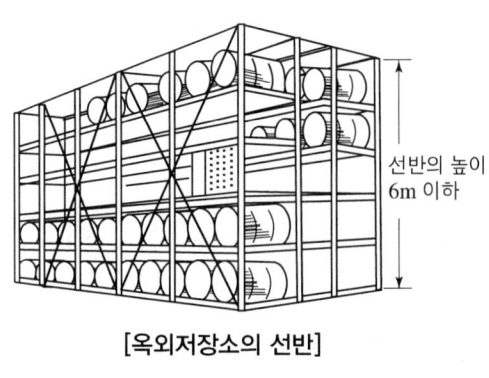

[옥외저장소의 선반]

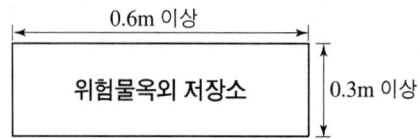

3. 옥외저장소에서 위험물을 저장하는 경우 높이 제한. ★★★★★

① 기계에 의하여 하역하는 구조로 된 용기만을 겹쳐 쌓는 경우 : 6m
② 제4류 위험물 중 제3석유류, 제4석유류 및 동식물유류를 수납하는 용기만을 겹쳐 쌓는 경우 : 4m
③ 그 밖의 경우 : 3m

4. 건축물의 구조 ★★

① 지하층이 없도록 할 것.
② 벽·기둥·바닥·보·서까래 및 계단은 불연재료로, 외벽은 개구부가 없는 내화구조의 벽으로 할 것.
③ 지붕은 가벼운 불연재료로 덮을 것
④ 출입구와 비상구에는 60분+방화문·60분방화문 또는 30분방화문을 설치하되, 연소의 우려가 있는 외벽에 설치하는 출입구에는 수시로 열 수 있는 자동폐쇄식의 60분+방화문 또는 60분방화문을 설치할 것.
⑤ 창 및 출입구에 유리를 이용하는 경우에는 망입유리로 할 것.
⑥ 건축물의 바닥은 적당한 경사를 두어 그 최저부에 집유설비를 할 것.

5. 옥외저장소 중 덩어리 상태의 황만을 지반면에 설치한 경계표시의 안쪽에서 저장 또는 취급하는 것의 위치·구조 및 설비의 기술기준

① 하나의 경계표시의 내부의 **면적은 $100m^2$ 이하**일 것
② 2 이상의 경계표시를 설치하는 경우에 있어서는 각각의 경계표시 내부의 면적을 합산한 면적은 $1,000m^2$ 이하로 하고, 인접하는 경계표시와 경계표시와의 간격을 규정에 의한 공지의 너비의 2분의 1 이상으로 할 것. 다만, 저장 또는 취급하는 위험물의 최대수량이 지정수량의 200배 이상인 경우에는 10m 이상으로 하여야 한다.
③ 경계표시는 불연재료로 만드는 동시에 황이 새지 아니하는 구조로 할 것
④ 경계표시의 높이는 **1.5m 이하**로 할 것
⑤ 경계표시에는 황이 넘치거나 비산하는 것을 방지하기 위한 천막 등을 고정하는 장치를 설치하되, 천막 등을 고정하는 장치는 경계표시의 길이 2m마다 한 개 이상 설치할 것
⑥ 황을 저장 또는 취급하는 장소의 주위에는 배수구와 분리장치를 설치할 것

6. 옥외저장소에 저장할 수 있는 위험물

① 제2류 위험물 : 황, 인화성고체(인화점이 0℃ 이상)
② 제4류 위험물 : 제1석유류(인화점이 0℃ 이상), 제2석유류, 제3석유류, 제4석유류, 알코올류, 동식물유류
③ 제6류 위험물

3-9 암반탱크저장소의 위치·구조 및 설비의 기준

① **암반투수계수**가 10^{-5}m/sec **이하**인 천연암반내에 설치할 것 ★★★
② 저장할 위험물의 증기압을 억제할 수 있는 **지하수면하에 설치**할 것
③ 암반탱크의 **내벽**은 암반균열에 의한 **낙반을 방지**할 수 있도록 **볼트·콘크리트** 등으로 보강할 것

3-10 주유취급소의 위치·구조 및 설비의 기준

1. 주유공지 및 급유공지 ★★★

주유공지	급유공지
너비 15m 이상, 길이 6m 이상의 콘크리트 등으로 포장한 공지	고정급유설비의 호스기기의 주위에 필요한 공지

• 공지의 바닥은 주위 지면보다 높게 하고, **배수구·집유설비** 및 **유분리장치**를 할 것

2. 표지 및 게시판 ★★★★★

표 지	게 시 판
위험물 주유취급소	1. 방화에 관하여 필요한 사항 2. 황색바탕에 흑색문자로 "주유중엔진정지" ★★

3. 주유취급소에 설치할 수 있는 부대시설

① 주유 또는 등유·경유를 채우기 위한 **작업장**
② 주유취급소의 업무를 행하기 위한 **사무소**
③ 자동차 등의 **점검 및 간이정비**를 위한 작업장
④ 자동차 등의 **세정**을 위한 작업장
⑤ 주유취급소에 출입하는 사람을 대상으로 한 **점포·휴게음식점** 또는 **전시장**
⑥ 주유취급소의 **관계자**가 거주하는 **주거시설**

4. 담 또는 벽

자동차 등이 출입하는 쪽 외의 부분에 **높이 2m 이상**의 내화구조 또는 불연재료의 담 또는 벽을 설치할 것

5. 고객이 직접 주유하는 주유취급소의 특례기준

구분		연속 주유량의 상한	주유시간의 상한
셀프용고정주유설비	휘발유	100L 이하	4분 이하
	경유	600L 이하	12분 이하

구분	연속 급유량의 상한	급유시간의 상한
셀프용고정급유설비	100L 이하	6분 이하

6. 고속국도의 도로변의 주유취급소 탱크최대 용량

60,000L ★★

7. 고정주유설비 또는 고정급유설비 ★★★

(1) 주유관의 길이는 5m(현수식의 경우에는 지면 위 0.5m의 수평면에 반경 3m) 이내

 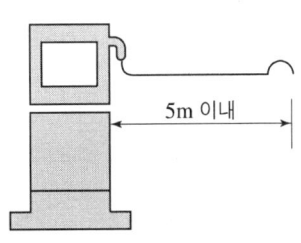 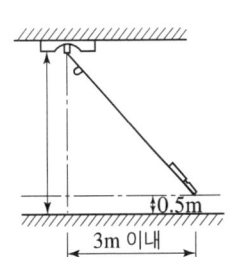

[고정식 및 현수식 주유관]

(2) 끝부분에는 축적된 정전기를 유효하게 제거할 수 있는 장치를 설치
(3) 고정주유설비 또는 고정급유설비의 설치위치
　① 고정주유설비의 중심선을 기점으로 하여
　　• 도로경계선까지 4m 이상
　　• 부지경계선 · 담 및 건축물의 벽까지 2m(개구부가 없는 벽까지는 1m) 이상
　② 고정급유설비의 중심선을 기점으로 하여
　　• 도로경계선까지 4m 이상
　　• 부지경계선 및 담까지 1m 이상
　　• 건축물의 벽까지 2m(개구부가 없는 벽까지는 1m) 이상
(4) 고정주유설비와 고정급유설비의 사이에는 4m 이상

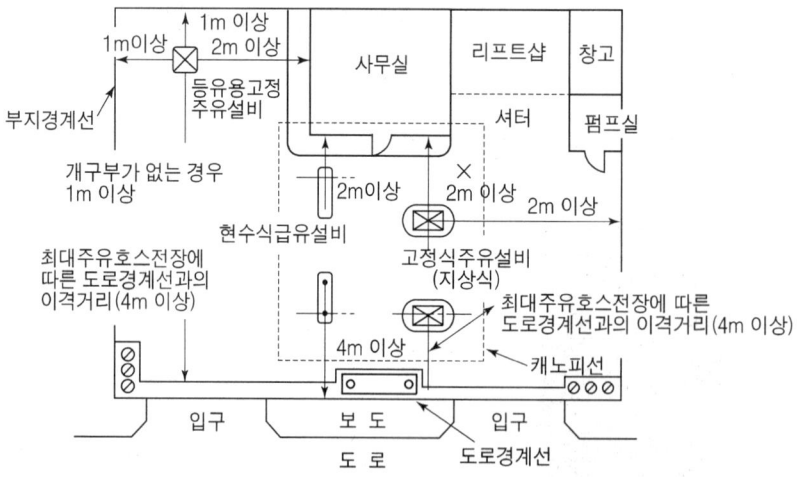

[고정주유설비 및 고정급유설비]

8. 주유취급소의 탱크

① 자동차 등에 주유하기 위한 고정주유설비에 직접 접속하는 전용탱크 : 50,000L 이하
② 고정급유설비에 직접 접속하는 전용탱크 : 50,000L 이하
③ 보일러 등에 직접 접속하는 전용탱크 : 10,000L 이하
④ 폐유탱크로서 용량(2 이상 설치하는 경우에는 각 용량의 합계)이 2,000L 이하인 탱크
⑤ 고정주유설비 또는 고정급유설비에 직접 접속하는 3기 이하의 간이탱크

9. 캐노피의 설치기준

① 배관이 캐노피 내부를 통과할 경우에는 1개 이상의 점검구를 설치할 것
② 캐노피 외부의 점검이 곤란한 장소에 배관을 설치하는 경우에는 용접이음으로 할 것
③ 캐노피 외부의 배관이 일광열의 영향을 받을 우려가 있는 경우에는 단열재로 피복할 것

3-11 판매취급소의 위치·구조 및 설비의 기준

[판매취급소의 구분 ★★★]

취급소의 구분	저장 또는 취급하는 위험물의 수량
제1종 판매취급소	지정수량의 20배 이하
제2종 판매취급소	지정수량의 40배 이하

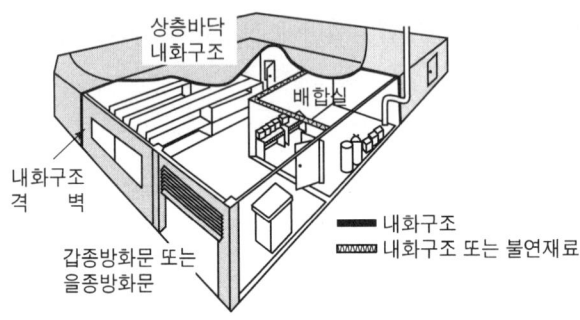

[제1종 판매취급소]

1. 제1종 판매취급소의 위치·구조 및 설비의 기준 : (제1종판매취급소 : 지정수량의 20배 이하인 판매취급소)

(1) 건축물의 **1층에** 설치할 것
(2) 건축물의 부분은 **내화구조 또는 불연재료**로 하고, 판매취급소로 사용되는 부분과 다른 부분과의 **격벽은 내화구조**로 할 것
(3) 건축물의 부분은 **보를 불연재료**로 하고, 반자를 설치하는 경우에는 **반자를 불연재료**로 할 것
(4) 상층이 있는 경우에 있어서는 그 **상층의 바닥을 내화구조**로 하고, 상층이 없는 경우에 있어서는 **지붕을 내화구조**로 또는 불연재료로 할 것
(5) **창 및 출입구**에는 60분+방화문·60분방화문 또는 30분방화문을 설치할 것
(6) **창 또는 출입구**에 유리를 이용하는 경우에는 **망입유리**로 할 것
(7) 위험물을 **배합하는 실**은 다음에 의할 것
   ① 바닥면적은 $6m^2$ **이상** $15m^2$ **이하일 것**
   ② **내화구조 또는 불연재료로 된 벽**으로 구획할 것
   ③ 바닥은 위험물이 침투하지 아니하는 구조로 하여 적당한 경사를 두고 **집유설비**를 할 것
   ④ **출입구**에는 수시로 열 수 있는 자동폐쇄식의 **60분+방화문 또는 60분방화문**을

설치할 것
⑤ 출입구 문턱의 높이는 바닥면으로부터 0.1m 이상으로 할 것
⑥ 내부에 체류한 가연성의 증기 또는 가연성의 미분을 지붕위로 방출하는 설비를 할 것

2. 제2종 판매취급소의 위치·구조 및 설비의 기준 ★★★
(제2종 판매취급소 : 지정수량의 40배 이하인 판매취급소)

(1) **벽·기둥·바닥 및 보를 내화구조** 하고, **천장이 있는 경우에는 이를 불연재료**로 하며, 판매취급소로 사용되는 부분과 다른 부분과의 **격벽은 내화구조**로 할 것
(2) 상층이 있는 경우에는 상층의 바닥을 내화구조로 하는 동시에 상층으로의 연소를 방지하기 위한 조치를 강구하고, 상층이 없는 경우에는 지붕을 내화구조로 할 것
(3) 연소의 우려가 없는 부분에 한하여 창을 두되, 당해 **창에는 60분+방화문·60분방화문** 또는 30분방화문을 설치할 것
(4) **출입구**에는 60분+방화문·60분방화문 또는 30분방화문을 설치할 것. 다만, 당해 부분 중 연소의 우려가 있는 벽 또는 창의 부분에 설치하는 출입구에는 수시로 열 수 있는 **자동폐쇄식의 60분+방화문 또는 60분방화문**을 설치하여야 한다.

3-12 소화설비, 경보설비 및 피난설비의 기준 ★★★★

1. 소화설비의 설치기준

(1) 전기설비의 소화설비
당해 장소의 **면적 100m²마다 소형수동식소화기를 1개 이상** 설치할 것

(2) 소요단위의 계산방법
① 제조소 또는 취급소의 건축물

외벽이 내화구조인 것	외벽이 내화구조가 아닌것
연면적 100m²를 1소요단위	연면적 50m²를 1소요단위

② 저장소의 건축물

외벽이 내화구조인 것	외벽이 내화구조가 아닌것
연면적 150m² : 1소요단위	연면적 75m² : 1소요단위

③ 위험물은 **지정수량의 10배를 1소요단위**로 할 것

(3) 간이 소화용구의 능력단위

소화설비	용량	능력단위
• 소화전용(專用)물통	8L	0.3
• 수조(소화전용물통 3개 포함)	80L	1.5
• 수조(소화전용물통 6개 포함)	190L	2.5
• 마른 모래(삽 1개 포함)	50L	0.5
• 팽창질석 또는 팽창진주암(삽 1개 포함)	80L	0.5

2. 옥내소화전설비의 설치기준 ★★★

① 옥내소화전은 **수평거리가 25m 이하**가 되도록 설치할 것. 이 경우 옥내소화전은 각 층의 **출입구 부근에 1개 이상** 설치할 것.

② 수원의 수량은 옥내소화전이 **가장 많이 설치된 층의 옥내소화전 설치개수(5개 이상인 경우 5개)**에 **7.8m³**를 곱한 양 이상이 되도록 설치할 것

$$수원의\ 양\ Q(\text{m}^3) = N \times 7.8\text{m}^3\ (260\text{L/분} \times 30\text{분})$$

여기서, N : 가장 많이 설치된 층의 옥내소화전 설치개수 (최대5개)

③ 옥내소화전설비는 각층을 기준으로 하여 당해 층의 모든 옥내소화전(개수가 **5개 이상인 경우는 5개**)을 동시에 사용할 경우에 각 **노즐 끝부분의 방수압력이 350kPa 이상**이고 **방수량이 260L/분 이상**의 성능이 되도록 할 것

노즐 끝부분의 방수압력	방 수 량
350kPa	260L/분

3. 옥외소화전설비의 설치기준 ★★★

① 옥외소화전은 **수평거리가 40m 이하**가 되도록 설치할 것. 이 경우 그 **설치개수가 1개일 때는 2개**로 할 것.

② 수원의 수량은 **옥외소화전의 설치개수(4개 이상인 경우는 4개)**에 **13.5m³**를 곱한 양 이상이 되도록 설치할 것

$$수원의\ 양\ Q(\text{m}^3) = N \times 13.5\text{m}^3\ (450\text{L/분} \times 30\text{분})$$

여기서, N : 가장 많이 설치된 층의 옥외소화전 설치개수 (최대4개)

③ 옥외소화전설비는 모든 옥외소화전(설치개수가 4개 이상인 경우는 4개)을 동시에 사용할 경우에 각 노즐 끝부분의 **방수압력이 350kPa** 이상이고, **방수량이 450L/분 이상**의 성능이 되도록 할 것

노즐 끝부분의 방수압력	방 수 량
350kPa	450L/분

4. 스프링클러설비의 설치기준 ★★★

[위험물제조소등의 소화설비 설치기준]

소화설비	수평거리	방사량 (L/min)	방사압력 (kPa)	수 원의 양
옥내	25m 이하	260	350	$Q = N(\text{소화전개수} : \text{최대 5개}) \times 7.8\text{m}^3$ (260L/min × 30min)
옥외	40m 이하	450	350	$Q = N(\text{소화전개수} : \text{최대 4개}) \times 13.5\text{m}^3$ (450L/min × 30min)
스프링클러	1.7m 이하	80	100	$Q = N(\text{헤드수} : \text{최대 30개}) \times 2.4\text{m}^3$ (80L/min × 30min)
물분무		20(m²당)	350	$Q = A(\text{표면적 m}^2) \times 0.6\text{m}^3/\text{m}^2$ (20L/m².min × 30min)

(1) 스프링클러헤드는 **수평거리가 1.7m 이하**가 되도록 설치할 것
(2) **개방형 스프링클러헤드**를 이용한 스프링클러설비의 **방사구역은 150m² 이상**(바닥면적이 150m² 미만인 경우 **바닥면적**)으로 할 것
(3) 수원의 수량
 ① **폐쇄형** 헤드를 사용하는 것은 30(설치개수가 30 미만인 경우 **설치개수**)
 ② **개방형** 헤드를 사용하는 것은 헤드가 **가장 많이 설치된 방사구역**의 헤드 설치개수에 2.4m³를 곱한 양 이상이 되도록 설치할 것

폐쇄형 스프링클러헤드 사용하는 경우
수원의 양 $Q(\text{m}^3) = N \times 2.4\text{m}^3$ (80L/분 × 30분)
• N : 30 (설치개수가 30 미만인 경우는 설치개수)

개쇄형 스프링클러헤드 사용하는 경우
수원의 양 $Q(\text{m}^3) = N \times 2.4\text{m}^3$ (80L/분 × 30분)
• N : 가장 많이 설치된 방사구역의 스프링클러헤드 설치개수

(4) 헤드의 **방사압력이 100kPa** 이상이고, **방수량이 80L/분 이상**의 성능이 되도록 할 것

헤드의 방수압력	헤드의 방수량
100kPa	80L/분

5. 물분무소화설비의 설치기준 ★★★

① 물분무소화설비의 **방사구역은 150m² 이상**(방호대상물의 **표면적이 150m² 미만**인 경우에는 **당해 표면적**)으로 할 것
② 수원의 수량은 분무헤드가 가장 많이 설치된 방사구역의 모든 분무헤드를 동시에 사용할 경우에 당해 방사구역의 **표면적 1m²당 1분당 20L**의 비율로 계산한 양으로 **30분간 방사**할 수 있는 양 이상이 되도록 설치할 것
③ 물분무소화설비는 분무헤드를 동시에 사용할 경우에 각 끝부분의 방사압력이 **350kPa 이상**으로 **표준방사량**을 방사할 수 있는 성능이 되도록 할 것

물분무 헤드의 방수압력	헤드의 방수량
350kPa	헤드의 설계압력에 의한 방사량

6. 위험물 제조소에 설치하는 소화설비의 비상전원 용량

소화설비	용도구분	비상전원
• 옥내소화전설비 • 옥외소화전설비 • 스프링클러설비	위험물제조소등	45분

7. 폐쇄형 스프링클러 헤드의 표시온도

부착장소의 최고주위온도 (℃)	표시온도 (℃)
28 미만	58 미만
28 이상 39 미만	58 이상 79 미만
39 이상 64 미만	79 이상 121 미만
64 이상 106 미만	121 이상 162 미만
106 이상	162 이상

8. 피난설비

① 주유취급소 중 건축물의 2층의 부분을 점포 · 휴게음식점 또는 전시장의 용도로 사용하는 것에 있어서는 당해 건축물의 2층으로부터 직접 주유취급소의 부지 밖으로 통하는 출입구와 당해 출입구로 통하는 통로 · 계단 및 출입구에 유도등을 설치
② 옥내주유취급소에 있어서는 당해 사무소 등의 출입구 및 피난구와 당해 피난구로 통하는 통로 · 계단 및 출입구에 유도등을 설치
③ 유도등에는 비상전원을 설치

3-13 제조소등에서의 위험물의 저장 및 취급에 관한 기준

1. 알킬알루미늄, 아세트알데하이드등 및 다이에틸에터등의 저장기준 ★★

탱크의 종류	물질명	저장기준
• 이동저장탱크	알킬알루미늄	20kPa 이하의 압력으로 불활성의 기체를 봉입
	아세트알데하이드	불활성의 기체를 봉입
• 옥외 · 옥내, 지하 저장탱크 중 압력탱크 외의 탱크	산화프로필렌과 이를 함유한 것 또는 다이에틸에터	30℃ 이하
	아세트알데하이드 또는 이를 함유한 것	15℃ 이하
• 옥외 · 옥내 또는 지하 저장탱크 중 압력 탱크에 저장하는 경우	아세트알데하이드등 또는 다이에틸에터	40℃ 이하
• 보냉장치가 있는 이동 저장탱크	아세트알데하이드등 또는 다이에틸에터	비점 이하
• 보냉장치가 없는 이동 저장탱크	아세트알데하이드등 또는 다이에틸에터	40℃ 이하

3-14 위험물의 운반에 관한 기준

1. 위험물 운반용기의 외부 표시 사항 ★★★★★

① 위험물의 품명, 위험등급, 화학명 및 수용성(제4류 위험물의 수용성인 것에 한함)
② 위험물의 수량
③ 수납하는 위험물에 따른 주의사항

종류별	성질에 따른 구분	표시사항
• 제1류 위험물	알칼리금속의 과산화물	화기 · 충격주의, 물기엄금 및 가연물접촉주의
	그 밖의 것	화기 · 충격주의 및 가연물접촉주의
• 제2류 위험물	철분 · 금속분 · 마그네슘	화기주의 및 물기엄금
	인화성고체	화기엄금
	그 밖의 것	화기주의
• 제3류 위험물	자연발화성 물질	화기엄금 및 공기접촉엄금
	금수성 물질	물기엄금
• 제4류 위험물	인화성 액체	화기엄금
• 제5류 위험물	자기반응성 물질	화기엄금 및 충격주의
• 제6류 위험물	산화성 액체	가연물 접촉주의

2. 유별을 달리하는 위험물의 혼재기준 ★★★★★

구분	제1류	제2류	제3류	제4류	제5류	제6류
제1류		×	×	×	×	○
제2류	×		×	○	○	×
제3류	×	×		○	×	×
제4류	×	○	○		○	×
제5류	×	○	×	○		×
제6류	○	×	×	×	×	

[비고]
1. "×"표시는 혼재할 수 없음을 표시
2. "○"표시는 혼재할 수 있음을 표시
3. 이 표는 지정수량의 $\frac{1}{10}$ 이하의 위험물에 대하여는 적용하지 아니한다.

3. 적재위험물의 성질에 따른 조치 ★★★★★

(1) 차광성이 있는 피복으로 가려야하는 위험물

① 제1류 위험물
② 제3류위험물 중 자연발화성물질
③ 제4류 위험물 중 특수인화물
④ 제5류 위험물
⑤ 제6류 위험물

(2) 방수성이 있는 피복으로 덮어야 하는 것

① 제1류 위험물 중 알칼리금속의 과산화물
② 제2류 위험물 중 철분 · 금속분 · 마그네슘 또는 이들 중 어느 하나 이상을 함유한 것
③ 제3류 위험물 중 금수성 물질

4. 운반용기의 내용적에 대한 수납율 ★★★★★

① 액체위험물 : 내용적의 98% 이하
② 고체위험물 : 내용적의 95% 이하
③ 알킬알루미늄 : 내용적의 90% 이하(50℃ 온도에서 5% 이상의 공간 용적 유지)

5. 위험물의 등급 분류 ★★★

위험등급	해당 위험물
위험등급 I	① 제1류 위험물 중 아염소산염류, 염소산염류, 과염소산염류, 무기과산화물 그 밖에 지정수량이 50kg인 위험물 ② 제3류 위험물 중 칼륨, 나트륨, 알킬알루미늄, 알킬리튬, 황린 그 밖에 지정수량이 10kg 또는 20kg인 위험물 ③ 제4류 위험물 중 특수인화물 ④ 제5류 위험물 중 유기과산화물, 질산에스터류 그 밖에 지정수량이 10kg인 위험물 ⑤ 제6류 위험물
위험등급 II	① 제1류 위험물 중 브로민산염류, 질산염류, 아이오딘산염류 그 밖에 지정수량이 300kg인 위험물 ② 제2류 위험물 중 황화인, 적린, 황 그 밖에 지정수량이 100kg인 위험물 ③ 제3류 위험물 중 알칼리금속(칼륨, 나트륨 제외) 및 알칼리토금속, 유기금속화합물(알킬알루미늄 및 알킬리튬은 제외) 그 밖에 지정수량이 50kg인 위험물 ④ 제4류 위험물 중 제1석유류, 알코올류 ⑤ 제5류 위험물 중 위험등급 I 위험물 외의 것
위험등급 III	위험등급 I, II 이외의 위험물

3-15 탱크의 내용적 및 공간용적

1. 탱크용적의 산출기준 ★★★★★

탱크의 내용적에서 공간용적을 뺀 용적

$$\text{탱크의 용적} = \text{탱크의 내용적} - \text{탱크의 공간용적}$$

2. 탱크의 공간용적 ★★★

탱크내용적의 $\frac{5}{100}$ 이상 $\frac{10}{100}$ 이하의 용적

(다만, 소화설비(소화약제 방출구를 탱크안의 윗부분에 설치하는 것)를 설치하는 탱크의 공간용적은 당해 소화설비의 소화약제방출구 아래의 0.3m 이상 1m 미만 사이의 면으로부터 윗부분의 용적으로 한다.)

3. 암반탱크의 공간용적

탱크내에 용출하는 7일간의 지하수의 양에 상당하는 용적과 당해 탱크의 **내용적**의 1/100의 용적 중에서 **보다 큰 용적**.

4. 탱크의 내용적 계산방법 ★★★★★

(1) 타원형 탱크의 내용적

① 양쪽이 볼록한 것

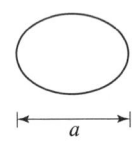 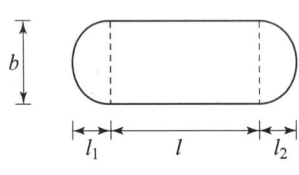 

$$내용적 = \frac{\pi ab}{4}\left(l + \frac{l_1 + l_2}{3}\right)$$

② 한쪽은 볼록하고 다른 한쪽은 오목한 것

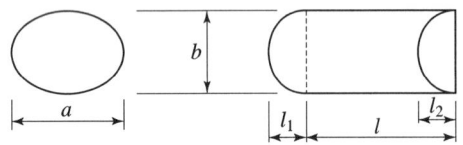

$$내용적 = \frac{\pi ab}{4}\left(l + \frac{l_1 - l_2}{3}\right)$$

(2) 원통형 탱크의 내용적

① 횡으로 설치한 것

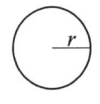 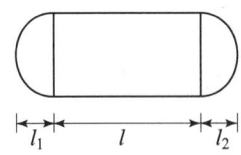

$$내용적 = \pi r^2 \left(l + \frac{l_1 + l_2}{3}\right)$$

② 종으로 설치한 것

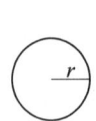 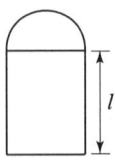

$$내용적 = \pi r^2 l$$

제 4 장 위험물 안전관리 법령

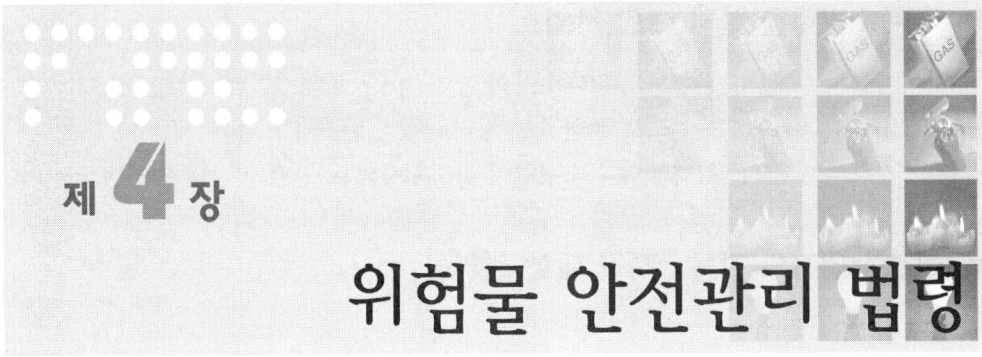

1. 용어의 정의 ★
① 위험물 : 인화성 또는 발화성 등의 성질을 가지는 것으로 대통령령이 정하는 물품
② 제조소등 : 제조소 · 저장소 및 취급소

2. 적용제외
① 항공기
② 선박
③ 철도 및 궤도에 의한 위험물의 저장 · 취급 및 운반

3. 위험물의 저장 및 취급의 제한 ★
★ 제조소등이 아닌 장소에서 위험물을 취급할 수 있는 경우 ★

① 관할소방서장의 승인을 받아 지정수량 이상의 위험물을 90일 이내의 기간 동안 임시로 저장 또는 취급하는 경우
② 군부대가 위험물을 군사목적으로 임시로 저장 또는 취급하는 경우

4. 예방규정을 정하여야 하는 제조소등 ★★★
① 지정수량의 10배 이상의 위험물을 취급하는 제조소
② 지정수량의 100배 이상의 위험물을 저장하는 옥외저장소
③ 지정수량의 150배 이상의 위험물을 저장하는 옥내저장소
④ 지정수량의 200배 이상의 위험물을 저장하는 옥외탱크저장소
⑤ 암반탱크저장소
⑥ 이송취급소
⑦ 지정수량의 10배 이상의 위험물을 취급하는 일반취급소

5. 자체소방대를 설치 대상 사업소

① 취급하는 제4류 위험물의 최대수량의 합이 지정수량의 3천배 이상인 제조소 또는 일반취급소(단, 보일러로 위험물을 소비하는 일반취급소 등은 제외)
② 저장하는 제4류 위험물의 최대수량이 지정수량의 50만배 이상인 옥외탱크저장소

6. 운송책임자의 감독·지원 대상 위험물

① 알킬알루미늄
② 알킬리튬
③ 알킬알루미늄, 알킬리튬의 물질을 함유하는 위험물

7. 특정옥외탱크저장소

액체위험물의 최대수량이 100만L 이상

8. 소방시설의 종류 ★★

소방시설	종 류	
1. 소화설비	① 소화기구 ③ 옥내소화전설비 ⑤ 스프링클러설비 등	② 자동소화장치 ④ 옥외소화전설비 ⑥ 물분무등소화설비
2. 경보설비	① 비상경보설비 ③ 비상방송설비 ⑤ 자동화재탐지설비 ⑦ 자동화재속보설비 ⑨ 통합감시시설	② 단독경보형감지기 ④ 누전경보기 ⑥ 시각경보기 ⑧ 가스누설경보기
3. 피난설비	① 피난기구(피난사다리, 구조대, 완강기) ② 인명구조기구(방열복, 공기호흡기, 인공소생기) ③ 유도등(피난유도선, 피난구유도등, 통로유도등, 객석유도등, 유도표지) ④ 비상조명등 및 휴대용 비상조명등	
4. 소화용수설비	① 상수도소화용수설비 ② 소화수조·저수조 그 밖의 소화용수설비	
5. 소화활동설비	① 제연설비 ③ 연결살수설비 ⑤ 무선통신보조설비	② 연결송수관설비 ④ 비상콘센트설비 ⑥ 연소방지설비

9. 자체소방대에 두는 화학소방자동차 및 인원 ★★

사업소의 구분	화학소방자동차	자체소방대원의 수
1. **제조소** 또는 **일반취급소**에서 취급하는 제4류 위험물의 최대수량의 합이 지정수량의 **3천배 이상 12만배 미만**인 사업소	1대	5인
2. 제조소 또는 일반취급소에서 취급하는 제4류 위험물의 최대수량의 합이 지정수량의 12만배 이상 24만배 미만인 사업소	2대	10인
3. 제조소 또는 일반취급소에서 취급하는 제4류 위험물의 최대수량의 합이 지정수량의 24만배 이상 48만배 미만인 사업소	3대	15인
4. 제조소 또는 일반취급소에서 취급하는 제4류 위험물의 최대수량의 합이 지정수량의 48만배 이상인 사업소	4대	20인
5. 옥외탱크저장소에 저장하는 제4류 위험물의 최대수량이 지정수량의 50만배 이상인 사업소	2대	10인

[비고]
화학소방자동차에는 행정안전부령이 정하는 소화능력 및 설비를 갖추어야 하고, 소화활동에 필요한 소화약제 및 기구(방열복 등 개인장구를 포함한다)를 비치하여야 한다.

제 5 장 연소의 계산

 5-1 연소의 일반적인 기초사항

1. 보일의 법칙 ★★★

$$T(온도) = 일정 \qquad P_1 V_1 = P_2 V_2$$

온도가 일정할 때 일정량의 기체가 차지하는 부피는 절대압력에 반비례한다.

2. 샤를의 법칙 ★★★

$$P(압력) = 일정 \qquad \frac{V_1}{T_1} = \frac{V_2}{T_2}$$

압력이 일정할 때 일정량의 기체가 차지하는 부피는 절대온도에 비례한다.

3. 보일-샤를의 법칙 ★★★

$$\frac{P_1 V_1}{T_1} = \frac{P_2 V_2}{T_2}$$

일정량의 기체가 차지하는 부피는 절대압력에 반비례하고 절대온도에 비례한다.

4. 이상기체 상태방정식 ★★★★★

$$PV = \frac{W}{M}RT = nRT$$

여기서, P : 압력(atm), V : 부피(m^3), W : 무게(kg), M : 분자량
R : 기체상수(0.082atm · m^3/kmol · K), T : 절대온도(273+t℃)K

이상기체(Ideal gas) 또는 완전기체(perfect gas)
실제로는 존재할 수 없는 기체이며 분자 상호간의 인력도 무시되고 분자가 차지하는 부피도 무시되는 즉 완전탄성체로 가정한 기체

이상기체 또는 완전기체의 성질
❶ 보일-샤를의 법칙을 만족
❷ 아보가드로의 법칙을 따른다.
❸ 분자 상호간의 인력 및 분자가 차지하는 부피는 무시
❹ 내부에너지는 체적과 무관하고 오직 온도에 의하여 결정
❺ 비열비(정압비열(C_p)/정적비열(C_v))는 온도와 무관하며 일정.
❻ 분자간의 충돌은 완전탄성체로 이루어진다.
• 실제기체가 이상기체에 가까우려면 : 온도가 높고 압력이 낮은 경우

5. 공기의 조성과 평균분자량 ★★★★

① 공기의 조성
　질소(N_2) 78.03%, 산소(O_2) 20.99%, 아르곤(Ar) 0.94%, 이산화탄소(CO_2) 0.03% 등으로 구성

• 공기 중 산소의 부피(%)=21%　　• 공기 중 산소의 중량(무게)(%)=23%

② 공기의 평균 분자량
28(N_2)×0.7803+32(O_2)×0.2099+40(Ar)×0.0094+44(CO_2)×0.0003
=28.95≒29

• 공기의 평균 분자량=29　　• 증기비중=$\dfrac{M(분자량)}{29(공기평균분자량)}$

6. 이론산소량과 이론공기량 ★★★★★

(1) **이론 산소량** : 연료를 완전 연소시키는데 필요한 최소 산소량
(2) **이론 공기량** : 연료를 완전 연소시키는데 필요한 최소 공기량
〈방법1〉

(예) 에틸알코올의 완전연소 반응식
　　C_2H_5OH 　+　 $3O_2$ 　→　 $2CO_2$ 　+　 $3H_2O$
　　46g　────→　3×22.4L
　　230g　────→　X

① 필요한 이론 산소량 계산

$$\therefore X_1 = \frac{230 \times 3 \times 22.4}{46} = 336L$$

② 필요한 이론 공기량 계산

$$\therefore X_2 = \frac{336}{0.21} = 1600L$$

〈방법2〉

(예) 에틸알코올의 완전연소 반응식

$C_2H_5OH + 3O_2 \rightarrow 2CO_2 + 3H_2O$

• 이상기체 상태방정식

$$PV = \frac{W}{M}RT = nRT$$

여기서, P : 압력(atm), V : 부피(m^3), $\frac{W}{M}(n)$: mol, W : 무게(kg), M : 분자량
R : 기체상수(0.082atm·m^3/kmol·K), T : 절대온도(273+t℃)K

• 에틸알코올(C_2H_5OH)분자량 = 12×2+1×6+16 = 46

① 필요한 이론 산소량 계산

$$\therefore V_1 = \frac{WRT}{PM} \times 3 = \frac{230 \times 0.082 \times (273+0)}{1 \times 46} \times 3 = 335.79L$$

② 필요한 이론 공기량 계산

$$\therefore V_2 = \frac{335.79}{0.21} = 1599L$$

7. 아보가드로의 법칙 ★★

모든 기체 1g 분자(1Mol)는 표준상태(0℃, 1기압)에서 22.4L의 부피를 차지하며 이 속에는 6.02×10^{23} 개의 분자가 들어 있다

아보가드로의 법칙에서 기체의 분자수가 같기 위한 조건
❶ 압력   ❷ 온도   ❸ 부피

5-2 일반화학의 기초

1. 화학식 ★★★

① 실험식 : 분자 속에 포함된 원자의 종류와 그 수를 가장 간단한 비로 표시한 식

구 분	아세틸렌	벤젠	물
분자식	C_2H_2	C_6H_6	H_2O
실험식	CH	CH	H_2O

② 분자식 : 한 분자 속에 들어 있는 원자의 종류와 그 수로 나타낸 것.

구 분	에탄올	다이메틸에터
시성식	C_2H_5OH	CH_3OCH_3
분자식	C_2H_6O	C_2H_6O

③ 시성식 : 분자 속에 들어 있는 기(Radical)의 결합 상태를 나타낸 식

구 분	에탄올	다이메틸에터
분자식	C_2H_6O	C_2H_6O
시성식	C_2H_5OH	CH_3OCH_3

④ 구조식 : 분자를 구성하고 있는 원자의 결합상태를 원자가와 같은 수의 결합선으로 나타낸 것

2. 분자량 측정방법

(1) 기체의 확산속도에 의한 분자량의 측정(그레이엄의 법칙)

두 가지 기체가 퍼지는 확산속도는 그 기체의 밀도(분자량)의 제곱근에 반비례 한다.

$$\frac{U_1}{U_2} = \sqrt{\frac{M_2}{M_1}} = \sqrt{\frac{d_2}{d_1}}$$

여기서, U_1 : 기체1의 확산속도, U_2 : 기체2의 확산속도, M_1 : 기체1의 분자량
M_2 : 기체2의 분자량, d_1 : 기체1의 밀도, d_2 : 기체2의 밀도

- 기체의 확산속도는 분자량이 작을수록 빠르다.

(2) 증기밀도(g/L) [0°C, 1기압상태] 계산공식 ★★★★★

$$증기밀도(\rho) = \frac{분자량(g)}{22.4L}$$

- 분자량이 크면 증기밀도 및 증기비중이 크다.

① 산소(O_2) $\rho = \dfrac{32g}{22.4L} = 1.43g/L$

② 질소(N_2) $\rho = \dfrac{28g}{22.4L} = 1.25g/L$

③ 이산화탄소(CO_2) $\rho = \dfrac{44g}{22.4L} = 1.96g/L$

④ 수소(H_2) $\rho = \dfrac{2g}{22.4L} = 0.09g/L$

3. 수소이온지수(pH)

수소이온농도

- $pH = \log \dfrac{1}{[H^+]} = -\log[H^+]$
- $pOH = -\log[OH^-]$
- $pH = 14 - pOH$

4. 용해도

① 용매(녹이는 물질) 100g에 용해하는 용질(녹는 물질)의 최대량을 g수로 표시한 것

② 용해도 = $\dfrac{\text{용질의 g수}}{\text{용매의 g수}} \times 100$ (용해도는 단위가 없는 무차원이다)

③ 용매 : 녹이는 물질, 용질 : 녹는 물질, 용액 : 용매+용질

5. 용액의 농도

① 중량 퍼센트(%)농도 [%로 표시]
   용액 100g속에 포함된 용질의 g수로 표시한 농도

② 몰농도(molar concentration) [M으로 표시]
   - 용액 1L속에 포함된 용질의 몰(mol)수로 표시한 농도
   - mol/L 또는 M으로 표시

$$M(\text{몰농도}) = \dfrac{10SC}{\text{분자량}}$$

여기서, S : 비중, C : %농도

③ 규정농도(normal concentration)[N으로 표시]
용액 1L 속에 포함된 용질의 g 당량수로 표시한 농도

- **당량** : 수소 1량(무게) 또는 산소8량(무게)과 결합 또는 치환하는 양
- **g당량** : 수소 1.008g(11.2L) 또는 산소 8g(5.6L)과 결합 또는 치환하는 양
- 당량 = $\dfrac{원자량}{원자가}$

$$N \text{ 농도} = \dfrac{\dfrac{용질의\ 질량(g)}{1g-당량}}{\dfrac{용액의\ 부피(mL)}{1000mL}}$$

④ N(규정농도)와 %농도의 관계공식

$$N = \dfrac{10 \times S \times C}{당량}$$

여기서, N : 규정농도, S : 비중, C : %농도

⑤ 몰랄농도[molality]
용매 1kg(1000g)에 녹아 있는 용질의 몰수로 나타낸 농도(mol/kg)

6. 금속의 이온화 경향 서열 (필수암기) ★★★★★

K - Ca - Na - Mg - Al - Zn - Fe - Ni - Sn - Pb - (H) - Cu - Hg - Ag - Pt - Au
가 - 카 - 나 - 마 - 알 - 아 - 철 - 니 - 주 - 납 - 수 - 구 - 수 - 은 - 백 - 금

7. 불꽃반응 시 색상 ★★

구 분	칼륨(K)	나트륨(Na)	칼슘(Ca)	리튬(Li)	바륨(Ba)
불꽃 색상	보라색	노란색	주홍색	적 색	황록색

5-3 유기화합물

1. 이성질체(ISOMER)

같은 분자식을 가지나 원자의 결합상태가 달라서 다른 구조를 가지며 그 결과 성질이 서로 다른 화합물

구 분	에탄올	다이메틸에터
분자식	C_2H_6O	C_2H_6O
시성식	C_2H_5OH	CH_3OCH_3

2. 관능기에 의한 분류 ★★★★★

원자단의 명칭	원자단	화합물의 일반명	보 기
• 수산기(하이드록시기)	$-OH$	알코올, 페놀	메탄올, 에탄올, 페놀
• 알데하이드기	$-CHO$	알데하이드	포름알데하이드
• 카르보닐기(케톤기)	$>CO$	케톤	아세톤
• 카복실기	$-COOH$	카복실산	초산, 안식향산
• 아세틸기	$-COCH_3$	아세틸화합물	아세틸살리실산
• 슬폰산기	$-SO_3H$	슬폰산	벤젠슬폰산
• 나이트로기	$-NO_2$	나이트로화합물	트라이나이트로톨루엔, 트라이나이트로페놀
• 아미노기	$-NH_2$	아미노화합물	아닐린

3. 알킬기(C_nH_{2n+2})의 명칭

n의 개수	원자단의 명칭	원자단
1	• 메틸기	CH_3
2	• 에틸기	C_2H_5
3	• 프로필기	C_3H_7
4	• 부틸기	C_4H_9
5	• 아밀기	C_5H_{11}

동족체

성질이 비슷하고 어떤 일반식으로 나타낼 수 있는 화합물의 계열
❶ 알칸계 탄화수소=메탄계 탄화수소= 파라핀계 탄화수소의 일반식 : C_nH_{2n+2}
 • n=1~4 : 기체 • n=5~16 : 액체 • n=17 이상 : 고체
❷ 알킬기(alkyl radical) : C_nH_{2n+1}
❸ 사이클로 파라핀계 탄화수소 : C_nH_{2n}

4. 은거울 반응 ★★★★★

페엘링 용액을 환원하여 산화제1구리의 붉은 침전(Cu₂O)을 만들거나 암모니아성 질산은 용액을 환원하여 은을 유리시키는 것

$$\underset{(알데하이드기)}{R-CHO} + \underset{(암모니아성\ 질산은)}{2Ag(NH_3)_2OH} \rightarrow \underset{(카복실기)}{RCOOH} + \underset{(은)}{2Ag} + \underset{(암모니아)}{4NH_3} + \underset{(물)}{H_2O}$$

은거울반응을 하는 물질 : 알데하이드(aldehyde) R-CHO
❶ 포름알데하이드 : HCHO   ❷ 아세트알데하이드 : CH₃CHO

5. 포르마린(포름알데하이드)의 제조방법 ★★

$$\underset{(메틸알코올)}{CH_3OH} \xrightarrow[(산화)]{+O} \underset{(포르마린)}{HCHO} + \underset{(물)}{H_2O}$$

6. 초산과 에틸알코올의 반응식

$$\underset{(초산)}{CH_3COOH} + \underset{(에틸알코올)}{C_2H_5OH} \rightarrow \underset{(초산에틸)}{CH_3COOC_2H_5} + \underset{(물)}{H_2O}$$

7. 알코올의 산화 시 생성물 ★★★

① 1차 알코올 → 알데하이드 → 카복실산

- C_2H_5OH(에틸알코올) $\xrightarrow[-H_2]{CuO}$ CH_3CHO(아세트알데하이드) $\xrightarrow{+O}$ CH_3COOH(초산)

- CH_3OH(메틸알코올) $\xrightarrow[-H_2]{+O}$ $HCHO$(포름알데하이드) $\xrightarrow{+O}$ $HCOOH$(포름산)

② 2차 알코올 → 케톤

- $CH_3-\underset{\underset{OH}{|}}{CH}-CH_3$ (이소프로필 알코올) $\xrightarrow{+O}$ $CH_3-CO-CH_3$(아세톤) + H_2O(물)

8. 아이오딘포름 반응 ★★★★★

어떤 물질에 수산화칼륨(KOH)와 아이오딘(I₂)을 작용시키면 노란색 가루인 아이오딘포름(CHI₃)의 침전이 생기는 반응

$$C_2H_5OH \xrightarrow{KOH + I_2} CHI_3 \text{ (아이오딘포름)}$$

아이오딘포름 반응하는 물질
① 에틸알코올 : C_2H_5OH
② 아세트알데하이드 : CH_3CHO
③ 아세톤 : CH_3COCH_3

 아세톤, 아세트알데하이드, 에틸알코올에 수산화칼륨(KOH)과 아이오딘을 반응시키면 노란색의 아이오딘포름(CHI_3)의 침전물이 생성된다.

$$\text{아세톤} \xrightarrow{KOH + I_2} \text{아이오딘포름}(CHI_3)(\text{노란색})$$

9. 에스터화 반응 ★★★

에스터에 알코올, 산 또는 다른 에스터를 작용시켜서 에스터를 구성하는 산기(酸基)나 알킬기를 교환하는 반응

• 에스터화 반응의 예

$$\underset{(\text{아세트산=초산})}{CH_3COOH} + \underset{(\text{에틸알코올})}{C_2H_5OH} \rightarrow \underset{(\text{초산에틸})}{CH_3COOC_2H_5} + \underset{(\text{물})}{H_2O}$$

10. 아세트알데하이드의 제조방법 ★★

$$\underset{(\text{에틸렌})}{2CH_2CH_2} + \underset{(\text{물})}{O_2} \xrightarrow{\text{촉매 : } PdCl_2(\text{염화팔라듐})} \underset{(\text{아세트알데하이드})}{2CH_3CHO}$$

아세트알데하이드(CH_3CHO) : 은거울 반응 + 아이오딘포름 반응 + 페엘링 용액 환원

11. 아세트산과 에틸알코올의 반응식

$$\underset{(\text{초산})}{CH_3COOH} + \underset{(\text{에틸알코올})}{C_2H_5OH} \xrightarrow{H_2SO_4} \underset{(\text{초산에틸})}{CH_3COOC_2H_5} + \underset{(\text{물})}{H_2O}$$

12. 다이에틸에터($C_2H_5OC_2H_5$) : 제4류 위험물 중 특수인화물 ★★★★★

① 알코올에는 녹지만 물에는 녹지 않는다.
② 직사광선에 장시간 노출 시 과산화물 생성

과산화물 생성 확인방법
다이에틸에터 + KI용액(10%) → 황색변화(1분 이내)

③ 에탄올 2분자에 진한 황산 소량을 가하여 탈수시켜 만든다.

$$C_2H_5OH + C_2H_5OH \xrightarrow{H_2SO_4} C_2H_5OC_2H_5 + H_2O$$
(에틸알코올)   (에틸알코올)   (다이에틸에터)   (물)

④ 용기에는 5% 이상 10% 이하의 안전공간 확보할 것
⑤ 용기는 갈색병을 사용하며 냉암소에 보관.
⑥ 용기는 밀폐하여 증기의 누출방지.

13. 크레졸($C_6H_4CH_3OH$) : 위험물 제4류 제3석유류

① 무색 또는 황색의 페놀냄새가 나는 액체
② 페놀의 한 종류인 방향족 유기화합물이다.
③ 소독제와 방부제로 널리 사용된다.
④ 3가지 이성질체가 있다.

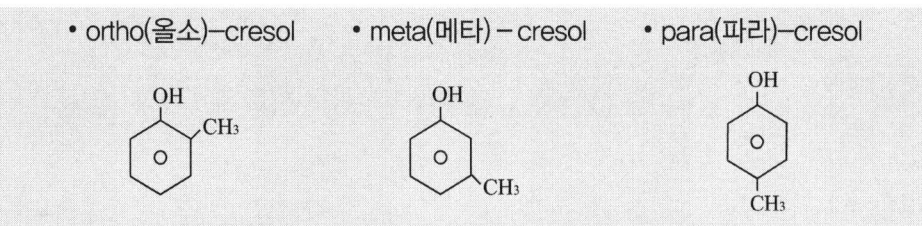

- ortho(올소)–cresol
- meta(메타)–cresol
- para(파라)–cresol

14. 아닐린의 제조방법 ★★★

나이트로벤젠을 수소로서 환원(수소와 결합)하여 아닐린을 만든다.

$$C_6H_5NO_2 + 3H_2 \rightarrow C_6H_5NH_2 + 2H_2O$$
(나이트로벤젠) (수소)   (아닐린)   (물)

15. 페놀성 수산기의 특성(페놀 : C_6H_5OH) ★★

① 수용액은 약한 산성이다.
② NaOH와 반응하여 나트륨페놀레이트(C_6H_5ONa)와 물을 생성한다.
③ 할로젠과 반응한다.
④ $FeCl_3$(염화제2철)용액과 특유한 정색반응을 한다.

정색반응(呈色反應)이란?
페놀의 수용액에 $FeCl_3$ 용액 1방울을 가하면 보라색으로 되는 반응
- $FeCl_2$(염화제1철)
- $FeCl_3$(염화제2철)

소금(염화나트륨)과 질산은용액
$NaCl$(염화나트륨) + $AgNO_3$(질산은) → $NaNO_3$(질산나트륨) + $AgCl↓$(염화은)

16. 필요한 열량 ★★★

$$Q = mC\Delta t + rm$$

여기서, Q : 필요한 열량(kcal), m : 질량(kg), C : 비열(kcal/kg·℃)
Δt : 온도차(℃), r : 기화잠열 (kcal/kg)

- 물의 기화열 (539kcal/kg)
- 물의 비열 (1kcal/kg℃)

제 2 부
최근 기출문제

위험물기능사 실기

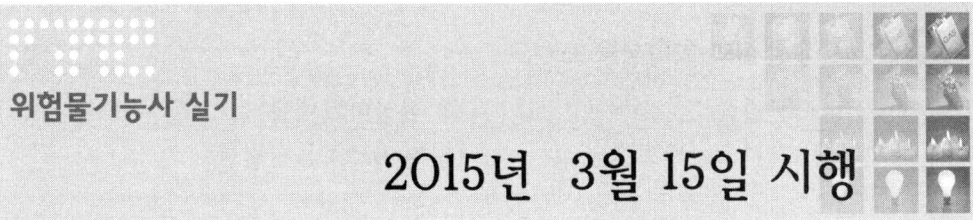

2015년 3월 15일 시행

01 과염소산나트륨을 400℃ 이상으로 가열할 때의 열분해 반응식과 이때 발생하는 기체의 명칭을 쓰시오. (5점)

 ① 반응식 : $NaClO_4 \rightarrow NaCl + 2O_2$ ② 발생 기체 : 산소

- 과염소산나트륨($NaClO_4$) : 제1류 위험물 중 과염소산염류
  ① 조해성이 있는 백색 분말이다.
  ② **물, 알코올, 아세톤에 잘 녹고 에터에 불용**
  ③ 유기물 등과 혼합 시 가열, 충격, 마찰에 의하여 폭발한다.
  ④ 400℃ 이상에서 분해되면서 산소를 방출한다.

  $$NaClO_4 \rightarrow NaCl + 2O_2$$

02 위험물안전관리법령에 따른 다음 각 품명의 지정수량을 각각 쓰시오. (4점)

① 염소산염류 ② 아이오딘산염류

 ① 염소산염류 : 50kg ② 아이오딘산염류 : 300kg

- 제1류 위험물의 지정수량 및 위험등급

성 질	품 명	지정수량	위험등급
산화성 고체	1. 아염소산염류	50kg	I
	2. 염소산염류	50kg	
	3. 과염소산염류	50kg	
	4. 무기과산화물	50kg	
	5. 브로민산염류	300kg	II
	6. 질산염류	300kg	
	7. 아이오딘산염류	300kg	
	8. 과망가니즈산염류	1,000kg	III
	9. 다이크로뮴산염류	1,000kg	

03 다음 각 물질의 화학식을 쓰시오. (4점)

① 염소산칼슘 ② 질산마그네슘
③ 과망가니즈산나트륨 ④ 다이크로뮴산칼륨

해답
① 염소산칼슘 : $Ca(ClO_3)_2$ ② 질산마그네슘 : $Mg(NO_3)_2$
③ 과망가니즈산나트륨 : $NaMnO_4$ ④ 다이크로뮴산칼륨 : $K_2Cr_2O_7$

04 이산화탄소소화기로 이산화탄소를 20℃의 1기압 대기 중에 1kg을 방출할 때 부피는 몇 L가 되는지 구하시오. (5점)

해답 [계산과정]
① 이산화탄소(CO_2)의 분자량 = $12+16\times2=44$
② $W=1kg=1000g$
③ 20℃, 1기압(atm)상태
④ $V=\dfrac{WRT}{PM}=\dfrac{1000\times0.082\times(273+20)}{1\times44}=546.05L$

[답] 546.05L

상세해설
• 이상기체 상태방정식

$$PV=\frac{W}{M}RT=nRT$$

여기서, P : 압력(atm), V : 부피(L), W : 무게(g), M : 분자량
  R : 기체상수(0.082atm · L/mol · K)
  T : 절대온도(273+t ℃)K

05 다음 [보기]에서 설명하는 제3류 위험물의 명칭을 쓰고, 이 물질과 물과의 화학반응식을 쓰시오. (6점)

〈보기〉 • 적갈색의 고체이다. • 물 및 산과 반응한다.
  • 지정수량은 300kg이다. • 비중은 약 2.5이다.
  • 물과 반응할 때 인화수소를 발생한다.

① 위험물명 : 인화칼슘
② 물과의 화학반응식 : $Ca_3P_2 + 6H_2O \rightarrow 3Ca(OH)_2 + 2PH_3$

- 인화칼슘(Ca_3P_2)[별명 : 인화석회] : 제3류 위험물(금수성 물질)
  ① 분자량=40×3+31×2=182
  ② 적갈색의 괴상고체
  ③ 물 및 약산과 격렬히 반응, 분해하여 인화수소(포스핀)(PH_3)를 생성한다.

  - $Ca_3P_2 + 6H_2O \rightarrow 3Ca(OH)_2 + 2PH_3$(포스핀=인화수소)
  - $Ca_3P_2 + 6HCl \rightarrow 3CaCl_2 + 2PH_3$(포스핀=인화수소)

  ④ 포스핀은 맹독성 가스이므로 취급 시 방독마스크를 착용한다.
  ⑤ 물 및 포 약제에 의한 소화는 절대 금하고 마른모래 등으로 피복하여 자연 진화되도록 기다린다.

06 위험물안전관리법령상 제1종 판매취급소는 저장 또는 취급하는 위험물의 수량이 지정수량의 몇 배 이하인 것을 말하는지 쓰시오. (3점)

 20배

- 판매취급소의 구분

취급소의 구분	저장 또는 취급하는 위험물의 수량
제1종 판매취급소	지정수량의 20배 이하
제2종 판매취급소	지정수량의 40배 이하

- 위험물을 배합하는 실은 다음에 의할 것.
  ① 바닥면적은 $6m^2$ 이상 $15m^2$ 이하일 것.
  ② 내화구조로 된 벽으로 구획할 것.
  ③ 바닥은 위험물이 침투하지 아니하는 구조로 하여 적당한 경사를 두고 집유설비를 할 것.
  ④ 출입구에는 수시로 열 수 있는 자동폐쇄식의 60분+방화문 또는 60분방화문을 설치할 것
  ⑤ 출입구 문턱의 높이는 바닥면으로부터 0.1m 이상으로 할 것
  ⑥ 내부에 체류한 가연성의 증기 또는 가연성의 미분을 지붕 위로 방출하는 설비를 할 것

07 다음 분말소화약제의 열분해 반응식을 완성하시오. (6점)

① 탄산수소칼륨 : ( ) → K_2CO_3 + ( ) + ( )
② 제1인산암모늄 : ( ) → HPO_3 + ( ) + ( )

해답
① 탄산수소칼륨 : $2KHCO_3 \rightarrow K_2CO_3 + CO_2 + H_2O$
② 제1인산암모늄 : $NH_4H_2PO_4 \rightarrow HPO_3 + NH_3 + H_2O$

상세해설
- 분말약제의 열분해

종 별	약제명	착색	열분해 반응식
제1종	탄산수소나트륨 중탄산나트륨 중조	백색	270℃ $2NaHCO_3 \rightarrow Na_2CO_3 + CO_2 + H_2O$ 850℃ $2NaHCO_3 \rightarrow Na_2O + 2CO_2 + H_2O$
제2종	탄산수소칼륨 중탄산칼륨	담회색	190℃ $2KHCO_3 \rightarrow K_2CO_3 + CO_2 + H_2O$ 590℃ $2KHCO_3 \rightarrow K_2O + 2CO_2 + H_2O$
제3종	제1인산암모늄	담홍색	$NH_4H_2PO_4 \rightarrow HPO_3 + NH_3 + H_2O$
제4종	탄산수소칼륨+요소	회(백)색	$2KHCO_3 + (NH_2)_2CO$ $\rightarrow K_2CO_3 + 2NH_3 + 2CO_2$

08 에틸알코올과 나트륨이 반응하여 가연성 가스를 발생시키는 화학반응식을 쓰시오. (4점)

해답 $2C_2H_5OH + 2Na \rightarrow 2C_2H_5ONa + H_2$

상세해설
- 에틸알코올(C_2H_5OH) : 제4류 위험물 중 알코올류
  ① 술 속에 포함되어 있어 주정이라고 한다.
  ② 무색투명한 액체이다.
  ③ 물에 아주 잘 녹으며 유기용제이다.
  ④ 연소 시 주간에는 불꽃이 잘 보이지 않는다.

  $$C_2H_5OH + 3O_2 \rightarrow 2CO_2 + 3H_2O$$

  ⑤ 금속나트륨, 금속칼륨을 가하면 수소(H_2)가 발생한다.

  $$2C_2H_5OH + 2Na \rightarrow 2C_2H_5ONa + H_2 \uparrow$$

  ⑥ 아이오딘포름 반응을 하므로 에탄올 검출에 이용된다.

  $$\text{에탄올} \xrightarrow{KOH+I_2} \text{아이오딘포름}(CHI_3)(\text{노란색})$$

09 제6류 위험물과 혼재할 수 없는 위험물은 제 몇 류 위험물인지 모두 쓰시오. (단, 위험물은 지정수량의 $\frac{1}{10}$을 초과한다.) (4점)

해답 제2류 위험물, 제3류 위험물, 제4류 위험물, 제5류 위험물

상세해설

• 유별을 달리하는 위험물의 혼재 기준

구 분	제1류	제2류	제3류	제4류	제5류	제6류
제1류		×	×	×	×	○
제2류	×		×	○	○	×
제3류	×	×		○	×	×
제4류	×	○	○		○	×
제5류	×	○	×	○		×
제6류	○	×	×	×	×	

[비고] 1. "×" 표시는 혼재할 수 없음을 표시
2. "○" 표시는 혼재할 수 있음을 표시
3. 이 표는 지정수량의 $\frac{1}{10}$ 이하의 위험물에 대하여는 적용하지 아니한다.

• 쉬운 암기법
1↓ + 6↑   2 + 4
2↓ + 5↑   5 + 4
3↓ + 4↑
→

10 [보기]에서 물보다 무겁고 비수용성인 물질을 모두 선택하여 쓰시오. (단, 해당하는 물질이 없으면 "없음"이라고 쓰시오.) (4점)

⟨보기⟩ 아세트산, 나이트로벤젠, 글리세린, 에틸렌글리콜, 이황화탄소

해답 나이트로벤젠, 이황화탄소

상세해설

• 제4류 위험물의 비수용성과 수용성 구분

품명	수용성 및 비수용성	물질명	지정수량(L)
특수인화물	비수용성	다이에틸에터, 이황화탄소	50
	수용성	아세트알데하이드, 산화프로필렌	

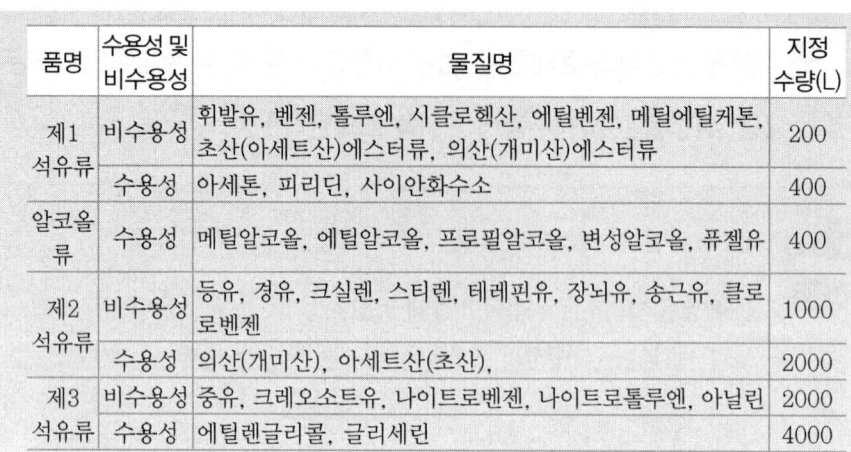

11 TNT(trinitrotoluene)의 분자량을 구하시오. (4점)

[계산과정] $C_6H_2CH_3(NO_2)_3 = C_7H_5N_3O_6$
$= 12 \times 7 + 1 \times 5 + 14 \times 3 + 16 \times 6 = 227$

[답] 227

- 트라이나이트로톨루엔[$C_6H_2CH_3(NO_2)_3$] : 제5류 위험물 중 나이트로화합물
  ① 물에는 녹지 않고 알코올, 아세톤, 벤젠에 녹는다.
  ② 톨루엔과 질산을 반응시켜 얻는다.

$$C_6H_5CH_3 + 3HNO_3 \xrightarrow[\text{(탈수작용)}]{C-H_2SO_4} C_6H_2CH_3(NO_2)_3 + 3H_2O$$
(톨루엔) (질산) (트라이나이트로톨루엔) (물)

  ③ Tri Nitro Toluene의 약자로 TNT라고도 한다.
  ④ **담황색의 주상결정**이며 햇빛에 다갈색으로 변색된다.
  ⑤ 강력한 폭약이며 급격한 타격에 폭발한다.

- 트라이나이트로톨루엔의 구조식

- 트라이나이트로톨루엔의 열분해 반응식
  $2C_6H_2CH_3(NO_2)_3 \rightarrow 2C + 3N_2\uparrow + 5H_2\uparrow + 12CO\uparrow$

  ⑥ 연소 시 연소속도가 너무 빠르므로 소화가 곤란하다.
  ⑦ 무기 및 다이너마이트, 질산폭약제 제조에 이용된다.

12 트라이에틸알루미늄 화재 시 주수를 하면 연소 및 폭발의 위험성이 더 증대된다. 다음 각 물음에 답하시오. (6점)

(물음 1) 물과의 화학반응식을 쓰시오.
(물음 2) 물음 "가"의 반응을 통해 발생한 가연성 기체의 완전연소반응식을 쓰시오.

 (물음 1) $(C_2H_5)_3Al + 3H_2O \rightarrow Al(OH)_3 + 3C_2H_6$
(물음 2) $2C_2H_6 + 7O_2 \rightarrow 4CO_2 + 6H_2O$

- 알킬알루미늄[$(C_nH_{2n+1}) \cdot Al$] : 제3류 위험물(금수성 물질)
  ① 알킬기(C_nH_{2n+1})에 알루미늄(Al)이 결합된 화합물이다.
  ② $C_1 \sim C_4$는 자연발화의 위험성이 있다.
  ③ 물과 접촉 시 가연성 가스 발생하므로 주수소화는 절대 금지한다.
  ④ 트라이메틸알루미늄(TMA : Tri Methyl Aluminium)

  $(CH_3)_3Al + 3H_2O \rightarrow Al(OH)_3$(수산화알루미늄) $+ 3CH_4\uparrow$(메탄)

  ⑤ 트라이에틸알루미늄(TEA : Tri Ethyl Aluminium)

  $(C_2H_5)_3Al + 3CH_3OH \rightarrow Al(CH_3O)_3$(트라이메톡시알루미늄) $+ 3C_2H_6$(에탄)

  $(C_2H_5)_3Al + 3H_2O \rightarrow Al(OH)_3$(수산화알루미늄) $+ 3C_2H_6\uparrow$(에탄)

  ⑥ 저장용기에 불활성 기체(N_2)를 봉입한다.
  ⑦ 피부 접촉 시 화상을 입히고 연소 시 흰 연기가 발생한다.

  $2(C_2H_5)_3Al + 21O_2 \rightarrow Al_2O_3 + 12CO_2 + 15H_2O$

  ⑧ 소화 시 주수소화는 절대 금하고 팽창질석, 팽창진주암 등으로 피복소화한다.

- 부틸리튬(C_4H_9Li) : 제3류 위험물 – 알킬리튬(금수성 물질)
  ① 자연발화성 및 금수성 물질
  ② 물이나 공기와 접촉하면 발열하거나 폭발한다.

위험물기능사 실기

2015년 5월 24일 시행

01 제4류 위험물로서 분자량이 약 58 이고, 일광에 의해 분해하여 과산화물을 생성하고, 피부 접촉시 탈지작용이 일어나는 물질에 대한 다음 각 물음에 답하시오. (4점)

(물음 1) 이 물질의 화학식을 쓰시오.
(물음 2) 이 물질의 지정수량을 쓰시오.

해답 (물음 1) CH_3COCH_3
(물음 2) 400L

상세해설
- 아세톤(CH_3COCH_3) : 제4류 1석유류 – 수용성 액체
  ① 무색의 휘발성 액체이다.
  ② 물 및 유기용제에 잘 녹는다.
  ③ 아이오딘포름 반응을 한다.
  ④ 아세틸렌을 잘 녹이므로 아세틸렌(용해가스) 저장 시 아세톤에 용해시켜 저장한다.
  ⑤ 보관 중 황색으로 변색되며 햇빛에 분해가 된다.
  ⑥ 피부 접촉 시 **탈지작용**을 한다.
  ⑦ 다량의 물 또는 알코올포로 소화한다.

02 위험물안전관리법령상 위험물을 취급함에 있어서 정전기가 발생할 우려가 있는 설비에는 법령에서 정하는 방법 으로 정전기를 유효하게 제거할 수 있는 설비를 설치하여야 한다. 이에 해당하는 방법 3가지를 쓰시오. (6점)

해답
① 접지에 의한 방법
② 공기 중의 상대습도를 70% 이상으로 하는 방법
③ 공기를 이온화하는 방법

상세해설
- 정전기 방지대책
  ① 접지에 의한 방법
  ② 공기 중의 상대습도를 70% 이상으로 하는 방법
  ③ 공기를 이온화하는 방법

03 제4류 위험물 중 인화점이 약 4℃인 물질로서 진한 질산과 진한 황산으로 나이트로화 시켰을 때 TNT를 생성하는 물질은 무엇인지 쓰시오. (4점)

해답 톨루엔

상세해설
- 톨루엔($C_6H_5CH_3$) : 제4류 위험물 중 제1석유류
  ① 무색 투명한 휘발성 액체이다.
  ② **물에는 용해되지 않고** 유기용제에 용해된다.
  ③ 독성은 벤젠의 $\dfrac{1}{10}$ 정도이다.
  ④ 소화는 다량의 포약제로 질식 및 냉각소화한다.

- 트라이나이트로톨루엔[$C_6H_2CH_3(NO_2)_3$] : 제5류 위험물 중 나이트로화합물
  ① 물에는 녹지 않고 알코올, 아세톤, 벤젠에 녹는다.
  ② 톨루엔과 질산을 반응시켜 얻는다.

  $$C_6H_5CH_3 + 3HNO_3 \xrightarrow[\text{(탈수작용)}]{C-H_2SO_4} C_6H_2CH_3(NO_2)_3 + 3H_2O$$
  (톨루엔)   (질산)   (트라이나이트로톨루엔)   (물)

  ③ Tri Nitro Toluene의 약자로 TNT라고도 한다.
  ④ **담황색의 주상결정**이며 햇빛에 다갈색으로 변색된다.
  ⑤ 강력한 폭약이며 급격한 타격에 폭발한다.

  - 트라이나이트로톨루엔의 구조식

  - 트라이나이트로톨루엔의 열분해 반응식
  $2C_6H_2CH_3(NO_2)_3 \rightarrow 2C + 3N_2\uparrow + 5H_2\uparrow + 12CO\uparrow$

  ⑥ 연소 시 연소속도가 너무 빠르므로 소화가 곤란하다.
  ⑦ 무기 및 다이너마이트, 질산폭약제 제조에 이용된다.

04 질산암모늄을 가열할 때 질소, 수증기, 산소로 분해가 일어나는 폭발반응식을 쓰시오. (4점)

해답 $2NH_4NO_3 \rightarrow 2N_2 + 4H_2O + O_2$

상세해설
- 질산암모늄(NH_4NO_3) : 제1류 위험물 중 질산염류
  ① 단독으로 가열, 충격 시 분해 폭발할 수 있다.
  ② 화약원료로 쓰이며 유기물과 접촉 시 폭발우려가 있다.
  ③ 무색, 무취의 결정이다.
  ④ 조해성 및 흡습성이 매우 강하다.
  ⑤ 물에 용해 시 흡열반응을 나타낸다.
  ⑥ 급격한 가열충격에 따라 폭발의 위험이 있다.

- 질산암모늄의 폭발반응식

$$2NH_4NO_3 \rightarrow 2N_2 + O_2 + 4H_2O$$

05 위험물안전관리법령에서 구분하고 있는 위험물취급소 4가지를 쓰시오. (4점)

해답
① 주유취급소 ② 판매취급소
③ 이송취급소 ④ 일반취급소

상세해설
- 취급소의 구분
  ① 주유취급소
  고정된 주유설비에 의하여 자동차 · 항공기 또는 선박 등의 연료탱크에 직접 주유하기 위하여 위험물을 취급하는 장소
  ② 판매취급소
  점포에서 위험물을 용기에 담아 판매하기 위하여 지정수량의 40배 이하의 위험물을 취급하는 장소
  ③ 이송취급소
  배관 및 이에 부속된 설비에 의하여 위험물을 이송하는 장소
  ④ 일반취급소
  ① 내지 ③외의 장소(유사석유제품에 해당하는 위험물을 취급하는 경우의 장소를 제외)

06 다음 ( ) 안에 위험물안전관리법령에 따른 알맞은 품명을 쓰시오. (3점)

( )(이)라 함은 이황화탄소, 다이에틸에터 그 밖에 1기압에서 발화점이 섭씨 100도 이하인 것 또는 인화점이 섭씨 영하 20도 이하이고 비점이 섭씨 40도 이하인 것을 말한다.

 특수인화물

- 제4류 위험물(인화성 액체)

구 분	지정품목	기타 조건 (1atm에서)
특수인화물	• 이황화탄소 • 다이에틸에터	• 발화점이 100℃ 이하 • 인화점 −20℃ 이하이고 비점이 40℃ 이하
제1석유류	• 아세톤 • 휘발유	• 인화점 21℃ 미만.
알코올류	C_1~C_3까지 포화 1가 알코올(변성알코올 포함) • 메틸알코올 • 에틸알코올 • 프로필알코올	
제2석유류	• 등유 • 경유	• 인화점 21℃ 이상 70℃ 미만
제3석유류	• 중유 • 크레오소트유	• 인화점 70℃ 이상 200℃ 미만
제4석유류	• 기어유 • 실린더유	• 인화점 200℃ 이상 250℃ 미만
동식물유류	• 동물의 지육 등 또는 식물의 종자나 과육으로부터 추출한 것으로서 인화점이 250℃ 미만인 것	

07 제3종 분말소화약제의 열분해 반응식을 쓰시오. (4점)

$NH_4H_2PO_4 \rightarrow HPO_3 + NH_3 + H_2O$

- 분말약제의 열분해

종 별	약제명	착색	열분해 반응식
제1종	탄산수소나트륨 중탄산나트륨 중조	백색	270℃ $2NaHCO_3 \rightarrow Na_2CO_3+CO_2+H_2O$ 850℃ $2NaHCO_3 \rightarrow Na_2O+2CO_2+H_2O$
제2종	탄산수소칼륨 중탄산칼륨	담회색	190℃ $2KHCO_3 \rightarrow K_2CO_3+CO_2+H_2O$ 590℃ $2KHCO_3 \rightarrow K_2O+2CO_2+H_2O$
제3종	제1인산암모늄	담홍색	$NH_4H_2PO_4 \rightarrow HPO_3+NH_3+H_2O$
제4종	탄산수소칼륨+요소	회(백)색	$2KHCO_3+(NH_2)_2CO$ $\rightarrow K_2CO_3+2NH_3+2CO_2$

08 황린이 연소할 때의 완전 연소반응식을 쓰시오. (4점)

해답 $P_4 + 5O_2 \rightarrow 2P_2O_5$

상세해설
- 황린(P_4)[별명 : 백린] : 제3류 위험물(자연발화성 물질)
  ① 공기 중 약 40~50℃에서 자연발화한다.
  ② 저장 시 자연발화성이므로 반드시 물속에 저장한다.
  ③ 인화수소(PH_3)의 생성을 방지하기 위하여 물의 pH=9(약알칼리)가 안전한계이다.
  ④ 연소 시 오산화인(P_2O_5)의 흰 연기가 발생한다.

  $$P_4 + 5O_2 \rightarrow 2P_2O_5(오산화인)$$

  ⑤ 강알칼리의 용액에서는 유독기체인 포스핀(PH_3)을 발생한다.

  $$P_4 + 3NaOH + 3H_2O \rightarrow 3NaH_2PO_2 + PH_3\uparrow (인화수소=포스핀)$$

09 다음 물질 중 제3석유류에 해당하는 것을 모두 선택하여 그 번호를 쓰시오. (4점)

| ① 클로로벤젠 | ② 아세트산 | ③ 포름산 |
| ④ 나이트로톨루엔 | ⑤ 글리세린 | ⑥ 나이트로벤젠 |

해답 ④, ⑤, ⑥

상세해설
① 클로로벤젠-제4류-제2석유류
② 아세트산(초산)-제4류-제2석유류
③ 포름산(의산, 개미산)-제4류-제2석유류
④ 나이트로톨루엔-제4류-제3석유류
⑤ 글리세린-제4류-제3석유류
⑥ 나이트로벤젠-제4류-제3석유류

제4류 위험물의 분류
(1) 특수인화물 *(이 다이 아 산)*
  ① 이황화탄소(CS_2)   ② 다이에틸에터($C_2H_5OC_2H_5$)
  ③ 아세트알데하이드(CH_3CHO) ④ 산화프로필렌(CH_3CH_2CHO)
(2) 제1석유류 *(아가콜 BTM PH 초개)*
  여기서 B : Benzene, T : Toluene, M : MEK, P : Pyridine, H : Hexane
  ① 아세톤(CH_3COCH_3)   ② 휘발유(가솔린)

③ 벤젠(C_6H_6) ④ 톨루엔($C_6H_5CH_3$)
⑤ 콜로디온(질화면+알코올(3)+에터(1))
⑥ 메틸에틸케톤(Methyl Ethyl Keton, MEK)[$CH_3COC_2H_5$]
⑦ 피리딘(C_5H_5N) ⑧ 헥산(C_6H_{14})
⑨ 초산에스터류 ⑩ 의산(개미산)에스터류

(3) 알코올류 *(메 에 프 변 퓨)*
① 메틸알코올(CH_3OH) ② 에틸알코올(C_2H_5OH)
③ 프로필알코올(C_3H_7OH) ④ 변성알코올
⑤ 퓨젤유

(4) 제2석유류 *(개초장에 송등 테스경 크클메히)*
① 등유(케로신) ② 경유(디젤유)
③ 크실렌(자이렌)($C_6H_4(CH_3)_2$) ④ 의산(개미산)(HCOOH)
⑤ 초산(아세트산)(CH_3COOH) ⑥ 테레핀유(타펜유, 송정유)
⑦ 클로로벤젠(C_6H_5Cl) ⑧ 장뇌유
⑨ 스티렌($C_6H_5CHCH_2$) ⑩ 송근유
⑪ 에틸셀로솔브($C_2H_5OCH_2CH_2OH$)
⑫ 메틸셀로솔브($CH_3OCH_2CH_2OH$)
⑬ 하이드라진(Hydrazine)

(5) 제3석유류 *(아담중 클에 니글메)* 담 : 담금질유
① 중유 ② 크레오소트유(타르유, 액체핏치유)
③ 에틸렌글리콜($C_2H_4(OH)_2$) ④ 글리세린($C_3H_5(OH)_3$)
⑤ 나이트로벤젠($C_6H_5NO_2$) ⑥ 아닐린($C_6H_5NH_2$)
⑦ 메타크레졸($C_6H_4CH_3OH$)

(6) 제4석유류 *(실 기 가)*
① 기어유 ② 실린더유
③ 가소제

(7) 동식물유류

구 분	아이오딘값	종 류
건성유	130 이상	해바라기기름, 동유, 정어리기름, 아마인유, 들기름
반건성유	100~130	채종유, 쌀겨기름, 참기름, 면실유, 옥수수기름, 청어기름, 콩기름
불건성유	100 이하	야자유, 팜유, 올리브유, 피마자기름, 낙화생기름, 돈지, 우지, 고래기름

10 위험물안전관리법령상 옥내저장소에서 동일 품명의 위험물이라도 자연발화의 위험이 있는 위험물을 다량 저장하는 경우에는 지정수량 10배 이하 마다 구분하여 몇 m 이상의 간격을 두어야 하는가? (3점)

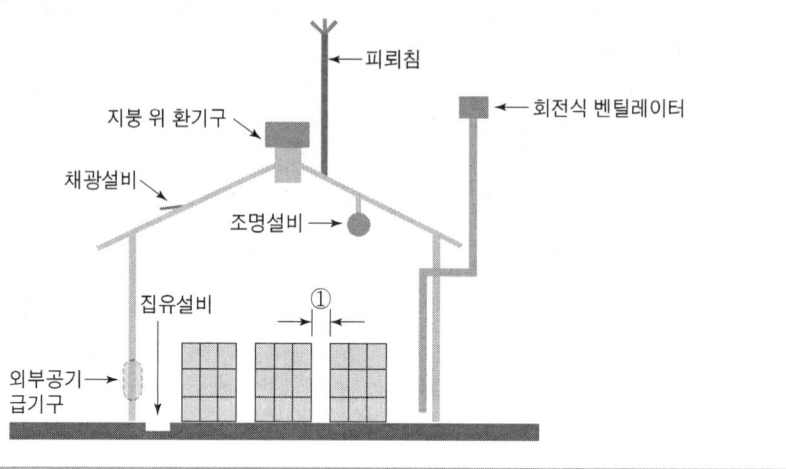

해답 0.3m 이상

상세해설
- 제조소등에서의 위험물의 저장 및 취급에 관한 기준
Ⅲ. 저장의 기준
(1) 옥내저장소에서 동일 품명의 위험물이더라도 **자연발화할 우려가 있는 위험물** 또는 재해가 현저하게 증대할 우려가 있는 위험물을 다량 저장하는 경우에는 **지정수량의 10배 이하마다 구분하여 상호간 0.3m 이상의 간격**을 두어 저장하여야 한다. 다만, 제48조의 규정에 의한 위험물 또는 기계에 의하여 하역하는 구조로 된 용기에 수납한 위험물에 있어서는 그러하지 아니하다(중요기준).
(2) 옥내저장소에서 위험물을 저장하는 경우에는 다음 각목의 규정에 의한 높이를 초과하여 용기를 겹쳐 쌓지 아니하여야 한다.
   ① 기계에 의하여 하역하는 구조로 된 용기만을 겹쳐 쌓는 경우에 있어서는 6m
   ② 제4류 위험물 중 제3석유류, 제4석유류 및 동식물유류를 수납하는 용기만을 겹쳐 쌓는 경우에 있어서는 4m
   ③ 그 밖의 경우에 있어서는 3m
(3) 옥내저장소에서는 용기에 수납하여 저장하는 위험물의 온도가 55℃를 넘지 아니하도록 필요한 조치를 강구하여야 한다(중요기준).

11 위험물안전관리법령상 위험물제조소에서의 환기설비에 관한 다음 각 물음에 답하시오. (4점)

(물음 1) 환기는 어떤 방식으로 하여야 하는가?
(물음 2) 바닥면적이 150m²인 경우 급기구의 크기는 얼마 이상으로 하여야 하는가?

해답 (물음 1) 자연배기방식
(물음 2) 800cm² 이상

상세해설 [제조소의 위치 · 구조 및 설비의 기준]
- 건축물의 구조 ★★
  ① 지하층이 없도록 할 것.
  ② 벽 · 기둥 · 바닥 · 보 · 서까래 및 계단은 **불연재료**로, 외벽은 개구부가 없는 내화구조의 벽으로 할 것
  ③ 지붕은 가벼운 불연재료로 덮을 것
  ④ 출입구와 비상구에는 60분+방화문 · 60분방화문 또는 30분방화문을 설치하되, 연소의 우려가 있는 외벽에 설치하는 출입구에는 수시로 열 수 있는 자동폐쇄식의 60분+방화문 또는 60분방화문을 설치할 것
  ⑤ 창 및 출입구에 유리를 이용하는 경우에는 망입유리로 할 것
  ⑥ 건축물의 **바닥**은 적당한 경사를 두어 그 **최저부에 집유설비**를 할 것

- 채광 · 조명 및 환기설비의 설치 기준 ★★★
  ① 채광설비 : 불연재료로 하고, 연소의 우려가 없는 장소에 설치하되 채광면적을 최소로 할 것
  ② 조명설비 : ㉠ 조명등은 방폭등으로 할 것
              ㉡ 전선은 내화 · 내열전선으로 할 것
              ㉢ 점멸스위치는 출입구 바깥부분에 설치할 것
  ③ 환기설비
    ㉠ 자연배기방식으로 할 것
    ㉡ 급기구는 바닥면적 150m²마다 1개 이상, 크기는 800cm² 이상으로 할 것
    [바닥면적이 150m² 미만인 경우 급기구의 면적]

바닥면적	급기구의 면적
60m² 미만	150cm² 이상
60m² 이상 90m² 미만	300cm² 이상
90m² 이상 120m² 미만	450cm² 이상
120m² 이상 150m² 미만	600cm² 이상

    ㉢ 급기구는 낮은 곳에 설치하고 **인화방지망**을 설치할 것
    ㉣ 환기구는 지붕 위 또는 지상 2m 이상의 높이에 회전식 고정 벤틸레이터 또는 루프팬 방식으로 설치할 것

12 NaClO₃ 2mol 이 고온에서 완전히 열분해하였다. 이 때 생성된 산소의 부피는 표준상태 기준으로 몇 L인지 구하시오. (4점)

[계산과정]

2NaClO₃ → 2NaCl + 3O₂↑
  2몰   3몰(3×22.4L(표준상태))

[답] 67.2L

- 염소산나트륨(NaClO₃) ★★
  ① 조해성이 크고, 알코올, 에터, 물에 녹는다.
  ② 철제를 부식시키므로 철제용기 사용금지
  ③ 산과 반응하여 유독한 이산화염소(ClO₂)를 발생시키며 이산화염소는 폭발성이다.
  ④ 열분해하여 염화나트륨과 산소를 발생한다.

  2NaClO₃(염소산나트륨) → 2NaCl(염화나트륨 : 소금) + 3O₂↑(산소)

13 증기비중이 약3.5인 유동성액체로 가열하면 폭발할 수 있으며 강한 산성을 나타내는 제6류 위험물을 화학식으로 쓰시오. (3점)

HClO₄

① 과염소산의 화학식 : HClO₄
② 과염소산의 분자량 : $1+35.5+16\times4=100.05$
③ 과염소산의 증기비중 = $\dfrac{M}{29} = \dfrac{100.05}{29} = 3.5$

- 과염소산(HClO₄) : 제6류 위험물
  ① 물과 혼합하면 다량의 열을 발생한다.
  ② 산화력이 강하여 종이, 나뭇조각 또는 유기물 등과 접촉 시 폭발한다.
  ③ 무수물은 자연히 분해하여 폭발하므로 60~70%의 수용액(비중 1.5~1.6)으로 시판된다.
  ④ 수용액도 부식력이 강하고, 유기물 등과 접촉하면 폭발하는 경우가 있다.
  ⑤ 산(酸) 중에서도 가장 강한 산이다.

  - 산소산 중 산의 세기
    차아염소산(HClO) < 아염소산(HClO₂) < 염소산(HClO₃) < 과염소산(HClO₄)

14 위험물안전관리법령상 다음 ( ) 안에 알맞은 숫자를 쓰시오.(4점)

(가) 제1종 판매취급소 : 저장 또는 취급하는 위험물의 수량이 지정수량의 (①)배 이하인 판매취급소

(나) 제2종 판매취급소 : 저장 또는 취급하는 위험물의 수량이 지정수량의 (②)배 이하인 판매취급소

 ① 20 ② 40

- 판매취급소의 구분

취급소의 구분	저장 또는 취급하는 위험물의 수량
제1종 판매취급소	지정수량의 20배 이하
제2종 판매취급소	지정수량의 40배 이하

- 위험물을 배합하는 실은 다음에 의할 것.
  ① 바닥면적은 $6m^2$ 이상 $15m^2$ 이하일 것
  ② 내화구조로 된 벽으로 구획할 것
  ③ 바닥은 위험물이 침투하지 아니하는 구조로 하여 적당한 경사를 두고 집유설비를 할 것
  ④ 출입구에는 수시로 열 수 있는 자동폐쇄식의 60분+방화문 또는 60분방화문을 설치할 것
  ⑤ 출입구 문턱의 높이는 바닥면으로부터 0.1m 이상으로 할 것
  ⑥ 내부에 체류한 가연성의 증기 또는 가연성의 미분을 지붕 위로 방출하는 설비를 할 것

제 2 부 최근 기출문제

위험물기능사 실기

2015년 9월 5일 시행

01 다음에서 설명하는 제6류 위험물의 화학식과 지정수량을 쓰시오. (4점)

① 구리등과 반응할 수 있고 물과 혼합하면 발열하며 분자량은 약63이다.
② 분자량은 약34이고 이산화망가니즈의 촉매 하에서는 분해가 촉진되어 산소를 발생한다.

해답 ① 화학식 : HNO_3 지정수량 : 300kg
② 화학식 : H_2O_2 지정수량 : 300kg

상세해설
- 질산(HNO_3) : 제6류 위험물(산화성 액체)
  ① 나이트로화합물의 제조에 사용된다.
  ② 빛에 의하여 일부 분해되어 생긴 NO_2 때문에 황갈색으로 된다.
  $$4HNO_3 \rightarrow 2H_2O + 4NO_2 \uparrow (이산화질소) + O_2 \uparrow (산소)$$
  ③ 환원성 물질과 혼합하면 발화 또는 폭발한다.
  ④ 진한질산과 구리는 반응하여 NO_2가 발생한다.
  $$Cu + 4HNO_3 \rightarrow Cu(NO_3)_2 + 2H_2O + 2NO_2 \uparrow$$
  ⑤ 묽은질산과 구리는 반응하여 NO가 발생한다.
  $$3Cu + 8HNO_3 \rightarrow 3Cu(NO_3)_2 + 4H_2O + 2NO \uparrow$$

- 과산화수소(H_2O_2)의 일반적인 성질
  ① 이산화망가니즈하에서 분해가 촉진되어 산소(O_2)를 발생시킨다.
  $$2H_2O_2 \rightarrow 2H_2O + O_2$$
  ② 분해안정제로 인산(H_3PO_4) 및 요산($C_5H_4N_4O_3$)을 첨가한다.
  ③ 저장용기는 밀폐하지 말고 구멍이 있는 마개를 사용한다.
  ④ 하이드라진($NH_2 \cdot NH_2$)과 접촉 시 분해작용으로 폭발위험이 있다.
  $$NH_2 \cdot NH_2 + 2H_2O_2 \rightarrow 4H_2O + N_2 \uparrow$$
  ⑤ 3%용액은 옥시풀이라 하며 표백제 또는 살균제로 이용한다.

- 제6류 위험물의 품명 및 지정수량

성 질	품 명	화학식	지정수량	위험등급
산화성 액체	• 과염소산	HClO₄	300kg	I
	• 과산화수소	H₂O₂		
	• 질산	HNO₃		

02 위험물안전관리법령상 다이크로뮴산염류를 저장하는 옥내저장소의 경우 하나의 저장창고 바닥면적은 몇 m² 이하로 하여야 하는지 쓰시오. (3점)

해답 2000m² 이하

상세해설

• 옥내저장소의 저장창고 바닥면적 설치기준 ★★

위험물의 종류	바닥면적
• 제1류 위험물 중 아염소산염류, 염소산염류, 과염소산염류, 무기과산화물, 지정수량 50kg인 것 • 제3류 위험물 중 칼륨, 나트륨, 알킬알루미늄, 알킬리튬, 지정수량 10kg인 것 및 황린 • 제4류 위험물 중 특수인화물, 제1석유류 및 알코올류 • 제5류 위험물 중 유기과산화물, 질산에스터류, 지정수량 10kg인 것 • 제6류 위험물	1000m² 이하
• 위 이외의 위험물	2000m² 이하
• 내화구조의 격벽으로 완전히 구획된 실	1500m² 이하

03 다음 보기의 분말소화약제의 화학식을 쓰시오.

〈보기〉 ① 제1종 분말소화약제 ② 제2종 분말소화약제 ③ 제3종 분말소화약제

해답
① 제1종 분말소화약제 : $NaHCO_3$
② 제2종 분말소화약제 : $KHCO_3$
③ 제3종 분말소화약제 : $NH_4H_2PO_4$

상세해설

- 분말약제의 종류

종별	약제명	화학식	착색	열분해 반응식
제1종	탄산수소나트륨 중탄산나트륨 중조	$NaHCO_3$	백색	270℃ $2NaHCO_3$ $\rightarrow Na_2CO_3+CO_2+H_2O$ 850℃ $2NaHCO_3$ $\rightarrow Na_2O+2CO_2+H_2O$
제2종	탄산수소칼륨 중탄산칼륨	$KHCO_3$	담회색	190℃ $2KHCO_3$ $\rightarrow K_2CO_3+CO_2+H_2O$ 590℃ $2KHCO_3$ $\rightarrow K_2O+2CO_2+H_2O$
제3종	제1인산암모늄	$NH_4H_2PO_4$	담홍색	$NH_4H_2PO_4 \rightarrow HPO_3+NH_3+H_2O$
제4종	탄산수소칼륨+요소	$KHCO_3+$ $(NH_2)_2CO$	회(백)색	$2KHCO_3+(NH_2)_2CO$ $\rightarrow K_2CO_3+2NH_3+2CO_2$

04 제3류 위험물인 삼황화인의 완전연소반응식을 쓰시오. (4점)

 $P_4S_3 + 8O_2 \rightarrow 2P_2O_5 + 3SO_2$

 황화인(제2류 위험물) : 황과 인의 화합물
- 삼황화인(P_4S_3)
  ① 황색결정으로 물, 염산, 황산에 녹지 않으며 질산, 알칼리, 이황화탄소에 녹는다.
  ② 연소하면 오산화인과 이산화황이 생긴다.

  $P_4S_3 + 8O_2 \rightarrow 2P_2O_5 + 3SO_2 \uparrow$

- 오황화인(P_2S_5)
  ① 담황색 결정이고 조해성이 있다.
  ② 수분을 흡수하면 분해된다.
  ③ 이황화탄소(CS_2)에 잘 녹는다.
  ④ 물, 알칼리와 반응하여 인산과 황화수소를 발생한다.

  $P_2S_5 + 8H_2O \rightarrow 2H_3PO_4 + 5H_2S \uparrow$

- 칠황화인(P_4S_7)
  ① 담황색 결정이고 조해성이 있다.
  ② 수분을 흡수하면 분해된다.
  ③ 이황화탄소(CS_2)에 약간 녹는다.
  ④ 냉수에는 서서히 분해가 되고 더운물에는 급격히 분해된다.

05 위험물안전관리법령상 제4류 위험물을 운송하는 경우 반드시 위험물안전카드를 휴대하여야하는 위험물의 품명을 2가지만 쓰시오.

해답 특수인화물, 제1석유류

상세해설 이동탱크저장소에 의한 위험물의 운송시에 준수하여야 하는 기준
① 위험물운송자는 운송의 개시전에 이동저장탱크의 배출밸브 등의 밸브와 폐쇄장치, 맨홀 및 주입구의 뚜껑, 소화기 등의 점검을 충분히 실시할 것
② 위험물운송자는 장거리(고속국도에 있어서는 340km 이상, 그 밖의 도로에 있어서는 200km 이상을 말한다)에 걸치는 운송을 하는 때에는 2명 이상의 운전자로 할 것
③ 위험물운송자는 이동탱크저장소를 휴식·고장 등으로 일시 정차시킬 때에는 안전한 장소를 택하고 당해 이동탱크저장소의 안전을 위한 감시를 할 수 있는 위치에 있는 등 운송하는 위험물의 안전확보에 주의할 것
④ 위험물운송자는 이동저장탱크로부터 위험물이 현저하게 새는 등 재해발생의 우려가 있는 경우에는 재난을 방지하기 위한 응급조치를 강구하는 동시에 소방관서 그 밖의 관계기관에 통보할 것
⑤ **위험물(제4류 위험물에 있어서는 특수인화물 및 제1석유류에 한한다)을 운송하게 하는 자는 위험물안전카드를 위험물운송자로 하여금 휴대하게 할 것**
⑥ 위험물운송자는 위험물안전카드를 휴대하고 당해 카드에 기재된 내용에 따를 것

06 다음과 같은 원통형 탱크의 내용적은 몇 m³인지 계산하시오? (5점)

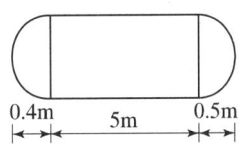

해답 [계산과정] 탱크의 내용적 $V = \pi \times 1^2 \times \left(5 + \dfrac{0.4+0.5}{3}\right) = 16.65 \text{m}^3$

[답] 16.65m^3

상세해설
• 탱크용적의 산출기준
  탱크의 용량탱크의 내용적에서 공간용적을 뺀 용적

탱크의 용적 = 탱크의 내용적 − 탱크의 공간용적

- 탱크의 공간용적

  탱크용적의 $\dfrac{5}{100}$ 이상 $\dfrac{10}{100}$ 이하의 용적

- 타원형 탱크의 내용적

  ① 양쪽이 볼록한 것

  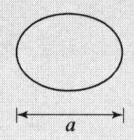 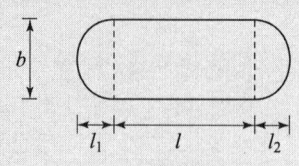

  내용적 $= \dfrac{\pi ab}{4}\left(l + \dfrac{l_1+l_2}{3}\right)$

  ② 한쪽은 볼록하고 다른 한쪽은 오목한 것

   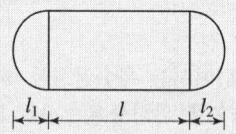

  내용적 $= \dfrac{\pi ab}{4}\left(l + \dfrac{l_1-l_2}{3}\right)$

- 원통형 탱크의 내용적

  ① 횡으로 설치한 것

  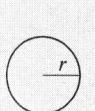 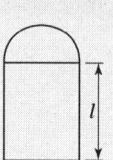

  내용적 $= \pi r^2\left(l + \dfrac{l_1+l_2}{3}\right)$

  ② 종으로 설치한 것

  내용적 $= \pi r^2 l$

---

07 황이나 나프탈렌과 같은 고체의 주된 연소형태는 무엇인지 쓰시오. (3점)

해답 증발연소

상세해설

★★★ 자주출제(필수암기) ★★★

- 연소의 형태

  ① 표면연소(surface reaction) : 숯, 코크스, 목탄, 금속분

  ② **증발연소**(evaporating combustion) : 파라핀(양초), **황**, **나프탈렌**, 왁스, 휘발유, 등유, 경유, 아세톤 등 제4류 위험물

  ③ 분해연소(decomposing combustion) : 석탄, 목재, 플라스틱, 종이, 합성수지

④ 자기연소(내부연소) : 질화면(나이트로셀룰로오스), 셀룰로이드, 나이트로글리세린 등 제5류 위험물
⑤ 확산연소(diffusive burning) : 아세틸렌, LPG, LNG 등 가연성 기체
⑥ 불꽃연소+표면연소 : 목재, 종이, 셀룰로오스, 열경화성수지

08 위험물안전관리법령에서 정한 유별 위험물 중 외부산소의 공급 없이 자기 스스로 연소할 수 있는 위험물은 몇류 위험물인지 쓰시오. (3점)

해답 제5류 위험물

상세해설
• 위험물의 분류 및 성질

류 별	성 질
제1류	산화성고체
제2류	가연성고체
제3류	자연발화성 및 금수성
제4류	인화성액체
제5류	자기반응성
제6류	산화성액체

09 트라이나이트로톨루엔 200kg이 완전 열분해하여 발생되는 질소가스의 양은 몇 m^3인지 구하시오. (단, 0℃, 1기압을 기준이며 원자량은 C : 12, H : 1, O : 16, N : 14이다) (5점)

해답 [계산방법]
[방법 1]
① $C_6H_2CH_3(NO_2)_3[C_7H_5N_3O_6]$의 분자량 $= 12 \times 7 + 1 \times 5 + 14 \times 3 + 16 \times 6 = 227$
② $C_6H_2CH_3(NO_2)_3$ 열분해 반응식

$2C_6H_2CH_3(NO_2)_3 \rightarrow 2C + 3N_2 + 5H_2 + 12CO$

2×227kg ─────→ $3 \times 22.4 m^3$
200kg ─────→ $X m^3$

$X = \dfrac{200 \times 3 \times 22.4}{2 \times 227} = 29.60 m^3$ (표준상태 : 0℃, 1atm)

[답] $29.60 m^3$

[방법 2]
① $C_6H_2CH_3(NO_2)_3$[$C_7H_5N_3O_6$]의 분자량 $= 12 \times 7 + 1 \times 5 + 14 \times 3 + 16 \times 6 = 227$
② $C_6H_2CH_3(NO_2)_3$ 열분해 반응식
$2C_6H_2CH_3(NO_2)_3 \rightarrow 2C + 3N_2 + 5H_2 + 12CO$
③ 이상기체 상태방정식

$$PV = \frac{W}{M}RT = nRT$$

여기서, P : 압력(atm), V : 부피(L), W : 무게(g), M : 분자량
R : 기체상수(0.082atm · L/mol · K)
T : 절대온도(273+t℃)K

④ $\therefore V = \frac{WRT}{PM} \times \frac{3}{2} = \frac{200 \times 0.082 \times (273+0)}{1 \times 227} \times \frac{3}{2} = 29.59\text{m}^3$

[답] 29.59m^3

상세해설

- 트라이나이트로톨루엔[$C_6H_2CH_3(NO_2)_3$] : 제5류 위험물 중 나이트로화합물
  ① 물에는 녹지 않고 알코올, 아세톤, 벤젠에 녹는다.
  ② 톨루엔과 질산을 반응시켜 얻는다.

  $C_6H_5CH_3 + 3HNO_3 \xrightarrow[\text{(탈수작용)}]{\text{C-H}_2\text{SO}_4} C_6H_2CH_3(NO_2)_3 + 3H_2O$
  (톨루엔)   (질산)   (트라이나이트로톨루엔)   (물)

  ③ Tri Nitro Toluene의 약자로 TNT라고도 한다.
  ④ **담황색의 주상결정**이며 햇빛에 다갈색으로 변색된다.
  ⑤ 강력한 폭약이며 급격한 타격에 폭발한다.

- 트라이나이트로톨루엔의 구조식

- 트라이나이트로톨루엔의 열분해 반응식
  $2C_6H_2CH_3(NO_2)_3 \rightarrow 2C + 3N_2\uparrow + 5H_2\uparrow + 12CO\uparrow$

  ⑥ 연소 시 연소속도가 너무 빠르므로 소화가 곤란하다.
  ⑦ 무기 및 다이너마이트, 질산폭약제 제조에 이용된다.

10 수납하는 위험물에 따른 주의사항 중 제3류 위험물인 자연발화성 물질의 운반용기 외부표시 사항을 쓰시오. (4점)

해답 화기엄금 및 공기접촉엄금

- 위험물 운반용기의 외부 표시 사항
  ① 위험물의 품명, 위험등급, 화학명 및 수용성(제4류 위험물의 수용성인 것에 한함)
  ② 위험물의 수량
  ③ 수납하는 위험물에 따른 주의사항

류 별	성질에 따른 구분	표시 사항
• 제1류 위험물	알칼리금속의 과산화물	화기·충격주의, 물기엄금 및 가연물접촉주의
	그 밖의 것	화기·충격주의 및 가연물접촉주의
• 제2류 위험물	철분·금속분·마그네슘	화기주의 및 물기엄금
	인화성 고체	화기엄금
	그 밖의 것	화기주의
• 제3류 위험물	**자연발화성 물질**	**화기엄금 및 공기접촉엄금**
	금수성 물질	물기엄금
• 제4류 위험물	인화성 액체	화기엄금
• 제5류 위험물	자기반응성 물질	화기엄금 및 충격주의
• 제6류 위험물	산화성 액체	가연물접촉주의

11 제4류 위험물 중 특수인화물의 위험등급을 로마숫자로 쓰시오. (4점)

해답 I

- 제4류 위험물의 품명 및 지정수량

성질	품 명		지정수량	위험등급	기타 조건 (1atm에서)
인화성 액체	특수인화물		50L	I	• 발화점이 100℃ 이하 • 인화점 −20℃ 이하 & 비점 40℃ 이하 • 이황화탄소, 다이에틸에터
	제1석유류	비수용성	200L	II	• 인화점 21℃ 미만 • 아세톤, 휘발유
		수용성	400L		
	알코올류		400L		• C_1~C_3 포화 1가 알코올 (변성알코올 포함)
	제2석유류	비수용성	1000L	III	• 인화점 21℃ 이상 70℃ 미만 • 등유, 경유
		수용성	2000L		
	제3석유류	비수용성	2000L		• 인화점 70℃ 이상 200℃ 미만 • 중유, 크레오소트유
		수용성	4000L		
	제4석유류		6000L		• 인화점 200℃ 이상 250℃ 미만인 것
	동식물유류		10000L		• 동물의 지육 또는 식물의 종자나 과육으로부터 추출한 것으로 1기압에서 인화점이 250℃ 미만인 것

12. 위험물안전관리법령에서 정한 브로민산염류와 질산염류의 지정수량을 합하면 얼마인지 쓰시오. (3점)

[계산과정] 300kg+300kg=600kg
[답] 600kg

• 제1류 위험물의 지정수량 및 위험등급

성 질	품 명	지정수량	위험등급
산화성 고체	1. 아염소산염류 2. 염소산염류 3. 과염소산염류 4. 무기과산화물	50kg	I
	5. 브로민산염류 6. 질산염류 7. 아이오딘산염류	300kg	II
	8. 과망가니즈산염류 9. 다이크로뮴산염류	1,000kg	III

13. 제1류 위험물인 염소산암모늄에서 염소의 산화수는 얼마인지 쓰시오. (3점)

염소산암모늄의 화학식 : NH_4ClO_3
염소산암모늄(NH_4ClO_3)에서 염소의 산화수
$1+X+(-2\times 3)=0$ $X=+5$ 따라서 $Cl=+5$

NH_4^+(암모늄이온) : +1가
• 산화수를 정하는 법
① 단체 중의 원자의 산화수는 0이다.(단체분자는 중성)
 [보기 : H_2^0, Fe^0, Mg^0, O_2^0, O_3^0]
② 화합물에서 산소의 산화수는 −2, 수소의 산화수는 +1이 보통이다.
 (단, 과산화물에서 O의 산화수는 −1)
 [보기 : CH_4에서 C^{-4}, CO_2에서 C^{+4}]
③ 화합물에서 구성 원자의 산화수의 총합은 0이다.(분자는 중성이므로)
④ 이온의 가수(價數)는 그 이온의 산화수이다.(Ca=+2, Na=+1, K=+1, Ba=+2)
 [보기 : Cu^{+2}에서 $Cu=+2$]
MnO_4에서 Mn의 산화수는 $X+(-2\times 4)=-1$ ∴ $X=+7$ 따라서 Mn=+7

14 위험물안전관리법령상 지정수량의 몇 배 이상의 위험물을 취급하는 제조소(제6류 위험물을 취급하는 제조소는 제외)에 피뢰침을 설치하여야 하는지 쓰시오. (4점)

해답 지정수량의 10배 이상

상세해설
- 피뢰설비
  지정수량의 10배 이상의 위험물을 취급하는 제조소(**제6류 위험물**을 취급하는 위험물제조소를 **제외**)에는 피뢰침을 설치할 것

위험물기능사 실기

2015년 11월 22일 시행

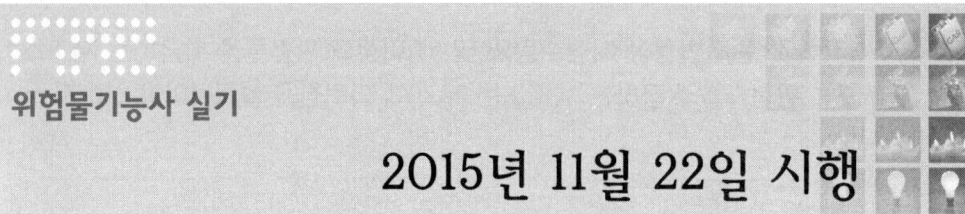

01 탄소가 완전 연소할 때의 연소반응식을 쓰고, 12kg의 탄소가 완전연소 하는 데 필요한 산소의 부피(m^3)를 750mmHg, 30℃ 기준으로 구하시오. (6점)

해답

① 연소 반응식 : $C + O_2 \rightarrow CO_2$

② 필요한 산소의 부피

[계산과정]

[방법 1]

① 탄소의 완전연소 반응식

$C + O_2 \rightarrow CO_2$

12kg ⟶ $1 \times 22.4m^3$

12kg ⟶ X

$\therefore X = \dfrac{12 \times 1 \times 22.4}{12} = 22.4m^3$ (필요한 산소의 부피)

(0℃, 1기압(760mmHg))

② 750mmHg, 30℃ 기준으로 환산

$\dfrac{P_1 V_1}{T_1} = \dfrac{P_2 V_2}{T_2}$, $\dfrac{760 \times 22.4}{273 + 0} = \dfrac{750 \times V_2}{273 + 30}$

③ $V_2 = \dfrac{760 \times 22.4 \times 303}{750 \times 273} = 25.19m^3$

[답] $25.19m^3$

[방법 2]

① 탄소(C)원자량 = 12

② 필요한 산소의 부피

$V = \dfrac{WRT}{PM} \times \text{mol}(생성) = \dfrac{12 \times 0.082 \times (273 + 30)}{(750/760) \times 12} \times 1 = 25.18m^3$

[답] $25.18m^3$

상세해설
- 이상기체 상태방정식

$$PV = \frac{W}{M}RT = nRT$$

여기서, P : 압력(atm), V : 부피(m^3), $\frac{W}{M}(n)$: mol, W : 무게(kg)
M : 분자량, R : 기체상수($0.082 atm \cdot m^3/kmol \cdot K$)
T : 절대온도($273+t℃$)K

02 [보기]에서 설명하는 물질에 대한 다음 각 물음에 답하시오. (4점)

〈보기〉
- 지정수량이 2000L인 수용성 물질이다.
- 분자량은 약 60, 녹는점은 약 16.7℃, 증기비중은 약 2.07이다.
- 알칼리금속, 강산화제 등과의 접촉을 피하여야 한다.

(물음 1) 이 물질의 완전 연소할 때 생성되는 2가지 물질의 화학식을 쓰시오.
  ○   ○
(물음 2) Zn과 이 물질이 반응하여 생성되는 가연성 가스는 무엇인지 쓰시오.

해답 (물음 1) ○ CO_2 ○ H_2O
(물음 2) 수소

상세해설
- 초산(아세트산)(CH_3COOH) : 제4류 위험물 중 제2석유류
  ① 16.7℃ 이하에서 얼음과 같이 되어 빙초산이라고도 한다.
  ② 3~4%의 수용액이 식초이다.
  ③ 물에 잘 혼합되고 피부 접촉 시 수포가 발생한다.
  ④ CHO로 구성된 유기화합물이 완전연소 시 CO_2와 H_2O가 생성된다.

$$CH_3COOH + 2O_2 \rightarrow 2CO_2 + 2H_2O$$

  ⑤ 초산과 에틸알코올의 반응식

$$\underset{(초산)}{CH_3COOH} + \underset{(에틸알코올)}{C_2H_5OH} \xrightarrow{C-H_2SO_4} \underset{(초산에틸)}{CH_3COOC_2H_5} + \underset{(물)}{H_2O}$$

  • C-H_2SO_4(진한 황산)의 역할 : 탈수작용
  ⑥ 아연과 반응하여 수소를 발생한다.

$$2CH_3COOH + 2Zn \rightarrow 2CH_3COOZn + H_2$$

03 고체연소의 대표적 형태 4가지를 쓰시오. (4점)

 ① 표면연소 ② 증발연소 ③ 분해연소 ④ 자기연소(내부연소)

★★★ 자주출제(필수암기) ★★★
- 연소의 형태
  ① 표면연소(surface reaction) : 숯, 코크스, 목탄, 금속분
  ② **증발연소**(evaporating combustion) : 파라핀(양초), **황**, 나프탈렌, 왁스, 휘발유, 등유, 경유, 아세톤 등 제4류 위험물
  ③ 분해연소(decomposing combustion) : 석탄, 목재, 플라스틱, 종이, 합성수지
  ④ 자기연소(내부연소) : 질화면(나이트로셀룰로오스), 셀룰로이드, 나이트로글리세린 등 제5류 위험물
  ⑤ 확산연소(diffusive burning) : 아세틸렌, LPG, LNG 등 가연성 기체
  ⑥ 불꽃연소+표면연소 : 목재, 종이, 셀룰로오스, 열경화성수지

04 옥내탱크저장소의 위치. 구조. 및 설비의 기준에서 탱크전용실을 건축물의 1층 또는 지하층에 설치하여야 하는 제2류 위험물을 2가지만 쓰시오. (4점)

○   ○

 ① 황화인 ② 적린 ③ 덩어리 황

- 옥내탱크저장소의 위치·구조 및 설비의 기준
  옥내탱크저장소 중 **탱크전용실**을 단층건물 외의 건축물에 설치하는 것(제2류 위험물 중 황화인·적린 및 덩어리 황, 제3류 위험물 중 황린, 제6류 위험물 중 질산 및 제4류 위험물 중 인화점이 38℃ 이상인 위험물만을 저장 또는 취급하는 것에 한한다)의 위치·구조 및 설비의 기술기준은 다음 각목의 기준에 의하여야 한다.
  ① 옥내저장탱크는 탱크전용실에 설치할 것. 이 경우 **제2류 위험물 중 황화인·적린 및 덩어리 황**, 제3류 위험물 중 황린, 제6류 위험물 중 질산의 **탱크전용실은 건축물의 1층 또는 지하층에 설치**하여야 한다.
  ② 옥내저장탱크의 주입구 부근에는 당해 옥내저장탱크의 위험물의 양을 표시하는 장치를 설치할 것.

05 휘발유를 저장하는 옥외저장탱크의 방유제에 대하여 다음 각 물음에 답하시오. (6점)

(물음 1) 방유제의 높이는 몇 m 이상, 몇 m 이하로 하여야 하는가?
(물음 2) 방유제 안(8만m^2)에 설치할 수 있는 휘발유 저장탱크의 수는 몇 기 이하인가? (단, 방유제 내에 다른 위험물 저장탱크는 없다)

해답 (물음 1) 0.5m 이상 3m 이하
(물음 2) 10기 이하

상세해설
- 옥외탱크저장소의 방유제 설치기준 ★★★
  인화성액체위험물(이황화탄소를 제외)의 옥외탱크저장소의 방유제
  ① 방유제의 용량

방유제 안에 탱크가 하나인 때	방유제 안에 탱크가 2기 이상인 때
탱크 용량의 110% 이상	용량이 최대인 것의 용량의 110% 이상

② **방유제의 높이는 0.5m 이상 3m 이하**, 두께 0.2m 이상, 지하매설깊이 1m 이상으로 할 것.
③ 방유제 내의 면적은 **8만m^2 이하**로 할 것.
④ 방유제 내에 설치하는 옥외저장탱크의 수는 **10 이하**로 할 것.
⑤ 방유제 외면의 2분의 1 이상은 3m 이상의 노면 폭을 확보한 구내도로에 직접 접하도록 할 것.
⑥ 방유제는 옥외저장탱크의 지름에 따라 그 탱크의 옆판으로부터 다음에 정하는 거리를 유지할 것.

지름이 15m 미만인 경우	탱크 높이의 3분의 1 이상
지름이 15m 이상인 경우	탱크 높이의 2분의 1 이상

⑦ 용량이 **1,000만L 이상**인 옥외저장탱크의 방유제에는 탱크마다 **칸막이 둑**을 설치할 것.

06 제3종 분말소화약제가 열분해할 때 생성되는 물질 중 가연물 표면에 부착성 막을 만들어 산소의 유입을 차단하는 역할을 하는 것은 무엇인지 쓰시오. (3점)

해답 메타인산

- 제1인산암모늄(제3종 분말)의 열분해
  $NH_4H_2PO_4 \rightarrow HPO_3$(메타인산) + NH_3(암모니아) + H_2O(물)

• 분말약제의 주성분 및 열분해

종별	약제명	화학식	착색	열분해 반응식
제1종	탄산수소나트륨 중탄산나트륨 중조	$NaHCO_3$	백색	270℃ $2NaHCO_3$ → $Na_2CO_3+CO_2+H_2O$ 850℃ $2NaHCO_3$ → $Na_2O+2CO_2+H_2O$
제2종	탄산수소칼륨 중탄산칼륨	$KHCO_3$	담회색	190℃ $2KHCO_3$ → $K_2CO_3+CO_2+H_2O$ 590℃ $2KHCO_3$ → $K_2O+2CO_2+H_2O$
제3종	제1인산암모늄	$NH_4H_2PO_4$	담홍색	$NH_4H_2PO_4$ → $HPO_3+NH_3+H_2O$
제4종	탄산수소칼륨+요소	$KHCO_3+$ $(NH_2)_2CO$	회(백)색	$2KHCO_3+(NH_2)_2CO$ → $K_2CO_3+2NH_3+2CO_2$

07 분말소화약제인 탄산수소칼륨이 약 190℃에서 열분해 되었을 때의 분해반응식을 쓰고, 200kg 의 탄산수소칼륨이 분해하였을 때 발생하는 탄산가스는 몇 m^3인지 1기압, 100℃를 기준으로 구하시오. (단, 칼륨의 원자량은 39이다.)

(5점)

○ 열분해 반응식
○ 탄산가스의 양(m^3)   [계산과정]   [답]

 ① 열분해 반응식 : $2KHCO_3$ → $K_2CO_3 + CO_2 + H_2O$
② 탄산가스의 양(m^3)

[계산과정]
[방법 1]
① $KHCO_3$의 분자량 = $39+1+12+16 \times 3 = 100$
② $KHCO_3$의 190℃에서 열분해 반응식
   $2KHCO_3$ → $K_2CO_3 + CO_2 + H_2O$
   2×100kg ────── $22.4m^3$
   200kg ────── Xm^3
   $X = \dfrac{200 \times 22.4}{2 \times 100} = 22.4m^3$ (표준상태 : 0℃, 1atm)
③ 100℃, 1atm 상태로 환산 (보일-샤를의 법칙 적용)
   $\dfrac{P_1 V_1}{T_1} = \dfrac{P_2 V_2}{T_2}$, $\dfrac{1 \times 22.4}{273+0} = \dfrac{1 \times V_2}{273+100}$

④ $V_2 = \dfrac{1 \times 22.4 \times 373}{273} = 30.61\text{m}^3$

[답] 30.61m^3

[방법 2]

① $NaHCO_3$의 190℃에서 열분해 반응식

$2KHCO_3 \rightarrow K_2CO_3 + CO_2 + H_2O$

$KHCO_3 \rightarrow 0.5K_2CO_3 + 0.5CO_2 + 0.5H_2O$

② $V = \dfrac{WRT}{PM} \times 0.5 = \dfrac{200 \times 0.082 \times (273+100)}{1 \times 100} \times 0.5 = 30.59\text{m}^3$

[답] 30.59m^3

- 이상기체 상태방정식

$$PV = \dfrac{W}{M}RT = nRT$$

여기서, P : 압력(atm), V : 부피(m^3), W : 무게(kg), M : 분자량
R : 기체상수($0.082\text{atm} \cdot \text{m}^3/\text{kmol} \cdot \text{K}$)
T : 절대온도($273+t$℃)K

- 분말약제의 열분해

종 별	약제명	착색	열분해 반응식
제1종	탄산수소나트륨 중탄산나트륨 중조	백색	270℃ $2NaHCO_3 \rightarrow Na_2CO_3+CO_2+H_2O$ 850℃ $2NaHCO_3 \rightarrow Na_2O+2CO_2+H_2O$
제2종	탄산수소칼륨 중탄산칼륨	담회색	190℃ $2KHCO_3 \rightarrow K_2CO_3+CO_2+H_2O$ 590℃ $2KHCO_3 \rightarrow K_2O+2CO_2+H_2O$
제3종	제1인산암모늄	담홍색	$NH_4H_2PO_4 \rightarrow HPO_3+NH_3+H_2O$
제4종	탄산수소칼륨+요소	회(백)색	$2KHCO_3+(NH_2)_2CO$ $\rightarrow K_2CO_3+2NH_3+2CO_2$

08 인화칼슘이 물과 반응하여 생성되는 물질 2가지를 쓰시오. (4점)

 ① 수산화칼슘 ② 인화수소(포스핀)

- 인화칼슘(Ca_3P_2)[별명 : 인화석회] : 제3류 위험물(금수성 물질)
  ① 적갈색의 괴상고체
  ② 물 및 약산과 격렬히 반응, 분해하여 인화수소(포스핀)(PH_3)를 생성한다.
  - $Ca_3P_2 + 6H_2O \rightarrow 3Ca(OH)_2 + 2PH_3$(포스핀 = 인화수소)
  - $Ca_3P_2 + 6HCl \rightarrow 3CaCl_2 + 2PH_3$(포스핀 = 인화수소)

③ 포스핀은 맹독성 가스이므로 취급 시 방독마스크를 착용한다.
④ 물 및 포 약제에 의한 소화는 절대 금하고 마른모래 등으로 피복하여 자연 진화 되도록 기다린다.

09 과산화벤조일을 구조식으로 나타내고 분자량을 구하시오. (5점)

① 구조식
② 분자량 [계산과정]
　　　　　[답]

해답 ① 구조식

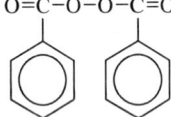

② 분자량
[계산과정] ① 과산화벤조일화학식 : $(C_6H_5CO)_2O_2$
　　　　　② $M = (12 \times 6 + 1 \times 5 + 12 + 16) \times 2 + 16 \times 2 = 242$
[답] 242

상세해설
- 과산화벤조일 = 벤조일퍼옥사이드(BPO)[$(C_6H_5CO)_2O_2$] : 제5류 중 유기과산화물 (자기반응성 물질)
  ① 무색 무취의 백색분말 또는 결정이다.
  ② 물에 녹지 않고 알코올에 약간 녹는다.
  ③ 에터 등 유기용제에 잘 녹는다.
  ④ 직사광선을 피하고 냉암소에 보관한다.

10 위험물안전관리법령상 물분무등소화설비 중 제5류 위험물의 화재에 적응할 수 있는 소화설비 2가지를 쓰시오. (4점)

해답 ① 물분무소화설비　② 포소화설비

상세해설

• 소화설비의 적응성

소화설비의 구분		대상물 구분	제1류 위험물		제2류 위험물			제3류 위험물		제4류 위험물	제5류 위험물	제6류 위험물
			알칼리금속과산화물 등	그 밖의 것	철분·금속분·마그네슘 등	인화성고체	그 밖의 것	금수성물품	그 밖의 것			
옥내소화전 또는 옥외소화전설비				○		○	○		○		○	○
스프링클러설비				○		○	○		○	△	○	○
물분무등소화설비	물분무소화설비			○		○	○		○	○	○	○
	포소화설비			○		○	○		○	○	○	○
	이산화탄소 소화설비					○				○		
	할로젠화합물 소화설비					○				○		
	분말소화설비	인산염류 등		○		○	○			○		○
		탄산수소염류 등	○		○	○		○		○		
		그 밖의 것	○		○			○				

11 다음 제3류 위험물이 물과 접촉할 때의 화학반응식을 쓰시오. (4점)

　○ 금속칼륨 :　　　　　　　　　○ 탄화칼슘 :

　○ 금속칼륨 : $2K + 2H_2O \rightarrow 2KOH + H_2$
　○ 탄화칼슘 : $CaC_2 + 2H_2O \rightarrow Ca(OH)_2 + C_2H_2$

상세해설

• 금속칼륨 및 금속나트륨 : 제3류 위험물(금수성)
　① 물과 반응하여 수소기체 발생

　　$2Na + 2H_2O \rightarrow 2NaOH(수산화나트륨) + H_2\uparrow (수소 발생)$
　　$2K + 2H_2O \rightarrow 2KOH(수산화칼륨) + H_2\uparrow (수소 발생)$

　② 석유(파라핀, 등유, 경유)속에 저장

　★★자주출제(필수정리)★★
　❶ 칼륨(K), 나트륨(Na)은 파라핀, 등유, 경유 속에 저장
　❷ 황린(3류) 및 이황화탄소(4류)는 물속에 저장

　③ 물 및 포약제에 의한 소화는 절대 금하고 마른모래 등으로 피복 소화한다.

• 탄화칼슘(CaC_2) : 제3류 위험물 중 칼슘탄화물
　① 물과 접촉 시 아세틸렌을 생성하고 열을 발생시킨다.

　　$CaC_2 + 2H_2O \rightarrow Ca(OH)_2(수산화칼슘) + C_2H_2\uparrow (아세틸렌)$

② 아세틸렌의 폭발범위는 2.5~81%로 대단히 넓어서 폭발위험성이 크다.
③ 장기 보관시 불활성기체(N_2 등)를 봉입하여 저장한다.
④ 별명은 카바이드, 탄화석회, 칼슘카바이드 등이다.
⑤ 고온(700℃)에서 질화되어 석회질소($CaCN_2$)가 생성된다.

$$CaC_2 + N_2 \rightarrow CaCN_2(석회질소) + C(탄소)$$

⑥ 물 및 포 약제에 의한 소화는 절대 금하고 마른모래 등으로 피복 소화한다.

12 다음 각 물질의 지정수량을 쓰시오. (6점)

○ 다이에틸에터　　　○ 아세톤　　　○ 에틸알코올

해답　○ 다이에틸에터 : 50L　○ 아세톤 : 400L　○ 에틸알코올 : 400L

상세해설
① 다이에틸에터-특수인화물-50L
② 아세톤-제1석유류-수용성-400L
③ 에틸알코올-알코올류- 400L

• 제4류 위험물 및 지정수량

유 별	성 질	품　　　명		지정수량
제4류	인화성 액체	1. 특수인화물		50L
		2. 제1석유류	비수용성 액체	200L
			수용성 액체	400L
		3. 알코올류		400L
		4. 제2석유류	비수용성 액체	1,000L
			수용성 액체	2,000L
		5. 제3석유류	비수용성 액체	2,000L
			수용성 액체	4,000L
		6. 제4석유류		6,000L
		7. 동식물유류		10,000L

위험물기능사 실기

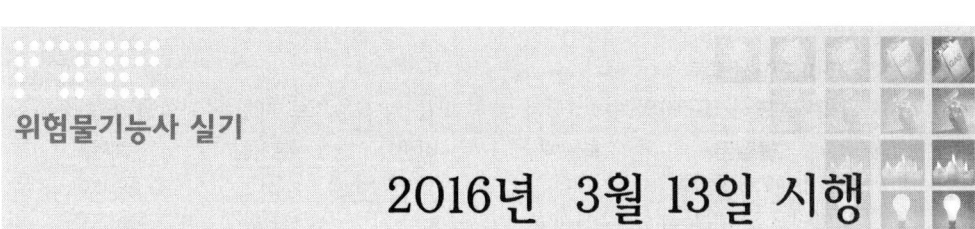

2016년 3월 13일 시행

01 Na에 대하여 다음 각 물음에 답하시오. (6점)

(물음 1) 물과 반응하였을 때 발생하는 기체를 화학식으로 쓰시오.
(물음 2) 완전연소반응식을 쓰시오.

해답 (물음 1) H_2
(물음 2) $4Na + O_2 \rightarrow 2Na_2O$

상세해설
- 나트륨(Na) ★★★★★

화학식	원자량	비점	융점	비중	불꽃색상
Na	23	880℃	97.8℃	0.97	노란색

① 가열시 노란색 불꽃을 내면서 연소한다.
$$4Na + O_2 \rightarrow 2Na_2O$$
② 물과 반응하여 수소 및 열을 발생한다.(금수성 물질)
$$2Na + 2H_2O \rightarrow 2NaOH + H_2$$
③ 보호액으로 파라핀·경유·등유 등을 사용한다.
④ 피부와 접촉 시 화상을 입는다.
⑤ 마른모래 등으로 질식 소화한다.

금속나트륨 화재 시 CO_2소화기 사용금지 이유
금속나트륨과 이산화탄소는 폭발적으로 반응하기 때문에 위험
$$4Na + 3CO_2 \rightarrow 2Na_2CO_3 + C$$

02 다음 위험물의 화학식을 쓰시오. (4점)

○ 아이오딘산칼륨　　　　○ 과망가니즈산칼륨

해답 ○ 아이오딘산칼륨 : KIO_3
○ 과망가니즈산칼륨 : $KMnO_4$

- 아이오딘산염류
아이오딘산(HIO₃)의 수소(H)가 금속 또는 양이온으로 치환된 화합물의 총칭

물질명	화학식	비중	분자량	분해온도
아이오딘산칼륨	KIO₃	3.89	214	560℃
아이오딘산암모늄	NH₄IO₃		193	150℃
아이오딘산은	AgIO₃		283	410℃

- 과망가니즈산칼륨

화학식	분자량	비중	분해온도
KMnO₄	158	2.7	200~240℃

① 흑자색의 주상결정으로 물에 녹아 진한보라색을 띠고 강한 산화력과 살균력이 있다.
② 염산과 반응시 염소(Cl₂)를 발생시킨다.
③ 240℃에서 산소를 방출한다.

$$2KMnO_4 \rightarrow K_2MnO_4 + MnO_2 + O_2\uparrow$$
(망가니즈산칼륨)(이산화망가니즈) (산소)

03 건조한 상태에서 폭발의 위험성이 있는 나이트로셀룰로오스의 안전한 저장, 운반을 위해 어떤 물질을 첨가(혼합)하는지 일반적으로 사용하는 물질을 1가지만 쓰시오. (3점)

 물, 알코올

- 나이트로셀룰로오스(Nitro Cellulose) : NC[(C₆H₇O₂(ONO₂)₃]ₙ ★★★★

화학식	비중	분해온도	인화점	착화점
[C₆H₇O₂(ONO₂)₃]ₙ	1.7	130℃	13℃	160℃

셀룰로오스(섬유소)에 진한질산과 진한 황산의 혼합액을 작용시켜서 만든 것이다.
① 비수용성이며 초산에틸, 초산아밀, 아세톤에 잘 녹는다.
② 건조한 상태에서는 폭발위험이 크나 수분함유 시 폭발위험성이 없어 저장·운반이 용이
③ 질소함유율(질화도)이 높을수록 폭발성이 크다.
④ 저장, 운반 시 물(20%) 또는 알코올(30%)을 첨가 습윤 시킨다.

나이트로셀룰로오스의 열분해 반응식
$$2C_{24}H_{29}O_9(ONO_2)_{11} \rightarrow 24CO_2\uparrow + 24CO\uparrow + 12H_2O + 17H_2 + 11N_2$$

04 왕수를 만드는 방법을 원료물질과 그 원료 물질의 배합비율을 중심으로 설명하시오. (4점)

해답: 진한염산과 진한질산을 3대 1 정도의 비율로 혼합한 액체

상세해설:
- 질산(HNO₃)★★★★★

화학식	분자량	비중	비점	융점
HNO_3	63	1.50	86℃	-42℃

① 빛에 의하여 일부 분해되어 생긴 NO_2 때문에 황갈색으로 된다.

$$4HNO_3 \rightarrow 2H_2O + 4NO_2\uparrow (이산화질소) + O_2\uparrow (산소)$$

② 저장용기는 직사광선을 피하고 찬 곳에 저장한다.
③ 실험실에서는 갈색병에 넣어 햇빛을 차단시킨다.

- 왕수란 무엇인가?
  ① 진한염산과 진한질산을 3대 1 정도의 비율로 혼합한 액체이다.
  ② 강한 산화제로, 산에 잘 녹지 않는 금과 백금 등을 녹일 수 있다.

05 고체 가연물의 대표적인 연소형태 4가지를 쓰시오. (4점)

해답: ① 표면연소 ② 증발연소 ③ 분해연소 ④ 자기연소(내부연소)

상세해설:
- 연소의 종류
  ① 표면연소 : 숯, 코크스, 목탄, 금속분
  ② 증발 연소 : 파라핀(양초), 황, 나프탈렌, 왁스, 휘발유, 등유, 경유, 아세톤 등 제4류
  ③ 분해연소 : 석탄, 목재, 플라스틱, 종이, 합성수지(고분자), 중유
  ④ 자기연소(내부연소) : 나이트로셀룰로오스, 셀룰로이드, 나이트로글리세린 등 제5류
  ⑤ 확산연소 : 아세틸렌, LPG, LNG 등 가연성 기체

06 방향족 탄화수소인 BTX에 대하여 다음 각 물음에 답하시오. (5점)

(물음 1) BTX는 무엇의 약자인지 각 물질의 명칭을 쓰시오.
① B :   ② T :   ③ X :

(물음 2) 위 3가지 물질 중 "T"에 해당하는 물질의 구조식을 쓰시오.

해답 (물음 1) ① 벤젠   ② 톨루엔   ③ 크실렌(자이렌)

(물음 2)

상세해설

- BTX
  Benzene(벤젠), Toluene(톨루엔), Xylene(키실렌, 크실렌, 자일렌)

구분	화학식	구조식	류별
① 벤젠	C_6H_6	(벤젠 구조식)	제4류 제1석유류
② 톨루엔	$C_6H_5CH_3$	(톨루엔 구조식)	제4류 제1석유류
③ 크실렌	$C_6H_4(CH_3)_2$	오르소크실렌(ortho-xylene), 메타크실렌(meta-xylene), 파라크실렌(para-xylene)	제4류 제2석유류

07 이황화탄소 76g이 완전연소하면 몇 L의 기체가 발생하는지 구하시오.(단, 표준상태를 기준으로 하고 순수한 산소만을 공급하며, 공급된 산소는 모두 연소에 사용된다고 한다) (5점)

① 이황화탄소의 분자량 = 12+32×2 = 76
② 이황화탄소의 완전연소 반응식
$CS_2 + 3O_2 \rightarrow CO_2 + 2SO_2$
76g ────── (1몰+2몰)×22.4L = 67.2L

• 이황화탄소(CS_2) ★★★★★

화학식	분자량	비중	비점	인화점	착화점	연소범위
CS_2	76.1	1.26	46℃	-30℃	100℃	1.0~50%

① 물에는 녹지 않고 알코올, 에터, 벤젠 등 유기용제에 녹는다.
② 연소 시 아황산가스(SO_2) 및 CO_2를 생성한다.

$CS_2 + 3O_2 \rightarrow CO_2 + 2SO_2$

③ 물과 반응하여 황화수소와 이산화탄소를 발생한다.

$CS_2 + 2H_2O \rightarrow 2H_2S + CO_2$
(이황화탄소) (물)   (황화수소) (이산화탄소)

④ 저장 시 저장탱크를 물속에 넣어 저장한다.

08 위험물안전관리법령상 소화설비의 설치기준에서 위험물은 지정수량의 몇 배를 1소요단위로 하는지 쓰시오. (3점)

 지정수량의 10배

• 소요단위의 계산방법

제조소 또는 취급소		저장소	
내화구조인 것	내화구조가 아닌 것	내화구조인 것	내화구조가 아닌 것
연면적 100m²를 1소요단위	연면적 50m²를 1소요단위	연면적 150m²를 1소요단위	연면적 75m²를 1소요단위
위험물은 지정수량의 10배를 1소요단위로 할 것			

09 일반취급소 또는 제조소에서 취급하는 제4류 위험물 최대수량의 합이 지정수량의 24만배 이상 48만배 미만인 사업소의 자체소방대에 두는 화학소방자동차 및 자체소방대원의 기준수를 각각 쓰시오. (4점)

① 화학소방자동차 : 3대 이상
② 자체소방대원의 수 : 15인 이상

상세해설

• 자체소방대에 두는 화학소방자동차 및 인원

취급하는 제4류 위험물의 최대수량의 합	화학소방자동차	자체소방대원의 수
① 지정수량의 3천배 이상 12만배 미만	1대	5인
② 지정수량의 12만배 이상 24만배 미만	2대	10인
③ 지정수량의 24만배 이상 48만배 미만	3대	15인
④ 지정수량의 48만배 이상	4대	20인
⑤ 옥외탱크저장소에 저장하는 지정수량의 50만배 이상	2대	10인

10 0℃, 1기압을 기준으로 질산칼륨 202g이 열분해하여 생성되는 산소의 부피는 몇 L 인지 구하시오. (5점)

해답 [계산방법 1]

① 질산칼륨(KNO_3)의 분자량 = 39+14+16×3 = 101
② KNO_3(질산칼륨)의 열분해 반응식(표준상태 : 0℃, 1기압)

$2KNO_3 \rightarrow 2KNO_2 + O_2$
$2 \times 101g \longrightarrow 1 \times 22.4L$
$202g \longrightarrow X$

$\therefore X = \dfrac{202 \times 1 \times 22.4}{2 \times 101} = 22.4L$ (생성된 산소부피)

[답] 22.40L

[계산방법 2]

① 이상기체 상태방정식

$$PV = \dfrac{W}{M}RT = nRT$$

여기서, P : 압력(atm), V : 부피(L), W : 무게(g), M : 분자량
R : 기체상수(0.082atm · L/mol · K)
T : 절대온도(273+t℃)K

② KNO_3(질산칼륨)의 열분해 반응식
$2KNO_3 \rightarrow 2KNO_2 + O_2$
$KNO_3 \rightarrow KNO_2 + 0.5O_2$

③ $\therefore V = \dfrac{WRT}{PM} \times 0.5 = \dfrac{202 \times 0.082 \times (273+0)}{1 \times 101} \times 0.5 = 22.39 L$

[답] 22.39L

상세해설

이상기체상태방정식을 적용하려면
반응식에서 열분해하는 물질의 몰수는 1몰을 기준으로 하여야한다

• 질산칼륨(KNO_3) : 제1류 위험물(산화성 고체)
① 질산칼륨에 숯가루, 황가루를 혼합하여 흑색화약 제조에 사용한다.
② 열분해하여 산소를 방출한다.

$$2KNO_3 \rightarrow 2KNO_2 + O_2 \uparrow$$

③ 물, 글리세린에는 잘 녹으나 알코올, 에터에는 잘 녹지 않는다.

---

11 지정수량 이상의 위험물을 차량으로 운반할 경우에는 당해 차량에 "위험물"이라고 표지를 설치하여야 하는데 이 표지의 바탕 및 글자의 색상을 각각 쓰시오. (4점)

해답
① 바탕색 : 흑색
② 글자색 : 황색의 반사도료

상세해설

• 위험물의 운반에 관한 기준
운반방법
① 위험물 또는 위험물을 수납한 운반용기가 현저하게 마찰 또는 동요를 일으키지 아니하도록 운반하여야 한다.(중요 기준)
② 지정수량 이상의 위험물을 차량으로 운반하는 경우에는 당해 차량에 다음 각 목의 기준에 의한 표지를 설치하여야 한다.
  ㉠ 한 변의 길이가 0.3m 이상, 다른 한 변의 길이가 0.6m 이상인 직사각형의 판으로 할 것.
  ㉡ **바탕은 흑색**으로 하고, **황색의 반사도료** 그 밖의 반사성이 있는 재료로 "**위험물**"이라고 표시할 것.
  ㉢ 표지는 차량의 전면 및 후면의 보기 쉬운 곳에 내걸 것.

---

12 무색의 단맛이 있는 액체로서 3가의 알코올이며 분자량 약 92, 비중 약 1.26이고 위험물안전관리법령상 품명이 제3석유류에 속하는 이 물질의 명칭을 쓰고 구조식을 나타내시오. (4점)

제 2 부 최근 기출문제

해답
① 명칭 : 글리세린
② 구조식 :
CH₂ — OH
CH — OH
CH₂ — OH

H H H
H — C — C — C — H
OH OH OH

상세해설
• 글리세린(글리세롤)($C_3H_5(OH)_3$) ★★

CH₂ — OH
CH — OH
CH₂ — OH

H H H
H — C — C — C — H
OH OH OH

화학식	분자량	비중	비점	인화점	착화점
$C_3H_5(OH)_3$	92	1.26	182℃	160℃	370℃

① 무색의 점성이 있는 액체이다.
② 단맛이 있어 감유라고도 한다.
③ 물, 알코올에는 잘 녹는다.
④ 인체에는 독성이 없고, 화장품의 제조에 이용된다.

---

13 제6류 위험물과 혼재가 가능한 위험물은 제 몇 류 위험물인지 쓰시오.(단, 지정수량 10배의 위험물을 혼재하는 경우이다) (4점)

해답 제1류 위험물

상세해설
• 유별을 달리하는 위험물의 혼재기준

구 분	제1류	제2류	제3류	제4류	제5류	제6류
제1류		×	×	×	×	○
제2류	×		×	○	○	×
제3류	×	×		○	×	×
제4류	×	○	○		○	×
제5류	×	○	×	○		×
제6류	○	×	×	×	×	

★ 쉬운 암기법 ★
1↓ + 6↑   2 + 4
2↓ + 5↑   5 + 4
3↓ + 4↑
→

위험물기능사 실기

2016년 5월 22일 시행

01 화재의 종류를 [표]와 같이 구분할 때 빈칸을 채우시오. (4점)

급수	화재의 종류	표시색상
B급		
	일반화재	
		청색

해답

급수	화재의 종류	표시색상
B급	유류화재	황색
A급	일반화재	백색
C급	전기화재	청색

상세해설

- 화재의 분류 ★★ 자주출제(필수암기) ★★

종 류	등급	색표시	주된 소화 방법
일반화재	A급	백색	냉각소화
유류화재	B급	황색	질식소화
전기화재	C급	청색	질식소화
금속화재	D급	–	피복소화
주방화재	K급	–	냉각 및 질식소화

02 제1류 위험물 중 흑색 화약의 원료로 사용되며 고온에서 열분해하여 산소를 방출하는 물질의 열분해 반응식을 쓰시오. (4점)

해답 $2KNO_3 \rightarrow 2KNO_2 + O_2$

상세해설

- 질산칼륨(KNO_3) : 제1류 위험물(산화성 고체)
  ① 질산칼륨에 숯가루, 황가루를 혼합하여 **흑색화약 제조에 사용**한다.

② 열분해하여 산소를 방출한다.

$$2KNO_3 \rightarrow 2KNO_2 + O_2 \uparrow$$

③ 물, 글리세린에는 잘 녹으나 알코올, 에터에는 잘 녹지 않는다.
④ 유기물 및 강산과 접촉 시 매우 위험하다.
⑤ 소화는 주수소화 방법이 가장 적당하다.

- 흑색화약(black powder)
  ① 원료 : 질산칼륨, 숯, 황
  ② 조성 : 75%KNO_3 + 15%C + 10%S
  ③ 폭발반응식 : $38KNO_3+64C+16S \rightarrow 3K_2CO_3+16K_2S+19N_2+44CO_2+17CO$

---

03 위험물안전관리법령상 다음 각 품명에 해당하는 지정수량을 쓰시오. (6점)

  ○ 아염소산염류 :   ○ 다이크로뮴산염류 :   ○ 아이오딘산염류 :

해답 ○ 아염소산염류 : 50kg   ○ 다이크로뮴산염류 : 1000kg
  ○ 아이오딘산염류 : 300kg

상세해설
- 제1류 위험물의 지정수량

성 질	품 명	지정수량
산화성 고체	1. **아염소산염류** 2. 염소산염류, 3. 과염소산염류 4. 무기과산화물	50kg
	5. 브로민산염류 6. 질산염류 7. **아이오딘산염류**	300kg
	8. 과망가니즈산염류 9. **다이크로뮴산염류**	1000kg

---

04 방향족 탄화수소인 BTX를 구성하는 물질 중 "T"로 표시되는 물질의 분자량을 은 얼마인지 쓰시오. (3점)

해답 92

상세해설
- BTX
  Benzene(벤젠), Toluene(톨루엔), Xylene(키실렌,크실렌,자일렌)

구 분	벤젠	톨루엔	크실렌
화학식	C_6H_6	$C_6H_5CH_3$	$C_6H_4(CH_3)_2$
유 별	제4류 제1석유류	제4류 제1석유류	제4류 제2석유류
분자량	12×6+1×6=78	12×7+1×8=92	12×8+1×10=106

05
톨루엔 400L, 아세톤 1200L, 등유 2000L를 같은 장소에 저장하려 한다. 지정수량 배수의 총 합을 구하시오. (4점)

[계산과정] 지정수량의 배수 $= \dfrac{저장수량}{지정수량} = \dfrac{400}{200} + \dfrac{1200}{400} + \dfrac{2000}{1000} = 7$배

[답] 7배

- 톨루엔－제4류－제1석유류－비수용성－200L★
- 아세톤－제4류－제1석유류－수용성－400L★
- 등유－제4류－제2석유류－비수용성－1000L★
- 제4류 위험물의 지정수량

성 질	품	명	지정수량
인화성액체	1. 특수인화물		50L
	2. 제1석유류	비수용성액체	200L
		수용성액체	400L
	3. 알코올류		400L
	4. 제2석유류	비수용성액체	1,000L
		수용성액체	2,000L
	5. 제3석유류	비수용성액체	2,000L
		수용성액체	4,000L
	6. 제4석유류		6,000L
	7. 동식물유류		10,000L

06
다음 [보기]에서 비중이 물보다 큰 것을 모두 선택하여 쓰시오. (4점)

[보기] 톨루엔, 에틸렌글리콜, 글리세린, 아세톤, 나이트로벤젠

에틸렌글리콜, 글리세린, 나이트로벤젠

- 제4류 위험물의 비중

구 분	톨루엔	에틸렌글리콜	글리세린	아세톤	나이트로벤젠
화학식	$C_6H_5CH_3$	$C_2H_4(OH)_2$	$C_3H_5(OH)_3$	CH_3COCH_3	$C_6H_5NO_2$
유 별	제4류 제1석유류	제4류 제3석유류	제4류 제3석유류	제4류 제1석유류	제4류 제3석유류
비 중	0.87	1.1	1.26	0.79	1.2

07 위험물안전관리법령상 다음의 경우 주유취급소의 고정주유설비 또는 고정급유설비의 펌프기기 주유관 끝부분에서의 최대토출량은 각각 분당 몇 리터 이하이어야 하는가?(단, 이동저장탱크에 주입하는 경우는 제외한다) (4점)

해답
① 휘발유 : 50L/분 이하
② 등유 : 80L/분 이하

상세해설
- 휘발유-제4류-제1석유류
- 주유취급소의 고정주유설비 또는 고정급유설비
  펌프기기의 주유관 끝부분에서의 **최대 토출량**

구 분	제1석유류	경유	등유	이동저장탱크
펌프의 최대토출량	50L/분 이하	180L/분 이하	80L/분 이하	300L/분 이하

08 위험물 저장탱크의 용량이 540L이고 내용적이 600L 일 때 탱크의 공간용적은 얼마인가? (5점)

해답
[계산과정] 540 = 600 - 공간용적 ∴ 공간용적 = 600 - 540 = 60L
[답] 60L

상세해설
- 탱크용적의 산출기준

  > 탱크의 용적 = 탱크의 내용적 - 탱크의 공간용적

- 탱크의 공간용적

  탱크용적의 $\frac{5}{100}$ 이상 $\frac{10}{100}$ 이하의 용적

09 다음의 각 물질은 몇 가 알코올인지 쓰시오. (3점)

  ○ 에틸렌글리콜 :   ○ 글리세린 :   ○ 에틸알코올 :

해답
○ 에틸렌글리콜 : 2가 알코올
○ 글리세린 : 3가 알코올
○ 에틸알코올 : 1가 알코올

상세해설

구 분	메틸알코올	에틸알코올	에틸렌글리콜	글리세린
화학식	CH_3OH	C_2H_5OH	$C_2H_4(OH)_2$	$C_3H_5(OH)_3$
유 별	제4류 알코올류	제4류 알코올류	제4류 제3석유류	제4류 제3석유류
OH수	1(1가)	1(1가)	2(2가)	3(3가)

10 금속나트륨이 물과 반응하여 생성되는 물질을 모두 쓰시오. (4점)

 해답 수산화나트륨, 수소

 상세해설

- 나트륨(Na) : 제3류-금수성물질

화학식	원자량	비점	융점	비중	불꽃색상
Na	23	880℃	97.8℃	0.97	노란색

① 물과 반응하여 수소기체 발생

$$2Na + 2H_2O \rightarrow 2NaOH(수산화나트륨) + H_2\uparrow(수소발생)$$

② 파라핀, 등유, 경유 속에 저장

11 제2종 분말소화약제의 주성분을 화학식으로 쓰시오. (3점)

해답 $KHCO_3$

상세해설

분말소화약제

종별	약제명	화학식	착색	열분해 반응식
제1종	탄산수소나트륨 중탄산나트륨 중조	$NaHCO_3$	백색	270℃ $2NaHCO_3$ $\rightarrow Na_2CO_3+CO_2+H_2O$ 850℃ $2NaHCO_3$ $\rightarrow Na_2O+2CO_2+H_2O$
제2종	탄산수소칼륨 중탄산칼륨	$KHCO_3$	담회색	190℃ $2KHCO_3$ $\rightarrow K_2CO_3+CO_2+H_2O$ 590℃ $2KHCO_3$ $\rightarrow K_2O+2CO_2+H_2O$
제3종	제1인산암모늄	$NH_4H_2PO_4$	담홍색	$NH_4H_2PO_4 \rightarrow HPO_3+NH_3+H_2O$
제4종	탄산수소칼륨+요소	$KHCO_3$ $+(NH)_2CO$	회(백)색	$2KHCO_3+(NH_2)_2CO$ $\rightarrow K_2CO_3+2NH_3+2CO_2$

12 고체의 연소 형태 4가지를 쓰시오. (4점)

해답 ① 표면연소 ② 분해연소 ③ 증발연소 ④ 자기연소

상세해설
- 연소의 형태
  ① **표면연소** : 숯, 코크스, 목탄, 금속분
  ② **증발 연소** : 파라핀(양초), **황**, 나프탈렌, 왁스, 휘발유, 등유, 경유, 아세톤 등 제4류
  ③ **분해연소** : 석탄, 목재, 플라스틱, 종이, 합성수지
  ④ **자기연소(내부연소)** : 나이트로셀룰로오스, 셀룰로이드, 나이트로글리세린 등 제5류
  ⑤ **확산연소** : 아세틸렌, LPG, LNG 등 가연성 기체

13 표준상태에서 탄소 100kg을 완전 연소시키면 몇 m^3의 산소가 필요한지 구하시오. (4점)

해답 [계산과정] $C + O_2 \rightarrow CO_2$

$12kg \longrightarrow 1 \times 22.4 m^3$

$100kg \longrightarrow X$

$X = \dfrac{100 \times 1 \times 22.4}{12} = 186.67 m^3$

[답] $186.67 m^3$

14 위험물안전관리법령상 위험물의 운반에 관한 기준에서 사이안화수소(HCN, 사이안화수소)의 운반용기 외부에 표시하여야 하는 주의사항은 무엇인지 쓰시오. (3점)

해답 화기엄금

상세해설
- 사이안화수소(HCN)-제4류 제1석유류
- 위험물 운반용기의 외부 표시 사항
  ① 위험물의 품명, 위험등급, 화학명 및 수용성(제4류 위험물의 수용성인 것에 한

함)
② 위험물의 수량
③ 수납하는 위험물에 따른 주의사항

류 별	성질에 따른 구분	표시사항
제1류 위험물	알칼리금속의 과산화물	화기·충격주의, 물기엄금 및 가연물접촉주의
	그 밖의 것	화기·충격주의 및 가연물접촉주의
제2류 위험물	철분·금속분·마그네슘	화기주의 및 물기엄금
	인화성고체	화기엄금
	그 밖의 것	화기주의
제3류 위험물	자연발화성물질	화기엄금 및 공기접촉엄금
	금수성물질	물기엄금
제4류 위험물	인화성 액체	화기엄금
제5류 위험물	자기반응성 물질)	화기엄금 및 충격주의
제6류 위험물	산화성 액체	가연물접촉주의

위험물기능사 실기

2016년 8월 27일 시행

01 위험물안전관리법령상 압력탱크 외의 이동저장탱크에 실시하는 수압시험은 몇 kpa의 압력으로 10분간 실시하여야 하는가? (3점)

해답 70kPa

상세해설
- 이동저장탱크의 구조
  ① 탱크(맨홀 및 주입관의 뚜껑을 포함)는 두께 3.2mm 이상의 강철판
  ② 압력탱크(최대상용압력이 46.7kPa 이상인 탱크) 외의 탱크는 70kPa의 압력으로, 압력탱크는 최대상용압력의 1.5배의 압력으로 각각 10분간의 수압시험을 실시하여 새거나 변형되지 아니할 것.
  ③ 이동저장탱크는 그 내부에 4,000L 이하마다 3.2mm 이상의 강철판 또는 이와 동등 이상의 강도·내열성 및 내식성이 있는 금속성의 것으로 **칸막이를 설치**

02 다음 [보기]에서 각 물음에 해당하는 위험물을 선택하여 그 번호를 쓰시오. (6점)

[보기] ① 벤젠 ② 이황화탄소 ③ 아세톤 ④ 아세트알데히드 ⑤ 아세트산

(물음 1) 비수용성 물질을 모두 쓰시오.
(물음 2) 인화점이 가장 낮은 물질을 쓰시오.
(물음 3) 비점이 가장 높은 물질을 쓰시오.

해답 (물음 1) ①, ②
(물음 2) ④
(물음 3) ⑤

상세해설

구 분	벤젠	이황화탄소	아세톤	아세트알데하이드	아세트산(초산)
유 별	제4류 제1석유류	제4류 특수인화물	제4류 제1석유류	제4류 특수인화물	제4류 제2석유류
수용성여부	비수용성	비수용성	수용성	수용성	수용성
인화점(℃)	-11	-30	-18	-38	40
비 점(℃)	80	46.3	56	21	118

03 227g의 나이트로글리세린이 완전히 폭발, 분해되었을 때 몇 L 의 기체가 발생하는지 구하시오. (단, 기체의 부피는 표준상태를 기준으로 구한다) (5점)

해답 [계산과정] ① 나이트로글리세린의 분자량 $= 12 \times 3 + 1 \times 5 + 16 \times 9 + 14 \times 3 = 227$

② 나이트로글리세린의 열분해 반응식

$4C_3H_5(ONO_2)_3 \rightarrow 12CO_2\uparrow + 6N_2\uparrow + O_2\uparrow + 10H_2O$

4×227g이 열분해하면 → 29몰(12+6+1+10)의 기체가 발생

227g이 열분해하면 → $\dfrac{29}{4}$ 몰의 기체가 발생

③ 표준상태 : 0℃, 1atm

④ $V = \dfrac{nRT}{P} = \dfrac{\dfrac{29}{4} \times 0.08205 \times (273+0)}{1} = 162.40L$

[답] 162.40L

상세해설

나이트로글리세린의 열분해 반응식
$\quad 4C_3H_5(ONO_2)_3 \rightarrow 12CO_2\uparrow + 6N_2\uparrow + O_2\uparrow + 10H_2O$

• 이상기체 상태방정식

$$PV = \dfrac{W}{M}RT = nRT$$

여기서, P : 압력(atm), V : 부피(L), W : 무게(g), M : 분자량
$\quad R$: 기체상수(0.082atm · L/mol · K)
$\quad T$: 절대온도(273+t℃)K

04 오황화인이 물과 반응하여 발생할 수 있는 유독가스를 쓰시오. (3점)

해답 황화수소

상세해설
- 오황화인(P_2S_5) : 제2류 위험물
  ① 담황색 결정이고 조해성이 있다.
  ② 물, 알칼리와 반응하여 인산과 유독성인 황화수소를 발생한다.

$$P_2S_5 + 8H_2O \rightarrow 2H_3PO_4(\text{인산}) + 5H_2S\uparrow (\text{황화수소})$$

05 다음 표의 위험물에 대하여 빈칸을 채우시오. (6점)

물질명	시성식	위험물안전관리법령상 품명
에탄올	①	④
에틸렌글리콜	②	⑤
글리세린	③	⑥

해답

물질명	시성식	위험물안전관리법령상 품명
에탄올	① C_2H_5OH	④ 알코올류
에틸렌글리콜	② CH_2OHCH_2OH	⑤ 제3석유류
글리세린	③ $CH_2OHCHOHCH_2OH$	⑥ 제3석유류

06 수소화리튬을 약 4000℃로 가열하여 분해하면 생성되는 물질 2가지를 화학식으로 쓰시오. (4점)

해답 ① Li   ② H_2

상세해설
- 수소화리튬(lithium monohydride)(LiH) : 제3류-금속의 수소화물-금수성

화학식	분자량	융점	비중	발화점
LiH	7.9	680℃	0.82	200℃

① 물과 반응하면 수산화리튬과 수소를 발생한다.

$$LiH + H_2O \rightarrow LiOH + H_2\uparrow$$

② 고온에서 열분해하여 리튬과 수소기체가 발생한다.

$$2LiH \rightarrow 2Li + H_2$$

③ 이산화탄소 소화기는 적응성이 없다.

07. 위험물안전관리법령에서 정하는 할로젠간화합물 위험물의 지정수량은 얼마인가? (3점)

해답 300kg

상세해설
- 제6류 위험물의 품명 및 지정수량 ★★★★★

성 질	품 명	지정수량	위험등급	비 고
산화성 액체	1. 과염소산	300kg	I	
	2. 과산화수소			농도가 36중량%이상인 것
	3. 질산			비중이 1.49 이상인 것
	4. 할로젠간화합물 ① 삼불화브로민 ② 오불화브로민 ③ 오불화아이오딘			

08. 다음 [보기]의 물질 중 연소의 3요소가 될 수 없는 물질을 모두 선택하여 쓰시오. (4점)

[보기] 벤젠, 공기, 질소, 이산화탄소, 황, 산소, 헬륨, 성냥불

해답 질소, 이산화탄소, 헬륨

상세해설
- 연소의 3요소 : 가연물, 산소, 점화원
  ① 가연물 : 벤젠, 황
  ② 산소 : 공기, 산소
  ③ 점화원 : 성냥불

09. TNT의 구조식을 나타내시오. (3점)

해답

제 2 부 최근 기출문제

상세해설

- 트라이나이트로톨루엔[$C_6H_2CH_3(NO_2)_3$](TNT : Tri Nitro Toluene) ★★★★★

화학식	분자량	비중	비점	융점	착화점
$C_6H_2CH_3(NO_2)_3$	227	1.7	280℃	81℃	300℃

① 물에는 녹지 않고 알코올, 아세톤, 벤젠에 녹는다.
② Tri Nitro Toluene의 약자로 TNT라고도 한다.
③ 담황색의 주상결정이며 햇빛에 다갈색으로 변색된다.
④ 톨루엔과 질산을 반응시켜 얻는다.

⑤ 강력한 폭약이며 급격한 타격에 폭발한다.

$$2C_6H_2CH_3(NO_2)_3 \rightarrow 2C + 12CO + 3N_2\uparrow + 5H_2\uparrow$$

---

10 과산화수소를 옥외저장소에 보관하려고 한다. 저장하는 최대수량이 3000kg 인 경우 보유공지의 너비는 몇 m 이상이어야 하는가? (3점)

해답 [계산과정]

① 과산화수소의 지정수량 = $\dfrac{3000kg}{300kg}$ = 10배

∴ 지정수량의 10배 이하이므로 3m 이상

② 공지의 너비의 3분의 1이상의 너비 $L = 3m \times \dfrac{1}{3}$ = 1m 이상

[답] 1m 이상

상세해설
- 옥외저장소의 공지의 너비
  ② 위험물을 저장 또는 취급하는 장소의 주위에는 경계표시(울타리의 기능이 있는 것)를 하여 명확하게 구분할 것
  ② 경계표시의 주위에는 그 저장 또는 취급하는 위험물의 최대수량에 따라 다음 표에 의한 너비의 공지를 보유할 것. 다만, 제4류 위험물 중 **제4석유류**와 **제6류 위험물**을 저장 또는 취급하는 옥외저장소의 보유공지는 다음 표에 의한 공지의 너비의 **3분의 1이상의 너비**로 할 수 있다.

저장 또는 취급하는 위험물의 최대수량	공지의 너비
지정수량의 10배 이하	**3m 이상**
지정수량의 10배 초과 20배 이하	5m 이상
지정수량의 20배 초과 50배 이하	**9m 이상**
지정수량의 50배 초과 200배 이하	12m 이상
지정수량의 200배 초과	15m 이상

11 무수크로뮴산이 열분해 될 때의 화학반응식을 쓰시오. (4점)

 $4CrO_3 \rightarrow 2Cr_2O_3 + 3O_2$

- 무수크로뮴산 = 삼산화크로뮴(CrO_3) - 제1류 위험물
  ① 가열하면 분해하여 산소와 산화크로뮴이 생성된다.

$$4CrO_3 \xrightarrow{\triangle} 2Cr_2O_3 + 3O_2 \uparrow$$

  ② 물과 작용하면 부식성이 강한 산이 된다.
  ③ 물, 알코올, 에터, 황산에 잘 녹는다.

12 위험물안전관리법령상의 판매취급소 정의에 대해 다음 ( )안에 알맞은 수치를 쓰시오. (4점)

- 제1종 판매취급소 : 저장 또는 취급하는 위험물의 수량이 지정수량의 (①)배 이하인 판매취급소
- 제2종 판매취급소 : 저장 또는 취급하는 위험물의 수량이 지정수량의 (②)배 이하인 판매취급소

 ① 20
② 40

- 판매취급소의 구분 ★★★

취급소의 구분	저장 또는 취급하는 위험물의 수량
제1종 판매취급소	지정수량의 20배 이하
제2종 판매취급소	지정수량의 40배 이하

13. 위험물안전관리법령상 제4류 위험물의 품명 중 일부인 제1석유류, 제2석유류, 제3석유류, 제4석유류를 분류하는 기준은 무엇인지 쓰시오. (3점)

해답 인화점

상세해설

제4류 위험물의 분류

성질	품 명		지정수량	위험등급	비 고
인화성 액체	특수인화물		50L	I	• 발화점 100℃ 이하 • 인화점 −20℃ 이하 & 비점 40℃ 이하 • 이황화탄소, 다이에틸에터
	제1석유류	비수용성	200L	II	• 인화점 21℃ 미만 • 아세톤, 휘발유
		수용성	400L		
	알코올류		400L		• C_1~C_3포화 1가알코올 (변성알코올 포함)
	제2석유류	비수용성	1000L	III	• 인화점 21℃ 이상 70℃ 미만 • 등유, 경유
		수용성	2000L		
	제3석유류	비수용성	2000L		• 인화점 70℃ 이상 200℃ 미만 • 중유, 크레오소트유
		수용성	4000L		
	제4석유류		6000L		• 인화점이 200℃ 이상 250℃ 미만인 것
	동식물류		10000L		• 동물의 지육 또는 식물의 종자나 과육으로부터 추출한 것으로 1기압에서 인화점이 250℃ 미만인 것

14. 다음은 위험물안전관리법령에서 정한 탱크 용적 산정기준에 관한 내용이다. ( )안에 알맞은 수치를 쓰시오. (4점)

위험물을 저장 또는 취급하는 탱크의 용량은 당해 탱크 내용적에서 공간용적을 뺀 용적으로 한다. 탱크의 공간용적은 탱크 내용적의 100분의 (①) 이상 100분의 (②) 이하의 용적으로 한다. 다만, 소화설비(소화약제 방출구를 탱크안의 윗부분에 설치하는 것에 한한다)를 설치하는 탱크의 공간용적은 당해 소화설비의 소화약제방출구 아래의 (③)미터 이상 (④)미터 미만 사이의 면으로부터 윗부분의 용적으로 한다.

 ① 5 ② 10
③ 0.3 ④ 1

- 탱크의 내용적 및 공간용적
  ① 탱크의 공간용적
     탱크의 내용적의 **100분의 5 이상 100분의 10 이하**의 용적
     다만, 소화설비(소화약제 방출구를 탱크안의 윗부분에 설치하는 것)를 설치하는 탱크의 공간용적은 당해 소화설비의 소화약제방출구 아래의 **0.3미터 이상 1미터 미만** 사이의 면으로부터 **윗부분의 용적**으로 한다.
  ② **암반탱크**에 있어서는 당해 탱크내에 용출하는 **7일간의 지하수의 양**에 상당하는 용적과 당해 탱크의 내용적의 **100분의 1의 용적** 중에서 보다 **큰 용적**을 공간용적으로 한다.

위험물기능사 실기

2016년 11월 26일 시행

01 위험물제조소는 「고등교육법」에서 정하는 학교와 몇 m 이상의 안전거리를 이격하여야 하는가? (3점)

 30m 이상

- 제조소의 안전거리(제6류 위험물을 취급하는 제조소는 제외)

구 분	안전거리
• 사용전압이 7,000V 초과 35,000V 이하	3m 이상
• 사용전압이 35,000V를 초과	5m 이상
• 주거용	10m 이상
• 고압가스, 액화석유가스, 도시가스	20m 이상
• 학교 · 병원 · 극장 · 노유자시설	30m 이상
• 지정문화유산 및 천연기념물 등	50m 이상

02 탄산수소나트륨 소화약제가 1차적으로 열분해되는 화학반응식을 쓰시오. (5점)

 $2NaHCO_3 \rightarrow Na_2CO_3 + CO_2 + H_2O$

- 분말약제의 주성분 및 열분해

종별	약제명	화학식	착색	열분해 반응식
제1종	탄산수소나트륨 중탄산나트륨 중조	$NaHCO_3$	백색	270℃ $2NaHCO_3 \rightarrow Na_2CO_3 + CO_2 + H_2O$ 850℃ $2NaHCO_3 \rightarrow Na_2O + 2CO_2 + H_2O$
제2종	탄산수소칼륨 중탄산칼륨	$KHCO_3$	담회색	190℃ $2KHCO_3 \rightarrow K_2CO_3 + CO_2 + H_2O$ 590℃ $2KHCO_3 \rightarrow K_2O + 2CO_2 + H_2O$
제3종	제1인산암모늄	$NH_4H_2PO_4$	담홍색	$NH_4H_2PO_4 \rightarrow HPO_3 + NH_3 + H_2O$
제4종	탄산수소칼륨+요소	$KHCO_3 + (NH_2)_2CO$	회(백)색	$2KHCO_3 + (NH_2)_2CO \rightarrow K_2CO_3 + 2NH_3 + 2CO_2$

03. 할로젠화합물의 소화약제 중 할론번호 1211의 화학식을 쓰시오. (4점)

해답 CF_2ClBr

상세해설
- 할로젠화합물 소화약제 명명법 : 할론 ⓐ ⓑ ⓒ ⓓ
  ⓐ : C 원자수, ⓑ : F 원자수, ⓒ : Cl 원자수, ⓓ : Br 원자수

- 할로젠화합물 소화약제

구분 \ 종류	할론 2402	할론 1211	할론 1301	할론 1011
분자식	$C_2F_4Br_2$	CF_2ClBr	CF_3Br	CH_2ClBr

04. 질산과 황산의 혼산으로 톨루엔을 나이트로화 하여 제조하는 제5류 위험물은 무엇인지 쓰시오. (3점)

해답 트라이나이트로톨루엔

상세해설

트라이나이트로톨루엔($C_6H_2CH_3(NO_2)_3$)-제5류-나이트로화합물
(TNT : Tri Nitro Toluene)

화학식	분자량	비중	비점	융점	착화점
$C_6H_2CH_3(NO_2)_3$	227	1.7	280℃	81℃	300℃

① 물에는 녹지 않고 알코올, 아세톤, 벤젠에 녹는다.
② Tri Nitro Toluene의 약자로 TNT라고도 한다..
③ 담황색의 주상결정이며 햇빛에 다갈색으로 변색된다.
④ 톨루엔과 질산을 반응시켜 얻는다.

$$C_6H_5CH_3 + 3HNO_3 \xrightarrow[\text{나이트로화}]{C-H_2SO_4} C_6H_2CH_3(NO_2)_3 + 3H_2O$$
(톨루엔)   (질산)   (트라이나이트로톨루엔) (물)

⑤ 강력한 폭약이며 급격한 타격에 폭발한다.

$$2C_6H_2CH_3(NO_2)_3 \rightarrow 2C + 12CO + 3N_2\uparrow + 5H_2\uparrow$$

05 피크린산의 구조식을 나타내시오. (4점)

 해답

상세해설

- 트라이나이트로페놀[$C_6H_2(NO_2)_3OH$] : 제5류 나이트로화합물
  (TNP : Tri Nitro Phenol)
  ① 침상결정이며 냉수에는 약간 녹고 더운물, 알코올, 벤젠 등에 잘 녹는다.
  ② 쓴맛과 독성이 있다.
  ③ 피크르산 또는 트라이나이트로페놀(Tri Nitro Phenol)의 약자로 TNP라고도 한다.

- 트라이나이트로페놀의 구조식

06 제6류 위험물 중 다음의 성질을 가지는 물질의 화학식을 쓰시오. (3점)

- 분자량 : 100.5   - 비중 : 1.76   - 증기비중 : 3.5

 해답 $HClO_4$

상세해설

- 과염소산($HClO_4$) − 제6류 위험물

화학식	분자량	비중	비점	융점
$HClO_4$	100.46	1.77	39℃	−112℃

① 물과 혼합하면 다량의 열을 발생한다.
② 산화력이 강하여 종이, 나무조각 또는 유기물 등과 접촉 시 폭발한다.
③ 공기 중에서 분해하여 염화수소(HCl)를 발생시킨다.
④ 산(酸) 중에서도 가장 강한 산이다.

- 산소산 중 산의 세기
  차아염소산($HClO$) < 아염소산($HClO_2$) < 염소산($HClO_3$) < 과염소산($HClO_4$)

07 위험물안전관리법령상 다음에서 설명하는 분말소화약제는 제 몇 종 분말인지 쓰시오. (3점)

- 인산염류등을 주성분으로 한 것 :
- 탄산수소칼륨과 요소를 주성분으로 한 것 :
- 탄산수소나트륨을 주성분으로 한 것 :

해답
- 인산염류등을 주성분으로 한 것 : 제3종분말
- 탄산수소칼륨과 요소를 주성분으로 한 것 : 제4종 분말
- 탄산수소나트륨을 주성분으로 한 것 : 제1종 분말

상세해설
- 분말약제의 주성분 및 열분해

종별	약제명	화학식	착색	열분해 반응식
제1종	탄산수소나트륨 중탄산나트륨 중조	$NaHCO_3$	백색	270℃ $2NaHCO_3 \rightarrow Na_2CO_3+CO_2+H_2O$ 850℃ $2NaHCO_3 \rightarrow Na_2O+2CO_2+H_2O$
제2종	탄산수소칼륨 중탄산칼륨	$KHCO_3$	담회색	190℃ $2KHCO_3 \rightarrow K_2CO_3+CO_2+H_2O$ 590℃ $2KHCO_3 \rightarrow K_2O+2CO_2+H_2O$
제3종	제1인산암모늄	$NH_4H_2PO_4$	담홍색	$NH_4H_2PO_4 \rightarrow HPO_3+NH_3+H_2O$
제4종	탄산수소칼륨+요소	$KHCO_3+$ $(NH_2)_2CO$	회(백)색	$2KHCO_3+(NH_2)_2CO$ $\rightarrow K_2CO_3+2NH_3+2CO_2$

08 금속칼륨이 다음 각 물질과 반응할 때의 화학반응식을 쓰시오. (6점)

- 물 :
- 에탄올 :

해답
- 물 : $2K + 2H_2O \rightarrow 2KOH + H_2$
- 에탄올 : $2K + 2C_2H_5OH \rightarrow 2C_2H_5OK + H_2$

상세해설
- 칼륨(K) : 제3류 위험물-금수성물질

화학식	원자량	비점	융점	비중	불꽃색상
K	39	762℃	63.5℃	0.857	보라색

① 가열시 보라색 불꽃을 내면서 연소한다.
② **물과 반응하여 수소 및 열을 발생한다.**(금수성 물질)

$2K + 2H_2O \rightarrow 2KOH + H_2 \uparrow + 92.8kcal$

③ 보호액으로 **파라핀 · 경유 · 등유** 등을 사용한다.
④ 피부와 접촉 시 화상을 입는다.
⑤ 마른모래 등으로 질식 소화한다.
⑥ 화학적으로 활성이 대단히 크고 **알코올과 반응하여 수소를 발생**시킨다.

$$2K + 2C_2H_5OH \rightarrow 2C_2H_5OK + H_2\uparrow$$

09 제4류 위험물을 저장하는 이동탱크저장소에서 이동저장탱크는 그 내부에 몇 L 이하마다 3.2mm 이상의 강철판으로 된 칸막이를 설치하여야 하는가?

(3점)

해답 4000L 이하

상세해설 이동저장탱크의 구조
(1) 이동저장탱크의 구조
① 탱크(맨홀 및 주입관의 뚜껑을 포함)는 **두께 3.2mm 이상의 강철판** 또는 이와 동등 이상의 강도 · 내식성 및 내열성이 있다고 인정하여 소방방재청장이 정하여 고시하는 재료 및 구조로 위험물이 새지 아니하게 제작할 것
② **압력탱크(최대상용압력이 46.7kPa 이상인 탱크)**외의 탱크는 **70kPa**의 압력으로, **압력탱크는 최대상용압력의 1.5배의 압력**으로 각각 10분간의 수압시험을 실시하여 새거나 변형되지 아니할 것. 이 경우 수압시험은 용접부에 대한 비파괴시험과 기밀시험으로 대신할 수 있다.
(2) 이동저장탱크는 그 내부에 **4,000L 이하**마다 **3.2mm 이상의 강철판** 또는 이와 동등 이상의 강도 · 내열성 및 내식성이 있는 금속성의 것으로 **칸막이를 설치**하여야 한다.

10 [보기]의 소화설비 중 위험물안전관리법령상 제6류 위험물에 적응성이 있는 소화설비를 모두 선택하여 번호를 쓰시오.(단, 적응성 있는 소화설비가 없을 경우는 "없음"이라고 쓰시오.)

(4점)

〈보기〉 ① 옥내소화전설비   ② 불활성가스소화설비
       ③ 할로젠화합물소화설비 ④ 탄산수소염류의 분말소화설비
       ⑤ 포소화설비

①, ⑤

소화설비의 적응성

구 분		1류		2류			3류		4류	5류	6류
		알칼리금속 과산화물	그밖의 것	철분, 금속분, 마그네슘	인화성 고체	그밖의 것	금수성 물질	그밖의 것			
봉상강화액소화기			○		○	○		○		○	○
무상강화액소화기			○		○	○		○	○	○	○
포소화기			○		○	○		○	○	○	○
이산화탄소소화기					○				○		△
할로젠화합물소화기					○				○		
분말 소화기	인산염류등		○		○	○			○		○
	탄산수소염류등	○		○	○		○		○		
	그 밖의 것	○		○			○				
팽창질석 팽창진주암		○	○	○	○	○	○	○	○	○	○

제6류 위험물을 저장 또는 취급하는 장소로서 폭발의 위험이 없는 장소에 한하여 이산화탄소 소화기가 제6류 위험물에 대하여 적응성이 있음을 각각 표시한다.

11
2몰의 염소산칼륨이 완전 열분해 될 때 생성되는 산소는 몇 g인지 구하시오.
(4점)

 [계산과정] $2KClO_3 \rightarrow 2KCl + 3O_2$
2몰 ──────→ 3×32g

[답] 96g

- 염소산칼륨($KClO_3$) : 제1류 위험물 중 염소산염류
  ① 무색 또는 백색 분말. 비중 : 2.34
  ② 온수, 글리세린에 용해. 냉수, 알코올에는 용해하기 어렵다.
  ③ 400℃ 부근에서 분해가 시작

  $2KClO_3 \rightarrow KCl + KClO_4 + O_2\uparrow$
  (염소산칼륨) (염화칼륨) (과염소산칼륨) (산소)

  ④ 완전 열 분해되어 염화칼륨과 산소를 방출

  $2KClO_3 \rightarrow 2KCl + 3O_2$
  (염소산칼륨) (염화칼륨) (산소)

  ⑤ 유기물 등과 접촉 시 충격을 가하면 폭발하는 수가 있다.

12. 위험물안전관리법령상 제1류 위험물 중 알칼리금속 과산화물의 운반용기 외부에 표시해야 하는 주의사항을 모두 쓰시오. (4점)

해답 화기주의, 충격주의, 물기엄금, 가연물접촉주의

상세해설
- 위험물 운반용기의 외부 표시 사항
  ① 위험물의 품명, 위험등급, 화학명 및 수용성(제4류 위험물의 수용성인 것에 한함)
  ② 위험물의 수량
  ③ 수납하는 위험물에 따른 주의사항

류 별	성질에 따른 구분	표시 사항
• 제1류 위험물	알칼리금속의 과산화물	화기 · 충격주의, 물기엄금 및 가연물접촉주의
	그 밖의 것	화기 · 충격주의 및 가연물접촉주의
• 제2류 위험물	철분 · 금속분 · 마그네슘	화기주의 및 물기엄금
	인화성 고체	화기엄금
	그 밖의 것	화기주의
• 제3류 위험물	자연발화성 물질	화기엄금 및 공기접촉엄금
	금수성 물질	물기엄금
• 제4류 위험물	인화성 액체	화기엄금
• **제5류 위험물**	**자기반응성 물질**	**화기엄금 및 충격주의**
• 제6류 위험물	산화성 액체	가연물접촉주의

13. 위험물안전관리법령상 간이저장탱크의 용량은 몇 L 이하이어야 하는가? (3점)

해답 600L 이하

상세해설
- 간이탱크저장소의 위치 · 구조 및 설비기준
  ① 하나의 간이탱크저장소에 설치하는 간이저장탱크는 그 수를 3 이하로 하고, 동일한 품질의 위험물의 간이저장탱크를 2 이상 설치하지 아니하여야 한다.
  ② 간이저장탱크는 옥외에 설치하는 경우에는 그 탱크의 주위에 너비 1m 이상의 공지를 두고, 전용실안에 설치하는 경우에는 탱크와 전용실의 벽과의 사이에 0.5m 이상의 간격을 유지하여야 한다.
  ③ 간이저장탱크의 용량은 600L 이하
  ④ 간이저장탱크는 두께 3.2mm 이상의 강판, 70kPa의 압력으로 10분간의 수압시험을 실시

⑤ 간이저장탱크에는 밸브 없는 통기관을 설치
  ㉠ 통기관의 **지름은 25mm 이상**
  ㉡ 통기관은 옥외에 설치하되, 그 끝부분의 높이는 **지상 1.5m 이상**
  ㉢ 통기관의 끝부분은 수평면에 대하여 아래로 **45도 이상 구부려** 빗물 등이 침투하지 아니하도록 할 것
  ㉣ 가는 눈의 구리망 등으로 인화방지장치를 할 것

14 위험물안전관리법령상 다음 각 위험물의 지정수량을 쓰시오. (6점)

① K_2O_2 :   ② $KClO_3$:   ③ CrO_3 :

해답 ① K_2O_2 : 50kg, ② $KClO_3$: 50kg, ③ CrO_3 : 300kg

상세해설
① K_2O_2(과산화칼륨) : 무기과산화물
② $KClO_3$(염소산칼륨) : 염소산염류
③ CrO_3 (산화크로뮴) : 크로뮴의 산화물

제1류 위험물의 품명 및 지정수량 ★★★★

성질	품명		지정수량	위험등급
산화성고체	○ 아염소산염류, 염소산염류, 과염소산염류, 무기과산화물		50kg	I
	○ 브로민산염류, 질산염류, 아이오딘산염류		300kg	II
	○ 과망가니즈산염류, 다이크로뮴산염류		1000kg	III
	그 밖에 행정안전부령이 정하는 것	① 과아이오딘산염류 ② 과아이오딘산 ③ 크로뮴, 납 또는 아이오딘의 산화물 ④ 아질산염류 ⑤ 염소화아이소시아눌산 ⑥ 퍼옥소이황산염류 ⑦ 퍼옥소붕산염류	300kg	II
		⑧ 차아염소산염류	50kg	I

위험물기능사 실기

2017년 3월 12일 시행

01 아연분에 대한 다음 각 물음에 답하시오. (5점)

(물음 1) 공기 중 수분과의 화학반응식을 쓰시오.
(물음 2) 염산과 반응할 경우 발생기체의 명칭은 무엇인가?

해답 (물음 1) $Zn + 2H_2O \rightarrow Zn(OH)_2 + H_2$
(물음 2) 수소

상세해설

아연분(Zn)–제2류–금속분
① 은백색의 분말이다.
② 공기 중 가열 시 쉽게 연소된다.
③ 산, 알칼리에 녹아 수소(H_2)를 발생시킨다.
④ 주수소화는 엄금이며 마른모래 등으로 피복 소화한다.

- 아연분과 물의 반응식 : $Zn + 2H_2O \rightarrow Zn(OH)_2 + H_2$
- 아연분과 염산의 반응식 : $Zn + 2HCl \rightarrow ZnCl_2 + H_2$
- 아연분과 황산의 반응식 : $Zn + H_2SO_4 \rightarrow ZnSO_4 + H_2$
- 아연분과 초산의 반응식 : $Zn + 2CH_3COOH \rightarrow Zn(CH_3COO)_2 + H_2$

02 과산화나트륨과 이산화탄소가 반응하는 경우와 과산화나트륨과 물이 반응하는 경우 공통적으로 발생되는 물질을 화학식으로 쓰시오. (3점)

해답 O_2

상세해설

- 과산화나트륨(Na_2O_2) : 제1류 위험물 중 무기과산화물(금수성)

화학식	분자량	비중	융점	분해온도
Na_2O_2	78	2.8	460℃	460℃

① 상온에서 **물과 격렬히 반응**하여 산소(O_2)를 방출하고 폭발하기도 한다.

$2Na_2O_2$(과산화나트륨) $+ 2H_2O$(물) $\rightarrow 4NaOH$(수산화나트륨) $+ O_2$(산소)↑

② 공기 중 **이산화탄소(CO_2)와 반응하여 산소(O_2)를 방출한다.**

$2Na_2O_2 + 2CO_2 \rightarrow 2Na_2CO_3$(탄산나트륨) $+ O_2$↑

③ 산과 반응하여 과산화수소(H_2O_2)를 생성시킨다.

$Na_2O_2 + 2CH_3COOH$(초산) $\rightarrow 2CH_3COONa$(초산나트륨)$+H_2O_2$(과산화수소)↑

④ 열분해 시 산소(O_2)를 방출한다.

$2Na_2O_2 \rightarrow 2Na_2O + O_2$↑

⑤ 주수소화는 금물이고 마른모래(건조사) 등으로 소화한다.

---

03 다음 보기의 물질에 대한 화학식을 쓰시오. (5점)

〈보기〉 (가) 에틸렌글리콜 (나) 초산메틸(Methyl Acetate) (다) 피리딘

해답 (가) $C_2H_4(OH)_2$ (나) CH_3COOCH_3 (다) C_5H_5N

상세해설
- 에틸렌글리콜(Ethylene Glycol)−제4류−제3석유류−수용성

화학식	분자량	비중	비점	인화점	착화점	연소범위
$C_2H_4(OH)_2$	62	1.1	197℃	111℃	413℃	3.2% 이상

① 물과 혼합하여 부동액으로 이용되며 물, 알콜, 아세톤 등에 잘 녹는다.
② 흡습성이 있고 단맛이 있는 액체이고 독성이 있는 2가 알코올이다.
③ 산화에틸렌에 물을 첨가하여 제조한다.

- 아세트산메틸(초산메틸)−제4류−제1석유류

화학식	분자량	비중	비점	인화점	착화점	연소범위
CH_3COOCH_3	74	0.93	58℃	−10℃	454℃	3.1~16%이상

① 과일 냄새를 가진 무색투명한 액체이다.
② 수용액상태에서도 인화의 위험이 있다.
③ 물에 녹으며 수지, 유기물을 잘 녹인다.

• 피리딘(Pyridine)-제4류-제1석유류-수용성

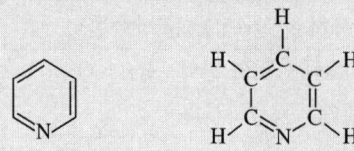

화학식	분자량	비중	비점	인화점	착화점	연소범위
C_5H_5N	79.1	0.98	115.5℃	20℃	482℃	1.8~12.4%이상

① 물, 알코올, 에터에 잘 녹는다.
② 약알칼리성을 나타낸다.
③ 순수한 것은 무색 투명액체이며 악취와 독성을 갖고 있다.
④ 흡습성이 강하다.

04 위험물안전관리법령상 제5류 위험물의 운반용기 외부에 표시해야하는 주의사항을 모두 쓰시오. (4점)

해답 화기엄금 및 충격주의

상세해설
• 위험물 운반용기의 외부 표시 사항
① 위험물의 품명, 위험등급, 화학명 및 수용성(제4류 위험물의 수용성인 것에 한함)
② 위험물의 수량
③ 수납하는 위험물에 따른 주의사항

류 별	성질에 따른 구분	표시 사항
• 제1류 위험물	알칼리금속의 과산화물	화기·충격주의, 물기엄금 및 가연물접촉주의
	그 밖의 것	화기·충격주의 및 가연물접촉주의
• 제2류 위험물	철분·금속분·마그네슘	화기주의 및 물기엄금
	인화성 고체	화기엄금
	그 밖의 것	화기주의
• 제3류 위험물	자연발화성 물질	화기엄금 및 공기접촉엄금
	금수성 물질	물기엄금
• 제4류 위험물	인화성 액체	화기엄금
• **제5류 위험물**	**자기반응성 물질**	**화기엄금 및 충격주의**
• 제6류 위험물	산화성 액체	가연물접촉주의

05 위험물안전관리법령상 "위험물제조소"라는 표지를 설치하여야 한다. 이 때의 표지기준에 대한 다음 각 물음에 답하시오. (6점)

(물음 1) 표지의 크기 기준에 대해 쓰시오.
(물음 2) 표지의 바탕색과 문자의 색상을 쓰시오.
  ○ 바탕색: ○ 문자색:

해답 (물음 1) 한 변의 길이가 0.3m 이상, 다른 한 변의 길이가 0.6m 이상인 직사각형
(물음 2) ○ 바탕색 : 백색   ○ 문자색 : 흑색

상세해설
(1) 위험물제조소의 표지 설치기준
   제조소에는 보기 쉬운 곳에 다음 각목의 기준에 따라 "위험물 제조소"라는 표시를 한 표지를 설치
   ① 한 변의 길이가 **0.3m 이상**, 다른 한 변의 길이가 **0.6m 이상인 직사각형**으로 할 것
   ② **바탕은 백색, 문자는 흑색**

(2) 위험물제조소의 게시판 설치기준
   ① 한 변의 길이가 0.3m 이상, 다른 한 변의 길이가 0.6m 이상인 직사각형으로 할 것
   ② 위험물의 유별·품명 및 저장최대수량 또는 취급최대수량, 지정수량의 배수 및 안전 관리자의 성명 또는 직명을 기재할 것
   ③ **바탕은 백색으로, 문자는 흑색**으로 할 것
   ④ 저장 또는 취급하는 위험물에 따라 주의사항 게시판을 설치할 것

위험물의 종류	주의사항 표시	게시판의 색
• 제1류(알칼리금속 과산화물) • 제3류(금수성 물품)	물기엄금	청색 바탕에 백색 문자
• 제2류(인화성 고체 제외)	화기주의	적색 바탕에 백색 문자
• 제2류(인화성 고체) • 제3류(자연발화성 물품) • 제4류 • 제5류	화기엄금	적색 바탕에 백색 문자

06 위험물안전관리법령상 이동저장탱크의 탱크는 두께 몇 mm이상의 강철판으로 하여야 하는지 쓰시오. (3점)

해답 3.2mm 이상

상세해설 이동저장탱크의 구조
(1) 이동저장탱크의 구조
① 탱크(맨홀 및 주입관의 뚜껑을 포함)는 **두께 3.2mm 이상의 강철판** 또는 이와 동등 이상의 강도·내식성 및 내열성이 있다고 인정하여 소방방재청장이 정하여 고시하는 재료 및 구조로 위험물이 새지 아니하게 제작할 것
② **압력탱크(최대상용압력이 46.7kPa 이상인 탱크)**외의 탱크는 70kPa의 압력으로, **압력탱크는 최대상용압력의 1.5배의 압력**으로 각각 10분간의 수압시험을 실시하여 새거나 변형되지 아니할 것. 이 경우 수압시험은 용접부에 대한 비파괴시험과 기밀시험으로 대신할 수 있다.
(2) 이동저장탱크는 그 내부에 **4,000L 이하마다 3.2mm 이상의 강철판** 또는 이와 동등 이상의 강도·내열성 및 내식성이 있는 금속성의 것으로 **칸막이를 설치**하여야 한다.
(3) 칸막이로 구획된 각 부분마다 맨홀과 다음 각목의 기준에 의한 안전장치 및 방파판을 설치하여야 한다. 다만, 칸막이로 구획된 부분의 용량이 2,000L 미만인 부분에는 **방파판**을 설치하지 아니할 수 있다.
① 안전장치
상용압력이 20kPa 이하인 탱크에 있어서는 **20kPa 이상 24kPa 이하의 압력**에서, 상용압력이 20kPa를 초과하는 탱크에 있어서는 **상용압력의 1.1배 이하**의 압력에서 작동하는 것으로 할 것
② 방파판
㉠ **두께 1.6mm 이상의 강철판** 또는 이와 동등 이상의 강도·내열성 및 내식성이 있는 금속성의 것으로 할 것
㉡ **하나의 구획부분에 2개 이상의 방파판**을 이동탱크저장소의 진행방향과 평행으로 설치하되, 각 방파판은 그 높이 및 칸막이로부터의 거리를 다르게 할 것
㉢ 하나의 구획부분에 설치하는 각 방파판의 면적의 합계는 당해 구획부분의 최대 수직단면적의 **50% 이상**으로 할 것. 다만, 수직단면이 원형이거나 짧은 **지름이 1m 이하의 타원형**일 경우에는 **40% 이상**으로 할 수 있다.

---

07 이황화탄소가 완전 연소하는 경우 이 때의 연소반응식을 쓰시오. (4점)

 $CS_2 + 3O_2 \rightarrow CO_2 + 2SO_2$

상세해설
• 이황화탄소(CS_2)-제4류-특수인화물

화학식	분자량	비중	비점	인화점	착화점	연소범위
CS_2	76.1	1.26	46℃	−30℃	100℃	1.0~50%

① 무색투명한 액체이다.

② 물에는 녹지 않고 알코올, 에터, 벤젠 등 유기용제에 녹는다.
③ 연소 시 아황산가스(SO_2) 및 CO_2를 생성한다.

$$CS_2 + 3O_2 \rightarrow CO_2 + 2SO_2$$

④ 물과 반응하여 황화수소와 이산화탄소를 발생한다.

$$\underset{(\text{이황화탄소})}{CS_2} + \underset{(\text{물})}{2H_2O} \rightarrow \underset{(\text{황화수소})}{2H_2S} + \underset{(\text{이산화탄소})}{CO_2}$$

⑤ 저장 시 저장탱크를 물속에 넣어 저장한다.
⑥ 4류 위험물중 착화온도(100℃)가 가장 낮다.
⑦ 화재 시 다량의 포를 방사하여 질식 및 냉각 소화한다.

08 표준상태에서 탄소 100kg을 완전연소 시킬 경우 몇 m³의 공기가 필요한지 구하시오. (단, 공기는 질소 79vol%, 산소 21vol%로 구성 되어 있다고 가정한다) (5점)

해답 [방법 1]
① 탄소의 완전연소 반응식 $C + O_2 \rightarrow CO_2$
② 표준상태 (0℃, 1기압)
③ 필요한 산소량

$$V = \frac{WRT}{PM} \times (\text{반응기체 mol수}) \quad \text{※ 반응물질 1mol 기준으로 반응식 적용}$$

$$V = \frac{100 \times 0.082 \times (273+0)}{1 \times 12} \times 1 = 186.55 \text{m}^3$$

④ 필요한 이론공기량 $V = \dfrac{186.55}{0.21} = 888.33 \text{m}^3$

[답] 888.33m^3

[방법 2]
① 필요한 이론 산소량 계산

$$C + O_2 \rightarrow CO_2$$

12kg ⟶ $1 \times 22.4 \text{m}^3$
100kg ⟶ X

∴ $X = \dfrac{100 \times 1 \times 22.4}{12} = 186.67 \text{m}^3$ (표준상태 0℃, 1atm에서 필요한 산소량)

② 필요한 이론 공기량 계산

∴ $X = \dfrac{186.67}{0.21} = 888.90 \text{m}^3$ (표준상태 0℃, 1atm상태에서 필요한 공기량)

[답] 888.90m³

상세해설

- 이상기체 상태방정식

$$PV = \frac{W}{M}RT = nRT \qquad V = \frac{WRT}{PM} \times \text{mol}(필요한 기체)$$

여기서, P : 압력(atm), V : 부피(m³), $\frac{W}{M}(n)$: mol, W : 무게(kg)

M : 분자량, R : 기체상수(0.082atm·m³/kmol·K)

T : 절대온도(273+t℃)K

---

09 위험물안전관리법령상 제4류 위험물 중 위험등급Ⅰ 및 위험등급Ⅱ에 해당되는 품명을 구분하여 모두 쓰시오. (4점)

(물음 1) 위험등급Ⅰ :   (물음 2) 위험등급Ⅱ :

해답 (물음 1) 위험등급Ⅰ : 특수인화물
(물음 2) 위험등급Ⅱ : 제1석유류, 알코올류

상세해설

- 제4류 위험물의 품명 및 지정수량★★★★★

성질	품 명		지정수량	위험등급	기타 조건 (1atm에서)
인화성 액체	특수인화물		50L	Ⅰ	• 발화점이 100℃ 이하 • 인화점 −20℃ 이하 & 비점 40℃ 이하 • 이황화탄소, 다이에틸에터
	제1석유류	비수용성	200L	Ⅱ	• 인화점 21℃ 미만 • 아세톤, 휘발유
		수용성	400L		
	알코올류		400L		• C_1~C_3 포화 1가 알코올 (변성알코올 포함)
	제2석유류	비수용성	1000L	Ⅲ	• 인화점 21℃ 이상 70℃ 미만 • 등유, 경유
		수용성	2000L		
	제3석유류	비수용성	2000L		• 인화점 70℃ 이상 200℃ 미만 • 중유, 크레오소트유
		수용성	4000L		
	제4석유류		6000L		• 인화점 200℃ 이상 250℃ 미만인 것
	동식물유류		10000L		• 동물의 지육 또는 식물의 종자나 과육으로부터 추출한 것으로 1기압에서 인화점이 250℃ 미만인 것

10 다음 보기의 분말소화약제에 대한 주성분을 분자식으로 쓰시오. (3점)

〈보기〉 (가) 제1종 분말소화약제 (나) 제2종 분말소화약제 (다) 제3종 분말소화약제

해답 (가) $NaHCO_3$ (나) $KHCO_3$ (다) $NH_4H_2PO_4$

상세해설

분말약제의 종류

종별	약제명	화학식	착색	열분해 반응식	적응화재
제1종	탄산수소나트륨 중탄산나트륨	$NaHCO_3$	백색	$2NaHCO_3$ $\rightarrow Na_2CO_3+CO_2+H_2O$	B.C급
제2종	탄산수소칼륨 중탄산칼륨	$KHCO_3$	담회색	$2KHCO_3$ $\rightarrow K_2CO_3+CO_2+H_2O$	B.C급
제3종	제1인산암모늄	$NH_4H_2PO_4$	담홍색	$NH_4H_2PO_4$ $\rightarrow HPO_3+NH_3+H_2O$	A.B.C급
제4종	탄산수소칼륨+ 요소	$KHCO_3+$ $(NH_2)_2CO$	회색	$2KHCO_3+(NH_2)_2CO$ $\rightarrow K_2CO_3+2NH_3+2CO_2$	B.C급

11 금속나트륨과 에틸알코올이 반응하여 수소기체를 발생하는 화학반응식을 쓰시오. (4점)

해답 $2Na + 2C_2H_5OH \rightarrow 2C_2H_5ONa + H_2$

상세해설

• 나트륨(Na)-제3류-금수성물질

화학식	원자량	비점	융점	비중	불꽃색상
Na	23	880℃	97.8℃	0.97	노란색

① 가열시 노란색 불꽃을 내면서 연소한다.
② 물과 반응하여 수소 및 열을 발생한다.(금수성 물질)

$$2Na + 2H_2O \rightarrow 2NaOH + H_2$$

③ 에틸알코올과 반응하여 나트륨에틸레이트를 생성한다.

$$2Na + 2C_2H_5OH \rightarrow 2C_2H_5ONa + H_2$$

④ 보호액으로 파라핀·경유·등유 등을 사용한다.
⑤ 마른모래 등으로 질식 소화한다.

금속나트륨 화재 시 CO_2소화기 사용금지 이유
금속나트륨과 이산화탄소는 폭발적으로 반응하기 때문에 위험

$$4Na + 3CO_2 \rightarrow 2Na_2CO_3 + C$$

12 탄화칼슘 1몰과 물 2몰이 반응하는 경우 생성되는 기체명칭을 쓰고 그 기체는 표준상태를 기준으로 몇 L가 생성되는지 구하시오. (5점)

(물음 1) 기체 명칭   (물음 2) 생성량(L)

해답 (물음 1) 기체 명칭 : 아세틸렌
(물음 2) [계산과정] $CaC_2 + 2H_2O \rightarrow Ca(OH)_2 + C_2H_2$
　　　　　　　　1몰　　2몰　　　　　1몰(22.4L)
[답] 22.4L

상세해설
- 탄화칼슘(CaC_2) : 제3류 위험물 중 칼슘탄화물

화학식	분자량	융점	비중
CaC_2	64	2370℃	2.21

① 물과 접촉 시 **아세틸렌을 생성**하고 열을 발생시킨다.

$$CaC_2 + 2H_2O \rightarrow Ca(OH)_2(수산화칼슘) + C_2H_2 \uparrow (아세틸렌)$$

② **아세틸렌의 폭발범위는 2.5~81%**로 대단히 넓어서 폭발위험성이 크다.
③ 장기 보관 시 **불활성 기체(N_2 등)를 봉입**하여 저장한다.

---

13 위험물안전관리법령상 위험물은 지정수량의 몇 배를 1소요단위로 하는가? (4점)

 10배

상세해설
- 소요단위의 계산방법
  ① 제조소 또는 취급소의 건축물

외벽이 내화구조인 것	외벽이 내화구조가 아닌 것
연면적 $100m^2$를 1소요단위	연면적 $50m^2$를 1소요단위

  ② 저장소의 건축물

외벽이 내화구조인 것	외벽이 내화구조가 아닌 것
연면적 $150m^2$를 1소요단위	연면적 $75m^2$를 1소요단위

  ③ 제조소등의 옥외에 설치된 공작물은 외벽이 내화구조인 것으로 간주하고 공작물의 최대수평투영면적을 연면적으로 간주하여 ① 및 ②의 규정에 의하여 소요단위를 산정할 것
  ④ 위험물은 지정수량의 10배를 1소요단위로 할 것

위험물기능사 실기

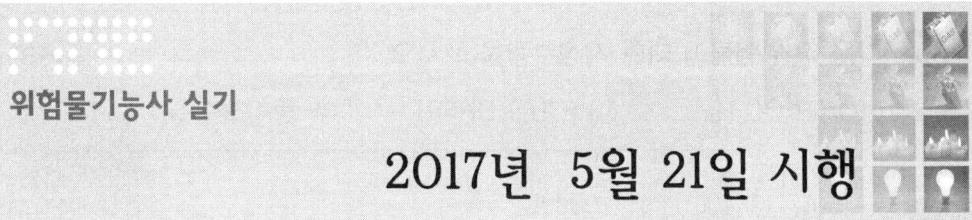

2017년 5월 21일 시행

01 제5류 위험물 제조소의 주의사항 게시판에 대한 다음 각 물음에 답하시오.

(6점)

(물음 1) 게시판 바탕색을 쓰시오.
(물음 2) 게시판 문자색을 쓰시오.
(물음 3) 주의사항 표시를 쓰시오.

 (물음 1) 적색 **(물음 2)** 백색 **(물음 3)** 화기엄금

상세해설 제조소의 위치·구조 및 설비의 기준
(1) 위험물제조소의 표지 및 게시판
  ① 표지는 한 변의 길이가 0.3m 이상, 다른 한 변의 길이가 0.6m 이상인 직사각형으로 할 것
  ② 바탕은 백색, 문자는 흑색
(2) 게시판의 설치기준
  ① 한 변의 길이가 0.3m 이상, 다른 한 변의 길이가 0.6m 이상인 직사각형으로 할 것
  ② 위험물의 유별·품명 및 저장최대수량 또는 취급최대수량, 지정수량의 배수 및 안전 관리자의 성명 또는 직명을 기재할 것
  ③ 게시판의 바탕은 백색으로, 문자는 흑색으로 할 것
  ④ 저장 또는 취급하는 위험물에 따라 주의사항 게시판을 설치할 것

위험물의 종류	주의사항 표시	게시판의 색
• 제1류(알칼리금속 과산화물) • 제3류(금수성 물품)	물기엄금	청색 바탕에 백색 문자
• 제2류(인화성 고체 제외)	화기주의	적색 바탕에 백색 문자
• 제2류(인화성 고체) • 제3류(자연발화성 물품) • 제4류 • 제5류	화기엄금	

02 다음 각 위험물에 대한 지정수량을 쓰시오. (6점)

(가) $C_2H_5OC_2H_5$ (나) $(CH_3)_2CHOH$ (다) 동식물유류

해답 (가) 50L (나) 400L (다) 10000L

상세해설

- 제4류 위험물

구 분	$C_2H_5OC_2H_5$	$(CH_3)_2CHOH$	동식물유류
명 칭	다이에틸에터	프로필알코올(프로판올)	-
품 명	특수인화물	알코올류	-
지정수량	50L	400L	10000L

- 제4류 위험물의 품명 및 지정수량★★★★★

성질	품 명		지정수량	위험등급	기타 조건 (1atm에서)
인화성액체	특수인화물		50L	I	• 발화점이 100℃ 이하 • 인화점 -20℃ 이하 & 비점 40℃ 이하 • 이황화탄소, 다이에틸에터
	제1석유류	비수용성	200L	II	• 인화점 21℃ 미만 • 아세톤, 휘발유
		수용성	400L		
	알코올류		400L		• C_1~C_3 포화 1가 알코올 (변성알코올 포함)
	제2석유류	비수용성	1000L	III	• 인화점 21℃ 이상 70℃ 미만 • 등유, 경유
		수용성	2000L		
	제3석유류	비수용성	2000L		• 인화점 70℃ 이상 200℃ 미만 • 중유, 크레오소트유
		수용성	4000L		
	제4석유류		6000L		• 인화점 200℃ 이상 250℃ 미만인 것
	동식물유류		10000L		• 동물의 지육 또는 식물의 종자나 과육으로부터 추출한 것으로 1기압에서 인화점이 250℃ 미만인 것

03 과산화나트륨이 물과 반응하는 경우 화학반응식을 쓰시오.

해답 $2Na_2O_2 + 2H_2O \rightarrow 4NaOH + O_2$

상세해설

- 과산화나트륨(Na_2O_2) : 제1류 위험물 중 무기과산화물(금수성)

화학식	분자량	비중	융점	분해온도
Na_2O_2	78	2.8	460℃	460℃

① 상온에서 물과 격렬히 반응하여 산소(O_2)를 방출하고 폭발하기도 한다.

$2Na_2O_2$(과산화나트륨) + $2H_2O$(물) → $4NaOH$(수산화나트륨) + O_2(산소)↑

② 공기 중 이산화탄소(CO_2)와 반응하여 산소(O_2)를 방출한다.

$2Na_2O_2$ + $2CO_2$ → $2Na_2CO_3$(탄산나트륨) + O_2↑

③ 산과 반응하여 과산화수소(H_2O_2)를 생성시킨다.

Na_2O_2+$2CH_3COOH$(초산) → $2CH_3COONa$(초산나트륨) + H_2O_2(과산화수소)↑

④ 열분해 시 산소(O_2)를 방출한다.

$2Na_2O_2$ → $2Na_2O$ + O_2↑

⑤ 주수소화는 금물이고 마른모래(건조사) 등으로 소화한다.

---

04 제3류 위험물 중 위험등급 Ⅲ에 해당하는 품명은 지정수량이 얼마인지 쓰시오. (4점)

해답 300kg

상세해설 제3류 위험물 및 지정수량

성질	품명	지정수량	위험등급
자연발화성 및 금수성 물질	칼륨, 나트륨, 알킬알루미늄, 알킬리튬	10kg	Ⅰ
	황린	20kg	
	알칼리금속(칼륨 및 나트륨 제외) 및 알칼리토금속	50kg	Ⅱ
	유기금속화합물(알킬알루미늄 및 알킬리튬 제외)		
	금속의 수소화물, 금속의 인화물, 칼슘 또는 알루미늄의 탄화물, 염소화규소화합물	300kg	Ⅲ

---

05 위험물안전관리법령상 지하저장탱크를 2 이상 인접해 설치하는 경우 그 상호간에 간격을 얼마 이상으로 유지하여야 하는지 쓰시오. (단, 지하저장탱크의 용량의 합계는 지정수량의 200배 이다) (3점)

해답 1m 이상

상세해설 지하탱크저장소의 기준
① 탱크전용실은 지하의 가장 가까운 벽·피트·가스관 등의 시설물 및 대지경계선

으로부터 0.1m 이상 떨어진 곳에 설치하고, 지하저장탱크와 탱크전용실의 안쪽과의 사이는 0.1m 이상의 간격을 유지하도록 하며, 당해 탱크의 주위에 마른 모래 또는 습기 등에 의하여 응고되지 아니하는 입자지름 5mm 이하의 마른 자갈분을 채워야 한다.

② **지하저장탱크를 2 이상 인접해 설치하는 경우**에는 그 상호간에 1m(당해 2 이상의 지하저장탱크의 용량의 합계가 지정수량의 100배 이하인 때에는 0.5m) 이상의 간격을 유지하여야 한다. 다만, 그 사이에 탱크전용실의 벽이나 두께 20cm 이상의 콘크리트 구조물이 있는 경우에는 그러하지 아니하다.

06 [보기]에서 제5류 위험물인 질산에스터류에 해당하는 물질을 모두 쓰시오.
(4점)

〈보기〉 트라이나이트로톨루엔, 나이트로셀룰로오스, 나이트로글리세린, 테트릴질산메틸, 피크린산

해답 나이트로셀룰로오스, 나이트로글리세린, 질산메틸

상세해설

- 질산에스터류
  질산의 수소를 알킬기로 치환한 형태의 화합물
  ① 질산메틸(CH_3ONO_2)
  ② 질산에틸($C_2H_5ONO_2$)
  ③ 나이트로셀룰로오스($[C_6H_7O_2(ONO_2)_3]_n$)
  ④ 나이트로글리콜($C_2H_4(ONO_2)_2$)
  ⑤ 나이트로글리세린($C_3H_5(ONO_2)_3$)
  ⑥ 펜트리트($C(CH_{20}NO_2)_4$)
  ⑦ 셀룰로이드

- 나이트로화합물
  유기화합물의 수소원자가 나이트로기(NO_2)로 치환된 것으로 나이트로기가 2개 이상인 화합물
  ① 피크르산[$C_6H_2(NO_2)_3OH$](TNP : Tri Nitro Phenol)
  ② 트라이나이트로톨루엔[$C_6H_2CH_3(NO_2)_3$] (TNT : Tri Nitro Toluene)
  ③ 테트릴($C_6H_2(NO_2)_4NCH_3$)
  ④ 헥소겐(($CH_2NNO_2)_3$) : RDX폭약
  ⑤ 트라이나이트로벤젠[$C_6H_3(NO_2)_3$](TNB : Tri Nitro Benzene)

07 위험물안전관리법령상 다음 보기의 위험물에 대한 품명을 쓰시오. (6점)

〈보기〉 (가) 아세트알데하이드 (나) 아닐린 (다) 톨루엔

해답 (가) 특수인화물 (나) 제3석유류 (다) 제1석유류

상세해설

• 제4류 위험물

구분	아세트알데하이드	아닐린	톨루엔
명칭	CH_3CHO	$C_6H_5NH_2$	$C_6H_5CH_3$
품명	특수인화물	제3석유류(비수용성)	제1석유류(비수용성)
지정수량	50L	2000L	200L

• 제4류 위험물의 품명 및 지정수량 ★★★★★

성질	품명		지정수량	위험등급	기타 조건 (1atm에서)
인화성 액체	특수인화물		50L	I	• 발화점이 100℃ 이하 • 인화점 −20℃ 이하 & 비점 40℃ 이하 • 이황화탄소, 다이에틸에터
	제1석유류	비수용성	200L	II	• 인화점 21℃ 미만 • 아세톤, 휘발유
		수용성	400L		
	알코올류		400L		• C_1~C_3 포화 1가 알코올 (변성알코올 포함)
	제2석유류	비수용성	1000L	III	• 인화점 21℃ 이상 70℃ 미만 • 등유, 경유
		수용성	2000L		
	제3석유류	비수용성	2000L		• 인화점 70℃ 이상 200℃ 미만 • 중유, 크레오소트유
		수용성	4000L		
	제4석유류		6000L		• 인화점 200℃ 이상 250℃ 미만인 것
	동식물유류		10000L		• 동물의 지육 또는 식물의 종자나 과육으로부터 추출한 것으로 1기압에서 인화점이 250℃ 미만인 것

08 과산화수소 1200kg, 질산 600kg, 과염소산 900kg을 옥내 저장소에 저장하려한다. 각 위험물에 대한 지정수량 배수의 총합을 계산하시오. (4점)

해답 [계산과정] $N = \dfrac{1200}{300} + \dfrac{600}{300} + \dfrac{900}{300} = 9$배

[답] 9배

제6류 위험물(산화성 액체)

성 질	품 명	화학식	지정수량
산화성 액체	• 과염소산	$HClO_4$	300kg
	• 과산화수소(농도가 36중량% 이상인 것)	H_2O_2	
	• 질산(비중이 1.49 이상인 것)	HNO_3	
	• 할로젠간화합물 ① 삼불화브로민 ② 오불화브로민 ③ 오불화아이오딘	BrF_3 BrF_5 IF_5	

09 적린이 연소하는 경우 생성되는 흰색 기체의 화학식을 쓰시오. (3점)

해답: P_2O_5

• 적린(붉은인)(P) – 제2류 위험물

화학식	원자량	비중	융점	착화점
P	31	2.2	600℃	260℃

① 황린의 **동소체**이며 황린보다 안정하다.
② 공기 중에서 자연발화하지 않는다.(발화점 : 260℃, 승화점 : 460℃)
③ 황린을 공기차단상태에서 260℃로 가열, 냉각 시 적린으로 변한다.

$$황린(P_4) \xrightarrow{공기차단(260℃가열, 냉각)} 적린(4P)$$

④ 연소 시 흰색의 오산화인(P_2O_5)이 생성된다.

$$4P + 5O_2 \rightarrow 2P_2O_5(오산화인)$$

⑤ 다량의 물을 주수하여 냉각 소화한다.

10 [보기]에서 과염소산에 대한 내용으로 옳은 것을 모두 선택하여 그 번호를 쓰시오. (4점)

〈보기〉
① 물질의 분자량은 약 106이다.
② 무색의 액체이다.
③ 짙은 푸른색을 나타내는 액체이다.
④ 농도가 36wt%미만인 것은 위험물에 해당되지 않는다.
⑤ 가열시 분해하여 유독한 HCl가스를 발생한다.

②⑤

• 과염소산($HClO_4$) −제6류 위험물

화학식	분자량	비중	비점	융점
$HClO_4$	100.46	1.77	39℃	−112℃

① 물과 혼합하면 다량의 열을 발생한다.
② 산화력이 강하여 종이, 나무조각 또는 유기물 등과 접촉 시 폭발한다.
③ 공기 중에서 분해하여 염화수소(HCl)를 발생시킨다.
④ 산(酸) 중에서도 가장 강한 산이다.

- 산소산 중 산의 세기
  차아염소산($HClO$) < 아염소산($HClO_2$) < 염소산($HClO_3$) < 과염소산($HClO_4$)

11 알루미늄 분말이 고온의 물과 반응하여 수소기체를 발생시키는 화학반응식을 쓰시오. (4점)

 $2Al + 6H_2O \rightarrow 2Al(OH)_3 + 3H_2$

• 알루미늄분(Al) : 제2류 위험물−금속분

화학식	원자량	비중	융점	비점
Al	27	2.7	660℃	2,000℃

① 은백색의 분말이며 비중이 약 2.7이다.
② **알루미늄이 연소하면 백색연기를 내면서 산화알루미늄을 생성한다.**

$$4Al + 3O_2 \rightarrow 2Al_2O_3$$

③ **가열된 알루미늄은 물(수증기)과 반응하여 수소를 발생시킨다.**

$$2Al + 6H_2O \rightarrow 2Al(OH)_3 + 3H_2 \uparrow$$

④ 알루미늄(Al)은 염산과 반응하여 수소를 발생한다.

$$2Al + 6HCl \rightarrow 2AlCl_3 + 3H_2 \uparrow$$

⑤ 주수소화는 엄금이며 마른모래 등으로 피복 소화한다.

12 분말소화기 중에서 ABC급 화재에 적응성이 있는 분말소화약제의 열분해 반응식을 쓰시오. (4점)

해답 NH$_4$H$_2$PO$_4$ → HPO$_3$ + NH$_3$ + H$_2$O

상세해설

분말약제의 종류

종별	약제명	착색	열분해 반응식
제1종	탄산수소나트륨 중탄산나트륨 중조	백색	2NaHCO$_3$ → Na$_2$CO$_3$+CO$_2$+H$_2$O
제2종	탄산수소칼륨 중탄산칼륨	담회색	2KHCO$_3$ → K$_2$CO$_3$+CO$_2$+H$_2$O
제3종	제1인산암모늄	담홍색	NH$_4$H$_2$PO$_4$ → HPO$_3$+NH$_3$+H$_2$O
제4종	탄산수소칼륨+요소	회색	2KHCO$_3$+(NH$_2$)$_2$CO → K$_2$CO$_3$+2NH$_3$+2CO$_2$

13 톨루엔을 진한 질산과 진한 황산으로 나이트로화 반응을 시키면 탈수되면서 생성되는 물질의 명칭을 쓰시오. (3점)

해답 트라이나이트로톨루엔

상세해설

트라이나이트로톨루엔(C$_6$H$_2$CH$_3$(NO$_2$)$_3$)-제5류-나이트로화합물
(TNT : Tri Nitro Toluene)

화학식	분자량	비중	비점	융점	착화점
C$_6$H$_2$CH$_3$(NO$_2$)$_3$	227	1.7	280℃	81℃	300℃

① 물에는 녹지 않고 알코올, 아세톤, 벤젠에 녹는다.
② Tri Nitro Toluene의 약자로 TNT라고도 한다..
③ 담황색의 주상결정이며 햇빛에 다갈색으로 변색된다.
④ 톨루엔과 질산을 반응시켜 얻는다.

C$_6$H$_5$CH$_3$ + 3HNO$_3$ $\xrightarrow{\text{C-H}_2\text{SO}_4}_{\text{나이트로화}}$ C$_6$H$_2$CH$_3$(NO$_2$)$_3$ + 3H$_2$O
(톨루엔)   (질산)   (트라이나이트로톨루엔) (물)

⑤ 강력한 폭약이며 급격한 타격에 폭발한다.

2C$_6$H$_2$CH$_3$(NO$_2$)$_3$ → 2C + 12CO + 3N$_2$↑ + 5H$_2$↑

위험물기능사 실기

2017년 9월 10일 시행

01 위험물안전관리법령상 제4류 위험물중 일부 품명에 속하는 위험물의 이동탱크저장소에는 기준에 의하여 접지도선을 설치하여야 한다. 그에 해당하는 위험물안전관리법령상 품명을 모두 쓰시오. (3점)

해답 특수인화물, 제1석유류, 제2석유류

상세해설 접지도선
제4류 위험물중 **특수인화물, 제1석유류 또는 제2석유류**의 이동탱크저장소에는 다음의 각호의 기준에 의하여 **접지도선을 설치**하여야 한다.
① 양도체의 도선에 비닐 등의 절연재료로 피복하여 끝부분에 접지전극 등을 결착시킬 수 있는 클립(clip) 등을 부착할 것
② 도선이 손상되지 아니하도록 도선을 수납할 수 있는 장치를 부착할 것

02 옥내소화전설비의 설치기준에 대해 다음 ( )안에 알맞은 수치를 쓰시오. (4점)

옥내소화전은 제조소등의 건축물의 층마다 당해 층의 각 부분에서 하나의 호스접속구까지의 수평거리가 (①)m 이하가 되도록 설치할 것. 이 경우 옥내소화전은 각층의 출입구 부근에 (②)개 이상 설치하여야 한다.

해답 ① 25   ② 1

상세해설
- 옥내소화전설비의 설치기준★★★
  ① 옥내소화전은 **수평거리가 25m 이하**가 되도록 설치할 것. 이 경우 옥내소화전은 각 층의 출입구 부근에 1개 이상 설치할 것.
  ② 수원의 수량은 옥내소화전이 가장 많이 설치된 층의 옥내소화전 설치개수(**5개 이상**인 경우 5개)에 7.8m³를 곱한 양 이상이 되도록 설치할 것.

| 수원의 양 $Q(m^3) = N \times 7.8m^3$ (260L/분×30분) |

※ N : 가장 많이 설치된 층의 옥내소화전 설치개수(최대 5개)

③ 옥내소화전설비는 각 층을 기준으로 하여 당해 층의 모든 옥내소화전(개수가 5개 이상인 경우는 5개)을 동시에 사용할 경우에 각 노즐끝부분의 **방수압력이 350kPa 이상**이고 **방수량이 260L/분 이상**의 성능이 되도록 할 것.

노즐선단의 방수압력	방 수 량
350kPa	260L/분

• 위험물제조소등의 소화설비 설치기준

소화설비	수평거리	방사량 (L/min)	방사압력 (kPa)	수원의 양
옥내소화전설비	25m 이하	260	350	$Q=N(소화전 개수 : 최대 5개) \times 7.8m^3$ (260L/min×30min)
옥외소화전설비	40m 이하	450	350	$Q=N(소화전 개수 : 최대 4개) \times 13.5m^3$ (450L/min×30min)
스프링클러설비	1.7m 이하	80	100	$Q=N(헤드 수 : 최대 30개) \times 2.4m^3$ (80L/min×30min)
물분무소화설비		20(m^2당)	350	$Q=A(바닥면적 m^2) \times 0.6m^3$ (20L/m^2·min×30min)

03 수소화나트륨이 습한 공기 중에서 물과 반응하여 수소기체를 발생하는 반응식을 쓰시오. (4점)

해답 $NaH + H_2O \rightarrow NaOH + H_2$

• 수소화나트륨(NaH)-제3류-금속의 수소화물

화학식	분자량	융점	분해온도
NaH	24	800℃	425℃

① 습기가 많은 공기중 분해한다.
② 물과 격렬히 반응하여 수소(H_2)를 발생한다.

| $NaH + H_2O \rightarrow NaOH + H_2$ |

★수소(H_2)의 **연소범위** : 4~75%
③ 물 및 포 약제의 소화는 절대 금하고 마른모래 등으로 피복 소화한다.

04 아세트알데하이드등의 저장기준에 대해 다음 ( )안에 알맞은 용어 또는 수치를 쓰시오.

(가) 보냉장치가 있는 이동저장탱크에 저장하는 아세트알데하이드 등의 온도는 당해 위험물의 (①) 이하로 유지할 것
(나) 보냉장치가 없는 이동저장탱크에 저장하는 아세트알데하이드 등의 온도는 (②)℃ 이하로 유지할 것

 ① 비점   ② 40

• 이동저장탱크의 저장 유지온도

구 분	보냉장치가 있는 경우	보냉장치가 없는 경우
아세트알데하이드등 또는 다이에틸에터등	비점 이하	40℃ 이하

• 옥외저장탱크·옥내저장탱크 또는 지하저장탱크의 저장 유지온도

구 분	압력탱크 외의 탱크	구 분	압력탱크
산화프로필렌과 이를 함유한 것 또는 다이에틸에터등	30℃ 이하	아세트알데하이드등 또는 다이에틸에터등	40℃ 이하
아세트알데하이드 또는 이를 함유한 것	15℃ 이하		

05 제6류 위험물의 옥내탱크저장소의 기준에 대하여 다음 각 물음에 답하시오.
(4점)

(물음 1) 옥내저장탱크와 탱크전용실의 벽과의 사이 및 옥내저장탱크의 상호간에는 몇 m 이상의 간격을 유지하여야 하는지 쓰시오.(단, 탱크의 점검 및 보수에 지장이 없는 경우는 제외한다)
(물음 2) 옥내저장탱크의 용량은 지정수량의 몇 배 이하이어야 하는지 쓰시오.

 (물음 1) 0.5m
(물음 2) 40배

상세해설 옥내탱크저장소의 위치·구조 및 설비의 기술기준

① 위험물을 저장 또는 취급하는 옥내저장탱크는 단층건축물에 설치된 탱크전용실에 설치할 것
② 옥내저장탱크와 탱크전용실의 벽과의 사이 및 옥내저장탱크의 **상호간에는 0.5m 이상의 간격을 유지할 것**. 다만, 탱크의 점검 및 보수에 지장이 없는 경우에는 그러하지 아니하다.
③ 옥내저장탱크의 용량(동일한 탱크전용실에 옥내저장탱크를 2 이상 설치하는 경우에는 각 탱크의 용량의 합계를 말한다)은 **지정수량의 40배(제4석유류 및 동식물유류 외의 제4류 위험물에 있어서 당해 수량이 20,000L를 초과할 때에는 20,000L) 이하일 것**
④ 밸브 없는 통기관
  ㉠ 통기관의 끝부분은 건축물의 창·출입구 등의 개구부로부터 1m 이상 떨어진 옥외의 장소에 지면으로부터 4m 이상의 높이로 설치하되, 인화점이 40℃ 미만인 위험물의 탱크에 설치하는 통기관에 있어서는 부지경계선으로부터 1.5m 이상 이격할 것. 다만, 고인화점 위험물만을 100℃ 미만의 온도로 저장 또는 취급하는 탱크에 설치하는 통기관은 그 끝부분을 탱크전용실 내에 설치할 수 있다.
  ㉡ 통기관은 가스 등이 체류할 우려가 있는 굴곡이 없도록 할 것
  ㉢ 직경은 30mm 이상일 것
  ㉣ 끝부분은 수평면보다 45도 이상 구부려 빗물 등의 침투를 막는 구조로 할 것
  ㉤ 가는 눈의 구리망 등으로 인화방지장치를 할 것

06 [보기]의 물질 중 위험물안전관리법령상 제1석유류에 속하는 물질을 모두 쓰시오. (4점)

〈보기〉 아세트산, 포름산, 아세톤, 클로로벤젠, 에틸벤젠, 경유

해답 아세톤, 에틸벤젠

상세해설

구분	아세트산 (초산)	포름산 (개미산, 의산)	아세톤	클로로벤젠	에틸벤젠	경유
화학식	CH_3COOH	$HCOOH$	CH_3COCH_3	C_6H_5Cl	$C_6H_5C_2H_5$	-
유별	제2석유류 (수용성)	제2석유류 (수용성)	제1석유류 (수용성)	제2석유류 (비수용성)	제1석유류 (비수용성)	제2석유류 (비수용성)
지정수량	2000L	2000L	400L	1000L	200L	1000L

07 황 32g을 완전연소 시킬 때 27℃에서 몇 L의 SO_2가 생성되는지 구하시오.
(단, 압력은 1atm이고 황의 원자량은 32이다) (4점)

해답 [방법1]
① 황의 완전연소 반응식
   $S + O_2 \rightarrow SO_2$
② 이상기체상태방정식을 적용하면
   $$V = \frac{WRT}{PM} \times (생성기체\ mol수) = \frac{32g \times 0.082 \times (273+27)k}{1 \times 32} \times 1 = 24.6L$$

[답] 24.6L

[방법2]
① 표준상태에서 생성되는 SO_2 부피
   $S\ +\ O_2\ \rightarrow\ SO_2$
   $32g \longrightarrow 1 \times 22.4L$
   $32g \longrightarrow X$
   $X = \frac{32 \times 1 \times 22.4}{32} = 22.4L$ (표준상태 0℃, 1기압(atm))

② 1기압, 27℃로 **부피를 환산**하면
   보일-샤를의 법칙을 적용하면
   $$V_2 = V_1 \times \frac{P_1}{P_2} \times \frac{T_2}{T_1} = 22.4L \times \frac{1atm}{1atm} \times \frac{(273+27)K}{(273+0)K} = 24.61L$$

[답] 24.61L

상세해설
• 황(S) : 제2류 위험물
  ① 동소체로 사방황, 단사황, 고무상황이 있다.
  ② 물에 녹지 않고 이황화탄소(CS_2)에는 잘 녹는다.
  ③ 공기 중에서 연소 시 푸른 불꽃을 내며 이산화황이 생성된다.

  $S + O_2 \rightarrow SO_2$

  ④ 분진폭발의 위험성이 있고 목탄가루와 혼합 시 가열, 충격, 마찰에 의하여 폭발 위험성이 있다.

---

08 다음의 Hallon 번호에 해당하는 화학식을 쓰시오. (4점)

㈎ Hallon 2402   ㈏ Hallon 1211

해답 (가) $C_2F_4Br_2$ (나) CF_2ClBr

상세해설

- 할로젠화합물 소화약제 명명법 : 할론 ⓐ ⓑ ⓒ ⓓ
  ⓐ : C 원자수, ⓑ : F 원자수, ⓒ : Cl 원자수, ⓓ : Br 원자수

- 할로젠화합물 소화약제

구분 \ 종류	할론 2402	할론 1211	할론 1301	할론 1011
분자식	$C_2F_4Br_2$	CF_2ClBr	CF_3Br	CH_2ClBr

09 제6류 위험물의 운반용기의 외부에 표시하는 주의 사항을 쓰시오. (3점)

해답 가연물접촉주의

상세해설

- 위험물 운반용기의 외부 표시 사항
  ① 위험물의 품명, 위험등급, 화학명 및 수용성(제4류 위험물의 수용성인 것에 한함)
  ② 위험물의 수량
  ③ 수납하는 위험물에 따른 주의사항

류 별	성질에 따른 구분	표시 사항
• 제1류 위험물	알칼리금속의 과산화물	화기·충격주의, 물기엄금 및 가연물접촉주의
	그 밖의 것	화기·충격주의 및 가연물접촉주의
• 제2류 위험물	철분·금속분·마그네슘	화기주의 및 물기엄금
	인화성 고체	화기엄금
	그 밖의 것	화기주의
• 제3류 위험물	자연발화성 물질	화기엄금 및 공기접촉엄금
	금수성 물질	물기엄금
• 제4류 위험물	인화성 액체	화기엄금
• 제5류 위험물	자기반응성 물질	화기엄금 및 충격주의
• 제6류 위험물	산화성 액체	가연물접촉주의

10 다음 각 종별에 따른 분말소화약제의 주성분을 쓰시오. (6점)

(가) 제1종 (나) 제2종 (다) 제3종

해답 (가) $NaHCO_3$ (나) $KHCO_3$ (다) $NH_4H_2PO_4$

상세해설 분말소화약제

종 별	주성분	약제명	착색
제1종	$NaHCO_3$	탄산수소나트륨, 중탄산나트륨	백색
제2종	$KHCO_3$	탄산수소칼륨, 중탄산칼륨	담회색
제3종	$NH_4H_2PO_4$	제1인산암모늄	담홍색
제4종	$KHCO_3+(NH_2)_2CO$	중탄산칼륨+요소	회색

11 위험물안전관리법령상 제4류 위험물과 같이 적재하여 운반하여도 되는 위험물은 제 몇 류 위험물인지 모두 쓰시오. (단, 지정수량의 10배인 경우이다)

(3점)

해답 제2류 위험물, 제3류 위험물, 제5류 위험물

상세해설
• 유별을 달리하는 위험물의 혼재기준

구 분	제1류	제2류	제3류	제4류	제5류	제6류
제1류		×	×	×	×	○
제2류	×		×	○	○	×
제3류	×	×		○	×	×
제4류	×	○	○		○	×
제5류	×	○	×	○		×
제6류	○	×	×	×	×	

★ 쉬운 암기법 ★
1↓ + 6↑   2 + 4
2↓ + 5↑   5 + 4
3↓ + 4↑

12 벤젠에 대한 다음 각 물음에 답하시오. (6점)

(물음 1) 증기비중을 구하시오.
　　　　○ 계산과정　　　　○ 답
(물음 2) 완전연소반응식을 쓰시오.
(물음 3) 위험물안전관리법령상 지정수량은 얼마인지 쓰시오.

(물음 1) [계산과정] 증기비중 $S = \dfrac{M}{29} = \dfrac{78}{29} = 2.69$

[답] 2.69

(물음 2) $2C_6H_6 + 15O_2 \rightarrow 12CO_2 + 6H_2O$

(물음 3) 200L

- 벤젠(C_6H_6)-제4류-제1석유류-비수용성-200L

화학식	분자량	비중	비점	인화점	착화점	연소범위
C_6H_6	78	0.9	80℃	-11℃	562℃	1.4~8%

① 무색투명한 액체이다.
② 벤젠증기는 마취성 및 독성이 강하다.
③ **비수용성이며** 알코올, 아세톤, 에터에는 용해
④ 연소 시 그을음을 내며 불완전 연소한다.
⑤ 완전연소 시 **이산화탄소와 물을** 생성한다.

$$2C_6H_6 + 15O_2 \rightarrow 12CO_2 + 6H_2O$$

---

13 다음 각 물질의 시성식을 쓰시오. (6점)

⑴ 포름산메틸(Methyl formate)
⑵ 메틸에틸케톤
⑶ 톨루엔

 ⑴ $HCOOCH_3$ ⑵ $CH_3COC_2H_5$ ⑶ $C_6H_5CH_3$

구분	포름산메틸	메틸에틸케톤	톨루엔
시성식	$HCOOCH_3$	$CH_3COC_2H_5$	$C_6H_5CH_3$
유별	제4류 제1석유류	제4류 제1석유류	제4류 제1석유류

위험물기능사 실기

2017년 11월 25일 시행

01 위험물제조소의 옥외에 용량이 500L와 200L인 액체위험물(이황화탄소 제외) 취급탱크 2기가 있다. 2기의 탱크주위에 하나의 방유제를 설치하는 경우 방유제의 용량은 얼마 이상이 되게 하여야 하는지 구하시오.(단, 지정수량이상을 취급하는 경우이다.) (4점)

[해답] [계산과정] $Q = 500 \times 0.5 + 200 \times 0.1 = 270L$
[답] 270L

[상세해설]
- 옥외 위험물취급탱크의 방유제 설치기준 ★★

구분	방유제의 용량
하나의 탱크 주위에 설치하는 경우	탱크용량의 50% 이상
2 이상의 탱크 주위에 설치하는 경우	탱크 중 용량이 최대인 것의 50%+나머지 탱크용량 합계의 10% 이상

02 다음에서 설명하는 위험물의 완전연소반응식을 쓰시오. (4점)

〈보기〉
- 은백색의 광택이 있는 경금속이다.
- 칼로 잘리는 무른 금속이다.
- 원자량은 39, 비중은 약 0.86이다.

[해답] $4K + O_2 \rightarrow 2K_2O$

[상세해설]
- 칼륨(K) : 제3류 위험물-금수성물질

화학식	원자량	비점	융점	비중	불꽃색상
K	39	762℃	63.5℃	0.857	보라색

① 무른 경금속으로 가열시 보라색 불꽃을 내면서 연소한다.

② 물과 반응하여 수소 및 열을 발생한다.(금수성 물질)

$$2K + 2H_2O \rightarrow 2KOH + H_2\uparrow + 92.8kcal$$

③ 보호액으로 파라핀·경유·등유 등을 사용한다.
④ 에틸알코올과 반응하여 수소를 발생시킨다.

$$2K + 2C_2H_5OH \rightarrow 2C_2H_5OK + H_2\uparrow$$

03 경유 600리터, 중유 200리터, 등유 300리터, 톨루엔 400리터를 보관하고 있다. 위험물안전관리법령상 각 위험물의 지정수량 배수의 총 합은 얼마인지 구하시오.

(4점)

[계산과정] 지정수량의 배수 $N = \dfrac{600}{1000} + \dfrac{200}{2000} + \dfrac{300}{1000} + \dfrac{400}{200} = 3$

[답] 3배

① 경유-제4류-제2석유류-비수용성-1000L
② 중유-제4류-제3석유류-비수용성-2000L
③ 등유-제4류-제2석유류-비수용성-1000L
④ 톨루엔-제4류-제1석유류-비수용성-200L

• 제4류 위험물의 품명 및 지정수량 ★★★★★

성질	품 명		지정수량	위험등급
인화성 액체	특수인화물		50L	I
	제1석유류	비수용성	200L	II
		수용성	400L	
	알코올류		400L	
	제2석유류	비수용성	1000L	III
		수용성	2000L	
	제3석유류	비수용성	2000L	
		수용성	4000L	
	제4석유류		6000L	
	동식물유류		10000L	

04 다음 각 물질의 주된 연소형태 1가지를 보기에서 선택하여 쓰시오. (6점)

〈보기〉 표면연소, 분해연소, 증발연소, 자기연소, 예혼합연소, 확산연소

① 나프탈렌 ② 석탄 ③ 금속분

해답
① 나프탈렌 : 증발연소
② 석탄 : 분해연소
③ 금속분 : 표면연소

- 연소의 종류
  ① 표면연소 : 숯, 코크스, 목탄, 금속분
  ② 증발연소 : 파라핀(양초), 황, 나프탈렌, 왁스, 휘발유, 등유, 경유, 아세톤 등 제4류
  ③ 분해연소 : 석탄, 목재, 플라스틱, 종이, 합성수지(고분자), 중유
  ④ 자기연소(내부연소) : 나이트로셀룰로오스, 셀룰로이드, 나이트로글리세린 등 제5류
  ⑤ 확산연소 : 아세틸렌, LPG, LNG 등 가연성 기체

05 불활성가스 소화약제 IG-541의 구성성분 3가지를 쓰시오. (3점)

해답 ① 질소(N_2) ② 아르곤(Ar) ③ 이산화탄소(CO_2)

- 불활성가스소화약제

약제명	구성성분과 비율
IG-100	N_2 : 100%
IG-55	N_2 : 50%, Ar : 50%
IG-541	N_2 : 52%, Ar : 40%, CO_2 : 8%

06 [보기]의 위험물 중에서 비수용성인 것을 모두 선택하여 쓰시오. (단, 해당하는 물질이 없을 경우는 "없음"이라고 쓰시오.) (4점)

[보기] 에틸알코올, 이황화탄소, 아세트알데하이드, 벤젠, 아세트산

해답 이황화탄소, 벤젠

상세해설

물질명	에틸알코올	이황화탄소	아세트알데하이드	벤젠	아세트산
화학식	C_2H_5OH	CS_2	CH_3CHO	C_6H_6	CH_3COOH
유 별	알코올류	특수인화물	특수인화물	제1석유류	제2석유류
수용성	수용성	비수용성	수용성	비수용성	수용성

07 물분무소화설비의 설치기준에 대해 다음 ( ) 안에 알맞은 수치를 쓰시오.
(3점)

- 방호대상물의 표면적이 150m²인 경우 물분무소화설비의 방사구역은 (①)m² 이상으로 할 것
- 수원의 수량은 분무헤드가 가장 많이 설치된 방사구역의 모든 분무헤드를 동시에 사용할 경우에 당해 방사구역의 표면적 1m²당 1분당 (②)L의 비율로 계산한 양으로 (③)분간 방사할 수 있는 양 이상이 되도록 설치할 것

해답 ① 150 ② 20 ③ 30

상세해설
- 물분무소화설비의 설치기준
  ① 물분무소화설비의 **방사구역은 150m² 이상**(방호대상물의 **표면적이 150m² 미만인 경우에는 당해 표면적**)으로 할 것
  ② 수원의 수량은 분무헤드가 가장 많이 설치된 방사구역의 모든 분무헤드를 동시에 사용할 경우에 당해 방사구역의 **표면적 1m²당 1분당 20L**의 비율로 계산한 양으로 **30분간 방사**할 수 있는 양 이상이 되도록 설치할 것
  ③ 물분무소화설비는 분무헤드를 동시에 사용할 경우에 각 끝부분의 방사압력이 **350kPa 이상**으로 **표준방사량**을 방사할 수 있는 성능이 되도록 할 것

물분무 헤드의 방수압력	헤드의 방수량
350kPa	헤드의 설계압력에 의한 방사량

08 트라이에틸알루미늄이 물과 접촉하면 발생하는 가연성 가스의 화학식을 쓰시오.
(3점)

C_2H_6

- 알킬알루미늄[$(C_nH_{2n+1}) \cdot Al$] : 제3류 위험물(금수성 물질)
  ① 알킬기(C_nH_{2n+1})에 알루미늄(Al)이 결합된 화합물이다.
  ② $C_1 \sim C_4$는 자연발화의 위험성이 있다.
  ③ 물과 접촉 시 가연성 가스 발생하므로 주수소화는 절대 금지한다.
  ④ 트라이메틸알루미늄(TMA : Tri Methyl Aluminium)

  $$(CH_3)_3Al + 3H_2O \rightarrow Al(OH)_3(수산화알루미늄) + 3CH_4\uparrow(메탄)$$

  ⑤ 트라이에틸알루미늄(TEA : Tri Ethyl Aluminium)

  $$(C_2H_5)_3Al + 3CH_3OH \rightarrow Al(CH_3O)_3(트라이메톡시알루미늄) + 3C_2H_6(에탄)$$

  $$(C_2H_5)_3Al + 3H_2O \rightarrow Al(OH)_3(수산화알루미늄) + 3C_2H_6\uparrow(에탄)$$

  ⑥ 저장용기에 불활성 기체(N_2)를 봉입한다.
  ⑦ 피부 접촉 시 화상을 입히고 연소 시 흰 연기가 발생한다.

  $$2(C_2H_5)_3Al + 21O_2 \rightarrow Al_2O_3 + 12CO_2 + 15H_2O$$

  ⑧ 소화 시 주수소화는 절대 금하고 팽창질석, 팽창진주암 등으로 피복소화한다.

09 동식물유류를 아이오딘값에 따라 분류할 때 야자유와 같이 아이오딘값이 100 이하인 것을 무엇이라고 하는지 쓰시오. (2점)

 불건성유

- 동식물유류-제4류 위험물 ★★★★
  동물의 지육 또는 식물의 종자나 과육으로부터 추출한 것으로 1기압에서 인화점이 250℃ 미만인 것

  [아이오딘값에 따른 동식물유류의 분류]

구 분	아이오딘값	종 류
건성유	130 이상	해바라기기름, 동유(오동기름), 정어리기름, 아마인유, 들기름
반건성유	100~130	채종유, 쌀겨기름, 참기름, 면실유, 옥수수기름, 청어기름, 콩기름, 목화씨기름
불건성유	100 이하	야자유, 팜유, 올리브유, 피마자기름, 낙화생기름(땅콩기름), 돈지, 우지, 고래기름

  - 아이오딘값
    옥소가(沃素價)라고도 하며 100g의 유지에 의해서 흡수되는 아이오딘의 g수

10 지정수량의 5배 이상의 위험물을 운송할 경우 제6류 위험물과 혼재할 수 없는 위험물은 제 몇 류 위험물인지 모두 쓰시오. (4점)

해답 제2류 위험물, 제3류 위험물, 제4류 위험물, 제5류 위험물

상세해설
유별을 달리하는 위험물의 혼재기준 ★ 쉬운 암기법 ★
1↓ + 6↑   2 + 4
2↓ + 5↑   5 + 4
3↓ + 4↑

11 제4류 위험물 중 특수인화물인 $C_2H_5OC_2H_5$의 위험도(H)를 구하시오. (4점)

해답 [계산과정] $H = \dfrac{48 - 1.9}{1.9} = 24.26$

[답] 24.26

상세해설
- 다이에틸에터($C_2H_5OC_2H_5$) - 제4류 특수인화물

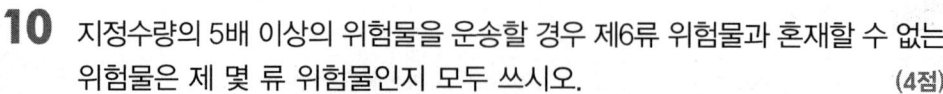

화학식	분자량	비중	비점	인화점	착화점	연소범위
$C_2H_5OC_2H_5$	74.12	0.72	34℃	-40℃	180℃	1.7~48%

① 직사광선에 장시간 노출 시 과산화물 생성

과산화물 생성 확인방법
다이에틸에터 + KI용액(10%) → 황색변화(1분 이내)

② 용기는 갈색 병을 사용하며 냉암소에 보관.
③ 정전기 방지를 위하여 약간의 $CaCl_2$를 넣어준다
④ 폭발성의 과산화물 생성방지를 위해 용기 내에 40mesh 구리 망을 넣어준다.

다이에틸에터 제조방법
$C_2H_5OH + C_2H_5OH \xrightarrow{C-H_2SO_4} C_2H_5OC_2H_5 + H_2O$

⑤ 과산화물 제거시약 : 황산제일철($FeSO_4$) 또는 환원철

- 위험도 계산공식

$$H = \dfrac{U(\text{연소상한}) - L(\text{연소하한})}{L(\text{연소하한})}$$

12 벤젠의 수소원자 1개를 메틸기로 치환하면 생성되는 물질의 명칭과 지정수량을 쓰시오. (4점)

해답 ① 물질명 : 톨루엔 ② 지정수량 : 200L

상세해설
- BTX
  Benzene(벤젠), Toluene(톨루엔), Xylene(키실렌, 크실렌, 자일렌)

구분	화학식	구조식	류별
① 벤젠	C_6H_6		제4류 제1석유류
② 톨루엔	$C_6H_5CH_3$		제4류 제1석유류
③ 크실렌	$C_6H_4(CH_3)_2$	오르소크실렌(ortho-xylene) 메타크실렌(meta-xylene) 파라크실렌(para-xylene)	제4류 제2석유류

13 다음 위험물의 시성식을 쓰시오. (6점)

① 에틸렌글리콜 :   ② 나이트로벤젠 :   ③ 아닐린 :

해답
① 에틸렌글리콜 : $C_2H_4(OH)_2$
② 나이트로벤젠 : $C_6H_5NO_2$
③ 아닐린 : $C_6H_5NH_2$

상세해설

물질명	에틸렌글리콜	나이트로벤젠	아닐린
시성식	$C_2H_4(OH)_2$	$C_6H_5NO_2$	$C_6H_5NH_2$
유별	제4류 제3석유류	제4류 제3석유류	제4류 제3석유류

14 분말소화약제 $NH_4H_2PO_4$ 115g이 열분해 할 경우 몇 g의 HPO_3가 생기는지 화학반응식을 쓰고 구하시오.(단, P의 원자량은 31이다.) **(4점)**

[화학반응식] $NH_4H_2PO_4 \rightarrow HPO_3 + NH_3 + H_2O$

[계산과정] ① $NH_4H_2PO_4$의 분자량 = $14+1\times4+1\times2+31+16\times4=115$
② HPO_3의 분자량 = $1+31+16\times3=80$
③ $NH_4H_2PO_4$ 열분해 반응식
  $NH_4H_2PO_4 \rightarrow HPO_3 + NH_3 + H_2O$
  115g ──── 80g
  115g ──── X
  $X = \dfrac{115 \times 80}{115} = 80\,g$

[답] 80g

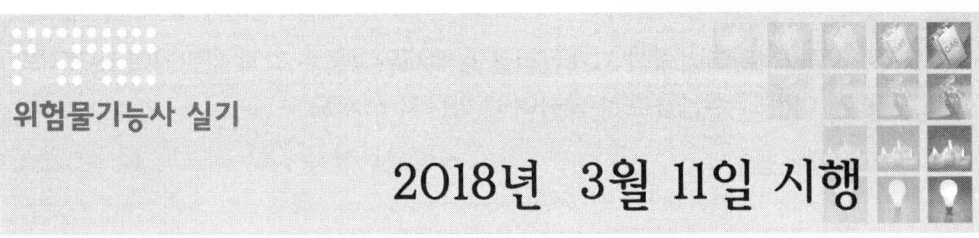

2018년 3월 11일 시행

01 다음 할로젠화합물 소화약제의 화학식을 각각 쓰시오. (4점)

  ○ Halon 1011   ○ Halon 1211

해답 ○ Halon 1011 : CH_2ClBr ○ Halon 1211 : CF_2ClBr

상세해설
- 할로젠화합물 소화약제 명명법 : 할론 ⓐ ⓑ ⓒ ⓓ
  ⓐ : C 원자수, ⓑ : F 원자수, ⓒ : Cl 원자수, ⓓ : Br 원자수

- 할로젠화합물 소화약제

구분 \ 종류	할론 2402	할론 1211	할론 1301	할론 1011
분자식	$C_2F_4Br_2$	CF_2ClBr	CF_3Br	CH_2ClBr

02 위험물제조소의 옥외에 있는 가솔린 취급탱크 2기의 주위에 하나의 방유제를 설치하고자 하는 경우 방유제의 용량(m^3)은 얼마 이상으로 하여야 하는지 구하시오. (단, 탱크의 용량은 각각 $200m^3$, $100m^3$이다.) (4점)

해답 [계산과정] $Q = 200 \times 0.5 + 100 \times 0.1 = 110 m^3$
[답] $110m^3$ 이상

상세해설
- 옥외 위험물취급탱크의 방유제 설치기준 ★★

구분	방유제의 용량
하나의 탱크 주위에 설치하는 경우	탱크용량의 50% 이상
2 이상의 탱크 주위에 설치하는 경우	탱크 중 용량이 최대인 것의 50%+나머지 탱크용량 합계의 10% 이상

03 위험물안전관리법령상 고체위험물과 액체위험물은 각각 운반용기 내용적의 몇 % 이하의 수납율로 수납하여야 하는지 쓰시오. (4점)

  ○ 고체위험물 :   ○ 액체위험물 :

해답 ○ 고체위험물 : 95% 이하   ○ 액체위험물 : 98% 이하

상세해설 위험물의 운반에 관한 기준 중 적재방법
(1) **고체위험물**은 운반용기 **내용적의 95% 이하**의 수납율로 수납할 것
(2) **액체위험물**은 운반용기 **내용적의 98% 이하**의 수납율로 수납하되, **55도**의 온도에서 누설되지 아니하도록 충분한 공간용적을 유지하도록 할 것

04 다음 각 설명에 해당하는 제6류 위험물의 물질명과 분자식을 쓰시오. (4점)

가. 피부 접촉 시 크산토프로테인 반응이 일어난다.
  ○ 물질명 :   ○ 분자식 :
나. 가열시 폭발우려가 있고 물과 반응하여 발열하며 증기비중은 약 3.46이다.
  ○ 물질명 :   ○ 분자식 :

해답
가. ○ 물질명 : 질산   ○ 분자식 : HNO_3
나. ○ 물질명 : 과염소산   ○ 분자식 : $HClO_4$

상세해설
- 질산(HNO_3)–제6류 위험물–산화성 액체

화학식	분자량	비중	비점	융점
HNO_3	63	1.50	86℃	-42℃

① 빛에 의하여 일부 분해되어 생긴 NO_2 때문에 황갈색으로 된다.

$$4HNO_3 \rightarrow 2H_2O + 4NO_2\uparrow (\text{이산화질소}) + O_2\uparrow (\text{산소})$$

② 실험실에서는 갈색 병에 넣어 햇빛을 차단시킨다.

- 크산토프로테인 반응(xanthoprotenic reaction)
단백질에 진한질산을 가하면 노란색으로 변하고 알칼리를 작용시키면 오렌지색으로 변하며, 단백질 검출에 이용된다.

- 과염소산($HClO_4$) –제6류 위험물★★★

화학식	분자량	비중	비점	융점
$HClO_4$	100.46	1.77	39℃	-112℃

① 물과 혼합하면 다량의 열을 발생한다.
② 산화력이 강하여 종이, 나무조각 또는 유기물 등과 접촉 시 폭발한다.
③ 공기 중에서 분해하여 염화수소(HCl)를 발생시킨다.
④ 산(酸) 중에서도 가장 강한 산이다.

- 산소산 중 산의 세기
  차아염소산(HClO) < 아염소산(HClO₂) < 염소산(HClO₃) < 과염소산(HClO₄)

05 위험물은 그 운반용기의 외부에 수납하는 위험물에 따라 규정에 의한 주의사항을 표시하여야 한다. 과산화수소를 수납한 경우에 표시하여야 하는 주의사항을 쓰시오. (3점)

 가연물접촉주의

- 위험물 운반용기의 외부 표시 사항
  ① 위험물의 품명, 위험등급, 화학명 및 수용성(제4류 위험물의 수용성인 것에 한함)
  ② 위험물의 수량
  ③ 수납하는 위험물에 따른 주의사항

류 별	성질에 따른 구분	표시 사항
・제1류 위험물	알칼리금속의 과산화물	화기・충격주의, 물기엄금 및 가연물접촉주의
	그 밖의 것	화기・충격주의 및 가연물접촉주의
・제2류 위험물	철분・금속분・마그네슘	화기주의 및 물기엄금
	인화성 고체	화기엄금
	그 밖의 것	화기주의
・제3류 위험물	자연발화성 물질	화기엄금 및 공기접촉엄금
	금수성 물질	물기엄금
・제4류 위험물	인화성 액체	화기엄금
・제5류 위험물	자기반응성 물질	화기엄금 및 충격주의
・제6류 위험물	**산화성 액체**	**가연물접촉주의**

06 다음의 위험물에 대해 위험물안전관리법령상 해당하는 품명과 지정수량을 쓰시오. (4점)

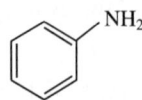

○ 품명   ○ 지정수량

○ 품명 : 제3석유류   ○ 지정수량 : 2000L

아닐린($C_6H_5NH_2$)-제3석유류-2000L
① 햇빛 또는 공기에 접촉시 적갈색으로 변색된다.
② 물에는 약간 녹고(용해도 3.6%) 유기용제에 녹는다.
③ 금속과 반응하여 수소를 발생시킨다.

아닐린의 제조방법 ★★★
나이트로벤젠을 수소로서 환원(수소와 결합)하여 아닐린을 만든다.
$$C_6H_5NO_2 + 3H_2 \rightarrow C_6H_5NH_2 + 2H_2O$$
(나이트로벤젠) (수소)   (아닐린)   (물)

07 위험물안전관리법령에 따라 탱크시험자가 갖추어야 하는 장비는 필수장비와 필요한 경우에 두는 장비로 구분할 수 있다. 각각에 해당하는 장비 중 2가지씩만 쓰시오. (4점)

○ 필수장비   ○ 필요한 경우에 두는 장비

○ 필수장비 :
   ① 자기탐상시험기   ② 초음파두께측정기
○ 필요한 경우에 두는 장비 :
   ① 진공누설시험기   ② 기밀시험장치   ③ 수직·수평도 측정기 중 2가지

탱크시험자의 기술능력·시설 및 장비
1. 기술능력
   (1) 필수인력
      ① 위험물기능장·위험물산업기사 또는 위험물기능사 중 1명 이상
      ② 비파괴검사기술사 1명 이상 또는 초음파비파괴검사·자기비파괴검사 및 침투비파괴검사별로 기사 또는 산업기사 각 1명 이상

(2) 필요한 경우에 두는 인력
① 충·수압시험, 진공시험, 기밀시험 또는 내압시험의 경우 : 누설비파괴검사 기사, 산업기사 또는 기능사
② 수직·수평도시험의 경우 : 측량 및 지형공간정보 기술사, 기사, 산업기사 또는 측량기능사
③ 방사선투과시험의 경우 : 방사선비파괴검사 기사 또는 산업기사
④ 필수 인력의 보조 : 방사선비파괴검사·초음파비파괴검사·자기비파괴검사 또는 침투비파괴검사 기능사

2. 시설 : 전용사무실
3. 장비
 (1) **필수장비 : 자기탐상시험기, 초음파두께측정기** 및 다음 ① 또는 ② 중 어느 하나
  ① 영상초음파시험기
  ② 방사선투과시험기 및 초음파시험기
 (2) **필요한 경우에 두는 장비**
  ① 충·수압시험, 진공시험, 기밀시험 또는 내압시험의 경우
   • 진공능력 53kPa 이상의 **진공누설시험기**
   • **기밀시험장치**(안전장치가 부착된 것으로서 가압능력 200kPa 이상, 감압의 경우에는 감압능력 10kPa 이상·감도 10Pa 이하의 것으로서 각각의 압력 변화를 스스로 기록할 수 있는 것)
  ② 수직·수평노 시험의 경우 : **수직·수평도 측정기**

---

08 위험물안전관리법령상 이동탱크저장소의 이동저장탱크 구조에서 방파판은 두께 몇 mm 이상의 강철판으로 하여야 하는지 쓰시오. (4점)

 1.6mm

 이동저장탱크의 구조
(1) **칸막이의 설치기준**
이동저장탱크는 그 내부에 4,000L **이하**마다 3.2mm **이상**의 강철판 또는 이와 동등 이상의 강도·내열성 및 내식성이 있는 금속성의 것으로 **칸막이**를 설치하여야 한다.
(2) **방파판의 설치기준**
① **두께 1.6mm 이상**의 강철판 또는 이와 동등 이상의 강도·내열성 및 내식성이 있는 금속성의 것으로 할 것
② 하나의 구획부분에 2개 이상의 방파판을 이동탱크저장소의 진행방향과 평행으로 설치하되, 각 방파판은 그 높이 및 칸막이로부터의 거리를 다르게 할 것
③ 하나의 구획부분에 설치하는 각 방파판의 면적의 합계는 당해 구획부분의 최대

수직단면적의 50% 이상으로 할 것. 다만, 수직단면이 원형이거나 짧은 지름이 1m 이하의 타원형일 경우에는 40% 이상으로 할 수 있다.
(3) 방호틀 설치기준
① 두께 2.3mm 이상의 강철판
② 정상부분은 부속장치보다 50mm 이상 높게 할 것

09 다음 표에서 위험물의 명칭과 지정수량을 표의 빈칸에 쓰시오. (6점)

화학식	명칭	지정수량(kg)
NH_4ClO_4		
$KMnO_4$		
$K_2Cr_2O_7$		

해답

화학식	명칭	지정수량(kg)
NH_4ClO_4	과염소산암모늄	50
$KMnO_4$	과망가니즈산칼륨	1000
$K_2Cr_2O_7$	다이크로뮴산칼륨	1000

상세해설

제1류 위험물의 품명 및 지정수량 ★★★★

성질	품명		지정수량	위험등급
산화성고체	○ 아염소산염류, 염소산염류, 과염소산염류, 무기과산화물		50kg	I
	○ 브로민산염류, 질산염류, 아이오딘산염류		300kg	II
	○ 과망가니즈산염류, 다이크로뮴산염류		1000kg	III
	그 밖에 행정안전부령이 정하는 것	① 과아이오딘산염류 ② 과아이오딘산 ③ 크로뮴, 납 또는 아이오딘의 산화물 ④ 아질산염류 ⑤ 염소화이소시아눌산 ⑥ 퍼옥소이황산염류 ⑦ 퍼옥소붕산염류	300kg	II
		⑧ 차아염소산염류	50kg	I

10 제1류 위험물인 질산칼륨 1mol 중의 질소 함량은 약 몇 wt% 인지 구하시오. (단, K의 원자량은 39이다.) (4점)

○ 계산과정   ○ 답

[계산과정] ① KNO_3 분자량 $= 39 + 14 + 16 \times 3 = 101$

② $N(\%) = \dfrac{질소분자량}{전체분자량} = \dfrac{14}{101} \times 100 = 13.86\%$

[답] 13.86%

- 질산칼륨(KNO_3) : 제1류 위험물(산화성 고체)
  ① 질산칼륨에 숯가루, 황가루를 혼합하여 흑색화약 제조에 사용한다.

  - 흑색화약(black powder)
    ① 원료 : 질산칼륨, 숯, 황
    ② 조성 : 75%KNO_3 + 15%C + 10%S
    ③ 폭발반응식 : $38KNO_3 + 64C + 16S \rightarrow 3K_2CO_3 + 16K_2S + 19N_2 + 44CO_2 + 17CO$

  ② 열분해하여 산소를 방출한다.

  $$2KNO_3 \rightarrow 2KNO_2 + O_2 \uparrow$$

  ③ 물, 글리세린에는 잘 녹으나 알코올, 에터에는 잘 녹지 않는다.

---

11 위험물안전관리법령상 위험물의 운반에 관한 기준에서 제6류 위험물과 혼재 가능한 위험물은 제 몇 류 위험물인지 쓰시오.(단, 지정수량의 1/5 인 경우이다.)

(3점)

제1류 위험물

- 유별을 달리하는 위험물의 혼재 기준

구 분	제1류	제2류	제3류	제4류	제5류	제6류
제1류		×	×	×	×	○
제2류	×		×	○	○	×
제3류	×	×		○	×	×
제4류	×	○	○		○	×
제5류	×	○	×	○		×
제6류	○	×	×	×	×	

- 쉬운 암기법
  $1\downarrow + 6\uparrow$ $2 + 4$
  $2\downarrow + 5\uparrow$ $5 + 4$
  $3\downarrow + 4\uparrow$
  $\rightarrow$

12 다음 [보기]에서 금속나트륨과 금속칼륨의 공통적 성질에 해당하는 것을 모두 선택하여 번호를 쓰시오. (4점)

〈보기〉
① 무른 경금속이다.
② 알코올과 반응하여 수소를 발생한다.
③ 물과 반응할 때 불연성 기체를 발생한다.
④ 흑색의 고체이다.
⑤ 보호액 속에 보관한다.

해답 ① ② ⑤

상세해설

• 칼륨(K) : 제3류 위험물-금수성물질

화학식	원자량	비점	융점	비중	불꽃색상
K	39	762℃	63.5℃	0.857	보라색

① 무른 경금속으로 가열시 보라색 불꽃을 내면서 연소한다.
② 물과 반응하여 수소 및 열을 발생한다.(금수성 물질)

$$2K + 2H_2O \rightarrow 2KOH + H_2\uparrow + 92.8kcal$$

③ 보호액으로 파라핀·경유·등유 등을 사용한다.
④ 에틸알코올과 반응하여 수소를 발생시킨다.

$$2K + 2C_2H_5OH \rightarrow 2C_2H_5OK + H_2\uparrow$$

• 나트륨(Na)-제3류-금수성물질

화학식	원자량	비점	융점	비중	불꽃색상
Na	23	880℃	97.8℃	0.97	노란색

① 무른 경금속으로 가열시 노란색 불꽃을 내면서 연소한다.
② 물과 반응하여 수소 및 열을 발생한다.(금수성 물질)

$$2Na + 2H_2O \rightarrow 2NaOH + H_2$$

③ 보호액으로 파라핀·경유·등유 등을 사용한다.
④ 에틸알코올과 반응하여 수소를 발생시킨다.

$$2Na + 2C_2H_5OH \rightarrow 2C_2H_5ONa + H_2$$

13 다음의 [보기]에서 설명하는 위험물은 무엇인지 쓰시오. (3점)

〈보기〉
- 분자량은 약 104.2 이고 지정수량이 1000L 인 제2석유류이다.
- 비점은 약 146℃, 인화점은 약 32℃ 이다.
- 에틸벤젠을 탈수소화 처리하여 얻을 수 있다.

 스티렌

 스티렌($C_6H_5CHCH_2$)-제4류 제2석유류-비수용성(1000L)

화학식	원자량	인화점	비점	융점	발화점
$C_6H_5CHCH_2$	104	32℃	146℃	-31℃	490℃

① 가열 또는 과산화물과 중합반응을 한다.
② 중합반응이 되면 고상물질(수지)로 변한다.
③ 무색 액체이며 물에 녹지 않고 유기용제에 녹는다.
④ 에틸벤젠을 탈수소화 처리하여 얻을 수 있다.

14 ABC 소화약제의 열 분해반응식을 쓰시오. (4점)

 $NH_4H_2PO_4 \rightarrow HPO_3 + NH_3 + H_2O$

분말소화약제

종별	약제명	착색	열분해 반응식	적응화재
제1종	탄산수소나트륨 중탄산나트륨	백색	$2NaHCO_3 \rightarrow Na_2CO_3+CO_2+H_2O$	B.C급
제2종	탄산수소칼륨 중탄산칼륨	담회색	$2KHCO_3 \rightarrow K_2CO_3+CO_2+H_2O$	B.C급
제3종	제1인산암모늄	담홍색	$NH_4H_2PO_4 \rightarrow HPO_3+NH_3+H_2O$	A.B.C급
제4종	탄산수소칼륨+요소	회(백)색	$2KHCO_3+(NH_2)_2CO \rightarrow K_2CO_3+2NH_3+2CO_2$	B.C급

위험물기능사 실기

2018년 5월 21일 시행

01 다음 1류 위험물의 화학식을 쓰시오. (4점)

　○ 과염소산칼륨　　○ 과산화칼륨　　○ 아염소산나트륨　　○ 브로민산칼륨

해답
- 과염소산칼륨 : $KClO_4$
- 과산화칼륨 : K_2O_2
- 아염소산나트륨 : $NaClO_2$
- 브로민산칼륨 : $KBrO_3$

02 탄화칼슘이 고온에서 질소와 반응하여 석회질소를 생성하는 화학반응식을 쓰시오. (3점)

해답 $CaC_2 + N_2 \rightarrow CaCN_2 + C$

상세해설

- 탄화칼슘(CaC_2) : 제3류 위험물 중 칼슘탄화물

화학식	분자량	융점	비중
CaC_2	64	2370℃	2.21

① 물과 접촉 시 아세틸렌을 생성하고 열을 발생시킨다.
　　$CaC_2 + 2H_2O \rightarrow Ca(OH)_2(수산화칼슘) + C_2H_2\uparrow(아세틸렌)$
② 아세틸렌의 폭발범위는 2.5~81%로 대단히 넓어서 폭발위험성이 크다.
③ 장기 보관 시 **불활성 기체**(N_2 등)를 봉입하여 저장한다.
④ 별명은 카바이드, 탄화석회, 칼슘카바이드 등이다.
⑤ 고온(700℃)에서 질화되어 석회질소($CaCN_2$)가 생성된다.
　　$CaC_2 + N_2 \rightarrow CaCN_2(석회질소) + C(탄소)$
⑥ 물 및 포 약제에 의한 소화는 절대 금하고 마른모래 등으로 피복 소화한다.

03 햇빛에 의해 4몰의 질산이 완전 분해하여 산소 1몰을 발생하였다. 이때 같이 발생하는 유독성 기체는 무엇인지와 분해 할 때의 화학반응식을 쓰시오.

(5점)

 ① 이산화질소(NO_2)
② $4HNO_3 \rightarrow 2H_2O + 4NO_2 + O_2$

- 질산(HNO_3) : 제6류 위험물(산화성 액체)
  ① 무색의 발연성 액체이다.
  ② **빛에 의하여 일부 분해되어 생긴 NO_2 때문에 황갈색으로 된다.**
  $$4HNO_3 \rightarrow 2H_2O + 4NO_2\uparrow(\text{이산화질소}) + O_2\uparrow(\text{산소})$$
  ③ 질산을 오산화인(P_2O_5)과 작용시키면 오산화질소(N_2O_5)가 된다.
  ④ 저장용기는 직사광선을 피하고 찬 곳에 저장한다.
  ⑤ 실험실에서는 갈색 병에 넣어 햇빛을 차단시킨다.
  ⑥ 환원성 물질과 혼합하면 발화 또는 폭발한다.

  - 크산토프로테인 반응(xanthoprotenic reaction)
    단백질에 진한질산을 가하면 노란색으로 변하고 알칼리를 작용시키면 오렌지색으로 변하며, 단백질 검출에 이용된다.

  ⑦ 마른모래 및 CO_2로 소화한다.
  ⑧ 위급 시에는 다량의 물로 냉각 소화한다.

04 위험물안전관리법령에서는 정전기를 유효하게 제거하기 위해 공기 중 상대습도를 몇 % 이상으로 하도록 규정하고 있는지 쓰시오.

(3점)

 70% 이상

 ① 접지에 의한 방법
② 공기 중의 상대습도를 70% 이상으로 하는 방법
③ 공기를 이온화하는 방법

05 분말소화약제인 탄산수소칼륨이 약 190℃에서 열분해 되었을 때의 분해반응식을 쓰고, 200kg 의 탄산수소칼륨이 분해하였을 때 발생하는 탄산가스는 몇 m³ 인지 1기압, 200℃ 를 기준으로 구하시오. (단, 칼륨의 원자량은 39이다)
(5점)

○ 열분해 반응식
○ 탄산가스의 양(m³) [계산과정]
　　　　　　　　[답]

○ 열분해 반응식 : $2KHCO_3 \rightarrow K_2CO_3 + CO_2 + H_2O$
○ 탄산가스의 양(m³)

[계산과정]

〈방법1〉 ① $KHCO_3$의 분자량 $= 39+1+12+16 \times 3 = 100$

② $KHCO_3$의 190℃에서 열분해 반응식

$$2KHCO_3 \rightarrow K_2CO_3 + CO_2 + H_2O$$
$$2 \times 100kg \longrightarrow 22.4m^3$$
$$200kg \longrightarrow Xm^3$$

$X = \dfrac{200 \times 22.4}{2 \times 100} = 22.4m^3$ (표준상태 : 0℃, 1atm)

③ 200℃, 1atm 상태로 환산(보일-샤를의 법칙 적용)

$$\dfrac{P_1 V_1}{T_1} = \dfrac{P_2 V_2}{T_2}, \quad \dfrac{1 \times 22.4}{273 + 0} = \dfrac{1 \times V_2}{273 + 200}$$

④ $V_2 = \dfrac{1 \times 22.4 \times 473}{273} = 38.81m^3$

[답] $38.81m^3$

〈방법2〉 ① $KHCO_3$의 190℃에서 열분해 반응식

$$2KHCO_3 \rightarrow K_2CO_3 + CO_2 + H_2O$$
$$KHCO_3 \rightarrow 0.5K_2CO_3 + 0.5CO_2 + 0.5H_2O$$

② $V = \dfrac{WRT}{PM} \times 0.5 = \dfrac{200 \times 0.082 \times (273 + 200)}{1 \times 100} \times 0.5$

　　$= 38.79m^3$

[답] $38.79m^3$

• 이상기체 상태방정식

$$PV = \dfrac{W}{M}RT = nRT$$

여기서, P : 압력(atm), V : 부피(m³), W : 무게(g), M : 분자량

R : 기체상수(0.082atm · m³/kmol · K)
T : 절대온도(273+t℃)K

- 분말약제의 열분해

종별	약제명	착색	열분해 반응식
제1종	탄산수소나트륨 중탄산나트륨 중조	백색	270℃ $2NaHCO_3 \rightarrow Na_2CO_3+CO_2+H_2O$ 850℃ $2NaHCO_3 \rightarrow Na_2O+2CO_2+H_2O$
제2종	탄산수소칼륨 중탄산칼륨	담회색	190℃ $2KHCO_3 \rightarrow K_2CO_3+CO_2+H_2O$ 590℃ $2KHCO_3 \rightarrow K_2O+2CO_2+H_2O$
제3종	제1인산암모늄	담홍색	$NH_4H_2PO_4 \rightarrow HPO_3+NH_3+H_2O$
제4종	탄산수소칼륨+요소	회(백)색	$2KHCO_3+(NH_2)_2CO$ $\rightarrow K_2CO_3+2NH_3+2CO_2$

06 다음 (　) 안에 위험물안전관리법령에 따른 알맞은 품명을 쓰시오. (3점)

( )(이)라 함은 이황화탄소, 다이에틸에터 그 밖에 1기압에서 발화점이 섭씨 100도 이하인 것 또는 인화점이 섭씨 영하 20도 이하이고 비점이 섭씨 40도 이하인 것을 말한다.

해답 특수인화물

상세해설

- 제4류 위험물(인화성 액체)

구 분	지정품목	기타 조건 (1atm에서)
특수인화물	• 이황화탄소 • 다이에틸에터	• 발화점이 100℃ 이하 • 인화점 −20℃ 이하이고 비점이 40℃ 이하
제1석유류	• 아세톤 • 휘발유	• 인화점 21℃ 미만.
알코올류	C_1~C_3까지 포화 1가 알코올(변성알코올 포함) • 메틸알코올 • 에틸알코올 • 프로필알코올	
제2석유류	• 등유 • 경유	• 인화점 21℃ 이상 70℃ 미만
제3석유류	• 중유 • 크레오소트유	• 인화점 70℃ 이상 200℃ 미만
제4석유류	• 기어유 • 실린더유	• 인화점 200℃ 이상 250℃ 미만
동식물유류	• 동물의 지육 등 또는 식물의 종자나 과육으로부터 추출한 것으로서 인화점이 250℃ 미만인 것	

07
분자량이 약 58, 인화점이 약 −37℃인 무색의 휘발성 액체로서 저장시 불활성 기체를 봉입해야 하는 제4류 위험물의 명칭과 화학식을 쓰시오. (4점)

해답 ○ 명칭 : 산화프로필렌   ○ 화학식 : CH_3CHCH_2O

상세해설
- 산화프로필렌(CH_3CHCH_2O) : 제4류 위험물 중 특수인화물

```
    H   H   H
    |   |   |
H — C — C — C — H
    |   \ /   
    H    O    
```

화학식	분자량	비중	비점	인화점	착화점	연소범위
CH_3CHCH_2O	58	0.83	34℃	−37℃	465℃	2.8~37%

① 휘발성이 강하고 에터 냄새가 나는 액체이다.
② 물, 알코올, 벤젠 등 유기용제에는 잘 녹는다.
③ 연소범위는 2.8~37%이며 **증기는 공기보다 2.0배 무겁다.**
④ 저장용기 사용 시 **동(구리), 마그네슘, 은, 수은 및 합금용기 사용금지** (아세틸리드(acetylide) 생성)
⑤ 저장 용기 내에 질소(N_2) 등 불연성가스를 채워둔다.
⑥ 소화는 포 약제로 질식 소화한다.

08
알루미늄에 대해 다음 각 물음에 답하시오. (6점)

(물음 1) 흰 연기를 내면서 연소하는 완전연소반응식을 쓰시오.
(물음 2) 염산과 반응하여 수소가스를 발생하는 화학반응식을 쓰시오.
(물음 3) 위험물안전관리법령상의 품명을 쓰시오.

해답
(물음 1) $4Al + 3O_2 \rightarrow 2Al_2O_3$
(물음 2) $2Al + 6HCl \rightarrow 2AlCl_3 + 3H_2$
(물음 3) 금속분

상세해설
- 알루미늄분(Al) : 제2류 위험물−금속분

화학식	원자량	비중	융점	비점
Al	27	2.7	660℃	2,000℃

① 은백색의 분말이며 비중이 약 2.7이다.
② 알루미늄이 연소하면 백색연기를 내면서 산화알루미늄을 생성한다.

$$4Al + 3O_2 \rightarrow 2Al_2O_3$$

③ 가열된 **알루미늄은 물**(수증기)**과 반응하여 수소를 발생**시킨다.

$$2Al + 6H_2O \rightarrow 2Al(OH)_3 + 3H_2 \uparrow$$

④ 알루미늄(Al)은 염산과 반응하여 수소를 발생한다.

$$2Al + 6HCl \rightarrow 2AlCl_3 + 3H_2 \uparrow$$

⑤ 주수소화는 엄금이며 마른모래 등으로 피복 소화한다.

---

09 주유취급소에 설치한 "주유중엔진정지" 표시를 한 게시판의 바탕과 문자색을 각각 쓰시오. (4점)

해답 ○ 바탕색 : 황색　　○ 문자색 : 흑색

상세해설

- 위험물제조소의 표지 및 게시판
  ① 표지는 한 변의 길이가 0.3m 이상, 다른 한 변의 길이가 0.6m 이상인 직사각형으로 할 것
  ② 바탕은 백색, 문자는 흑색

- 게시판의 설치기준
  ① 한 변의 길이가 0.3m 이상, 다른 한 변의 길이가 0.6m 이상인 직사각형으로 할 것.
  ② 위험물의 유별·품명 및 저장최대수량 또는 취급최대수량, 지정수량의 배수 및 안전관리자의 성명 또는 직명을 기재할 것.
  ③ 게시판의 바탕은 백색으로, 문자는 흑색으로 할 것.
  ④ 저장 또는 취급하는 위험물에 따라 주의사항 게시판을 설치할 것.

위험물의 종류	주의사항 표시	게시판의 색
• 제1류(알칼리금속 과산화물) • 제3류(금수성 물품)	물기엄금	청색 바탕에 백색 문자
• 제2류(인화성 고체 제외)	화기주의	적색 바탕에 백색 문자
• 제2류(인화성 고체) • 제3류(자연발화성 물품) • 제4류 • 제5류	화기엄금	

- 주유취급소의 위치·구조 및 설비의 기준
  ① 주유공지 및 급유공지

주유공지	급유공지
너비 15m 이상, 길이 6m 이상의 콘크리트 등으로 포장한 공지	고정급유설비의 호스기기의 주위에 필요한 공지

※ 공지의 바닥은 주위 지면보다 높게 하고, 배수구·집유설비 및 유분리장치를 할 것.

② 표지 및 게시판

표 지	게 시 판
위험물 주유취급소	1. 방화에 관하여 필요한 사항 2. 황색 바탕에 흑색 문자로 "주유 중 엔진 정지"

※ 게시판은 한 변의 길이가 0.3m 이상, 다른 한 변의 길이가 0.6m 이상인 직사각형으로 할 것

10 위험물안전관리법령상 지정과산화물 옥내저장소 기준에 대해 다음 각 물음에 답하시오. (6점)

(물음 1) 창은 바닥면으로부터 몇 m 이상 높이에 두어야 하는지 쓰시오.
(물음 2) 하나의 창의 면적은 몇 m^2 이내로 하여야 하는지 쓰시오.
(물음 3) 하나의 벽면에 설치하는 창의 면적의 합계를 그 벽의 면적의 몇 분의 몇 이내가 되도록 하여야 하는지 쓰시오.

해답 (물음 1) 2m 이상
(물음 2) 0.4m^2 이내
(물음 3) 80분의 1 이내

상세해설
- **지정과산화물 옥내저장소의 저장창고의 기준** ★★★
  ① 저장창고는 150m^2 이내마다 격벽으로 완전하게 구획할 것. 이 경우 당해 격벽은 두께 30cm 이상의 철근콘크리트조 또는 철골철근콘크리트조로 하거나 두께 40cm 이상의 보강콘크리트블록조로 하고, 당해 저장창고의 양측의 외벽으로부터 1m 이상, 상부의 지붕으로부터 50cm 이상 돌출하게 하여야 한다.
  ② 저장창고의 외벽은 두께 20cm 이상의 철근콘크리트조나 철골철근콘크리트조 또는 두께 30cm 이상의 보강콘크리트블록조로 할 것
  ③ 저장창고의 지붕은 다음 각 목의 1에 적합할 것
    ㉠ 중도리 또는 서까래의 간격은 30cm 이하로 할 것
    ㉡ 지붕의 아래쪽 면에는 한 변의 길이가 45cm 이하의 환강(丸鋼)·경량형강(輕量型鋼) 등으로 된 강제(鋼製)의 격자를 설치할 것
    ㉢ 지붕의 아래쪽 면에 철망을 쳐서 불연재료의 도리·보 또는 서까래에 단단히 결합할 것
    ㉣ 두께 5cm 이상, 너비 30cm 이상의 목재로 만든 받침대를 설치할 것
  ④ 저장창고의 출입구에는 60분+방화문 또는 60분방화문을 설치할 것
  ⑤ **저장창고의 창**은 바닥면으로부터 **2m 이상의 높이**에 두되, 하나의 벽면에 두는 **창의 면적의 합계**를 당해 벽면의 면적의 80분의 1 이내로 하고, **하나의 창의 면적**을 0.4m^2 이내로 할 것

11 제3종 분말소화약제가 열분해하여 메타인산, 암모니아, H_2O를 생성하는 열분해 반응식을 쓰시오. (4점)

 $NH_4H_2PO_4 \rightarrow HPO_3 + NH_3 + H_2O$

• 분말약제의 주성분 및 열분해

종별	약제명	화학식	착색	열분해 반응식
제1종	탄산수소나트륨 중탄산나트륨 중조	$NaHCO_3$	백색	270℃ $2NaHCO_3 \rightarrow Na_2CO_3+CO_2+H_2O$ 850℃ $2NaHCO_3 \rightarrow Na_2O+2CO_2+H_2O$
제2종	탄산수소칼륨 중탄산칼륨	$KHCO_3$	담회색	190℃ $2KHCO_3 \rightarrow K_2CO_3+CO_2+H_2O$ 590℃ $2KHCO_3 \rightarrow K_2O+2CO_2+H_2O$
제3종	제1인산암모늄	$NH_4H_2PO_4$	담홍색	$NH_4H_2PO_4 \rightarrow HPO_3+NH_3+H_2O$
제4종	탄산수소칼륨+요소	$KHCO_3+(NH_2)_2CO$	회(백)색	$2KHCO_3+(NH_2)_2CO \rightarrow K_2CO_3+2NH_3+2CO_2$

12 위험물안전관리법령상 제4류 위험물을 운송하는 경우 반드시 위험물안전카드를 휴대하여야하는 위험물의 품명을 2가지만 쓰시오. (4점)

 특수인화물, 제1석유류

이동탱크저장소에 의한 위험물의 운송시에 준수하여야 하는 기준
① 위험물운송자는 운송의 개시전에 이동저장탱크의 배출밸브 등의 밸브와 폐쇄장치, 맨홀 및 주입구의 뚜껑, 소화기 등의 점검을 충분히 실시할 것
② 위험물운송자는 장거리(고속국도에 있어서는 340km 이상, 그 밖의 도로에 있어서는 200km 이상을 말한다)에 걸치는 운송을 하는 때에는 2명 이상의 운전자로 할 것
③ 위험물운송자는 이동탱크저장소를 휴식·고장 등으로 일시 정차시킬 때에는 안전한 장소를 택하고 당해 이동탱크저장소의 안전을 위한 감시를 할 수 있는 위치에 있는 등 운송하는 위험물의 안전확보에 주의할 것
④ 위험물운송자는 이동저장탱크로부터 위험물이 현저하게 새는 등 재해발생의 우려가 있는 경우에는 재난을 방지하기 위한 응급조치를 강구하는 동시에 소방관서 그 밖의 관계기관에 통보할 것
⑤ **위험물(제4류 위험물에 있어서는 특수인화물 및 제1석유류에 한한다)을 운송하게 하는 자는 위험물안전카드를 위험물운송자로 하여금 휴대하게 할 것**
⑥ 위험물운송자는 위험물안전카드를 휴대하고 당해 카드에 기재된 내용에 따를 것

13 피크린산(또는 트라이나이트로페놀)과 트라이나이트로톨루엔의 구조식을 각각 나타내시오. (4점)

○ 피크린산(또는 트라이나이트로페놀)
○ 트라이나이트로톨루엔

해답

○ 피크린산(또는 트라이나이트로페놀)　　○ 트라이나이트로톨루엔

상세해설

- **피크르산[$C_6H_2(NO_2)_3OH$](TNP : Tri Nitro Phenol) : 제5류 나이트로화합물**
  ① 침상결정이며 냉수에는 약간 녹고 더운물, 알코올, 벤젠 등에 잘 녹는다.
  ② 쓴맛과 독성이 있다.
  ③ 피크르산 또는 트라이나이트로페놀(Tri Nitro Phenol)의 약자로 TNP라고도 한다.
  ④ 단독으로 타격, 마찰에 비교적 둔감하다.
  ⑤ 연소 시 검은 연기를 내고 폭발성은 없다.
  ⑥ 휘발유, 알코올, 황과 혼합된 것은 마찰, 충격에 폭발한다.
  ⑦ 화약, 불꽃놀이에 이용된다.

  - 피크르산(트라이나이트로페놀)의 구조식

  - 피크르산의 열분해 반응식
  $2C_6H_2OH(NO_2)_3 \rightarrow 2C + 3N_2\uparrow + 3H_2\uparrow + 4CO_2\uparrow + 6CO\uparrow$

- **트라이나이트로톨루엔[$C_6H_2CH_3(NO_2)_3$] : 제5류 위험물 중 나이트로화합물**
  ① 물에는 녹지 않고 알코올, 아세톤, 벤젠에 녹는다.
  ② 톨루엔과 질산을 반응시켜 얻는다.

  $$C_6H_5CH_3 + 3HNO_3 \xrightarrow[\text{(탈수작용)}]{C-H_2SO_4} C_6H_2CH_3(NO_2)_3 + 3H_2O$$
  (톨루엔)　(질산)　　　　　　　　(트라이나이트로톨루엔)　(물)

  ③ Tri Nitro Toluene의 약자로 TNT라고도 한다.
  ④ **담황색의 주상결정**이며 햇빛에 다갈색으로 변색된다.
  ⑤ 강력한 폭약이며 급격한 타격에 폭발한다.

- 트라이나이트로톨루엔의 구조식

$$\underset{\underset{NO_2}{}}{\overset{CH_3}{O_2N\diagdown\diagup NO_2}}$$

- 트라이나이트로톨루엔의 열분해 반응식
  $2C_6H_2CH_3(NO_2)_3 \rightarrow 2C + 3N_2\uparrow + 5H_2\uparrow + 12CO\uparrow$

⑥ 연소 시 연소속도가 너무 빠르므로 소화가 곤란하다.
⑦ 무기 및 다이너마이트, 질산폭약제 제조에 이용된다.

제 2 부 최근 기출문제

위·험·물·기·능·사·실·기

위험물기능사 실기
2018년 8월 26일 시행

01 고체 가연물의 대표적인 연소형태 4가지를 쓰시오. (4점)

해답 ① 표면연소 ② 증발연소 ③ 분해연소 ④ 자기연소(내부연소)

상세해설
연소의 종류
① 표면연소 : 숯, 코크스, 목탄, 금속분
② 증발연소 : 파라핀(양초), 황, 나프탈렌, 왁스, 휘발유, 등유, 경유, 아세톤 등 제4류
③ 분해연소 : 석탄, 목재, 플라스틱, 종이, 합성수지(고분자), 중유
④ 자기연소(내부연소) : 나이트로셀룰로오스, 셀룰로이드, 나이트로글리세린 등 제5류
⑤ 확산연소 : 아세틸렌, LPG, LNG 등 가연성 기체

02 삼산화크로뮴을 가열분해하면 산소가 방출한다. 이때의 분해반응식을 쓰시오. (4점)

해답 $4CrO_3 \rightarrow 2Cr_2O_3 + 3O_2$

상세해설
• 무수크로뮴산=삼산화크로뮴(CrO_3)-제1류 위험물
① 가열하면 분해하여 산소와 산화크로뮴이 생성된다.

$$4CrO_3 \xrightarrow{\triangle} 2Cr_2O_3 + 3O_2 \uparrow$$

② 물과 작용하면 부식성이 강한 산이 된다.
③ 물, 알코올, 에터, 황산에 잘 녹는다.

03 1몰의 탄화알루미늄이 물과 반응하는 반응식을 쓰시오. (4점)

해답 $Al_4C_3 + 12H_2O \rightarrow 4Al(OH)_3 + 3CH_4$

- 탄화알루미늄(Al_4C_3) : 제3류 위험물(금수성 물질)
  ① 물과 접촉 시 메탄가스를 생성하고 발열반응을 한다.

  $$Al_4C_3 + 12H_2O \rightarrow 4Al(OH)_3(수산화알루미늄) + 3CH_4(메탄)$$

  ② 황색 결정 또는 백색 분말로 1,400℃ 이상에서는 분해가 된다.
  ③ 물 및 포 약제에 의한 소화는 절대 금하고 마른모래 등으로 피복 소화한다.

04 지정수량이 100kg인 제5류 위험물의 위험물안전관리법령상 품명 4가지만 쓰시오. (4점)

① 하이드라진유도체 ② 나이트로소화합물 ③ 아조화합물 ④ 다이아조화합물

- 제5류 위험물의 지정수량

성질	품명		지정수량	위험등급
자기 반응성 물질	• 유기과산화물 • 나이트로화합물 • 아조화합물 • 하이드라진유도체 • 하이드록실아민염류	• 질산에스터류 • 나이트로소화합물 • 다이아조화합물 • 하이드록실아민	1종 : 10kg 2종 : 100kg	1종 : Ⅰ 2종 : Ⅱ
종판단 완료	• 질산에스터류(대부분)(1종) • 트라이나이트로톨루엔(1종) • 트라이나이트로페놀(1종) • 유기과산화물(대부분)(2종)	• 셀룰로이드(2종) • 테트릴(1종)		

05 다이에틸에터의 완전연소반응식을 쓰시오. (4점)

$C_2H_5OC_2H_5 + 6O_2 \rightarrow 4CO_2 + 5H_2O$

- 다이에틸에터($C_2H_5OC_2H_5$)-제4류 특수인화물

```
    H H   H H
    | |   | |
H - C-C-O-C-C - H
    | |   | |
    H H   H H
```

화학식	분자량	비중	비점	인화점	착화점	연소범위
$C_2H_5OC_2H_5$	74.12	0.72	34℃	-40℃	180℃	1.7~48%

① 직사광선에 장시간 노출 시 과산화물 생성

과산화물 생성 확인방법 : 다이에틸에터 + KI용액(10%) → 황색변화(1분 이내)

② 용기는 갈색 병을 사용하며 냉암소에 보관.
③ 정전기 방지를 위하여 약간의 $CaCl_2$를 넣어준다
④ 폭발성의 과산화물 생성방지를 위해 용기 내에 40mesh 구리 망을 넣어준다.

다이에틸에터 제조방법
$$C_2H_5OH + C_2H_5OH \xrightarrow{C-H_2SO_4} C_2H_5OC_2H_5 + H_2O$$

⑤ 과산화물 제거시약 : 황산제일철($FeSO_4$) 또는 환원철

06 위험물안전관리법령상 질산이 위험물로 취급되기 위해 비중이 일정 값 이상이어야 한다. 그 비중의 최소값을 기준으로 질산의 지정수량을 L 단위로 환산하면 얼마가 되는지 구하시오. (4점)

[계산과정] $Q(L) = \dfrac{300kg}{1.49} = 201.34L$

[답] 201.34L

제6류 위험물(산화성 액체)

성 질	품 명	화학식	지정수량
산화성 액체	• 과염소산	$HClO_4$	300kg
	• 과산화수소(농도가 36중량% 이상인 것)	H_2O_2	
	• 질산(비중이 1.49 이상인 것)	HNO_3	
	• 할로젠간화합물 ① 삼불화브로민 ② 오불화브로민 ③ 오불화아이오딘	BrF_3 BrF_5 IF_5	

07 다음 [보기]의 제2류 위험물을 착화온도가 낮은 것부터 높은 순서로 차례대로 쓰시오. (5점)

〈보기〉 삼황화인, 적린, 마그네슘, 황

삼황화인 – 황 – 적린 – 마그네슘

구 분	삼황화인	적린	마그네슘	황
착화온도(℃)	100	260	473	232(245)

08 다음 [보기]의 위험물 중 위험물안전관리법령상 포소화설비가 적응성이 없는 것을 모두 선택하여 쓰시오. (단, 모두 적응성이 있을 경우는 "해당 없음" 이라고 쓰시오.) (3점)

〈보기〉 철분, 인화성고체, 황린, 알킬알루미늄, TNT

해답 철분, 알킬알루미늄

상세해설
- 철분-제2류
- 인화성고체-제2류
- 황린-제3류 그 밖의 것
- 알킬알루미늄-제3류 금수성
- TNT(트라이나이트로톨루엔)-제5류

소화설비의 적응성

구 분		1류		2류			3류		4류	5류	6류
		알칼리금속 과산화물	그밖의 것	철분, 금속분, 마그네슘	인화성 고체	그밖의 것	금수성 물질	그밖의 것			
봉상강화액소화기			○		○	○		○		○	○
무상강화액소화기			○		○	○		○	○	○	○
포소화기			○		○	○		○	○	○	○
이산화탄소소화기					○				○		△
할로젠화합물소화기					○				○		
분말소화기	인산염류등		○		○	○		○	○		○
	탄산수소염류등	○		○	○		○		○		
	그 밖의 것	○		○			○				
팽창질석 팽창진주암		○	○	○	○	○	○	○	○	○	○

제6류 위험물을 저장 또는 취급하는 장소로서 폭발의 위험이 없는 장소에 한하여 이산화탄소 소화기가 제6류 위험물에 대하여 적응성이 있음을 각각 표시한다.

09 표준상태에서 1몰의 아세톤이 완전연소하기 위해 필요한 산소의 부피는 몇 L 인지 구하시오. (4점)

해답 [계산과정]
① 아세톤의 완전연소반응식
 $CH_3COCH_3 + 4O_2 \rightarrow 3CO_2 + 3H_2O$
② 표준상태(0℃, 1기압)에서 아세톤 1몰이 연소하는데 산소4몰이 필요
③ 필요한 산소의 부피=4몰×22.4L=89.6L
[답] 89.6L

아세톤(CH_3COCH_3) : 제4류 1석유류

화학식	분자량	비중	비점	인화점	착화점	연소범위
$(CH_3)_2CO$	58	0.79	56.3℃	-18℃	538℃	2.5~12.8%

① 무색의 휘발성 액체이다.
② 물 및 유기용제(알코올, 에터 등)에 잘 녹는다.
③ 아이오딘포름 반응을 한다.
④ 아세틸렌 가스의 흡수제에 이용된다.

$$H-\underset{H}{\overset{H}{C}}-\underset{}{\overset{O}{C}}-\underset{H}{\overset{H}{C}}-H$$

---

10 다음 각 위험물을 시성식으로 쓰시오. (4점)

  ○ 아닐린   ○ 스티렌
  ○ 아세톤   ○ 아세트알데하이드

해답 ○ 아닐린 : $C_6H_5NH_2$ ○ 스티렌 : $C_6H_5CHCH_2$
       ○ 아세톤 : CH_3COCH_3 ○ 아세트알데하이드 : CH_3CHO

---

11 다음 설명에 해당하는 분말소화약제의 주성분을 각각 화학식으로 쓰시오.
(4점)

  가. 열분해 시 발생하는 메타인산이 소화작용을 한다.
  나. 기름화재에 사용하면 비누화현상이 일어난다.

해답 가. $NH_4H_2PO_4$ 나. $NaHCO_3$

분말소화약제

종별	주성분	약제명	착색
제1종	$NaHCO_3$	탄산수소나트륨, 중탄산나트륨	백색
제2종	$KHCO_3$	탄산수소칼륨, 중탄산칼륨	담회색
제3종	$NH_4H_2PO_4$	제1인산암모늄	담홍색
제4종	$KHCO_3+(NH_2)_2CO$	탄산수소칼륨+요소	회색

12 위험물안전관리법령상 지정수량 몇 배 이상의 제4류 위험물을 취급하는 제조소 사업소에는 자체소방대를 설치하여야 하는지 쓰시오. (3점)

해답 3000배 이상

상세해설
① 취급하는 제4류 위험물의 최대수량의 합이 지정수량의 3천배 이상인 제조소 또는 일반취급소. (단, 보일러로 위험물을 소비하는 일반취급소 등은 제외)
② 저장하는 제4류 위험물의 최대수량이 지정수량의 50만배 이상인 옥외탱크저장소

13 위험물안전관리법령에서 구분하고 있는 위험등급 Ⅰ, Ⅱ, Ⅲ 중 위험등급 Ⅱ에 해당하는 제4류 위험물의 위험물안전관리법령상 품명 2가지를 쓰시오. (4점)

해답 제1석유류, 알코올류

상세해설
- 제4류 위험물의 품명 및 지정수량★★★★★

성질	품 명		지정수량	위험등급	기타 조건 (1atm에서)
인화성 액체	특수인화물		50L	Ⅰ	• 발화점이 100℃ 이하 • 인화점 -20℃ 이하 & 비점 40℃ 이하 • 이황화탄소, 다이에틸에터
	제1석유류	비수용성	200L	Ⅱ	• 인화점 21℃ 미만 • 아세톤, 휘발유
		수용성	400L		
	알코올류		400L		• C_1~C_3 포화 1가 알코올 (변성알코올 포함)
	제2석유류	비수용성	1000L	Ⅲ	• 인화점 21℃ 이상 70℃ 미만 • 등유, 경유
		수용성	2000L		
	제3석유류	비수용성	2000L		• 인화점 70℃ 이상 200℃ 미만 • 중유, 크레오소트유
		수용성	4000L		
	제4석유류		6000L		• 인화점 200℃ 이상 250℃ 미만인 것
	동식물유류		10000L		• 동물의 지육 또는 식물의 종자나 과육으로부터 추출한 것으로 1기압에서 인화점이 250℃ 미만인 것

14 위험물안전관리법령상 위험물의 운반에 관한 기준에 따르면 적재하는 위험물의 성질에 따라 일광의 직사 또는 빗물의 침투를 방지하기 위하여 유효하게 피복하는 등 기준에 따른 조치를 하여야 한다. 다음의 위험물에는 어떠한 조치를 하여야 하는지 물음에 답하시오.(4점)

(물음 1) 제5류 위험물은 어떤 성질이 있는 피복으로 가려야 하는지 쓰시오.
(물음 2) 제6류 위험물은 어떤 성질이 있는 피복으로 가려야 하는지 쓰시오.
(물음 3) 제2류 위험물 중 철분은 어떤 성질이 있는 피복으로 덮어야 하는지 쓰시오.

해답 (물음 1) 차광성
(물음 2) 차광성
(물음 3) 방수성

상세해설
- 적재하는 위험물의 성질에 따른 조치
  ① 차광성이 있는 피복으로 가려야 하는 위험물
    ㉠ 제1류 위험물
    ㉡ 제3류 위험물 중 자연발화성 물질
    ㉢ 제4류 위험물 중 특수인화물
    ㉣ 제5류 위험물
    ㉤ 제6류 위험물
  ② 방수성이 있는 피복으로 덮어야 하는 것
    ㉠ 제1류 위험물 중 알칼리금속의 과산화물
    ㉡ 제2류 위험물 중 철분·금속분·마그네슘 또는 이들 중 어느 하나 이상을 함유한 것
    ㉢ 제3류 위험물 중 금수성 물질

2018년 11월 25일 시행

01 톨루엔 9.2g을 완전 연소시키는데 필요한 공기는 몇 L인지 구하시오. (단, 0℃, 1기압을 기준으로 하며 공기 중 산소는 21vol% 이다.) (4점)

[계산과정]

〈방법1〉 ① 톨루엔의 완전연소 반응식

$$C_6H_5CH_3 + 9O_2 \rightarrow 7CO_2 + 4H_2O$$

92g ———→ 9×22.4L

9.2g ———→ X

$X = \dfrac{9.2 \times 9 \times 22.4}{92} = 20.16L$ (필요한 산소량)

② 필요한 공기량 $= \dfrac{20.16L}{0.21} = 96L$

[답] 96L

〈방법2〉 ① 톨루엔($C_6H_5CH_3$)분자량 = 12+7×1+8 = 92

② 필요한 공기량 $V = \dfrac{WRT}{PM \times 0.21} \times 9 = \dfrac{9.2 \times 0.082 \times (273+0)}{1 \times 92 \times 0.21} \times 9$

$= 95.94L$

[답] 95.94L

- 이상기체 상태방정식

$$PV = \dfrac{W}{M}RT = nRT$$

여기서, P : 압력(atm), V : 부피(L), W : 무게(g), M : 분자량

R : 기체상수(0.082atm · L/mol · K)

T : 절대온도(273+t ℃)K

02 다음 위험물을 수납한 운반용기의 외부에 표시하는 주의사항을 모두 쓰시오.
(단, 원칙적인 경우에 한한다.)   (6점)

  ○ 제4류 위험물 :
  ○ 제5류 위험물 :
  ○ 제6류 위험물 :

해답
  ○ 제4류 위험물 : 화기엄금
  ○ 제5류 위험물 : 화기엄금 및 충격주의
  ○ 제6류 위험물 : 가연물접촉주의

상세해설
- 위험물 운반용기의 외부 표시 사항
  ① 위험물의 품명, 위험등급, 화학명 및 수용성(제4류 위험물의 수용성인 것에 한함)
  ② 위험물의 수량
  ③ 수납하는 위험물에 따른 주의사항

류 별	성질에 따른 구분	표시 사항
제1류 위험물	알칼리금속의 과산화물	화기·충격주의, 물기엄금 및 가연물접촉주의
	그 밖의 것	화기·충격주의 및 가연물접촉주의
제2류 위험물	철분·금속분·마그네슘	화기주의 및 물기엄금
	인화성 고체	화기엄금
	그 밖의 것	화기주의
제3류 위험물	자연발화성 물질	화기엄금 및 공기접촉엄금
	금수성 물질	물기엄금
제4류 위험물	인화성 액체	**화기엄금**
제5류 위험물	자기반응성 물질	**화기엄금 및 충격주의**
제6류 위험물	산화성 액체	**가연물접촉주의**

03 페놀을 진한 황산에 녹이고 이것을 질산에 작용시켜 만드는 제5류 위험물의 명칭, 지정수량과 화학식을 쓰시오.   (6점)

  ○ 명칭 :   ○ 지정수량 :   ○ 화학식 :

해답
  ○ 명칭 : 트라이나이트로페놀(피크르산)
  ○ 지정수량 : 200kg
  ○ 화학식 : $C_6H_2OH(NO_2)_3$

상세해설
- 피크르산[$C_6H_2(NO_2)_3OH$](TNP : Tri Nitro Phenol) : 제5류 나이트로화합물
  ① 침상결정이며 냉수에는 약간 녹고 더운물, 알코올, 벤젠 등에 잘 녹는다.
  ② 쓴맛과 독성이 있다.
  ③ 피크르산 또는 트라이나이트로페놀(Tri Nitro Phenol)의 약자로 TNP라고도 한다.
  ④ 단독으로 타격, 마찰에 비교적 둔감하다.
  ⑤ 연소 시 검은 연기를 내고 폭발성은 없다.
  ⑥ 휘발유, 알코올, 황과 혼합된 것은 마찰, 충격에 폭발한다.
  ⑦ 화약, 불꽃놀이에 이용된다.

  - 피크르산(트라이나이트로페놀)의 구조식

  $$\begin{array}{c}OH\\O_2N\diagup\diagdown NO_2\\\mid\\NO_2\end{array}$$

  - 피크르산의 열분해 반응식
  $2C_6H_2OH(NO_2)_3 \rightarrow 2C + 3N_2\uparrow + 3H_2\uparrow + 4CO_2\uparrow + 6CO\uparrow$

04 취급하는 위험물의 최대수량이 지정수량의 20배인 경우 위험물 제조소의 보유공지 너비는 몇 m 이상이어야 하는지 쓰시오. (3점)

해답 5m 이상

상세해설
- 제조소의 보유공지 ★
  취급 위험물의 최대수량에 따른 너비의 공지

취급 위험물의 최대수량	공지의 너비
지정수량의 10배 이하	3m 이상
지정수량의 10배 초과	5m 이상

05 다음 그림과 같은 원통형 위험물 저장탱크의 내용적은 몇 m³인지 구하시오. (4점)

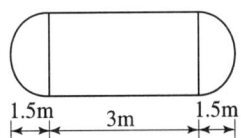

해답

[계산과정] $V = \pi \times 1^2 \times \left(3 + \dfrac{1.5+1.5}{3}\right) = 12.57 \text{m}^3$

[답] 12.57m^3

상세해설

- 탱크의 내용적 계산방법
  ① 타원형 탱크의 내용적
    ㉠ 양쪽이 볼록한 것

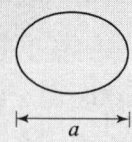 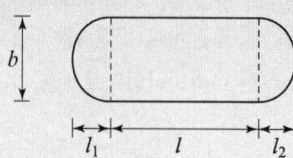

$$\text{내용적} = \dfrac{\pi ab}{4}\left(l + \dfrac{l_1 + l_2}{3}\right)$$

　㉡ 한쪽은 볼록하고 다른 한쪽은 오목한 것

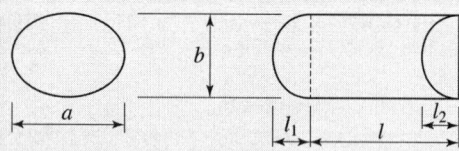

$$\text{내용적} = \dfrac{\pi ab}{4}\left(l + \dfrac{l_1 - l_2}{3}\right)$$

② 원통형 탱크의 내용적
　㉠ 횡으로 설치한 것

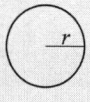 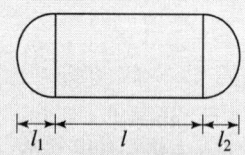

$$\text{내용적} = \pi r^2 \left(l + \dfrac{l_1 + l_2}{3}\right)$$

　㉡ 종으로 설치한 것

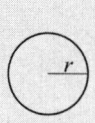 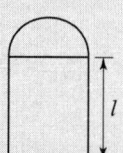

$$\text{내용적} = \pi r^2 l$$

06 위험물제조소 건축물의 외벽 구조에 따라 연면적 몇 m²가 1소요단위에 해당하는지 각각 쓰시오. (4점)

해답
① 외벽이 내화구조인 것 : 100m²
② 외벽이 내화구조가 아닌 것 : 50m²

상세해설
• 소요단위의 계산방법
① 제조소 또는 취급소의 건축물

외벽이 내화구조인 것	외벽이 내화구조가 아닌 것
연면적 100m²를 1소요단위	연면적 50m²를 1소요단위

② 저장소의 건축물

외벽이 내화구조인 것	외벽이 내화구조가 아닌 것
연면적 150m²를 1소요단위	연면적 75m²를 1소요단위

③ **위험물**은 **지정수량의 10배를 1소요단위**로 할 것.

---

07 위험물안전관리법령에서는 유별 위험물의 성질을 정의하고 있다. 다음 [보기]의 물질 중 산화성 고체 위험물에 해당하는 것을 모두 선택하여 쓰시오. (단, 해당사항이 없을 경우는 "없음" 이라고 쓰시오.) (3점)

〈보기〉 산화칼슘, 리튬, 질산암모늄, 과산화나트륨, 과산화벤조일

해답 질산암모늄, 과산화나트륨

상세해설

구 분	산화칼슘	리튬	질산암모늄	과산화나트륨	과산화벤조일
화학식	CaO	Li	NH₄NO₃	Na₂O₂	(C₆H₅CO)₂O₂
유 별	-	제3류 알칼리금속	제1류 질산염류	제1류 무기과산화물	제5류 유기과산화물

---

08 제3종 분말소화약제의 주성분을 쓰고, 적응 가능한 화재를 A급~C급에서 선택하여 모두 쓰시오. (6점)

○ 주성분   ○ 적응화재

해답
- 주성분 : 제1인산암모늄($NH_4H_2PO_4$)
- 적응화재 : A급, B급, C급

상세해설

분말소화약제

종 별	주성분	약제명	착색
제1종	$NaHCO_3$	탄산수소나트륨, 중탄산나트륨	백색
제2종	$KHCO_3$	탄산수소칼륨, 중탄산칼륨	담회색
제3종	$NH_4H_2PO_4$	제1인산암모늄	담홍색
제4종	$KHCO_3+(NH_2)_2CO$	탄산수소칼륨+요소	회색

09 다음은 위험물안전관리법령에서 정한 제3석유류의 정의이다. ( ) 안에 알맞은 용어 또는 수치를 쓰시오. (5점)

"제3석유류"라 함은 (①), (②) 그 밖에 1기압에서 인화점이 섭씨 (③)도 이상 섭씨 (④)도미만인 것을 말한다. 다만, 도료류 그 밖의 물품은 가연성 액체량이 (⑤)중량퍼센트 이하인 것은 제외한다.

해답 ① 중유 ② 크레오소트유 ③ 70 ④ 200 ⑤ 40

- 제4류 위험물의 판단기준
  ① "**특수인화물**"이라 함은 **이황화탄소, 다이에틸에터** 그 밖에 1기압에서 **발화점이 100℃ 이하**인 것 또는 **인화점이 −20℃ 이하**이고 **비점이 40℃ 이하**인 것을 말한다.
  ② "**제1석유류**"라 함은 아세톤, 휘발유 그 밖에 1기압에서 **인화점이 21℃ 미만**인 것을 말한다.
  ③ "**알코올류**"라 함은 1분자를 구성하는 탄소원자의 수가 **1개부터 3개**까지인 포화1가 알코올(변성알코올을 포함한다)을 말한다. 다만, 다음 각 목의 1에 해당하는 것은 **제외**한다.
    ㉠ 1분자를 구성하는 탄소원자의 수가 1개 내지 3개의 포화1가 알코올의 함유량이 **60중량퍼센트 미만**인 수용액
    ㉡ 가연성 액체량이 **60중량퍼센트 미만**이고 인화점 및 연소점(태그개방식 인화점측정기에 의한 연소점)이 에틸알코올 60중량퍼센트 수용액의 인화점 및 연소점을 초과하는 것
  ④ "**제2석유류**"라 함은 **등유, 경유** 그 밖에 1기압에서 **인화점이 21℃ 이상 70℃ 미만**인 것을 말한다. 다만, 도료류 그 밖의 물품에 있어서 가연성 액체량이 40중량퍼센트 이하이면서 인화점이 40℃ 이상인 동시에 연소점이 60℃ 이상인 것은 제외한다.

⑤ "제3석유류"라 함은 중유, 크레오소트유 그 밖에 1기압에서 **인화점이 70℃ 이상 200℃ 미만**인 것을 말한다. 다만, 도료류 그 밖의 물품은 가연성 액체량이 40중량퍼센트 이하인 것은 제외한다.

⑥ "제4석유류"라 함은 기어유, 실린더유 그 밖에 1기압에서 **인화점이 200℃ 이상 250℃ 미만**의 것을 말한다. 다만, 도료류 그 밖의 물품은 가연성 액체량이 40중량퍼센트 이하인 것은 제외한다.

⑦ "**동식물유류**"라 함은 동물의 지육 등 또는 식물의 종자나 과육으로부터 추출한 것으로서 1기압에서 **인화점이 250℃ 미만**인 것을 말한다.

10 경유 500L, 중유 1000L, 에틸알코올 400L, 다이에틸에터 150L를 저장하고 있다. 각 물질의 지정수량 배수의 총합은 얼마인지 구하시오. (4점)

[계산과정] $N = \dfrac{500}{1000} + \dfrac{1000}{2000} + \dfrac{400}{400} + \dfrac{150}{50} = 5$

[답] 5배

구 분	경유	중유	에틸알코올	다이에틸에터
품 명	제2석유류 (비수용성)	제3석유류 (비수용성)	알코올류	특수인화물
지정수량(L)	1000	2000	400	50

• 제4류 위험물의 품명 및 지정수량 ★★★★★

성질	품 명		지정수량	위험등급	기타 조건 (1atm에서)
인화성 액체	특수인화물		50L	I	• 발화점이 100℃ 이하 • 인화점 -20℃ 이하 & 비점 40℃ 이하 • 이황화탄소, 다이에틸에터
	제1석유류	비수용성	200L	II	• 인화점 21℃ 미만 • 아세톤, 휘발유
		수용성	400L		
	알코올류		400L		• C_1~C_3 포화 1가 알코올 (변성알코올 포함)
	제2석유류	비수용성	1000L	III	• 인화점 21℃ 이상 70℃ 미만 • 등유, 경유
		수용성	2000L		
	제3석유류	비수용성	2000L		• 인화점 70℃ 이상 200℃ 미만 • 중유, 크레오소트유
		수용성	4000L		
	제4석유류		6000L		• 인화점 200℃ 이상 250℃ 미만인 것
	동식물유류		10000L		• 동물의 지육 또는 식물의 종자나 과육으로부터 추출한 것으로 1기압에서 인화점이 250℃ 미만인 것

11 질산이 피부에 닿으면 노란색으로 변하는데 이것을 화학적으로 무슨 반응이라 하는지 쓰시오. (4점)

해답 크산토프로테인반응

상세해설

• 질산(HNO_3)–제6류 위험물–산화성 액체

화학식	분자량	비중	비점	융점
HNO_3	63	1.50	86℃	-42℃

① 나이트로화합물의 제조에 사용된다.
② 햇빛에 의하여 일부 분해되어 생긴 NO_2 때문에 황갈색으로 된다.

$$4HNO_3 \rightarrow 2H_2O + 4NO_2\uparrow (이산화질소) + O_2\uparrow (산소)$$

③ 환원성 물질과 혼합하면 발화 또는 폭발한다.

• 크산토프로테인 반응(xanthoprotenic reaction)
 단백질에 **진한질산**을 가하면 **노란색**으로 변하고 **알칼리**를 작용시키면 **오렌지색**으로 변하며, 단백질 검출에 이용된다.

---

12 동식물유류는 아이오딘값을 기준으로 하여 건성유, 반건성유, 불건성유로 나눈다. 다음 동식물유류를 구분하는 아이오딘값의 일반적인 범위를 쓰시오. (6점)

○ 건성유 :　　　　○ 반건성유 :　　　　○ 불건성유 :

해답 ○ 건성유 : 130 이상　　○ 반건성유 : 100~130　　○ 불건성유 : 100 이하

상세해설

• 동식물유류–제4류 위험물 ★★★★
 동물의 지육 또는 식물의 종자나 과육으로부터 추출한 것으로 1기압에서 인화점이 250℃ 미만인 것

[아이오딘값에 따른 동식물유류의 분류]

구 분	아이오딘값	종 류
건성유	130 이상	해바라기기름, 동유(오동기름), 정어리기름, 아마인유, 들기름
반건성유	100~130	채종유, 쌀겨기름, 참기름, 면실유, 옥수수기름, 청어기름, 콩기름, 목화씨기름
불건성유	100 이하	야자유, 팜유, 올리브유, 피마자기름, 낙화생기름(땅콩기름), 돈지, 우지, 고래기름

• 아이오딘값
 옥소가(沃素價)라고도 하며 100g의 유지에 의해서 흡수되는 아이오딘의 g수

위험물기능사 실기

2019년 3월 24일 시행

01 금속칼륨과 탄산가스가 반응할 때 화학반응식을 쓰시오. (4점)

해답 $4K + 3CO_2 \rightarrow 2K_2CO_3 + C$

상세해설

- 금속칼륨 및 금속나트륨 : 제3류 위험물(금수성)
  ① 물과 반응하여 수소기체 발생

  $2Na + 2H_2O \rightarrow 2NaOH(수산화나트륨) + H_2\uparrow (수소 발생)$
  $2K + 2H_2O \rightarrow 2KOH(수산화칼륨) + H_2\uparrow (수소 발생)$

  ② 금속칼륨과 CO_2의 반응식
  $4K + 3CO_2 \rightarrow 2K_2CO_3 + C$
  (금속칼륨과 이산화탄소는 폭발적으로 반응하기 때문에 위험)

  ③ 파라핀, 경유, 등유 속에 저장

  ★★자주출제(필수정리)★★
  ❶ 칼륨(K), 나트륨(Na)은 파라핀, 등유, 경유 속에 저장
  ❷ 황린(3류) 및 이황화탄소(4류)는 물속에 저장

02 제조소에서 위험물을 취급함에 있어서 정전기가 발생할 우려가 있는 설비에는 규정된 방법으로 정전기를 유효하게 제거할 수 있는 설비를 설치하여야 한다. 이에 해당하는 방법 3가지를 각각 쓰시오. (6점)

해답
① 접지에 의한 방법
② 공기 중의 상대습도를 70% 이상으로 하는 방법
③ 공기를 이온화하는 방법

03 제2류 위험물과 혼재가 가능하고 또한 제5류 위험물과도 혼재가 가능한 위험물은 제 몇 류 위험물인지 쓰시오.(단, 지정수량의 10배 이상인 경우이다.) (4점)

해답 제4류 위험물

상세해설
유별을 달리하는 위험물의 혼재기준 ★ 쉬운 암기법 ★
1↓ + 6↑   2 + 4
2↓ + 5↑   5 + 4
3↓ + 4↑

04 옥내탱크저장소에서 다음의 각 경우에 상호 간의 간격은 몇 m 이상을 유지하여야 하는지 각각 쓰시오. (단, 탱크의 점검 및 보수에 지장이 없는 경우는 제외한다) (4점)

(물음 1) 옥내저장탱크와 탱크전용실의 벽과의 사이
(물음 2) 옥내저장탱크의 상호 간의 간격

해답 (물음 1) 0.5m 이상
(물음 2) 0.5m 이상

상세해설
옥내탱크저장소의 위치 · 구조 및 설비의 기술기준
① 위험물을 저장 또는 취급하는 옥내저장탱크는 단층건축물에 설치된 탱크전용실에 설치할 것
② 옥내저장탱크와 탱크전용실의 벽과의 사이 및 옥내저장탱크의 **상호간에는 0.5m 이상의 간격**을 유지할 것
③ 옥내저장탱크의 용량은 **지정수량의 40배**(제4석유류 및 동식물유류 외의 제4류 위험물에 있어서 당해 수량이 20,000L를 초과할 때에는 20,000L) 이하일 것
④ 밸브 없는 통기관
  ㉠ 통기관의 끝부분은 건축물의 창·출입구 등의 개구부로부터 1m 이상 떨어진 옥외의 장소에 지면으로부터 4m 이상의 높이로 설치하되, 인화점이 40℃ 미만인 위험물의 탱크에 설치하는 통기관에 있어서는 부지경계선으로부터 1.5m 이상 이격할 것
  ㉡ 통기관은 가스 등이 체류할 우려가 있는 굴곡이 없도록 할 것
  ㉢ 직경은 30mm 이상일 것
  ㉣ 끝부분은 수평면보다 45도 이상 구부려 빗물 등의 침투를 막는 구조로 할 것
  ㉤ 가는 눈의 구리망 등으로 인화방지장치를 할 것

05 위험물안전관리법령에서 규정하는 인화성 고체의 정의를 쓰시오. (4점)

해답 고형알코올 그 밖에 1기압에서 인화점이 40℃ 미만인 고체

상세해설

- 위험물의 판단기준
  ① **황** : 순도가 60중량% 이상인 것을 말한다. 이 경우 순도 측정에 있어서 불순물은 활석 등 불연성 물질과 수분에 한한다.
  ② **철분** : 철의 분말로서 53㎛의 표준체를 통과하는 것이 50중량% 미만인 것은 제외
  ③ **금속분** : 알칼리금속·알칼리토금속·철 및 마그네슘 외의 금속의 분말을 말하고, 구리분·니켈분 및 150㎛의 체를 통과하는 것이 50중량% 미만인 것은 제외
  ④ **마그네슘은 다음 각 목의 1에 해당하는 것은 제외한다.**
  　㉠ 2mm의 체를 통과하지 아니하는 덩어리 상태의 것
  　㉡ 직경 2mm 이상의 막대 모양의 것
  ⑤ **인화성 고체** : 고형알코올 그 밖에 1기압에서 인화점이 40℃ 미만인 고체
  ⑥ **제6류 위험물의 판단 기준**

종류	과산화수소	질산
기준	• 농도 36중량% 이상	• 비중 1.49 이상

06 제6류 위험물 중 벤젠핵의 수소 1개가 아민기 1개와 치환된 것의 화학식을 쓰시오 (3점)

해답 $C_6H_5NH_2$

상세해설

아닐린($C_6H_5NH_2$)-제3석유류-2000L
① 햇빛 또는 공기에 접촉시 적갈색으로 변색된다.
② 물에는 약간 녹고(용해도 3.6%) 유기용제에 녹는다.
③ 금속과 반응하여 수소를 발생시킨다.

아닐린의 제조방법 ★★★
나이트로벤젠을 수소로서 환원(수소와 결합)하여 아닐린을 만든다.
$$C_6H_5NO_2 + 3H_2 \rightarrow C_6H_5NH_2 + 2H_2O$$
(나이트로벤젠) (수소)　　(아닐린)　 (물)

07
다음 〈보기〉에서 불건성유를 모두 선택하여 쓰시오. (단 해당사항이 없을 경우는 "없음"이라고 쓰시오.) (4점)

〈보기〉 야자유, 아마인유, 해바라기유, 피마자유, 올리브유

해답 야자유, 피마자유, 올리브유

상세해설

- 동식물유류 – 제4류 위험물 ★★★★
  동물의 지육 또는 식물의 종자나 과육으로부터 추출한 것으로 1기압에서 인화점이 250℃ 미만인 것

[아이오딘값에 따른 동식물유류의 분류]

구 분	아이오딘값	종 류
건성유	130 이상	해바라기기름, 동유(오동기름), 정어리기름, 아마인유, 들기름
반건성유	100~130	채종유, 쌀겨기름, 참기름, 면실유, 옥수수기름, 청어기름, 콩기름, 목화씨기름
불건성유	100 이하	야자유, 팜유, 올리브유, 피마자기름, 낙화생기름(땅콩기름), 돈지, 우지, 고래기름

- 아이오딘값
  옥소가(沃素價)라고도 하며 100g의 유지에 의해서 흡수되는 아이오딘의 g수

08
위험물안전관리법령에 따라 주유취급소의 위험물 취급기준에 대해 다음 ( ) 안에 알맞은 온도를 쓰시오. (3점)

자동차 등에 인화점 (   )℃ 미만의 위험물을 주유할 때에는 자동차 등의 원동기를 정지시킬 것. 다만, 연료탱크에 위험물을 주유하는 동안 방출되는 가연성 증기를 회수하는 설비가 부착된 고정주유설비에 의하여 주유하는 경우에는 그러하지 아니하다.

해답 40

상세해설
주유취급소 · 판매취급소 · 이송취급소 또는 이동탱크저장소에서의 위험물의 취급기준
자동차 등에 **인화점 40℃ 미만**의 위험물을 주유할 때에는 자동차 등의 **원동기를 정지**시킬 것. 다만, 연료탱크에 위험물을 주유하는 동안 방출되는 가연성 증기를 회수하는 설비가 부착된 고정주유설비에 의하여 주유하는 경우에는 그러하지 아니하다.

09 제5류 위험물인 나이트로글리세린을 화학식으로 쓰시오. (3점)

해답 $C_3H_5(ONO_2)_3$

상세해설
- 나이트로글리세린[$C_3H_5(ONO_2)_3$] : 제5류 위험물 중 질산에스터류
  ① 상온에서는 액체이지만 겨울철에는 동결한다.
  ② 비수용성이며 메탄올, 아세톤 등에 녹는다.
  ③ 산과 접촉 시 분해가 촉진되고 폭발 우려가 있다.
  - 나이트로글리세린의 분해
    $4C_3H_5(ONO_2)_3 \rightarrow 12CO_2\uparrow + 6N_2\uparrow + O_2\uparrow + 10H_2O$
  ④ 다이너마이트(규조토+나이트로글리세린), 무연화약 제조에 이용된다.
  ⑤ 진한 질산과 진한 황산을 가하면 나이트로화하여 나이트로글리세린으로 된다.
  - 글리세린의 나이트로화반응
    $C_3H_5(OH)_3 + 3HONO_2 \xrightarrow{H_2SO_4} C_3H_5(ONO_2)_3 + 3H_2O$
    (글리세린)　(질산)　　　　　(나이트로글리세린)　(물)

10 이황화탄소 12kg이 완전연소하는 경우 모두 증기가 된다면 1기압 100℃에서 몇 L가 되는지 구하시오. (4점)

해답 [계산과정]
① 이황화탄소의 완전연소반응식 : $CS_2 + 3O_2 \rightarrow CO_2 + 2SO_2$
② 이상기체상태방정식을 적용
  - 생성기체 mol수 = CO_2 1몰 + SO_2 2몰 = 3mol
  - 이황화탄소(CS_2)의 분자량 = 12 + 32×2 = 76

$$V = \frac{WRT}{PM} \times (생성기체\ mol수) = \frac{12000g \times 0.082 \times (273+100)K}{1 \times 76} \times 3$$

= 14488.11L

[답] 14488.11L

상세해설
이상기체 상태방정식

$$PV = \frac{W}{M}RT = nRT$$

여기서, P : 압력(atm), V : 부피(L), W : 무게(g), M : 분자량
R : 기체상수(0.082atm·L/mol·K), T : 절대온도(273+t℃)K

11 과산화수소가 분해되어 산소(O_2)를 발생하는 화학반응식을 쓰시오. (3점)

해답 $2H_2O_2 \rightarrow 2H_2O + O_2$

상세해설
- 과산화수소(H_2O_2) : 제6류 위험물-산화성액체

화학식	분자량	비중	비점	융점
H_2O_2	34	1.463	150.2℃(pure)	-0.43℃(pure)

① 분해안정제로 인산(H_3PO_4) 또는 요산($C_5H_4N_4O_3$)을 첨가한다.
② 저장용기는 밀폐하지 말고 구멍이 있는 마개를 사용한다.
③ 하이드라진($NH_2 \cdot NH_2$)과 접촉 시 분해 작용으로 폭발위험이 있다.

$$NH_2 \cdot NH_2 + 2H_2O_2 \rightarrow 4H_2O + N_2 \uparrow$$

④ 3%용액은 옥시풀이라 하며 표백제 또는 살균제로 이용한다.
- 과산화수소는 36중량% 이상만 위험물에 해당된다.

12 다음의 소화방법은 연소의 3요소 중에서 어떠한 것을 제거 또는 통제하여 소화하는 것인지 연소의 3요소 중 해당하는 것을 각각 1개씩 쓰시오. (4점)

(물음 1) 제거소화   (물음 2) 질식소화

해답 (물음 1) 가연물
(물음 2) 산소

상세해설
- 연소의 3요소 : 가연물+산소+점화원
- 연소의 3요소 : 가연물+산소+점화원+순조로운 연쇄반응

13 다음 1류 위험물의 지정수량을 각각 쓰시오. (4점)

가. 브로민산염류   나. 다이크로뮴산염류
다. 무기과산화물   라. 아염소산염류

해답 가. 300kg   나. 1000kg
다. 50kg   라. 50kg

상세해설

제1류 위험물의 품명 및 지정수량 ★★★★

성질	품명	지정수량	위험등급
산화성고체	○ 아염소산염류, 염소산염류, 과염소산염류, 무기과산화물	50kg	I
	○ 브로민산염류, 질산염류, 아이오딘산염류	300kg	II
	○ 과망가니즈산염류, 다이크로뮴산염류	1000kg	III
	그 밖에 행정안전부령이 정하는 것 ① 과아이오딘산염류 ② 과아이오딘산 ③ 크로뮴, 납 또는 아이오딘의 산화물 ④ 아질산염류 ⑤ 염소화이소시아눌산 ⑥ 퍼옥소이황산염류 ⑦ 퍼옥소붕산염류	300kg	II
	⑧ 차아염소산염류	50kg	I

14 $KClO_3$ 1kg이 고온에서 완전히 열분해할 때의 화학반응식을 쓰고 이때 발생하는 산소는 몇 g인지 구하시오. (단, K의 원자량은 39이고 Cl의 원자량은 35.5이다.) (6점)

(물음 1) 화학반응식   (물음 2) 발생 산소량

해답

(물음 1) [답] $2KClO_3 \rightarrow 2KCl + 3O_2$

(물음 2) [계산과정] $KClO_3$의 분자량 $= 39+35.5+16 \times 3 = 122.5$

$$2KClO_3 \rightarrow 2KCl + 3O_2$$
$$2 \times 122.5g \longrightarrow 3 \times 32g$$
$$1000g(1kg) \longrightarrow X$$

$$X = \frac{1000 \times 3 \times 32}{2 \times 122.5} = 391.84g$$

[답] 391.84g

상세해설

• 염소산칼륨($KClO_3$) : 제1류 위험물 중 염소산염류
  ① 무색 또는 백색 분말. 비중 : 2.34
  ② 온수, 글리세린에 용해. 냉수, 알코올에는 용해하기 어렵다.
  ③ 완전 열 분해되어 염화칼륨과 산소를 방출

$$2KClO_3 \rightarrow 2KCl + 3O_2$$
(염소산칼륨) (염화칼륨) (산소)

제 2 부 최근 기출문제

위험물기능사 실기
2019년 5월 26일 시행

01 과산화수소 수용액의 저장 및 취급 시 분해를 막기 위해 넣어주는 안정제의 종류를 2가지만 쓰시오. (4점)

해답 인산, 요산

상세해설
- 과산화수소(H_2O_2) : 제6류 위험물-산화성액체

화학식	분자량	비중	비점	융점
H_2O_2	34	1.463	150.2℃(pure)	-0.43℃(pure)

① 분해안정제로 인산(H_3PO_4) 또는 요산($C_5H_4N_4O_3$)을 첨가한다.
② 저장용기는 밀폐하지 말고 구멍이 있는 마개를 사용한다.
③ 하이드라진($NH_2 \cdot NH_2$)과 접촉 시 분해 작용으로 폭발위험이 있다.

$$NH_2 \cdot NH_2 + 2H_2O_2 \rightarrow 4H_2O + N_2\uparrow$$

④ 3%용액은 옥시풀이라 하며 표백제 또는 살균제로 이용한다.
- 과산화수소는 36중량% 이상만 위험물에 해당된다.

02 제4류 위험물을 저장하는 옥내저장소의 연면적이 450m²이고 외벽은 내화구조가 아닐 경우 이 옥내 저장소에 대한 소화설비의 소요단위는 얼마인지 구하시오. (4점)

해답 [계산과정] $N = \dfrac{450\text{m}^2}{75\text{m}^2} = 6$단위

[답] 6단위

상세해설
- 소요단위의 계산방법
① 제조소 또는 취급소의 건축물

외벽이 내화구조인 것	외벽이 내화구조가 아닌 것
연면적 100m²를 1소요단위	연면적 50m²를 1소요단위

② 저장소의 건축물

외벽이 내화구조인 것	외벽이 내화구조가 아닌 것
연면적 150m²를 1소요단위	연면적 75m²를 1소요단위

③ 위험물은 지정수량의 10배를 1소요단위로 할 것.

03 위험물은 그 운반용기의 외부에 위험물안전관리법령에서 정하는 사항을 표시하여 적재하여야 한다. 위험물 운반용기의 외부에 표시하여야 할 사항 중 3가지만 쓰시오.   (5점)

① 위험물의 품명·위험등급·화학명 및 수용성("수용성" 표시는 제4류 위험물로서 수용성인 것에 한함)
② 위험물의 수량
③ 수납하는 위험물에 따른 주의사항

- 위험물 운반용기의 외부 표시 사항
  ① 위험물의 품명, 위험등급, 화학명 및 수용성(제4류 위험물의 수용성인 것에 한함)
  ② 위험물의 수량
  ③ 수납하는 위험물에 따른 주의사항

류 별	성질에 따른 구분	표시 사항
• 제1류 위험물	알칼리금속의 과산화물	화기·충격주의, 물기엄금 및 가연물접촉주의
	그 밖의 것	화기·충격주의 및 가연물접촉주의
• 제2류 위험물	철분·금속분·마그네슘	화기주의 및 물기엄금
	인화성 고체	화기엄금
	그 밖의 것	화기주의
• 제3류 위험물	자연발화성 물질	화기엄금 및 공기접촉엄금
	금수성 물질	물기엄금
• 제4류 위험물	인화성 액체	화기엄금
• 제5류 위험물	자기반응성 물질	화기엄금 및 충격주의
• 제6류 위험물	산화성 액체	가연물접촉주의

04 옥외저장탱크를 강철판으로 제작할 경우 두께를 얼마 이상으로 하여야 하는지 쓰시오. (단, 특정옥외저장탱크 및 준특정옥외저장탱크는 제외한다.) (3점)

해답 3.2mm 이상

상세해설
- 옥외저장탱크의 외부구조 및 설비
  옥외저장탱크는 특정옥외저장탱크 및 준특정옥외저장탱크 외에는 **두께 3.2mm 이상의 강철판** 또는 소방청장이 정하여 고시하는 규격에 적합한 재료로 할 것.

05 위험물안전관리법령상 위험물 취급소의 종류 4가지를 쓰시오. (4점)

해답
① 주유취급소 ② 판매취급소
③ 이송취급소 ④ 일반취급소

상세해설
- 취급소의 구분
  ① 주유취급소
     고정된 주유설비에 의하여 자동차·항공기 또는 선박 등의 연료탱크에 직접 주유하기 위하여 위험물을 취급하는 장소
  ② 판매취급소
     점포에서 위험물을 용기에 담아 판매하기 위하여 지정수량의 40배 이하의 위험물을 취급하는 장소
  ③ 이송취급소
     배관 및 이에 부속된 설비에 의하여 위험물을 이송하는 장소
  ④ 일반취급소
     ① 내지 ③외의 장소(유사석유제품에 해당하는 위험물을 취급하는 경우의 장소를 제외)

06 벤젠의 증기비중을 계산하시오. (단, 공기의 평균분자량은 29이다.) (4점)

해답 [계산과정] 벤젠(C_6H_6)의 분자량 $= 12 \times 6 + 1 \times 6 = 78$

$$증기비중 = \frac{78}{29} = 2.69$$

[답] 2.69

상세해설

- 벤젠(Benzene)(C_6H_6) : 제4류 위험물 중 제1석유류
  ① 제4류 위험물 중 1석유류
  ② 착화온도 : 562℃(이황화탄소의 착화온도 100℃)
  ③ 벤젠증기는 마취성 및 독성이 강하다.
  ④ 비수용성이며 알코올, 아세톤, 에터에는 용해
  ⑤ 취급 시 정전기에 유의해야 한다.

---

07 다음 할로젠화합물의 Halon 번호를 쓰시오. (6점)

① CF_3Br ② CF_2BrCl ③ $C_2F_4Br_2$

해답 ① 1301 ② 1211 ③ 2402

상세해설

- 할로젠화합물 소화약제 명명법 : 할론 ⓐ ⓑ ⓒ ⓓ
  ⓐ : C 원자수, ⓑ : F 원자수, ⓒ : Cl 원자수, ⓓ : Br 원자수

- 할로젠화합물 소화약제

구분 \ 종류	할론 2402	할론 1211	할론 1301	할론 1011
분자식	$C_2F_4Br_2$	CF_2ClBr	CF_3Br	CH_2ClBr

---

08 다음 제5류 위험물의 구조식을 나타내시오. (4점)

가. 트라이나이트로페놀(피크린산)
나. 트라이나이트로톨루엔(TNT)

해답

가. 트라이나이트로페놀(피크린산)   나. 트라이나이트로톨루엔(TNT)

상세해설

- 트라이나이트로페놀[$C_6H_2(NO_2)_3OH$] : 제5류 나이트로화합물
  (TNP : Tri Nitro Phenol)
  ① 침상결정이며 냉수에는 약간 녹고 더운물, 알코올, 벤젠 등에 잘 녹는다.
  ② 쓴맛과 독성이 있다.
  ③ 피크르산 또는 트라이나이트로페놀(Tri Nitro Phenol)의 약자로 TNP라고도 한다.

  - 피크르산의 열분해 반응식
    $2C_6H_2OH(NO_2)_3 \rightarrow 2C + 3N_2\uparrow + 3H_2\uparrow + 4CO_2\uparrow + 6CO\uparrow$

- 트라이나이트로톨루엔[$C_6H_2CH_3(NO_2)_3$] : 제5류 위험물 중 나이트로화합물
  ① 물에는 녹지 않고 알코올, 아세톤, 벤젠에 녹는다.
  ② 톨루엔과 질산을 반응시켜 얻는다.

  $$C_6H_5CH_3 + 3HNO_3 \xrightarrow[\text{(탈수작용)}]{C-H_2SO_4} C_6H_2CH_3(NO_2)_3 + 3H_2O$$
  (톨루엔)   (질산)   (트라이나이트로톨루엔)   (물)

  ③ Tri Nitro Toluene의 약자로 TNT라고도 한다.
  ④ **담황색의 주상결정**이며 햇빛에 다갈색으로 변색된다.

  - 트라이나이트로톨루엔의 열분해 반응식
    $2C_6H_2CH_3(NO_2)_3 \rightarrow 2C + 3N_2\uparrow + 5H_2\uparrow + 12CO\uparrow$

09 아이오딘값의 정의를 쓰시오. (3점)

해답 유지 100g에 흡수되는 아이오딘의 g수

상세해설

- 동식물유류 ★★★★
  동물의 지육 또는 식물의 종자나 과육으로부터 추출한 것으로 1기압에서 인화점이 250℃ 미만인 것

  [아이오딘값에 따른 동식물유류의 분류]

구 분	아이오딘값	종 류
건성유	130 이상	해바라기기름, 동유(오동기름), 정어리기름, **아마인유**, 들기름
반건성유	100~130	채종유, 쌀겨기름, 참기름, 면실유, 옥수수기름, 청어기름, 콩기름
불건성유	100 이하	야자유, 팜유, 올리브유, 피마자기름, 낙화생기름, 돈지, 우지, 고래기름

  - 아이오딘값
    옥소가(沃素價)라고도 하며 100g의 유지에 의해서 흡수되는 아이오딘의 g수
  - 비누화 값의 정의 : 유지 1g을 비누화하는 데 필요한 KOH mg수

10 제3류 위험물인 황린에 대해 다음 각 물음에 답하시오. (6점)

(물음 1) 안전한 저장을 위해 사용되는 보호액을 쓰시오.
(물음 2) 수산화칼륨 수용액과 반응하였을 때 발생하는 맹독성의 가스는 무엇인지 쓰시오.
(물음 3) 위험물안전관리법령에서 정한 지정수량을 쓰시오.

해답
(물음 1) 물
(물음 2) 인화수소(포스핀)
(물음 3) 20kg

상세해설

- 황린(P_4)[별명 : 백린] : 제3류 위험물(자연발화성 물질)
  ① 공기 중 약 40~50℃에서 자연발화한다.
  ② 저장 시 자연발화성이므로 반드시 물속에 저장한다.
  ③ 인화수소(PH_3)의 생성을 방지하기 위하여 물의 pH=9(약알칼리)가 안전한계이다.
  ④ 연소 시 오산화인(P_2O_5)의 흰 연기가 발생한다.

  $$P_4 + 5O_2 \rightarrow 2P_2O_5 (오산화인)$$

  ⑤ 강알칼리의 용액에서는 유독기체인 포스핀(PH_3)을 발생한다.

  $$P_4 + 3NaOH + 3H_2O \rightarrow 3NaH_2PO_2 + PH_3 \uparrow (인화수소 = 포스핀)$$

- 제3류 위험물 및 지정수량

성 질	품 명	지정수량	위험등급
자연발화성 및 금수성 물질	칼륨, 나트륨, 알킬알루미늄, 알킬리튬	10kg	I
	황린	20kg	I
	알칼리금속(칼륨 및 나트륨 제외) 및 알칼리토금속	50kg	II
	유기금속화합물(알킬알루미늄 및 알킬리튬 제외)	50kg	II
	금속의 수소화물, 금속의 인화물, 칼슘 또는 알루미늄의 탄화물, 염소화규소화합물	300kg	III

11 제2류 위험물의 위험물안전관리법령상 지정수량이 100kg인 것을 2가지만 고르시오. (4점)

해답 황화인, 적린, 황

상세해설
- 제2류 위험물의 지정수량 및 위험등급

성 질	품 명	지정수량	위험등급
가연성 고체	1. **황화인**, 적린, 황	100kg	Ⅱ
	2. **철분**, 금속분, 마그네슘	500kg	Ⅲ
	3. 인화성 고체	1,000kg	

12 금속칼륨과 이산화탄소가 반응하여 탄소를 생성하는 화학반응식을 쓰시오. (4점)

해답 $4K + 3CO_2 \rightarrow 2K_2CO_3 + C$

상세해설
- 금속칼륨 및 금속나트륨 : 제3류 위험물(금수성)
  ① 물과 반응하여 수소기체 발생

  $$2Na + 2H_2O \rightarrow 2NaOH(수산화나트륨) + H_2\uparrow (수소 발생)$$
  $$2K + 2H_2O \rightarrow 2KOH(수산화칼륨) + H_2\uparrow (수소 발생)$$

  ② 금속칼륨과 CO_2의 반응식
  $4K + 3CO_2 \rightarrow 2K_2CO_3 + C$
  (금속칼륨과 이산화탄소는 폭발적으로 반응하기 때문에 위험)

  ③ 파라핀, 경유, 등유 속에 저장

  ★★자주출제(필수정리)★★
  ❶ 칼륨(K), 나트륨(Na)은 파라핀, 등유, 경유 속에 저장
  ❷ 황린(3류) 및 이황화탄소(4류)는 물속에 저장

13 나이트로글리세린 제조방법을 사용되는 원료를 중심으로 설명하시오. (4점)

해답 글리세린에 진한질산과 진한황산으로 나이트로화 반응시켜 제조

- 나이트로글리세린(Nitro Glycerine) : NG [$(C_3H_5(ONO_2)_3)$]★★★★

화학식	분자량	비중	융점	비점	착화점
$C_3H_5(ONO_2)_3$	227	1.6	13℃	160℃	210℃

① 상온에서는 액체이지만 겨울철에는 동결한다.
② 진한질산과 진한 황산을 가하면 나이트로화 하여 나이트로글리세린으로 된다.

글리세린의 나이트로화반응

$$C_3H_5(OH)_3 + 3HONO_2 \xrightarrow{H_2SO_4} C_3H_5(ONO_2)_3 + 3H_2O$$
(글리세린)   (질산)   (트라이나이트로글리세린) (물)

③ 비수용성이며 메탄올, 아세톤 등에 녹는다.
④ 가열, 마찰, 충격에 예민하여 대단히 위험하다.
⑤ 산과 접촉 시 분해가 촉진되고 폭발우려가 있다.

나이트로글리세린의 열분해 반응식

$$4C_3H_5(ONO_2)_3 \rightarrow 12CO_2\uparrow + 6N_2\uparrow + O_2\uparrow + 10H_2O$$

⑥ 다이나마이트(규조토+나이트로글리세린), 무연화약 제조에 이용된다.

제 2 부 최근 기출문제

위험물기능사 실기

2019년 8월 24일 시행

---

01 산화프로필렌 200L, 벤즈알데하이드 1000L, 아크릴산 4000L 를 저장하고 있을 경우 각각의 지정수량 배수의 합계는 얼마인지 구하시오. (4점)

[계산과정] $N = \dfrac{200L}{50L} + \dfrac{1000L}{1000L} + \dfrac{4000L}{2000L} = 7$배

[답] 7배

제4류 위험물의 지정수량

구 분	산화프로필렌	벤즈알데하이드	아크릴산
화학식	CH_3CHCH_2O	C_6H_5CHO	C_2H_3COOH
유 별	특수인화물	제2석유류(비수용성)	제2석유류(수용성)
지정수량	50L	1000L	2000L

---

02 분말소화약제인 탄산수소칼륨의 1차 열분해 반응식을 쓰시오. (4점)

$2KHCO_3 \rightarrow K_2CO_3 + CO_2 + H_2O$

• 분말약제의 주성분 및 열분해

종별	약제명	화학식	착색	열분해 반응식
제1종	탄산수소나트륨 중탄산나트륨 중조	$NaHCO_3$	백색	270℃ $2NaHCO_3 \rightarrow Na_2CO_3+CO_2+H_2O$ 850℃ $2NaHCO_3 \rightarrow Na_2O+2CO_2+H_2O$
제2종	탄산수소칼륨 중탄산칼륨	$KHCO_3$	담회색	190℃ $2KHCO_3 \rightarrow K_2CO_3+CO_2+H_2O$ 590℃ $2KHCO_3 \rightarrow K_2O+2CO_2+H_2O$
제3종	제1인산암모늄	$NH_4H_2PO_4$	담홍색	$NH_4H_2PO_4 \rightarrow HPO_3+NH_3+H_2O$
제4종	탄산수소칼륨+ 요소	$KHCO_3+$ $(NH_2)_2CO$	회(백)색	$2KHCO_3+(NH_2)_2CO$ $\rightarrow K_2CO_3+2NH_3+2CO_2$

03 위험물의 운송 시 운송책임자의 감독·지원을 받아야 하는 위험물 2가지를 쓰시오. (4점)

해답 알킬알루미늄, 알킬리튬

상세해설 운송책임자의 감독·지원을 받아 운송하여야 하는 위험물
① 알킬알루미늄
② 알킬리튬
③ 알칼알루미늄 또는 알킬리튬의 물질을 함유하는 위험물

04 아세트알데하이드의 완전연소 반응식을 쓰시오. (4점)

해답 $2CH_3CHO + 5O_2 \rightarrow 4CO_2 + 4H_2O$

상세해설
- 아세트알데하이드(CH_3CHO) : 제4류 위험물 중 특수인화물
  ① 휘발성이 강하고 과일 냄새가 있는 무색 액체
  ② 물, 에탄올에 잘 녹는다.
  ③ 산화되어 초산(CH_3COOH)이 된다.
  ④ 연소범위는 약 4~60%이다.
  ⑤ 저장용기 사용 시 구리, 마그네슘, 은, 수은 및 합금용기는 사용 금지.(중합반응 때문)
  ⑥ 다량의 물로 주수 소화한다.
  ⑦ 아세트알데하이드 등을 취급하는 설비에는 연소성 혼합기체의 생성에 의한 폭발을 방지하기 위한 불활성 기체 또는 수증기를 봉입하는 장치를 갖출 것.

05 위험물안전관리법령상 다음 각 위험물의 운반용기 외부에 표시해야 하는 주의사항을 모두 쓰시오. (6점)

가. 제1류 위험물 중 알칼리금속의 과산화물
나. 위험물 중 금속분
다. 제5류 위험물

해답 가. 화기주의, 충격주의, 물기엄금, 가연물접촉주의

나. 화기주의, 물기엄금
다. 화기엄금, 충격주의

- 위험물 운반용기의 외부 표시 사항
  ① 위험물의 품명, 위험등급, 화학명 및 수용성(제4류 위험물의 수용성인 것에 한함)
  ② 위험물의 수량
  ③ 수납하는 위험물에 따른 주의사항

류 별	성질에 따른 구분	표시 사항
제1류 위험물	알칼리금속의 과산화물	화기 · 충격주의, 물기엄금 및 가연물접촉주의
	그 밖의 것	화기 · 충격주의 및 가연물접촉주의
제2류 위험물	철분 · 금속분 · 마그네슘	화기주의 및 물기엄금
	인화성 고체	화기엄금
	그 밖의 것	화기주의
제3류 위험물	자연발화성 물질	화기엄금 및 공기접촉엄금
	금수성 물질	물기엄금
제4류 위험물	인화성 액체	화기엄금
제5류 위험물	자기반응성 물질	**화기엄금 및 충격주의**
제6류 위험물	산화성 액체	가연물접촉주의

06 위험물안전관리법령상 위험물제조소의 환기설비 기준에서 바닥면적이 130m²인 곳에 설치된 급기구 면적은 얼마 이상으로 하여야 하는지 쓰시오.
(3점)

600cm² 이상

- 환기설비의 설치 기준 ★★★
  ① 자연배기방식으로 할 것.
  ② 급기구는 바닥면적 150m²마다 1개 이상, 크기는 800cm² 이상으로 할 것.

  [바닥면적이 150m² 미만인 경우 급기구의 면적]

바닥면적	급기구의 면적
60m² 미만	150cm² 이상
60m² 이상 90m² 미만	300cm² 이상
90m² 이상 120m² 미만	450cm² 이상
120m² 이상 150m² 미만	600cm² 이상

  ③ 급기구는 낮은 곳에 설치하고 **인화방지망**을 설치할 것.
  ④ 환기구는 지붕 위 또는 지상 2m 이상의 높이에 회전식 고정 벤틸레이터 또는 루프팬 방식으로 설치할 것.

07 일반적으로 동식물유류를 건성유, 반건성유, 불건성유로 분류할 때 기준이 되는 아이오딘값의 범위를 각각 쓰시오. (5점)

○ 건성유 :   ○ 반건성유 :   ○ 불건성유 :

해답 ○ 건성유 : 130 이상   ○ 반건성유 : 100~130   ○ 불건성유 : 100 이하

상세해설

- 동식물유류–제4류 위험물 ★★★★
  동물의 지육 또는 식물의 종자나 과육으로부터 추출한 것으로 1기압에서 인화점이 250℃ 미만인 것

  [아이오딘값에 따른 동식물유류의 분류]

구 분	아이오딘값	종 류
건성유	130 이상	해바라기름, 동유(오동기름), 정어리기름, 아마인유, 들기름
반건성유	100~130	채종유, 쌀겨기름, 참기름, 면실유, 옥수수기름, 청어기름, 콩기름, 목화씨기름
불건성유	100 이하	야자유, 팜유, 올리브유, 피마자기름, 낙화생기름(땅콩기름), 돈지, 우지, 고래기름

- 아이오딘값
  옥소가(沃素價)라고도 하며 100g의 유지에 의해서 흡수되는 아이오딘의 g수

08 인화칼슘을 물과 반응시켰을 때 생성되는 물질 2가지를 화학식으로 쓰시오. (4점)

해답 $Ca(OH)_2$, PH_3

상세해설

- 인화칼슘(Ca_3P_2)[별명 : 인화석회] : 제3류 위험물(금수성 물질)
  ① 적갈색의 괴상고체
  ② 물 및 약산과 격렬히 반응, 분해하여 인화수소(포스핀)(PH_3)를 생성한다.

  - $Ca_3P_2 + 6H_2O \rightarrow 3Ca(OH)_2 + 2PH_3$(포스핀 = 인화수소)
  - $Ca_3P_2 + 6HCl \rightarrow 3CaCl_2 + 2PH_3$(포스핀 = 인화수소)

  ③ 포스핀은 맹독성 가스이므로 취급 시 방독마스크를 착용한다.

09 다음은 위험물안전관리법령에서 정한 이동탱크저장소의 상치장소에 관한 내용이다. ( )안에 알맞은 수치를 쓰시오. (4점)

> 옥외에 있는 상치장소는 화기를 취급하는 장소 또는 인근의 건축물로부터 (㉮)m 이상(인근의 건축물이 1층인 경우에는 (㉯)m 이상)의 거리를 확보하여야 한다. 다만, 하천의 공지나 수면, 내화구조 또는 불연재료의 담 또는 벽 그 밖에 이와 유사한 것에 접하는 경우를 제외한다.

 ㉮ 5m ㉯ 3m

 이동탱크저장소의 상치장소
① 옥외에 있는 상치장소는 화기를 취급하는 장소 또는 인근의 건축물로부터 **5m 이상**(인근의 건축물이 **1층인 경우에는 3m 이상**)의 거리를 확보하여야 한다. 다만, 하천의 공지나 수면, 내화구조 또는 불연재료의 담 또는 벽 그 밖에 이와 유사한 것에 접하는 경우를 제외한다.
② 옥내에 있는 상치장소는 벽·바닥·보·서까래 및 지붕이 내화구조 또는 불연재료로 된 건축물의 **1층에 설치**하여야 한다.

10 하나의 옥내저장탱크 전용실에 2개의 옥내저장탱크를 설치할 경우 탱크 상호간의 사이는 얼마 이상의 간격을 유지하여야 하는지 쓰시오. (3점)

 0.5m 이상

 • 옥내탱크저장소의 위치·구조 및 설비의 기준
① 옥내탱크저장소의 기준 ★★★
  ㉠ 옥내저장탱크는 단층건축물에 설치된 탱크전용실에 설치할 것.
  ㉡ 옥내저장탱크와 탱크전용실의 벽과의 사이 및 **옥내저장탱크의 상호간에는 0.5m 이상**의 간격을 유지할 것.
  ㉢ 옥내저장탱크의 용량(동일한 탱크전용실에 옥내저장탱크를 2 이상 설치하는 경우에는 각 탱크의 용량의 합계)은 지정수량의 40배(제4석유류 및 동식물유류 외의 제4류 위험물에 있어서 당해 수량이 20,000L를 초과할 때에는 20,000L) 이하일 것.
② 제4류 위험물의 옥내저장탱크 중 밸브 없는 통기관 설치기준 ★★
  ㉠ 통기관의 끝부분은 건축물의 창·출입구 등의 개구부로부터 1m 이상 떨어진 옥외의 장소에 지면으로부터 4m 이상의 높이로 설치

ⓒ 인화점이 40℃ 미만인 위험물의 탱크에 설치하는 통기관은 부지경계선으로부터 1.5m 이상 이격할 것. 다만, 고인화점 위험물만을 100℃ 미만의 온도로 저장 또는 취급하는 탱크에 설치하는 통기관은 그 끝부분을 탱크전용실 내에 설치할 수 있다.

11 제2류 위험물 중 Al, Fe, Zn 을 이온화 경향이 가장 큰 것부터 작은 순서대로 쓰시오. (4점)

 Al, Zn, Fe

금속의 이온화 경향 서열 (필수암기) ★★★★★

K-Ca-Na-Mg-Al-Zn-Fe-Ni-Sn-Pb-(H)-Cu-Hg-Ag-Pt-Au
카-카-나- 마-알- 아 -철-니-주 -납- 수-구 -수-은- 백-금

12 부착성이 뛰어난 메타인산을 만들어 화재시 소화능력이 좋은 소화약제로, ABC 소화약제라고도 하는 이 약제의 주성분을 화학식으로 쓰시오. (3점)

 $NH_4H_2PO_4$

- 제1인산암모늄(제3종 분말)의 열분해
  $NH_4H_2PO_4 \rightarrow HPO_3$(메타인산) $+ NH_3$(암모니아) $+ H_2O$(물)

- 분말약제의 주성분 및 열분해

종 별	약제명	화학식	착색	열분해 반응식
제1종	탄산수소나트륨 중탄산나트륨 중조	$NaHCO_3$	백색	270℃ $2NaHCO_3$ $\rightarrow Na_2CO_3+CO_2+H_2O$ 850℃ $2NaHCO_3$ $\rightarrow Na_2O+2CO_2+H_2O$
제2종	탄산수소칼륨 중탄산칼륨	$KHCO_3$	담회색	190℃ $2KHCO_3$ $\rightarrow K_2CO_3+CO_2+H_2O$ 590℃ $2KHCO_3$ $\rightarrow K_2O+2CO_2+H_2O$
제3종	제1인산암모늄	$NH_4H_2PO_4$	담홍색	$NH_4H_2PO_4 \rightarrow HPO_3+NH_3+H_2O$
제4종	탄산수소칼륨+ 요소	$KHCO_3+$ $(NH_2)_2CO$	회(백)색	$2KHCO_3+(NH_2)_2CO$ $\rightarrow K_2CO_3+2NH_3+2CO_2$

13. 자일렌(크실렌)의 이성질체 중 m-자일렌(크실렌)의 구조식을 나타내시오. (3점)

해답

상세해설

크실렌(Xylene : 자이렌)($C_6H_4(CH_3)_2$)★★★★★

화학식	구 분	분류	비중	인화점	착화점
$C_6H_4(CH_3)_2$	o(ortho)-크실렌	제2석유류	0.88	32℃	464℃
	m(meta)-크실렌		0.86	25℃	528℃
	p(para)-크실렌		0.86	25℃	529℃

① 3가지의 이성질체가 있다.

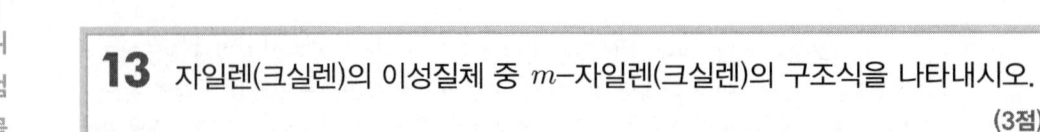

오르소크실렌 (ortho-xylene)   메타크실렌 (meta-xylene)   파라크실렌 (para-xylene)

② 벤젠의 수소원자 2개가 메틸기(CH_3)로 치환된 것이다.
③ 물에는 용해되지 않고 알콜, 에터 등 유기용제에 용해된다.

14. 위험물안전관리법령에서 정의하는 자기반응성물질에 대해 다음 ( ) 안에 알맞은 용어를 쓰시오. (4점)

"자기반응성물질"이라 함은 고체 또는 액체로서 (㉮)의 위험성 또는 (㉯)의 격렬함을 판단하기 위하여 고시로 정하는 시험에서 고시로 정하는 성질과 상태를 나타내는 것을 말한다.

해답 ㉮ 폭발 ㉯ 가열분해

용어의 정의

① 산화성고체

고체[액체(1기압 및 섭씨 20도에서 액상인 것 또는 섭씨 20도 초과 섭씨 40도 이하에서 액상인 것)또는 기체(1기압 및 섭씨 20도에서 기상인 것)외의 것]로서 산화력의 잠재적인 위험성 또는 충격에 대한 민감성을 판단하기 위하여 소방청장이 정하여 고시하는 시험에서 고시로 정하는 성질과 상태를 나타내는 것을 말한다. 이 경우 "액상"이라 함은 수직으로 된 시험관(안지름 30밀리미터, 높이 120밀리미터의 원통형유리관을 말한다)에 시료를 55밀리미터까지 채운 다음 당해 시험관을 수평으로 하였을 때 시료액면의 끝부분이 30밀리미터를 이동하는데 걸리는 시간이 90초 이내에 있는 것을 말한다.

② 가연성고체

고체로서 화염에 의한 발화의 위험성 또는 인화의 위험성을 판단하기 위하여 고시로 정하는 시험에서 고시로 정하는 성질과 상태를 나타내는 것

③ 자연발화성물질 및 금수성물질

고체 또는 액체로서 공기 중에서 발화의 위험성이 있거나 물과 접촉하여 발화하거나 가연성가스를 발생하는 위험성이 있는 것

④ 인화성액체

액체(제3석유류, 제4석유류 및 동식물유류에 있어서는 1기압과 섭씨 20도에서 액상인 것)로서 인화의 위험성이 있는 것

⑤ 자기반응성물질

고체 또는 액체로서 **폭발의 위험성** 또는 **가열분해의 격렬함**을 판단하기 위하여 고시로 정하는 시험에서 고시로 정하는 성질과 상태를 나타내는 것

⑥ 산화성액체

액체로서 산화력의 잠재적인 위험성을 판단하기 위하여 고시로 정하는 시험에서 고시로 정하는 성질과 상태를 나타내는 것

위·험·물·기·능·사·실·기

위험물기능사 실기
2019년 11월 23일 시행

01 물과 반응하여 아세틸렌 가스를 발생시키며 고온으로 가열하면 질소와 반응하여 칼슘시안아미드(석회질소)를 발생하는 물질의 명칭과 화학식을 쓰시오.

(4점)

- 명칭 : 탄화칼슘
- 화학식 : CaC_2

- 탄화칼슘(CaC_2) : 제3류 위험물 중 칼슘탄화물

화학식	분자량	융점	비중
CaC_2	64	2370℃	2.21

① 물과 접촉 시 아세틸렌을 생성하고 열을 발생시킨다.

$$CaC_2 + 2H_2O \rightarrow Ca(OH)_2(수산화칼슘) + C_2H_2\uparrow(아세틸렌)$$

② 아세틸렌의 폭발범위는 2.5~81%로 대단히 넓어서 폭발위험성이 크다.
③ 고온(700℃)에서 질화되어 칼슘시안아미드(석회질소)($CaCN_2$)가 생성된다.

$$CaC_2 + N_2 \rightarrow CaCN_2(석회질소) + C(탄소)$$

02 질산이 햇빛에 의해 분해되어 이산화질소를 발생하는 분해반응식을 쓰시오.

(4점)

$4HNO_3 \rightarrow 2H_2O + 4NO_2 + O_2$

- 질산(HNO_3)-제6류 위험물-산화성 액체

화학식	분자량	비중	비점	융점
HNO_3	63	1.50	86℃	-42℃

① 나이트로화합물의 제조에 사용된다.
② 햇빛에 의하여 일부 분해되어 생긴 NO_2 때문에 황갈색으로 된다.

$$4HNO_3 \rightarrow 2H_2O + 4NO_2\uparrow(이산화질소) + O_2\uparrow(산소)$$

③ 환원성 물질과 혼합하면 발화 또는 폭발한다.
- 크산토프로테인 반응(xanthoprotenic reaction)
  단백질에 진한질산을 가하면 노란색으로 변하고 알칼리를 작용시키면 오렌지색으로 변하며, 단백질 검출에 이용된다.

03 아세트알데하이드가 산화되어 아세트산이 되는 과정과 환원되어 에탄올이 되는 과정을 각각 화학반응식으로 나타내시오. (6점)

해답
① 산화반응 : $2CH_3CHO + O_2 \rightarrow 2CH_3COOH$
② 환원반응 : $CH_3CHO + H_2 \rightarrow C_2H_5OH$

상세해설
- 아세트알데하이드(CH_3CHO) : 제4류 위험물 중 특수인화물

화학식	분자량	비중	비점	인화점	착화점	연소범위
CH_3CHO	44	0.78	21℃	-38℃	185℃	4~60%

① 휘발성이 강하고 과일냄새가 있는 무색 액체
② 물, 에탄올에 잘 녹는다.
③ 산화되어 아세트산(초산)(CH_3COOH)이 된다.

$$2CH_3CHO + O_2 \rightarrow 2CH_3COOH$$

④ 저장용기 사용 시 구리, 마그네슘, 은, 수은 및 합금용기는 사용금지
⑤ 환원되어 에틸알코올(C_2H_5OH)이 된다.

$$CH_3CHO + H_2 \rightarrow C_2H_5OH$$

⑥ 에틸알코올을 산화시켜 제조한다.

$$2C_2H_5OH + O_2 \rightarrow 2H_2O + 2CH_3CHO$$

04 [보기]의 위험물을 인화점이 낮은 것부터 높은 순서대로 쓰시오. (4점)

〈보기〉 나이트로벤젠, 아세트알데하이드, 에탄올, 아세트산

아세트알데하이드 - 에탄올 - 아세트산 - 나이트로벤젠

상세해설

명 칭	나이트로벤젠	아세트알데하이드	에탄올	아세트산
유 별	제3석유류	특수인화물	알코올류	제2석유류
인화점	88℃	-38℃	13℃	40℃

05 위험물안전관리법령상 제6류 위험물 운반용기의 외부에 표시하는 주의사항을 쓰시오. (3점)

해답 가연물접촉주의

상세해설
- 위험물 운반용기의 외부 표시 사항
  ① 위험물의 품명, 위험등급, 화학명 및 수용성(제4류 위험물의 수용성인 것에 한함)
  ② 위험물의 수량
  ③ 수납하는 위험물에 따른 주의사항

류 별	성질에 따른 구분	표시 사항
· 제1류 위험물	알칼리금속의 과산화물	화기 · 충격주의, 물기엄금 및 가연물접촉주의
	그 밖의 것	화기 · 충격주의 및 가연물접촉주의
· 제2류 위험물	철분 · 금속분 · 마그네슘	화기주의 및 물기엄금
	인화성 고체	화기엄금
	그 밖의 것	화기주의
· 제3류 위험물	자연발화성 물질	화기엄금 및 공기접촉엄금
	금수성 물질	물기엄금
· 제4류 위험물	인화성 액체	화기엄금
· 제5류 위험물	자기반응성 물질	화기엄금 및 충격주의
· **제6류 위험물**	**산화성 액체**	**가연물접촉주의**

06 위험물안전관리법령상 간이탱크저장소에 대하여 다음 각 물음에 답하시오. (6점)

㈎ 1개의 간이탱크 저장소에 설치하는 간이저장탱크는 몇 개 이하로 하여야 하는지 쓰시오.
㈏ 간이저장탱크의 용량은 몇 L 이하이어야 하는지 쓰시오.
㈐ 간이저장탱크는 두께를 몇 mm 이상의 강판으로 하여야 하는지 쓰시오.

해답 ㈎ 3개 이하
㈏ 600L 이하
㈐ 3.2mm 이상

상세해설
- 간이탱크저장소의 위치 · 구조 및 설비기준
  ① 하나의 간이탱크저장소에 설치하는 간이저장탱크는 그 수를 3 이하로 하고, 동

일한 품질의 위험물의 간이저장탱크를 2 이상 설치하지 아니하여야 한다.
② 간이저장탱크는 옥외에 설치하는 경우에는 그 탱크의 주위에 너비 1m 이상의 공지를 두고, 전용실안에 설치하는 경우에는 탱크와 전용실의 벽과의 사이에 0.5m 이상의 간격을 유지하여야 한다.
③ 간이저장탱크의 **용량은 600L 이하**
④ 간이저장탱크는 **두께 3.2mm 이상의 강판**, 70kPa의 압력으로 10분간의 수압시험을 실시
⑤ 간이저장탱크에는 밸브 없는 통기관을 설치
　㉠ 통기관의 **지름은 25mm 이상**
　㉡ 통기관은 옥외에 설치하되, 그 끝부분의 높이는 **지상 1.5m 이상**
　㉢ 통기관의 끝부분은 수평면에 대하여 아래로 **45도 이상 구부려** 빗물 등이 침투하지 아니하도록 할 것
　㉣ 가는 눈의 구리망 등으로 인화방지장치를 할 것

07

위험물안전관리법령상 동식물유류에 대한 정의에 대해 다음 ( ) 안에 알맞은 수치를 쓰시오. (3점)

동물의 지육 등 또는 식물의 종자나 과육으로부터 추출한 것으로서 1기압 하에서 인화점이 (　)℃ 미만인 것을 동식물유류라 한다.

 250

• 동식물유류–제4류 위험물 ★★★★
동물의 지육 또는 식물의 종자나 과육으로부터 추출한 것으로 1기압에서 인화점이 250℃ 미만인 것

[아이오딘값에 따른 동식물유류의 분류]

구 분	아이오딘값	종 류
건성유	130 이상	해바라기기름, 동유(오동기름), 정어리기름, 아마인유, 들기름
반건성유	100~130	채종유, 쌀겨기름, 참기름, 면실유, 옥수수기름, 청어기름, 콩기름, 목화씨기름
불건성유	100 이하	야자유, 팜유, 올리브유, 피마자기름, 낙화생기름(땅콩기름), 돈지, 우지, 고래기름

• 아이오딘값
옥소가(沃素價)라고도 하며 100g의 유지에 의해서 흡수되는 아이오딘의 g수

08 이산화탄소소화기로 이산화탄소를 20℃의 1기압 대기 중에 1kg을 방출할 때 부피는 몇 L가 되는지 구하시오. (4점)

해답 [계산과정]
① 이산화탄소(CO_2)의 분자량 = $12+16\times2=44$
② $W=1kg=1,000g$
③ 표준상태 = 0℃, 1기압(atm) 상태
④ $V=\dfrac{WRT}{PM}=\dfrac{1000\times0.082\times(273+20)}{1\times44}=546.05L$

[답] 546.05L

상세해설
- 이상기체 상태방정식

$$PV=\dfrac{W}{M}RT=nRT$$

여기서, P : 압력(atm), V : 부피(L), W : 무게(g), M : 분자량
R : 기체상수(0.082atm · L/mol · K)
T : 절대온도(273+t ℃)K

09 지정수량 10배 이상의 위험물을 운반하고자 할 때 제3류 위험물과 혼재할 수 있는 위험물은 제 몇 류 위험물인지 모두 쓰시오. (3점)

해답 제4류 위험물

상세해설
유별을 달리하는 위험물의 혼재기준 ★ 쉬운 암기법 ★
1↓ + 6↑   2 + 4
2↓ + 5↑   5 + 4
3↓ + 4↑

10 제5류 위험물 중 위험등급 Ⅰ인 위험물의 위험물안전관리법령상 품명 2가지를 쓰시오. (4점)

해답 ① 유기과산화물, ② 질산에스터

상세해설

- 제5류 위험물의 지정수량

성질	품명	지정수량	위험등급
자기 반응성 물질	• 유기과산화물　• 질산에스터류 • 나이트로화합물　• 나이트로소화합물 • 아조화합물　• 다이아조화합물 • 하이드라진 유도체　• 하이드록실아민 • 하이드록실아민염류	1종 : 10kg 2종 : 100kg	1종 : Ⅰ 2종 : Ⅱ
종판단 완료	• 질산에스터류(대부분)(1종) • 셀룰로이드(2종) • 트라이나이트로톨루엔(1종) • 트라이나이트로페놀(1종) • 테트릴(1종) • 유기과산화물(대부분)(2종)		

11 벤젠 1몰이 완전 연소하는데 필요한 공기는 몇 몰 인지 구하시오. (4점)

해답 [계산과정]

$2C_6H_6 + 15O_2 \rightarrow 12CO_2 + 6H_2O$ ← 완전연소 반응식

$C_6H_6 + 7.5O_2 \rightarrow 6CO_2 + 3H_2O$ ← 벤젠1몰 기준 완전연소 반응식

필요한 공기의 몰수　$M = 7.5$몰$/0.21 = 35.71$몰

[답] 35.71몰

12 다음 각 물질의 구조식을 나타내시오. (6점)

　가. 초산에틸(아세트산에틸) :
　나. 에틸렌글리콜 :
　다. 개미산(포름산) :

해답　가. 초산에틸(아세트산에틸)　　나. 에틸렌글리콜　　다. 개미산(포름산)

$$\begin{array}{c} \text{H} \quad \text{O} \quad \text{H} \quad \text{H} \\ | \quad\; \| \quad\; | \quad\; | \\ \text{H}-\text{C}-\text{C}-\text{O}-\text{C}-\text{C}-\text{H} \\ | \quad\quad\quad\;\; | \quad\; | \\ \text{H} \quad\quad\quad \text{H} \quad \text{H} \end{array} \qquad \begin{array}{c} \text{H} \quad \text{H} \\ | \quad\; | \\ \text{HO}-\text{C}-\text{C}-\text{OH} \\ | \quad\; | \\ \text{H} \quad \text{H} \end{array} \qquad \begin{array}{c} \text{O} \\ \| \\ \text{H}-\text{C}-\text{OH} \end{array}$$

13 다음 할로젠화합물 소화약제를 화학식으로 나타내시오. (4점)

① Halon 1211 :   ② Halon 1301 :

① Halon 1211 : CF_2ClBr
② Halon 1301 : CF_3Br

- 할로젠화합물 소화약제 명명법 : 할론 ⓐ ⓑ ⓒ ⓓ
  ⓐ : C 원자수, ⓑ : F 원자수, ⓒ : Cl 원자수, ⓓ : Br 원자수

- 할로젠화합물 소화약제

구분 \ 종류	할론 2402	할론 1211	할론 1301	할론 1011
분자식	$C_2F_4Br_2$	CF_2ClBr	CF_3Br	CH_2ClBr

위험물기능사 실기

2020년 4월 5일 시행

01 1kg의 탄산가스를 표준상태에서 소화기로 방출할 경우 부피는 약 몇 L인지 구하시오.

[해답]

[계산과정]
① 이산화탄소(CO_2)의 분자량 = $12+16 \times 2 = 44$
② $W = 1kg = 1,000g$
③ 표준상태 = 0℃, 1기압(atm) 상태
④ $V = \dfrac{WRT}{PM} = \dfrac{1000 \times 0.082 \times (273+0)}{1 \times 44} = 508.77L$

[답] 508.77L

[상세해설]

- 이상기체 상태방정식

$$PV = \dfrac{W}{M}RT = nRT$$

여기서, P : 압력(atm), V : 부피(L)
W : 무게(g), M : 분자량
R : 기체상수(0.082atm·L/mol·K)
T : 절대온도(273+t℃)K

02 제1류 위험물인 과망가니즈산칼륨의 분해반응식을 쓰고 과망가니즈산칼륨 1몰이 분해할 때 발생하는 산소량(g)을 구하시오. (단, 과망가니즈산칼륨의 분자량은 158이다.)

[해답]
- 분해반응식 : $2KMnO_4 \rightarrow K_2MnO_4 + MnO_2 + O_2$
- 산소량 : 16g

상세해설

※ 과망가니즈산칼륨 1몰의 분해반응식

$$KMnO_4 \rightarrow 0.5K_2MnO_4 + 0.5MnO_2 + 0.5O_2$$
$$158g \longrightarrow 0.5 \times 32g(16g)$$

- 과망가니즈산칼륨($KMnO_4$) : 제1류 위험물 중 과망가니즈산염류
  ① 흑자색의 주상결정으로 물에 녹아 진한 보라색을 띠고 강한 산화력과 살균력이 있다.
  ② 염산과 반응 시 염소(Cl_2)를 발생시킨다.
  ③ 240℃에서 분해하여 산소를 방출한다.

  $$2KMnO_4 \rightarrow K_2MnO_4 + MnO_2 + O_2 \uparrow$$
  (망가니즈산칼륨) (이산화망가니즈) (산소)

  ④ 알코올, 에터, 글리세린, 황산과 접촉 시 폭발 우려가 있다.
  ⑤ 주수소화 또는 마른모래로 피복소화한다.
  ⑥ 강알칼리와 반응하여 산소를 방출한다.

03 다음은 간이소화용구에 대한 것이다. 빈칸에 알맞은 능력단위를 쓰시오.

소화설비	용량	능력단위
• 마른 모래(삽 1개 포함)	50L	①
• 팽창질석 또는 팽창진주암(삽 1개 포함)	160L	②
• 소화전용물통	8L	③

 ① 0.5 ② 1.0 ③ 0.3

 • 간이소화용구의 능력단위

소 화 설 비	용량	능력단위
• 소화 전용(專用) 물통	8L	0.3
• 수조(소화 전용 물통 3개 포함)	80L	1.5
• 수조(소화 전용 물통 6개 포함)	190L	2.5
• 마른 모래(삽 1개 포함)	50L	0.5
• 팽창질석 또는 팽창진주암(삽 1개 포함)	80L	0.5

04 제3류 위험물인 탄화칼슘에 대한 다음 각 물음에 답하시오.

(물음 1) 지정수량
(물음 2) 탄화칼슘이 물과 반응하여 생성되는 물질의 명칭을 모두 쓰시오.
(물음 3) 탄화칼슘이 고온에서 질소와 반응하여 석회질소를 생성하는 반응식을 쓰시오.

해답
(물음 1) 300kg
(물음 2) 수산화칼슘, 아세틸렌
(물음 3) $CaC_2 + N_2 \rightarrow CaCN_2 + C$

상세해설
- 탄화칼슘(CaC_2) : 제3류 위험물 중 칼슘탄화물

화학식	분자량	융점	비중
CaC_2	64	2370℃	2.21

① 물과 접촉 시 아세틸렌을 생성하고 열을 발생시킨다.

$$CaC_2 + 2H_2O \rightarrow Ca(OH)_2(수산화칼슘) + C_2H_2\uparrow(아세틸렌)$$

② 아세틸렌의 폭발범위는 2.5~81%로 대단히 넓어서 폭발위험성이 크다.
③ 장기 보관 시 **불활성 기체**(N_2 등)를 **봉입**하여 저장한다.
④ 별명은 카바이드, 탄화석회, 칼슘카바이드 등이다.
⑤ 고온(700℃)에서 질화되어 석회질소($CaCN_2$)가 생성된다.

$$CaC_2 + N_2 \rightarrow CaCN_2(석회질소) + C(탄소)$$

⑥ 물 및 포 약제에 의한 소화는 절대 금하고 마른모래 등으로 피복 소화한다.

05 다음과 같은 원통형탱크의 내용적은 몇 m³인가? (단, 계산과정도 쓰시오)

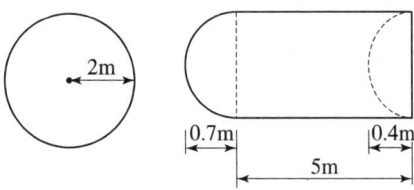

해답 [계산과정] $V = \pi \times 2^2 \times \left(5 + \dfrac{0.7 - 0.4}{3}\right) = 64.09 \text{m}^3$

[답] 64.09m^3

- 탱크의 내용적 계산방법
  ① 타원형 탱크의 내용적
    ㉠ 양쪽이 볼록한 것

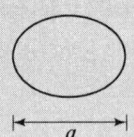 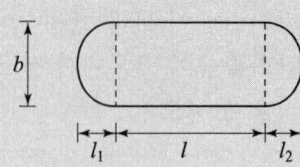

$$\text{내용적} = \frac{\pi ab}{4}\left(l + \frac{l_1 + l_2}{3}\right)$$

  ㉡ 한쪽은 볼록하고 다른 한쪽은 오목한 것

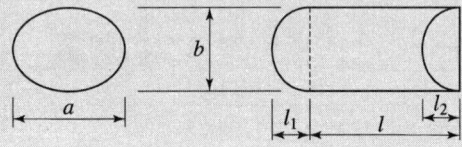

$$\text{내용적} = \frac{\pi ab}{4}\left(l + \frac{l_1 - l_2}{3}\right)$$

  ② 원통형 탱크의 내용적
    ㉠ 횡으로 설치한 것

 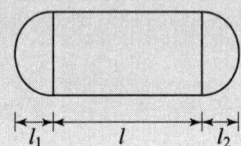

$$\text{내용적} = \pi r^2\left(l + \frac{l_1 + l_2}{3}\right)$$

    ㉡ 종으로 설치한 것

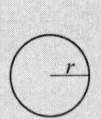 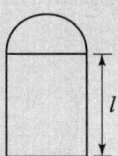

$$\text{내용적} = \pi r^2 l$$

06 [보기]에서 물보다 무겁고 수용성인 물질을 모두 선택하여 쓰시오.
(단, 해당하는 물질이 없으면 "없음" 이라고 쓰시오.)

〈보기〉 아세톤, 아크릴산, 글리세린, 벤젠, 이황화탄소, 클로로벤젠

 아크릴산, 글리세린

• 제4류 위험물의 비수용성과 수용성 구분

품명	수용성 및 비수용성	물질명	지정수량 (L)
특수인화물	비수용성	다이에틸에터, **이황화탄소**	50
	수용성	아세트알데하이드, 산화프로필렌	
제1석유류	비수용성	휘발유, **벤젠**, 톨루엔, 시클로헥산, 에틸벤젠, 메틸에틸케톤, 초산(아세트산)에스터류, 의산(개미산)에스터류	200
	수용성	**아세톤(0.69)**, 피리딘, 사이안화수소, 아세트니트릴	400
알코올류	수용성	메틸알코올, 에틸알코올, 프로필알코올, 변성알코올, 퓨젤유	400
제2석유류	비수용성	등유, 경유, 크실렌, 스티렌, 테레핀유, 장뇌유, 송근유, 클로로벤젠	1000
	수용성	의산(개미산), 아세트산(초산), **아크릴산(1.05)**	2000
제3석유류	비수용성	중유, 크레오소트유, **나이트로벤젠**, 나이트로톨루엔, 아닐린	2000
	수용성	에틸렌글리콜, **글리세린(1.26)**	4000

07 적린이 연소하는 경우 완전연소반응식과 이때 발생하는 기체의 색상을 쓰시오.

• 완전연소반응식 : $4P + 5O_2 \rightarrow 2P_2O_5$
• 기체의 색상 : 흰색

• 적린(붉은인)(P)-제2류 위험물

화학식	원자량	비중	융점	착화점
P	31	2.2	600℃	260℃

① 황린의 **동소체**이며 황린보다 안정하다.
② 공기 중에서 자연발화하지 않는다.(발화점 : 260℃, 승화점 : 460℃)
③ 황린을 공기차단상태에서 260℃로 가열, 냉각 시 적린으로 변한다.

$$\boxed{\text{황린}(P_4) \xrightarrow{\text{공기차단}(260℃\text{가열, 냉각})} \text{적린}(4P)}$$

④ 연소 시 흰색의 오산화인(P_2O_5)이 생성된다.

$$4P + 5O_2 \rightarrow 2P_2O_5(\text{오산화인})$$

⑤ 다량의 물을 주수하여 냉각 소화한다.

08
다음은 위험물안전관리법령상 소화설비의 설치기준 중 소요단위에 관한 것이다. ( )안에 알맞은 답을 쓰시오.

(1) 제조소 또는 취급소의 건축물은 외벽이 내화구조인 것은 연면적 (①)m^2를 1소요단위로 하며, 외벽이 내화구조가 아닌 것은 연면적 (②)m^2를 1소요단위로 할 것
(2) 저장소의 건축물은 외벽이 내화구조인 것은 연면적 (③)m^2를 1소요단위로 하고, 외벽이 내화구조가 아닌 것은 연면적 (④)m^2를 1소요단위로 할 것
(3) 위험물은 지정수량의 (⑤)배를 1소요단위로 할 것

해답 ① 100 ② 50 ③ 150 ④ 75 ⑤ 10

상세해설
- 소요단위의 계산방법
  ① 제조소 또는 취급소의 건축물

외벽이 내화구조인 것	외벽이 내화구조가 아닌 것
연면적 100m^2를 1소요단위	연면적 50m^2를 1소요단위

  ② 저장소의 건축물

외벽이 내화구조인 것	외벽이 내화구조가 아닌 것
연면적 150m^2를 1소요단위	연면적 75m^2를 1소요단위

  ③ **위험물은 지정수량의 10배를 1소요단위로 할 것.**

09
다음 할로젠화합물 소화약제의 화학식을 각각 쓰시오.

① 할론 2402   ② 할론 1211   ③ 할론 1301

  ① $C_2F_4Br_2$ ② CF_2ClBr ③ CF_3Br

상세해설

- 할로젠화합물 소화약제 명명법 : 할론 ⓐ ⓑ ⓒ ⓓ
  ⓐ : C 원자수, ⓑ : F 원자수, ⓒ : Cl 원자수, ⓓ : Br 원자수

- 할로젠화합물 소화약제

구분\종류	할론 2402	할론 1211	할론 1301	할론 1011
분자식	$C_2F_4Br_2$	CF_2ClBr	CF_3Br	CH_2ClBr

---

10 TNT(trinitrotoluene)의 분자량을 구하시오.

해답 [계산과정] $C_6H_2CH_3(NO_2)_3 = C_7H_5N_3O_6$
$$= 12 \times 7 + 1 \times 5 + 14 \times 3 + 16 \times 6$$
$$= 227$$

[답] 227

상세해설

- 트라이나이트로톨루엔[$C_6H_2CH_3(NO_2)_3$] : 제5류 위험물 중 나이트로화합물
  ① 물에는 녹지 않고 알코올, 아세톤, 벤젠에 녹는다.
  ② 톨루엔과 질산을 반응시켜 얻는다.

$$C_6H_5CH_3 + 3HNO_3 \xrightarrow[\text{(탈수작용)}]{C-H_2SO_4} C_6H_2CH_3(NO_2)_3 + 3H_2O$$
(톨루엔) (질산)   (트라이나이트로톨루엔) (물)

  ③ Tri Nitro Toluene의 약자로 TNT라고도 한다.
  ④ **담황색의 주상결정**이며 햇빛에 다갈색으로 변색된다.
  ⑤ 강력한 폭약이며 급격한 타격에 폭발한다.

- 트라이나이트로톨루엔의 구조식

(구조식: 벤젠고리에 CH_3 1개, NO_2 3개(O_2N, NO_2, NO_2) 치환)

- 트라이나이트로톨루엔의 열분해 반응식
  $2C_6H_2CH_3(NO_2)_3 \rightarrow 2C + 3N_2\uparrow + 5H_2\uparrow + 12CO\uparrow$

  ⑥ 연소 시 연소속도가 너무 빠르므로 소화가 곤란하다.
  ⑦ 무기 및 다이너마이트, 질산폭약제 제조에 이용된다.

11 메탄올(메틸알코올)에 대한 다음 각 물음에 답하시오.

(물음 1) 분자량   (물음 2) 증기비중

해답 (물음 1) [계산과정] 분자량(CH_3OH) : $M = 12 + 1 \times 4 + 16 = 32$
[답] 32

(물음 2) [계산과정] $S = \dfrac{32}{29} = 1.10$
[답] 1.10

상세해설
- 메틸알코올(CH_3OH)-제4류-알코올류
① 무색, 투명한 **술 냄새**가 나는 **휘발성액체**로 **목정 또는 메탄올**이라고도 한다.
② 물에 아주 잘 녹으며, 먹으면 **실명** 또는 사망할 수 있다.
③ 연소 시 주간에는 불꽃이 잘 보이지 않는다.
④ 공기 중에서 연소 시 연한 불꽃을 낸다.

$$2CH_3OH + 3O_2 \rightarrow 2CO_2 + 4H_2O$$

⑤ 비중이 물보다 작다.
⑥ 연소범위 : 7.3~36%, 인화점 : 11℃

12 아연에 대한 다음 각 물음에 답하시오.

(물음 1) 아연과 물이 반응하는 경우 반응식을 쓰시오.
(물음 2) 아연과 염산이 반응하는 경우 생성되는 기체의 명칭을 쓰시오.

해답 (물음 1) $Zn + 2H_2O \rightarrow Zn(OH)_2 + H_2$
(물음 2) 수소

상세해설
$$Zn + 2HCl \rightarrow ZnCl_2 + H_2 \uparrow$$

13 위험물안전관리법령상 다음 각 품명에 해당하는 지정수량을 쓰시오.
① 아염소산염류   ② 질산염류   ③ 다이크로뮴산염류

해답 ① 50kg ② 300kg ③ 1000kg

상세해설

• 제1류 위험물의 지정수량

성 질	품 명	지정수량
산화성 고체	1. **아염소산염류** 2. 염소산염류, 3. 과염소산염류 4. 무기과산화물	50kg
	5. 브로민산염류 6. **질산염류** 7. 아이오딘산염류	300kg
	8. 과망가니즈산염류 9. **다이크로뮴산염류**	1000kg

---

14 동식물유류는 아이오딘값을 기준으로 하여 건성유, 반건성유, 불건성유로 나눈다. 다음 동식물유류를 구분하는 아이오딘값의 일반적인 범위를 쓰시오.

○ 건성유 :   ○ 반건성유 :   ○ 불건성유 :

해답
○ 건성유 : 130 이상
○ 반건성유 : 100~130
○ 불건성유 : 100 이하

상세해설

• 동식물유류-제4류 위험물 ★★★★
동물의 지육 또는 식물의 종자나 과육으로부터 추출한 것으로 1기압에서 인화점이 250℃ 미만인 것

[아이오딘값에 따른 동식물유류의 분류]

구 분	아이오딘값	종 류
건성유	130 이상	해바라기기름, 동유(오동기름), 정어리기름, 아마인유, 들기름
반건성유	100~130	채종유, 쌀겨기름, 참기름, 면실유, 옥수수기름, 청어기름, 콩기름, 목화씨기름
불건성유	100 이하	야자유, 팜유, 올리브유, 피마자기름, 낙화생기름(땅콩기름), 돈지, 우지, 고래기름

• 아이오딘값
옥소가(沃素價)라고도 하며 100g의 유지에 의해서 흡수되는 아이오딘의 g수

15

다음은 위험물의 운반에 관한 기준 중 적재방법에 관한 내용이다. (　)안에 알맞은 답을 쓰시오.

액체위험물은 운반용기 내용적의 (①)% 이하의 수납율로 수납하되, (②)도의 온도에서 누설되지 아니하도록 충분한 (③)을 유지하도록 할 것

 ① 98　② 55　③ 공간용적

 위험물의 운반에 관한 기준 중 적재방법
(1) **고체위험물**은 운반용기 **내용적의 95% 이하**의 수납율로 수납할 것
(2) **액체위험물**은 운반용기 **내용적의 98% 이하**의 수납율로 수납하되, **55도의 온도**에서 누설되지 아니하도록 충분한 **공간용적**을 유지하도록 할 것

16

다음은 위험물안전관리법령에서 정한 제4류 위험물의 알코올류에 대한 내용이다. (　)안에 알맞은 답을 쓰시오.

"알코올류"라 함은 1분자를 구성하는 탄소원자의 수가 (①)개부터 (②)개까지인 포화1가 알코올(변성알코올을 포함한다)을 말한다. 다만, 다음 각목의 1에 해당하는 것은 제외한다.

가. 1분자를 구성하는 탄소원자의 수가 1개 내지 3개의 포화1가 알코올의 함유량이 (③)중량퍼센트 미만인 수용액

나. 가연성액체량이 (④)중량퍼센트 미만이고 인화점 및 연소점(태그개방식 인화점측정기에 의한 연소점을 말한다. 이하 같다)이 에틸알코올 (⑤)중량퍼센트 수용액의 인화점 및 연소점을 초과하는 것

 ① 1　② 3　③ 60　④ 60　⑤ 60

• 제4류 위험물의 판단기준
① **"특수인화물"**이라 함은 **이황화탄소, 다이에틸에터** 그 밖에 1기압에서 **발화점이 100℃ 이하**인 것 또는 **인화점이 -20℃ 이하**이고 **비점이 40℃ 이하**인 것을 말한다.
② **"제1석유류"**라 함은 아세톤, 휘발유 그 밖에 1기압에서 **인화점이 21℃ 미만**인 것을 말한다.
③ **"알코올류"**라 함은 1분자를 구성하는 탄소원자의 수가 **1개부터 3개까지**인 포화

1가 알코올(변성알코올을 포함한다)을 말한다. 다만, 다음 각 목의 1에 해당하는 것은 **제외**한다.
  ㉠ 1분자를 구성하는 탄소원자의 수가 1개 내지 3개의 포화1가 알코올의 함유량이 **60중량퍼센트 미만**인 수용액
  ㉡ 가연성 액체량이 **60중량퍼센트 미만**이고 인화점 및 연소점(태그개방식 인화점측정기에 의한 연소점)이 에틸알코올 **60중량퍼센트** 수용액의 인화점 및 연소점을 초과하는 것
④ "**제2석유류**"라 함은 **등유, 경유** 그 밖에 1기압에서 **인화점이 21℃ 이상 70℃ 미만**인 것을 말한다. 다만, 도료류 그 밖의 물품에 있어서 가연성 액체량이 40중량퍼센트 이하이면서 인화점이 40℃ 이상인 동시에 연소점이 60℃ 이상인 것은 제외한다.
⑤ "**제3석유류**"라 함은 중유, 크레오소트유 그 밖에 1기압에서 **인화점이 70℃ 이상 200℃ 미만**인 것을 말한다. 다만, 도료류 그 밖의 물품은 가연성 액체량이 40중량퍼센트 이하인 것은 제외한다.
⑥ "**제4석유류**"라 함은 기어유, 실린더유 그 밖에 1기압에서 **인화점이 200℃ 이상 250℃ 미만**의 것을 말한다. 다만, 도료류 그 밖의 물품은 가연성 액체량이 40중량퍼센트 이하인 것은 제외한다.
⑦ "**동식물유류**"라 함은 동물의 지육 등 또는 식물의 종자나 과육으로부터 추출한 것으로서 1기압에서 **인화점이 250℃ 미만**인 것을 말한다.

17 다음 보기의 위험물이 물과 반응하는 경우 생성되는 가연성기체의 명칭을 쓰시오.

〈보기〉 ① 수소화칼륨 ② 리튬 ③ 인화알루미늄
       ④ 탄화리튬   ⑤ 탄화알루미늄

해답 ① 수소 ② 수소 ③ 인화수소(포스핀) ④ 아세틸렌 ⑤ 메탄

상세해설
① 수소화칼륨   : $KH + H_2O \rightarrow KOH + H_2$
② 리튬   : $2Li + 2H_2O \rightarrow 2LiOH + H_2$
③ 인화알루미늄 : $AlP + 3H_2O \rightarrow Al(OH)_3 + PH_3$
④ 탄화리튬   : $Li_2C_2 + 2H_2O \rightarrow 2LiOH + C_2H_2$
⑤ 탄화알루미늄 : $Al_4C_3 + 12H_2O \rightarrow 4Al(OH)_3 + 3CH_4$

18 다음 보기에서 설명하는 물질에 대한 각 물음에 답하시오.

- 제5류 위험물로 품명은 나이트로화합물에 속한다.
- 쓴맛과 독성이 있다.
- 침상결정이며 냉수에는 약간 녹고 더운물, 알코올, 벤젠 등에 잘 녹는다.

(물음 1) 명칭   (물음 2) 지정수량   (물음 3) 구조식

해답
(물음 1) 트라이나이트로페놀
(물음 2) 10kg
(물음 3)

$$\underset{NO_2}{\underset{|}{O_2N}}\diagdown\!\!\!\!\diagup\!\!\!\!\underset{OH}{\overset{|}{\diagdown}}\!\!\!\!\diagup NO_2$$

상세해설

- 제5류 위험물의 지정수량

성질	품명		지정수량	위험등급
자기 반응성 물질	• 유기과산화물 • 나이트로화합물 • 아조화합물 • 하이드라진유도체 • 하이드록실아민염류	• 질산에스터류 • 나이트로소화합물 • 다이아조화합물 • 하이드록실아민	1종 : 10kg 2종 : 100kg	1종 : Ⅰ 2종 : Ⅱ
종판단 완료	• 질산에스터류(대부분)(1종) • 셀룰로이드(2종) • 트라이나이트로톨루엔(1종) • 트라이나이트로페놀(1종) • 테트릴(1종) • 유기과산화물(대부분)(2종)			

- 트라이나이트로페놀[$C_6H_2(NO_2)_3OH$] : 제5류 나이트로화합물
  (TNP : Tri Nitro Phenol)
  ① 침상결정이며 냉수에는 약간 녹고 더운물, 알코올, 벤젠 등에 잘 녹는다.
  ② 쓴맛과 독성이 있다.
  ③ 피크르산 또는 트라이나이트로페놀(Tri Nitro Phenol)의 약자로 TNP라고도 한다.

- 트라이나이트로페놀의 구조식

$$\underset{NO_2}{\underset{|}{O_2N}}\diagdown\!\!\!\!\diagup\!\!\!\!\underset{OH}{\overset{|}{\diagdown}}\!\!\!\!\diagup NO_2$$

19 위험물안전관리법령상 이동저장탱크의 구조에 대한 다음 각 물음에 답하시오.

(물음 1) 탱크 내부에 설치하는 칸막이는 두께 몇 mm 이상의 강철판으로 하여야 하는가?

(물음 2) 탱크 내부에 설치하는 방파판은 두께 몇 mm 이상의 강철판으로 하여야 하는가?

(물음 3) 탱크 부속장치의 손상을 방지하기위한 방호틀은 두께 몇 mm 이상의 강철판으로 하여야 하는가?

해답
(물음 1) 3.2mm 이상
(물음 2) 1.6mm 이상
(물음 3) 2.3mm 이상

상세해설

이동저장탱크의 구조

(1) **칸막이의 설치기준**

이동저장탱크는 그 내부에 4,000L **이하**마다 **3.2mm 이상**의 강철판 또는 이와 동등 이상의 강도·내열성 및 내식성이 있는 금속성의 것으로 **칸막이**를 설치하여야 한다.

(2) **방파판의 설치기준**
① **두께 1.6mm 이상**의 강철판 또는 이와 동등 이상의 강도·내열성 및 내식성이 있는 금속성의 것으로 할 것
② 하나의 구획부분에 2개 이상의 방파판을 이동탱크저장소의 진행방향과 평행으로 설치하되, 각 방파판은 그 높이 및 칸막이로부터의 거리를 다르게 할 것
③ 하나의 구획부분에 설치하는 각 방파판의 면적의 합계는 당해 구획부분의 최대 수직단면적의 50% 이상으로 할 것. 다만, 수직단면이 원형이거나 짧은 지름이 1m 이하의 타원형일 경우에는 40% 이상으로 할 수 있다.

(3) **방호틀 설치기준**
① **두께 2.3mm 이상**의 강철판
② 정상부분은 부속장치보다 50mm 이상 높게 할 것

20 하이드라진과 접촉 시 분해 작용으로 질소와 물을 생성하는 제6류 위험물에 대한 다음 각 물음에 답하시오.

(물음 1) 하이드라진과 접촉시 분해 반응식을 쓰시오.
(물음 2) 제6류 위험물에 해당하는 농도 기준을 쓰시오.

해답 (물음 1) $NH_2 \cdot NH_2 + 2H_2O_2 \rightarrow 4H_2O + N_2$
(물음 2) 36중량% 이상

상세해설
- 과산화수소(H_2O_2)의 일반적인 성질
  ① 이산화망가니즈하에서 분해가 촉진되어 산소(O_2)를 발생시킨다.
  $$2H_2O_2 \rightarrow 2H_2O + O_2$$
  ② 분해안정제로 인산(H_3PO_4) 및 요산($C_5H_4N_4O_3$)을 첨가한다.
  ③ 저장용기는 밀폐하지 말고 구멍이 있는 마개를 사용한다.
  ④ 하이드라진($NH_2 \cdot NH_2$)과 접촉 시 분해작용으로 폭발위험이 있다.
  $$NH_2 \cdot NH_2 + 2H_2O_2 \rightarrow 4H_2O + N_2 \uparrow$$
  ⑤ 다량의 물로 주수 소화한다.

- 제6류 위험물의 판단 기준

종류	과산화수소	질산
기준	• 농도 36중량% 이상	• 비중 1.49 이상

2020년 6월 14일 시행

01 금속칼륨이 물과 반응하는 경우 반응식(가)과 생성되는 기체의 명칭(나)을 쓰시오.

 가. $2K + 2H_2O \rightarrow 2KOH + H_2$
나. 수소

- 칼륨(K) : 제3류 위험물 – 금수성물질

화학식	원자량	비점	융점	비중	불꽃색상
K	39	762℃	63.5℃	0.857	보라색

① 가열시 보라색 불꽃을 내면서 연소한다.
② **물과 반응하여 수소 및 열을 발생한다.**(금수성 물질)

$$2K + 2H_2O \rightarrow 2KOH + H_2\uparrow + 92.8kcal$$

③ **보호액으로 파라핀·경유·등유** 등을 사용한다.
④ 피부와 접촉 시 화상을 입는다.
⑤ 마른모래 등으로 질식 소화한다.
⑥ 화학적으로 활성이 대단히 크고 **알코올과 반응하여 수소를 발생시킨다.**

$$2K + 2C_2H_5OH \rightarrow 2C_2H_5OK + H_2\uparrow$$

02 다음 분말소화약제에 대한 주성분을 화학식으로 쓰시오.

가. 제1종 분말소화약제
나. 제2종 분말소화약제
다. 제3종 분말소화약제

 가. $NaHCO_3$
나. $KHCO_3$
다. $NH_4H_2PO_4$

상세해설 분말소화약제의 종류

종 별	약제명	화학식	착색	열분해 반응식	적응화재
제1종	탄산수소나트륨 중탄산나트륨	$NaHCO_3$	백색	$2NaHCO_3$ $\rightarrow Na_2CO_3+CO_2+H_2O$	B.C급
제2종	탄산수소칼륨 중탄산칼륨	$KHCO_3$	담회색	$2KHCO_3$ $\rightarrow K_2CO_3+CO_2+H_2O$	B.C급
제3종	제1인산암모늄	$NH_4H_2PO_4$	담홍색	$NH_4H_2PO_4$ $\rightarrow HPO_3+NH_3+H_2O$	A.B.C급
제4종	탄산수소칼륨+ 요소	$KHCO_3+$ $(NH_2)_2CO$	회색	$2KHCO_3+(NH_2)_2CO$ $\rightarrow K_2CO_3+2NH_3+2CO_2$	B.C급

03 나이트로글리세린이 폭발·분해하게 되면 이산화탄소, 수증기, 질소, 산소가 발생한다. 나이트로글리세린 1kmol이 완전히 폭발·분해하였을 경우 다음 각 물음에 답하시오. (단, 기체의 부피는 표준상태를 기준으로 계산한다.)

(물음 1) 나이트로글리세린의 분해·폭발 반응식을 쓰시오.
(물음 2) 나이트로글리세린 1kmol이 분해·폭발 되었을 때 생성되는 기체의 총 부피(m^3)를 구하시오.

해답 (물음 1) $4C_3H_5(ONO_2)_3 \rightarrow 12CO_2 + 10H_2O + 6N_2 + O_2$

(물음 2) [계산과정] ① 나이트로글리세린 1몰의 분해·폭발 반응식
$C_3H_5(ONO_2)_3 \rightarrow 3CO_2 + 2.5H_2O + 1.5N_2 + 0.25O_2$
② 생성기체의 총 몰수=3+2.5+1.5+0.25=7.25몰
③ 나이트로글리세린($C_3H_5(ONO_2)_3$)의 분자량
$=12\times3+1\times5+(16+14+16\times2)\times3=227$
나이트로글리세린 1kmol=227kg
③ 이상기체상태방정식을 적용하면(표준상태 : 0℃, 1기압)
$V = \dfrac{WRT}{PM} \times \text{mol}(생성기체)$
$= \dfrac{227\text{kg} \times 0.082 \times (273+0)}{1 \times 227} \times 7.25$
$= 162.30\text{m}^3$

[답] 162.3m^3

- 나이트로글리세린[$C_3H_5(ONO_2)_3$] : 제5류 위험물 중 질산에스터류
  ① 상온에서는 액체이지만 겨울철에는 동결한다.
  ② 비수용성이며 메탄올, 아세톤 등에 녹는다.
  ③ 산과 접촉 시 분해가 촉진되고 폭발 우려가 있다.
  - 나이트로글리세린의 분해
    $$4C_3H_5(ONO_2)_3 \rightarrow 12CO_2\uparrow + 6N_2\uparrow + O_2\uparrow + 10H_2O$$
  ④ 다이너마이트(규조토+나이트로글리세린), 무연화약 제조에 이용된다.
  ⑤ 진한 질산과 진한 황산을 가하면 나이트로화하여 나이트로글리세린으로 된다.
  - 글리세린의 나이트로화반응
    $$C_3H_5(OH)_3 + 3HONO_2 \xrightarrow{H_2SO_4} C_3H_5(ONO_2)_3 + 3H_2O$$
    (글리세린)   (질산)   (나이트로글리세린)   (물)

04 다음 보기의 산소산 중 산성의 세기가 작은 것부터 번호를 나열하시오.

〈보기〉 ① HClO   ② HClO$_2$ ③ HClO$_3$ ④ HClO$_4$

 ①-②-③-④

- 산소산 중 산의 세기
  차아염소산(HClO) < 아염소산(HClO$_2$) < 염소산(HClO$_3$) < 과염소산(HClO$_4$)

05 다음 [보기]에서 설명하는 제3류 위험물의 명칭(가)과, 이 물질과 물과의 화학반응식(나)을 쓰시오.

〈보기〉
① 적갈색의 괴상고체이다.   ② 물 및 산과 격렬히 반응한다.
③ 지정수량은 300kg 이다.   ④ 물과 반응하여 인화수소를 발생한다.
⑤ 비중은 약 2.5이다.

 가. 인화칼슘
나. $Ca_3P_2 + 6H_2O \rightarrow 3Ca(OH)_2 + 2PH_3$

상세해설

- 인화칼슘(Ca_3P_2)[별명 : 인화석회] : 제3류 위험물(금수성 물질)
  ① 적갈색의 괴상고체
  ② 물 및 약산과 격렬히 반응, 분해하여 인화수소(포스핀)(PH_3)를 생성한다.
  - $Ca_3P_2 + 6H_2O \rightarrow 3Ca(OH)_2 + 2PH_3$(포스핀 = 인화수소)
  - $Ca_3P_2 + 6HCl \rightarrow 3CaCl_2 + 2PH_3$(포스핀 = 인화수소)

  ③ 포스핀은 맹독성 가스이므로 취급 시 방독마스크를 착용한다.

---

06 위험물안전관리법령상 다음 [보기]의 위험물을 수납한 운반용기의 외부에 표시하여야 하는 주의사항을 모두 쓰시오.

〈보기〉 가. 과산화수소   나. 아세톤   다. 과산화벤조일
        라. 마그네슘   마. 황린

해답 가. 가연물접촉주의   나. 화기엄금   다. 화기엄금 및 충격주의
       라. 화기주의 및 물기엄금   마. 화기엄금 및 공기접촉엄금

상세해설

구 분	과산화수소	아세톤	과산화벤조일	마그네슘	황린
유 별	제6류	제4류	제5류	제2류	제3류
특 성	산화성액체	인화성액체	유기과산화물	금수성	자연발화성
주의사항	가연물 접촉주의	화기엄금	화기엄금 및 충격주의	화기주의 및 물기엄금	화기엄금 및 공기접촉엄금

- 위험물 운반용기의 외부 표시 사항
  ① 위험물의 품명, 위험등급, 화학명 및 수용성(제4류 위험물의 수용성인 것에 한함)
  ② 위험물의 수량
  ③ 수납하는 위험물에 따른 주의사항

류 별	성질에 따른 구분	표시 사항
• 제1류 위험물	알칼리금속의 과산화물	화기·충격주의, 물기엄금 및 가연물접촉주의
	그 밖의 것	화기·충격주의 및 가연물접촉주의
• 제2류 위험물	철분·금속분·마그네슘	화기주의 및 물기엄금
	인화성 고체	화기엄금
	그 밖의 것	화기주의
• 제3류 위험물	자연발화성 물질	화기엄금 및 공기접촉엄금
	금수성 물질	물기엄금
• 제4류 위험물	인화성 액체	화기엄금
• 제5류 위험물	자기반응성 물질	화기엄금 및 충격주의
• 제6류 위험물	산화성 액체	가연물접촉주의

07 다음 [보기]의 4류 위험물 중 위험등급 I인 위험물의 명칭을 모두 쓰시오.

〈보기〉 다이메틸에터, 이황화탄소, 아세트알데하이드, 메틸에틸케톤, 아세톤, 휘발유, 에틸알코올

 다이에틸에터, 이황화탄소, 아세트알데하이드

① 다이메틸에터 – 제4류 특수인화물 – I 등급
② 이황화탄소 – 제4류 특수인화물 – I 등급
③ 아세트알데하이드 – 제4류 특수인화물 – I 등급
④ 메틸에틸케톤 – 제4류 제1석유류 – II 등급
⑤ 아세톤 – 제4류 제1석유류 – II 등급
⑥ 휘발유 – 제4류 제1석유류 – II 등급
⑦ 에틸알코올 – 제4류 알코올류 – II 등급

• 제4류 위험물의 품명 및 지정수량 ★★★★★

성질	품 명		지정수량	위험등급	기타 조건 (1atm에서)
인화성 액체	특수인화물		50L	I	• 발화점이 100℃ 이하 • 인화점 −20℃ 이하 & 비점 40℃ 이하 • 이황화탄소, 다이에틸에터
	제1석유류	비수용성	200L	II	• 인화점 21℃ 미만 • 아세톤, 휘발유
		수용성	400L		
	알코올류		400L		• C_1~C_3 포화 1가 알코올 (변성알코올 포함)
	제2석유류	비수용성	1000L	III	• 인화점 21℃ 이상 70℃ 미만 • 등유, 경유
		수용성	2000L		
	제3석유류	비수용성	2000L		• 인화점 70℃ 이상 200℃ 미만 • 중유, 크레오소트유
		수용성	4000L		
	제4석유류		6000L		• 인화점 200℃ 이상 250℃ 미만인 것
	동식물유류		10000L		• 동물의 지육 또는 식물의 종자나 과육으로부터 추출한 것으로 1기압에서 인화점이 250℃ 미만인 것

08 다음은 위험물안전관리법령상 특수인화물의 정의이다. 다음 (　)안에 알맞은 답을 쓰시오.

> 특수인화물(이)라 함은 이황화탄소, 다이에틸에터 그 밖에 1기압에서 발화점이 섭씨(가)도 이하인 것 또는 인화점이 섭씨 영하(나)도 이하이고 비점이 섭씨(다)도 이하인 것을 말한다.

해답 가. 100　　나. 20　　다. 40

상세해설

- 제4류 위험물의 판단기준
  ① **"특수인화물"**이라 함은 **이황화탄소, 다이에틸에터** 그 밖에 1기압에서 **발화점이 100℃ 이하**인 것 또는 **인화점이 −20℃ 이하**이고 **비점이 40℃ 이하**인 것을 말한다.
  ② **"제1석유류"**라 함은 아세톤, 휘발유 그 밖에 1기압에서 **인화점이 21℃ 미만**인 것을 말한다.
  ③ **"알코올류"**라 함은 1분자를 구성하는 탄소원자의 수가 **1개부터 3개까지인 포화 1가 알코올**(변성알코올을 포함한다)을 말한다. 다만, 다음 각 목의 1에 해당하는 것은 **제외**한다.
  　㉠ 1분자를 구성하는 탄소원자의 수가 1개 내지 3개의 포화1가 알코올의 함유량이 **60중량퍼센트 미만**인 수용액
  　㉡ 가연성 액체량이 **60중량퍼센트 미만**이고 인화점 및 연소점(태그개방식 인화점측정기에 의한 연소점)이 에틸알코올 **60중량퍼센트** 수용액의 인화점 및 연소점을 초과하는 것
  ④ **"제2석유류"**라 함은 **등유, 경유** 그 밖에 1기압에서 **인화점이 21℃ 이상 70℃ 미만**인 것을 말한다. 다만, 도료류 그 밖의 물품에 있어서 가연성 액체량이 40중량퍼센트 이하이면서 인화점이 40℃ 이상인 동시에 연소점이 60℃ 이상인 것은 제외한다.
  ⑤ **"제3석유류"**라 함은 중유, 크레오소트유 그 밖에 1기압에서 **인화점이 70℃ 이상 200℃ 미만**인 것을 말한다. 다만, 도료류 그 밖의 물품은 가연성 액체량이 40중량퍼센트 이하인 것은 제외한다.
  ⑥ **"제4석유류"**라 함은 기어유, 실린더유 그 밖에 1기압에서 **인화점이 200℃ 이상 250℃ 미만**의 것을 말한다. 다만, 도료류 그 밖의 물품은 가연성 액체량이 40중량퍼센트 이하인 것은 제외한다.
  ⑦ **"동식물유류"**라 함은 동물의 지육 등 또는 식물의 종자나 과육으로부터 추출한 것으로서 1기압에서 **인화점이 250℃ 미만**인 것을 말한다.

09 1kg의 탄소가 완전연소 하는데 필요한 산소의 부피는 몇 [L] 인지 구하시오.
(단, 750mmHg, 25℃를 기준으로 한다)

[계산과정] [방법 1]

① 탄소의 완전연소 반응식

$$C + O_2 \rightarrow CO_2$$

$12g \longrightarrow 1 \times 22.4L$

$1000g(1kg) \longrightarrow X$

$$\therefore X = \frac{1000 \times 1 \times 22.4}{12} = 1866.67L \text{(필요한 산소의 부피)}$$
$$(0℃, 1기압(760mmHg))$$

② 750mmHg, 25℃ 기준으로 환산

$$\frac{P_1 V_1}{T_1} = \frac{P_2 V_2}{T_2}, \quad \frac{760 \times 1866.67}{273+0} = \frac{750 \times V_2}{273+25}$$

③ $V_2 = \dfrac{760 \times 1866.67 \times 298}{750 \times 273} = 2064.78L$

[답] 2064.78L

[계산과정] [방법 2]

① 탄소(C)원자량 = 12
② 탄소의 완전연소 반응식
　　$C + O_2 \rightarrow CO_2$(연소물질 탄소(C)1몰 기준)
③ 필요한 산소의 부피

$$V = \frac{WRT}{PM} \times \text{mol(산소)}$$
$$= \frac{1000 \times 0.082 \times (273+25)}{(750/760) \times 12} \times 1 = 2063.48L$$

[답] 2063.48L

- 이상기체 상태방정식

$$PV = \frac{W}{M}RT = nRT$$

여기서, P: 압력(atm), V: 부피(L), W: 무게(g), M: 분자량
　　　　R: 기체상수(0.082atm · L/mol · K)
　　　　T: 절대온도(273+t℃)K

10 KClO₃ 1kg이 고온에서 완전히 열분해할 때 발생하는 산소의 질량(g)과 부피(L)를 구하시오. (단, K의 원자량은 39, Cl의 원자량은 35.5, 표준상태를 기준으로 한다.)

(물음 1) 산소의 질량(g)
(물음 2) 산소의 부피(L)

(물음 1) [계산과정] KClO₃의 분자량 = 39 + 35.5 + 16 × 3 = 122.5

$$2KClO_3 \rightarrow 2KCl + 3O_2$$
$$2 \times 122.5g \longrightarrow 3 \times 32g$$
$$1000g(1kg) \longrightarrow X$$

$$X = \frac{1000 \times 3 \times 32}{2 \times 122.5} = 391.84g$$

[답] 391.84g

(물음 2) [계산과정] KClO₃ → KCl + 1.5O₂ (열분해 물질(KClO₃) 1몰 기준)

$$V = \frac{WRT}{PM} \times mol(생성기체)$$

$$= \frac{1000 \times 0.082 \times (273+0)}{1 \times 122.5} \times 1.5 = 274.11L$$

[답] 274.11L

- 염소산칼륨(KClO₃) : 제1류 위험물 중 염소산염류
  ① 무색 또는 백색 분말. 비중 : 2.34
  ② 온수, 글리세린에 용해. 냉수, 알코올에는 용해하기 어렵다.
  ③ 400℃ 부근에서 분해가 시작

  $$2KClO_3 \rightarrow KCl + KClO_4 + O_2\uparrow$$
  (염소산칼륨) (염화칼륨) (과염소산칼륨) (산소)

  ④ 완전 열 분해되어 염화칼륨과 산소를 방출

  $$2KClO_3 \rightarrow 2KCl + 3O_2$$
  (염소산칼륨) (염화칼륨) (산소)

  ⑤ 유기물 등과 접촉 시 충격을 가하면 폭발하는 수가 있다.

- 이상기체 상태방정식

  $$PV = \frac{W}{M}RT = nRT$$

  여기서, P : 압력(atm), V : 부피(L), W : 무게(g), M : 분자량
  R : 기체상수(0.082atm · L/mol · K)
  T : 절대온도(273+t℃)K

11
아세트산(초산) 2몰이 완전 연소하는 경우 생성되는 이산화탄소의 몰수를 구하시오.

[계산과정] $2CH_3COOH + 4O_2 \rightarrow 4CO_2 + 4H_2O$

[답] 4몰

- 초산(아세트산)(CH_3COOH) : 제4류 위험물 중 제2석유류
  ① 16.7℃ 이하에서 얼음과 같이 되어 빙초산이라고도 한다.
  ② 3~4%의 수용액이 식초이다.
  ③ 물에 잘 혼합되고 피부 접촉 시 수포가 발생한다.
  ④ CHO로 구성된 유기화합물이 완전연소 시 CO_2와 H_2O가 생성된다.

$$CH_3COOH + 2O_2 \rightarrow 2CO_2 + 2H_2O$$

  ⑤ 초산과 에틸알코올의 반응식

$$CH_3COOH + C_2H_5OH \xrightarrow{C-H_2SO_4} CH_3COOC_2H_5 + H_2O$$
$$(초산) \quad (에틸알코올) \quad\quad\quad (초산에틸) \quad (물)$$

- $C-H_2SO_4$(진한 황산)의 역할 : 탈수작용

  ⑥ 아연과 반응하여 수소를 발생한다.

$$2CH_3COOH + 2Zn \rightarrow 2CH_3COOZn + H_2$$

12
오불화브로민(BrF_5) 6,000kg을 저장하는 경우 소요단위를 구하시오.

[계산과정] 소요단위 $N = \dfrac{6000\text{kg}}{300\text{kg} \times 10} = 2$단위

[답] 2단위

- 제6류 위험물의 품명 및 지정수량 ★★★★★

성 질	품 명	지정수량	위험등급	비 고
산화성 액체	1. 과염소산	300kg	I	
	2. 과산화수소			농도가 36중량%이상인 것
	3. 질산			비중이 1.49 이상인 것
	4. 할로젠간화합물 　① 삼불화브로민 　② 오불화브로민 　③ 오불화아이오딘			

- 소요단위의 계산방법
  ① 제조소 또는 취급소의 건축물

외벽이 내화구조인 것	외벽이 내화구조가 아닌 것
연면적 $100m^2$를 1소요단위	연면적 $50m^2$를 1소요단위

  ② 저장소의 건축물

외벽이 내화구조인 것	외벽이 내화구조가 아닌 것
연면적 $150m^2$를 1소요단위	연면적 $75m^2$를 1소요단위

  ③ 위험물은 지정수량의 10배를 1소요단위로 할 것.

13 옥내탱크저장소에서 다음의 각 경우에 상호 간에는 몇 m 이상의 간격을 유지하여야 하는지 각각 쓰시오. (단, 탱크의 점검 및 보수에 지장이 없는 경우는 제외한다.)

가. 옥내저장탱크와 탱크전용실의 벽과의 사이
나. 옥내저장탱크의 상호 간의 간격
다. 메탄올을 저장할 경우 탱크의 최대 용량을 쓰시오.

가. 0.5m 이상
나. 0.5m 이상
다. 16000L

※ 메탄올을 저장할 경우 탱크의 최대 용량 : 지정수량(메탄올 지정수량 400L)의 40배 이하(20,000L를 초과할 때에는 20,000L 이하)
$Q = 400L \times 40 = 16,000L$

- 옥내탱크저장소의 위치·구조 및 설비의 기술기준
  ① 위험물을 저장 또는 취급하는 옥내저장탱크는 단층건축물에 설치된 탱크전용실에 설치할 것
  ② 옥내저장탱크와 탱크전용실의 벽과의 사이 및 옥내저장탱크의 **상호간에는 0.5m 이상의 간격을 유지할 것**. 다만, 탱크의 점검 및 보수에 지장이 없는 경우에는 그러하지 아니하다.
  ③ 옥내저장탱크의 용량(동일한 탱크전용실에 옥내저장탱크를 2 이상 설치하는 경우에는 각 탱크의 용량의 합계를 말한다)은 **지정수량의 40배**(제4석유류 및 동식물유류 외의 제4류 위험물에 있어서 당해 수량이 20,000L를 초과할 때에는 20,000L) 이하일 것
  ④ 밸브 없는 통기관
    ㉠ 통기관의 끝부분은 건축물의 창·출입구 등의 개구부로부터 1m 이상 떨어진

옥외의 장소에 지면으로부터 4m 이상의 높이로 설치하되, 인화점이 40℃ 미만인 위험물의 탱크에 설치하는 통기관에 있어서는 부지경계선으로부터 1.5m 이상 이격할 것. 다만, 고인화점 위험물만을 100℃ 미만의 온도로 저장 또는 취급하는 탱크에 설치하는 통기관은 그 끝부분을 탱크전용실 내에 설치할 수 있다.
ⓒ 통기관은 가스 등이 체류할 우려가 있는 굴곡이 없도록 할 것
ⓒ 직경은 30mm 이상일 것
ⓒ 끝부분은 수평면보다 45도 이상 구부려 빗물 등의 침투를 막는 구조로 할 것
ⓒ 가는 눈의 구리망 등으로 인화방지장치를 할 것

14 다음 표에서 위험물의 명칭과 지정수량에 대한 빈칸을 채우시오.

화학식	명칭	지정수량(kg)
과염소산나트륨	NaClO$_4$	(가)
질산칼륨	KNO$_3$	(나)
과망가니즈산나트륨	(다)	1,000(kg)

해답 가. 50(kg) 나. 300(kg) 다. NaMnO$_4$

상세해설 제1류 위험물의 품명 및 지정수량 ★★★★

성질	품명	지정수량	위험등급
산화성고체	○ 아염소산염류, 염소산염류, 과염소산염류, 무기과산화물	50kg	I
	○ 브로민산염류, 질산염류, 아이오딘산염류	300kg	II
	○ 과망가니즈산염류, 다이크로뮴산염류	1000kg	III
	그 밖에 행정안전부령이 정하는 것: ① 과아이오딘산염류 ② 과아이오딘산 ③ 크로뮴, 납 또는 아이오딘의 산화물 ④ 아질산염류 ⑤ 염소화이소시아눌산 ⑥ 퍼옥소이황산염류 ⑦ 퍼옥소붕산염류	300kg	II
	⑧ 차아염소산염류	50kg	I

15 다음 [보기]의 각 위험물에 대한 화학식을 시성식으로 쓰시오.

〈보기〉 가. 사이안화수소 나. 다이에틸에터 다. 피리딘
라. 에틸알코올 마. 에틸렌글리콜

가. HCN　　　　나. $C_2H_5OC_2H_5$
다. C_5H_5N　　　라. C_2H_5OH
마. $C_2H_4(OH)_2$

상세해설

구 분	사이안화수소	다이에틸에터	피리딘	에틸알코올	에틸렌글리콜
유별	제4류 제1석유류	제4류 특수인화물	제4류 제1석유류	제4류 알코올류	제4류 제3석유류
화학식	HCN	$C_2H_5OC_2H_5$	C_5H_5N	C_2H_5OH	$C_2H_4(OH)_2$

16 다음 [보기]의 각 위험물에 대한 완전연소반응식을 쓰시오.

〈보기〉　가. 다이에틸에터　　　나. 이황화탄소　　　다. 메틸에틸케톤

 가. $C_2H_5OC_2H_5 + 6O_2 \rightarrow 4CO_2 + 5H_2O$
나. $CS_2 + 3O_2 \rightarrow CO_2 + 2SO_2$
다. $2CH_3COC_2H_5 + 11O_2 \rightarrow 8CO_2 + 8H_2O$

상세해설

구 분	다이에틸에터	이황화탄소	메틸에틸케톤
유별	제4류 특수인화물	제4류 특수인화물	제4류 제1석유류
화학식	$C_2H_5OC_2H_5$	CS_2	$CH_3COC_2H_5$

※ CHO로 구성된 화합물은 완전연소하는 경우 이산화탄소(CO_2)와 물(H_2O)이 생성된다.

17 다음 [보기]의 각 위험물에 대한 연소반응식을 쓰시오.

〈보기〉　가. 황　　　나. 알루미늄　　　다. 삼황화인

 가. $S + O_2 \rightarrow SO_2$
나. $4Al + 3O_2 \rightarrow 2Al_2O_3$
다. $P_4S_3 + 8O_2 \rightarrow 2P_2O_5 + 3SO_2$

18 제5류 위험물 중 TNT 5kg, 셀룰로이드 150kg, 피크린산 100kg을 저장하려고 한다. 지정수량 배수의 총 합을 구하시오.

[해답] [계산과정]

구 분	TNT	셀룰로이드	피크린산
유별	제5류 나이트로화합물	제5류 질산에스터류	제5류 나이트로화합물
지정수량	10kg	100kg	10kg

지정수량의 배수 $N = \dfrac{5}{10} + \dfrac{150}{100} + \dfrac{100}{10} = 12$배

[답] 12배

상세해설

- 제5류 위험물의 지정수량

성질	품명	지정수량	위험등급
자기 반응성 물질	• 유기과산화물　• 질산에스터류 • 나이트로화합물　• 나이트로소화합물 • 아조화합물　• 다이아조화합물 • 하이드라진유도체　• 하이드록실아민 • 하이드록실아민염류	1종 : 10kg 2종 : 100kg	1종 : Ⅰ 2종 : Ⅱ
종판단 완료	• 질산에스터류(대부분)(1종) • 셀룰로이드(2종) • 트라이나이트로톨루엔(1종) • 트라이나이트로페놀(1종) • 테트릴(1종) • 유기과산화물(대부분)(2종)		

19 원자량이 약 24이고, 은백색의 광택이 나는 가벼운 금속이며 산과 작용하여 수소를 발생하는 제2류 위험물의 물질명을 쓰고, 그 물질과 염산과의 화학반응식을 쓰시오.

가. 물질명　　　　　　　　나. 화학반응식

[해답] 가. 마그네슘

나. $Mg + 2HCl \rightarrow MgCl_2 + H_2$

상세해설

- 마그네슘(Mg) : 제2류 위험물
  ① 2mm체 통과 못하는 덩어리는 위험물에서 제외한다.
  ② 직경 2mm 이상 막대모양은 위험물에서 제외한다.

③ 은백색의 광택이 나는 가벼운 금속이다.
④ 수증기와 작용하여 수소를 발생시킨다.(주수소화 금지)

$$Mg + 2H_2O \rightarrow Mg(OH)_2 + H_2 \uparrow$$

⑤ 이산화탄소 약제를 방사하면 주위의 공기 중 수분이 응축하여 위험하다.
⑥ 산과 작용하여 수소를 발생시킨다.

$$Mg(마그네슘) + 2HCl(염산) \rightarrow MgCl_2(염화마그네슘) + H_2(수소) \uparrow$$

⑦ 공기 중 습기에 발열되어 자연발화 위험이 있다.
⑧ 주수소화는 엄금이며 마른모래 등으로 피복 소화한다.

20 위험물안전관리법령상 위험물의 운반에 관한 기준에서 다음 각 위험물이 지정수량 이상일 경우 혼재가 가능한 위험물의 유별을 모두 쓰시오.

가. 제1류 위험물   나. 제2류 위험물   다. 제3류 위험물

해답 가. 제6류 위험물
      나. 제4류 위험물, 제5류 위험물
      다. 제4류 위험물

상세해설
• 유별을 달리하는 위험물의 혼재기준

구 분	제1류	제2류	제3류	제4류	제5류	제6류
제1류		×	×	×	×	○
제2류	×		×	○	○	×
제3류	×	×		○	×	×
제4류	×	○	○		○	×
제5류	×	○	×	○		×
제6류	○	×	×	×	×	

• 쉬운 암기법
  1↓ + 6↑   2 + 4
  2↓ + 5↑   5 + 4
  3↓ + 4↑
  →

위험물기능사 실기

2020년 8월 29일 시행

01 이황화탄소 76g이 완전연소하면 몇 L의 기체가 발생하는지 구하시오.(단, 표준상태를 기준으로 하고 순수한 산소만을 공급하며, 공급된 산소는 모두 연소에 사용된다고 한다)

해답
① 이황화탄소의 분자량 = 12+32×2 = 76
② 이황화탄소의 완전연소 반응식
$CS_2 + 3O_2 \rightarrow CO_2 + 2SO_2$
76g ⟶ (1몰+2몰)×22.4L = 67.2L

상세해설
- 이황화탄소(CS_2)★★★★★

화학식	분자량	비중	비점	인화점	착화점	연소범위
CS_2	76.1	1.26	46℃	-30℃	100℃	1.0~50%

① 물에는 녹지 않고 알코올, 에터, 벤젠 등 유기용제에 녹는다.
② 연소 시 아황산가스(SO_2) 및 CO_2를 생성한다.
$$CS_2 + 3O_2 \rightarrow CO_2 + 2SO_2$$
③ 물과 반응하여 황화수소와 이산화탄소를 발생한다.
$$\underset{(이황화탄소)}{CS_2} + \underset{(물)}{2H_2O} \rightarrow \underset{(황화수소)}{2H_2S} + \underset{(이산화탄소)}{CO_2}$$
④ 저장 시 저장탱크를 물속에 넣어 저장한다.

02 다음의 제2류 위험물에 대한 지정수량을 쓰시오.
① 마그네슘 ② 황 ③ 철분 ④ 알루미늄 ⑤ 인화성고체

해답
① 마그네슘 : 500kg   ② 황 : 100kg
③ 철분 : 500kg   ④ 알루미늄 : 500kg
⑤ 인화성고체 : 1000kg

상세해설

• 제2류 위험물의 지정수량 및 위험등급

성 질	품 명	지정수량	위험등급
가연성 고체	1. **황화인**, 적린, 황	100kg	II
	2. **철분**, 금속분, 마그네슘	500kg	III
	3. 인화성 고체	1,000kg	

03 다음의 제4류 위험물에 대한 증기비중을 계산하시오. (단, 공기의 평균분자량은 29이다.)

① 이황화탄소   ② 아세트산   ③ 글리세린

해답 ① 이황화탄소(CS_2)

[계산과정] $M = 12 + 32 \times 2 = 76 \qquad S = \dfrac{76}{29} = 2.62$

[답] 2.62

② 아세트산(CH_3COOH)

[계산과정] $M = 12 \times 2 + 1 \times 4 + 16 \times 2 = 60 \qquad S = \dfrac{60}{29} = 2.07$

[답] 2.07

③ 글리세린($C_3H_5(OH)_3$)

[계산과정] $M = 12 \times 3 + 1 \times 8 + 16 \times 3 = 92 \qquad S = \dfrac{92}{29} = 3.17$

[답] 3.17

04 다음 [보기]에서 각 물음에 해당하는 위험물을 선택하여 그 번호를 쓰시오.

[보기] ① 벤젠 ② 이황화탄소 ③ 아세톤 ④ 아세트알데하이드 ⑤ 아세트산

(물음 1) 비수용성 물질을 모두 쓰시오.
(물음 2) 인화점이 가장 낮은 물질을 쓰시오.
(물음 3) 비점이 가장 높은 물질을 쓰시오.

해답 (물음 1) ①, ②
(물음 2) ④
(물음 3) ⑤

상세해설

구 분	벤젠	이황화탄소	아세톤	아세트알데하이드	아세트산(초산)
유 별	제4류 제1석유류	제4류 특수인화물	제4류 제1석유류	제4류 특수인화물	제4류 제2석유류
수용성여부	비수용성	비수용성	수용성	수용성	수용성
인화점(℃)	-11	-30	-18	-38	40
비 점(℃)	80	46.3	56	21	118

05 다음 제6류 위험물에 대한 각 물음에 답하시오.

(물음 1) 과염소산 : ① 화학식   ② 분자량
(물음 2) 질산 : ① 화학식   ② 분자량

해답 (물음 1) 과염소산 : ① 화학식 : $HClO_4$
② 분자량 : $M = 1 + 35.5 + 16 \times 4 = 100.5$
(물음 2) 질산 : ① 화학식 : HNO_3
② 분자량 : $M = 1 + 14 + 16 \times 3 = 63$

상세해설

- 과염소산($HClO_4$) – 제6류 위험물

화학식	분자량	비중	비점	융점
$HClO_4$	100.46	1.77	39℃	-112℃

① 물과 혼합하면 다량의 열을 발생한다.
② 산화력이 강하여 종이, 나무조각 또는 유기물 등과 접촉 시 폭발한다.
③ 공기 중에서 분해하여 염화수소(HCl)를 발생시킨다.
④ 산(酸) 중에서도 가장 강한 산이다.

- 산소산 중 산의 세기
차아염소산(HClO) < 아염소산($HClO_2$) < 염소산($HClO_3$) < 과염소산($HClO_4$)

- 질산(HNO_3) – 제6류 위험물 – 산화성 액체

화학식	분자량	비중	비점	융점
HNO_3	63	1.50	86℃	-42℃

① 나이트로화합물의 제조에 사용된다.
② 햇빛에 의하여 일부 분해되어 생긴 NO_2 때문에 황갈색으로 된다.

$$4HNO_3 \rightarrow 2H_2O + 4NO_2 \uparrow (이산화질소) + O_2 \uparrow (산소)$$

③ 환원성 물질과 혼합하면 발화 또는 폭발한다.

- 크산토프로테인 반응(xanthoprotenic reaction)
단백질에 진한질산을 가하면 노란색으로 변하고 **알칼리를 작용시키면 오렌지색**으로 변하며, 단백질 검출에 이용된다.

06 다음은 위험물안전관리법령상 판매취급소의 기준에 관한 것이다. ( )안에 알맞은 답을 쓰시오.

(1) 저장 또는 취급하는 위험물의 수량이 지정수량의 (①)배 이하인 판매취급소를 말한다.
(2) 위험물을 배합하는 실의 바닥면적은 (②)m^2 이상 (③)m^2 이하로 할 것
(3) 위험물을 배합하는 실의 출입구 문턱의 높이는 바닥면으로부터 (④)m 이상으로 할 것

해답 ① 40 ② 6 ③ 15 ④ 0.1

상세해설
- 판매취급소의 구분

취급소의 구분	저장 또는 취급하는 위험물의 수량
제1종 판매취급소	지정수량의 20배 이하
제2종 판매취급소	지정수량의 40배 이하

- 위험물을 배합하는 실은 다음에 의할 것.
  ① 바닥면적은 6m^2 이상 15m^2 이하일 것
  ② 내화구조로 된 벽으로 구획할 것
  ③ 바닥은 위험물이 침투하지 아니하는 구조로 하여 적당한 경사를 두고 집유설비를 할 것
  ④ 출입구에는 수시로 열 수 있는 자동폐쇄식의 60분+방화문 또는 60분방화문을 설치할 것
  ⑤ 출입구 문턱의 높이는 바닥면으로부터 0.1m 이상으로 할 것
  ⑥ 내부에 체류한 가연성의 증기 또는 가연성의 미분을 지붕 위로 방출하는 설비를 할 것

07 다음 표에서 위험물의 명칭과 지정수량을 표의 빈칸에 쓰시오.

화학식	명칭	지정수량(kg)
NH_4ClO_4		
$KMnO_4$		
$K_2Cr_2O_7$		

화학식	명칭	지정수량(kg)
NH₄ClO₄	과염소산암모늄	50
KMnO₄	과망가니즈산칼륨	1000
K₂Cr₂O₇	다이크로뮴산칼륨	1000

제1류 위험물의 품명 및 지정수량 ★★★★

성질	품명		지정수량	위험등급
산화성고체	○ 아염소산염류, 염소산염류, 과염소산염류, 무기과산화물		50kg	I
	○ 브로민산염류, 질산염류, 아이오딘산염류		300kg	II
	○ 과망가니즈산염류, 다이크로뮴산염류		1000kg	III
	그 밖에 행정안전부령이 정하는 것	① 과아이오딘산염류 ② 과아이오딘산 ③ 크로뮴, 납 또는 아이오딘의 산화물 ④ 아질산염류 ⑤ 염소화이소시아눌산 ⑥ 퍼옥소이황산염류 ⑦ 퍼옥소붕산염류	300kg	II
		⑧ 차아염소산염류	50kg	I

08 다음 위험물이 공기 중에서 완전 연소되었을 경우 생성되는 물질을 화학식으로 쓰시오.

① 적린　　　　　② 삼황화인　　　　　③ 황린

① 적린 : P_2O_5
② 삼황화인 : P_2O_5, SO_2
③ 황린 : P_2O_5

• 연소반응식
① 적린　　　: $4P + 5O_2 \rightarrow 2P_2O_5$(오산화인)
② 삼황화인 : $P_4S_3 + 8O_2 \rightarrow 2P_2O_5 + 3SO_2$
③ 황린　　　: $P_4 + 5O_2 \rightarrow 2P_2O_5$

09 다음 위험물이 물과 반응하는 경우 반응식을 쓰시오.

① 과산화나트륨　　　　　② 과산화마그네슘

① 과산화나트륨 : $2Na_2O_2 + 2H_2O \rightarrow 4NaOH + O_2$
② 과산화마그네슘 : $2MgO_2 + 2H_2O \rightarrow 2Mg(OH)_2 + O_2$

상세해설

- 과산화나트륨(Na_2O_2) : 제1류 위험물 중 무기과산화물(금수성)

화학식	분자량	비중	융점	분해온도
Na_2O_2	78	2.8	460℃	460℃

① 상온에서 물과 격렬히 반응하여 산소(O_2)를 방출하고 폭발하기도 한다.

$$2Na_2O_2(과산화나트륨) + 2H_2O(물) \rightarrow 4NaOH(수산화나트륨) + O_2(산소)\uparrow$$

② 공기 중 **이산화탄소(CO_2)와 반응하여 산소(O_2)를 방출**한다.

$$2Na_2O_2 + 2CO_2 \rightarrow 2Na_2CO_3(탄산나트륨) + O_2\uparrow$$

③ 산과 반응하여 과산화수소(H_2O_2)를 생성시킨다.

$$Na_2O_2 + 2CH_3COOH(초산) \rightarrow 2CH_3COONa(초산나트륨) + H_2O_2(과산화수소)\uparrow$$

④ 열분해 시 산소(O_2)를 방출한다.

$$2Na_2O_2 \rightarrow 2Na_2O + O_2\uparrow$$

⑤ 주수소화는 금물이고 마른모래(건조사), 팽창질석, 팽창진주암, 탄산수소염류 등으로 소화한다.

- 과산화마그네슘(MgO_2)
  ① 백색 분말이다.
  ② 습기 또는 물과 접촉 시 산소를 방출한다.
  ③ 가연성유기물과 혼합되어 있을 때 가열, 충격에 의해 폭발 위험이 있다.
  ④ 물과 접촉하여 수산화마그네슘 및 산소를 발생한다.

$$2MgO_2 + 2H_2O \rightarrow 2Mg(OH)_2(수산화마그네슘) + O_2\uparrow(산소)$$

  ⑤ 산과 접촉하여 과산화수소를 발생한다.

$$MgO_2 + 2HCl(염산) \rightarrow MgCl_2 + H_2O_2(과산화수소)$$

---

10 다음 제4류 위험물에 대한 화학식을 보고 물질의 명칭을 쓰시오.

① $CH_3COC_2H_5$ ② C_6H_5Cl ③ $CH_3COOC_2H_5$

해답 ① 메틸에틸케톤   ② 클로로벤젠   ③ 아세트산에틸(초산에틸)

11 다음은 위험물안전관리법령상 제조소의 안전거리에 대한 기준이다. 제조소와 다음 각 시설과의 안전거리기준을 쓰시오.

① 노인복지시설
② 고압가스시설
③ 35,000V를 초과하는 특고압가공전선

해답 ① 노인복지시설 : 30m 이상
② 고압가스시설 : 20m 이상
③ 35,000V를 초과하는 특고압가공전선 : 5m 이상

상세해설
- 제조소의 안전거리

구 분	안전거리
• 사용전압이 7,000V 초과 35,000V 이하	3m 이상
• 사용전압이 35,000V를 초과	5m 이상
• 주거용	10m 이상
• 고압가스, 액화석유가스, 도시가스	20m 이상
• **학교**, 병원, 극장, 노인복지시설	**30m 이상**
• 지정문화유산 및 천연기념물 등	50m 이상

12 다음의 위험물이 물과 반응하여 생성되는 물질의 명칭을 모두 쓰시오.

① 탄화칼슘
② 탄화알루미늄

해답 ① 탄화칼슘 : 수산화칼슘, 아세틸렌
② 탄화알루미늄 : 수산화알루미늄, 메탄

상세해설
- 탄화칼슘(CaC_2) : 제3류 위험물 중 칼슘탄화물

화학식	분자량	융점	비중
CaC_2	64	2370℃	2.21

① **물과 접촉 시 아세틸렌을 생성**하고 열을 발생시킨다.

$$CaC_2 + 2H_2O \rightarrow Ca(OH)_2(수산화칼슘) + C_2H_2\uparrow(아세틸렌)$$

② **아세틸렌의 폭발범위는 2.5~81%**로 대단히 넓어서 폭발위험성이 크다.
③ 장기 보관 시 **불활성 기체(N_2 등)를 봉입**하여 저장한다.
④ 별명은 카바이드, 탄화석회, 칼슘카바이드 등이다.

⑤ 고온(700℃)에서 질화되어 석회질소($CaCN_2$)가 생성된다.

$$CaC_2 + N_2 \rightarrow CaCN_2(석회질소) + C(탄소)$$

⑥ 물 및 포 약제에 의한 소화는 절대 금하고 마른모래 등으로 피복 소화한다.

- 탄화알루미늄(Al_4C_3) : 제3류 위험물(금수성 물질)
  ① 물과 접촉 시 메탄가스를 생성하고 발열반응을 한다.

$$Al_4C_3 + 12H_2O \rightarrow 4Al(OH)_3(수산화알루미늄) + 3CH_4(메탄)$$

  ② 황색 결정 또는 백색 분말로 1,400℃ 이상에서는 분해가 된다.
  ③ 물 및 포 약제에 의한 소화는 절대 금하고 마른모래 등으로 피복 소화한다.

13 [보기]에서 제5류 위험물인 질산에스터류에 해당하는 물질을 모두 쓰시오.

〈보기〉 트라이나이트로톨루엔, 나이트로셀룰로오스, 나이트로글리세린, 테트릴, 질산메틸, 피크린산

 나이트로셀룰로오스, 나이트로글리세린, 질산메틸

- 질산에스터류
  질산의 수소를 알킬기로 치환한 형태의 화합물
  ① 질산메틸(CH_3ONO_2)
  ② 질산에틸($C_2H_5ONO_2$)
  ③ 나이트로셀룰로오스($[C_6H_7O_2(ONO_2)_3]_n$)
  ④ 나이트로글리콜($C_2H_4(ONO_2)_2$)
  ⑤ 나이트로글리세린($C_3H_5(ONO_2)_3$)
  ⑥ 펜트리트($C(CH_{20}NO_2)_4$)
  ⑦ 셀룰로이드

- 나이트로화합물
  유기화합물의 수소원자가 나이트로기(NO_2)로 치환된 것으로 나이트로기가 2개 이상인 화합물
  ① 피크르산[$C_6H_2(NO_2)_3OH$](TNP : Tri Nitro Phenol)
  ② 트라이나이트로톨루엔[$C_6H_2CH_3(NO_2)_3$] (TNT : Tri Nitro Toluene)
  ③ 테트릴($C_6H_2(NO_2)_4NCH_3$)
  ④ 헥소겐(($CH_2NNO_2)_3$) : RDX폭약
  ⑤ 트라이나이트로벤젠[$C_6H_3(NO_2)_3$](TNB : Tri Nitro Benzene)

14 다음은 위험물안전관리법령상 옥외탱크저장소에 대한 설치기준이다. 각 물음에 답하시오.

(물음 1) 옥외저장탱크는 특정옥외저장탱크 및 준특정옥외저장탱크 외에는 두께 몇 mm 이상의 강철판으로 하여야 하는가?

(물음 2) 제4류 위험물을 저장하는 옥외저장탱크(압력탱크외의 탱크)에 있어서 밸브 없는 통기관의 직경은 몇 mm 이상으로 하여야하는가?

해답 (물음 1) 3.2mm
(물음 2) 30mm

상세해설
- 옥외저장탱크의 외부구조 및 설비
  (1) 옥외저장탱크는 특정옥외저장탱크 및 준특정옥외저장탱크 외에는 **두께 3.2mm 이상의 강철판**으로 할 것
  (2) 압력탱크외의 탱크는 충수시험, 압력탱크는 **최대상용압력의 1.5배의 압력으로 10분간** 실시하는 수압시험에서 각각 새거나 변형되지 아니하여야 한다.
  (3) **밸브없는 통기관**
      ① **직경은 30mm 이상**일 것
      ② 끝부분은 수평면보다 45도 이상 구부려 빗물 등의 침투를 막는 구조로 할 것
      ③ **인화점이 38℃ 미만인 위험물**만을 저장 또는 취급하는 탱크에 설치하는 통기관에는 화염방지장치를 설치하고, 그 외의 탱크에 설치하는 **통기관에는 40메쉬(mesh) 이상의 구리망** 또는 동등 이상의 성능을 가진 **인화방지장치**를 설치할 것
  (4) 대기밸브부착 통기관
      5kPa 이하의 압력차이로 작동할 수 있을 것

15 다음 위험물에 대한 운반용기의 외부 표시사항 중 수납하는 위험물에 따른 주의사항(표시사항)을 쓰시오. (단, 없으면 없음이라고 표기하시오)

① 제2류 위험물 중 인화성고체
② 제5류 위험물
③ 제6류 위험물

① 화기엄금
② 화기엄금, 충격주의
③ 가연물접촉주의

상세해설

- 위험물 운반용기의 외부 표시 사항
  ① 위험물의 품명, 위험등급, 화학명 및 수용성(제4류 위험물의 수용성인 것에 한함)
  ② 위험물의 수량
  ③ 수납하는 위험물에 따른 주의사항

류 별	성질에 따른 구분	표시 사항
• 제1류 위험물	알칼리금속의 과산화물	화기·충격주의, 물기엄금 및 가연물접촉주의
	그 밖의 것	화기·충격주의 및 가연물접촉주의
• 제2류 위험물	철분·금속분·마그네슘	화기주의 및 물기엄금
	인화성 고체	화기엄금
	그 밖의 것	화기주의
• 제3류 위험물	자연발화성 물질	화기엄금 및 공기접촉엄금
	금수성 물질	물기엄금
• 제4류 위험물	인화성 액체	화기엄금
• 제5류 위험물	자기반응성 물질	화기엄금 및 충격주의
• 제6류 위험물	산화성 액체	가연물접촉주의

16 물질A : 50%, 물질B : 30%, 물질C : 20%의 농도로 혼합된 가연성증기의 폭발범위를 계산하시오. (단, 각 물질의 폭발범위는 물질A : 5~15%, 물질B : 3~12%, 물질C : 2~10% 이다)

[계산과정] 폭발하한 $\dfrac{100}{L} = \dfrac{50}{5} + \dfrac{30}{3} + \dfrac{20}{2} = 30$ ∴ $L = \dfrac{100}{30} = 3.33\%$

폭발상한 $\dfrac{100}{L} = \dfrac{50}{15} + \dfrac{30}{12} + \dfrac{20}{10} = 7.83$ ∴ $L = \dfrac{100}{7.83} = 12.77\%$

[답] 3.33~12.77%

상세해설

- 혼합가스의 폭발범위 계산식 ★★자주출제(필수정리)★★

$$\dfrac{V}{L} = \dfrac{V_1}{L_1} + \dfrac{V_2}{L_2} + \dfrac{V_3}{L_3} + \cdots\cdots + \dfrac{V_n}{L_n}$$

여기서, V : 혼합가스 중 가연성가스의 합계농도
  L : 혼합가스의 폭발한계 값(상한값 또는 하한값)
  $L_1, L_2, L_3, \cdots$: 각 가스성분의 폭발한계 값(상한값 또는 하한값)
  $V_1, V_2, V_3, \cdots$: 각 가스성분의 부피(%)

17
위험물안전관리법령상 하이드록실아민 등을 취급하는 제조소의 특례기준이다. 다음 (   )안에 알맞은 답을 쓰시오.

(1) 하이드록실아민등을 취급하는 설비에는 하이드록실아민등의 (①) 및 (②)의 상승에 의한 위험한 반응을 방지하기 위한 조치를 강구할 것
(2) 하이드록실아민등을 취급하는 설비에는 (③)이온 등의 혼입에 의한 위험한 반응을 방지하기 위한 조치를 강구할 것

해답 ① 온도   ② 농도   ③ 철

상세해설
- 하이드록실아민 등을 취급하는 제조소의 특례
  ① 하이드록실아민 등을 취급하는 제조소의 안전거리
  $$D = 51.1\sqrt[3]{N}$$
  여기서, D : 거리(m)
  N : 해당 제조소에서 취급하는 하이드록실아민 등의 지정수량의 배수
  ② 담 또는 토제는 당해 제조소의 외벽 또는 이에 상당하는 공작물의 외측으로부터 **2m 이상** 떨어진 장소에 설치할 것
  ③ 담은 **두께 15cm 이상**의 철근콘크리트조·철골철근콘크리트조 또는 **두께 20cm 이상**의 보강콘크리트블록조로 할 것
  ④ 토제의 경사면의 경사도는 **60도 미만**으로 할 것
  ⑤ 하이드록실아민 등을 취급하는 설비에는 하이드록실아민 등의 **온도 및 농도의 상승**에 의한 위험한 반응을 방지하기 위한 조치를 강구할 것
  ⑥ 하이드록실아민 등을 취급하는 설비에는 **철 이온 등의 혼입**에 의한 위험한 반응을 방지하기 위한 조치를 강구할 것

18
제5류 위험물인 나이트로글리세린에 대한 다음 각 물음에 답하시오.

(물음 1) 상온에서 고체, 액체, 기체 중 어떠한 상태로 존재하는가?
(물음 2) 나이트로글리세린을 제조하는 경우 글리세린과 혼합하여야 하는 물질 2가지를 쓰시오.
(물음 3) 나이트로글리세린을 규조토에 흡수시켜 제조한 화약의 명칭은 무엇인가?

해답 (물음 1) 액체
(물음 2) 질산, 황산
(물음 3) 다이너마이트

- 나이트로글리세린(Nitro Glycerine) : NG [$C_3H_5(ONO_2)_3$] ★★★★★

화학식	분자량	비중	융점	비점	착화점
$C_3H_5(ONO_2)_3$	227	1.6	13℃	160℃	210℃

① 상온에서는 액체이지만 겨울철에는 동결한다.
② 진한질산과 진한 황산을 가하면 나이트로화 하여 나이트로글리세린으로 된다.

글리세린의 나이트로화반응

$$C_3H_5(OH)_3 + 3HONO_2 \xrightarrow{H_2SO_4} C_3H_5(ONO_2)_3 + 3H_2O$$
(글리세린)   (질산)   (트라이나이트로글리세린) (물)

③ 비수용성이며 메탄올, 아세톤 등에 녹는다.
④ 가열, 마찰, 충격에 예민하여 대단히 위험하다.
⑤ 산과 접촉 시 분해가 촉진되고 폭발우려가 있다.

나이트로글리세린의 열분해 반응식

$$4C_3H_5(ONO_2)_3 \rightarrow 12CO_2\uparrow + 6N_2\uparrow + O_2\uparrow + 10H_2O$$

⑥ 다이나마이트(규조토+나이트로글리세린), 무연화약 제조에 이용된다.

19 다음은 위험물안전관리법령상 소화난이도등급 Ⅰ에 해당하는 제조소등에 관한 기준이다. 각 물음에 답하시오.

(물음 1) 제조소의 규모는 연면적은 몇 m^2 이상인가?
(물음 2) 제조소에서 저장 또는 취급하는 위험물의 지정수량은 몇 배 이상인가?
(물음 3) 제조소는 지반면으로부터 몇 m 이상의 높이에 위험물 취급설비가 있어야 하는가?

 (물음 1) 1000m^2 (물음 2) 100배   (물음 3) 6m

- 소화난이도등급 Ⅰ에 해당하는 제조소 및 일반취급소

제조소등의 구분	제조소등의 규모, 저장 또는 취급하는 위험물의 품명 및 최대수량 등
제조소 일반취급소	연면적 1,000m^2 이상인 것
	지정수량의 100배 이상인 것(고인화점위험물만을 100℃ 미만의 온도에서 취급하는 것은 제외)
	지반면으로부터 6m 이상의 높이에 위험물 취급설비가 있는 것(고인화점위험물만을 100℃ 미만의 온도에서 취급하는 것은 제외)
	일반취급소로 사용되는 부분 외의 부분을 갖는 건축물에 설치된 것(내화구조로 개구부 없이 구획된 것, 고인화점위험물만을 100℃ 미만의 온도에서 취급하는 것

20 비커에 비중이 0.79인 에틸알코올 200mL와 비중이 1.0인 물 150mL가 혼합된 용액이 있다. 다음 각 물음에 답하시오.

(물음 1) 에틸알코올의 농도(wt(%))를 계산하시오.
(물음 2) (물음 1)의 에틸알코올은 위험물안전관리법령상 제4류 위험물의 알코올류에 해당여부를 판단하고 그에 따른 이유를 설명하시오.

해답

(물음 1) [계산과정] $C = \dfrac{200 \times 0.79}{200 \times 0.79 + 150 \times 1.0} \times 100 = 51.30 \text{wt\%}$

[답] 51.30wt%

(물음 2) 해당여부 : 알코올류에 해당하지 않는다.
이유 : 농도가 60중량% 미만이므로

상세해설

- 제4류 위험물의 판단기준
  ① **"특수인화물"**이라 함은 **이황화탄소, 다이에틸에터** 그 밖에 1기압에서 **발화점이 100℃ 이하**인 것 또는 **인화점이 −20℃ 이하이고 비점이 40℃ 이하**인 것을 말한다.
  ② **"제1석유류"**라 함은 아세톤, 휘발유 그 밖에 1기압에서 **인화점이 21℃ 미만**인 것을 말한다.
  ③ **"알코올류"**라 함은 1분자를 구성하는 탄소원자의 수가 **1개부터 3개까지인 포화1가 알코올**(변성알코올을 포함한다)을 말한다. 다만, 다음 각 목의 1에 해당하는 것은 **제외**한다.
    ㉠ 1분자를 구성하는 탄소원자의 수가 1개 내지 3개의 포화1가 알코올의 함유량이 **60중량퍼센트 미만**인 수용액
    ㉡ 가연성 액체량이 **60중량퍼센트 미만**이고 인화점 및 연소점(태그개방식 인화점측정기에 의한 연소점)이 에틸알코올 **60중량퍼센트** 수용액의 인화점 및 연소점을 초과하는 것
  ④ **"제2석유류"**라 함은 **등유, 경유** 그 밖에 1기압에서 **인화점이 21℃ 이상 70℃ 미만**인 것을 말한다. 다만, 도료류 그 밖의 물품에 있어서 가연성 액체량이 40중량퍼센트 이하이면서 인화점이 40℃ 이상인 동시에 연소점이 60℃ 이상인 것은 제외한다.
  ⑤ **"제3석유류"**라 함은 중유, 크레오소트유 그 밖에 1기압에서 **인화점이 70℃ 이상 200℃ 미만**인 것을 말한다. 다만, 도료류 그 밖의 물품은 가연성 액체량이 40중량퍼센트 이하인 것은 제외한다.
  ⑥ **"제4석유류"**라 함은 기어유, 실린더유 그 밖에 1기압에서 **인화점이 200℃ 이상 250℃ 미만**의 것을 말한다. 다만, 도료류 그 밖의 물품은 가연성 액체량이 40중량퍼센트 이하인 것은 제외한다.
  ⑦ **"동식물유류"**라 함은 동물의 지육 등 또는 식물의 종자나 과육으로부터 추출한 것으로서 1기압에서 **인화점이 250℃ 미만**인 것을 말한다.

제 2 부 최근 기출문제

위험물기능사 실기

2020년 11월 28일 시행

01 다음 그림과 같은 원통형 위험물 저장탱크의 내용적은 몇 m³인지 구하시오.

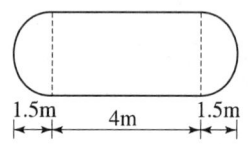

[계산과정] $V = \pi \times 1^2 \times \left(4 + \dfrac{1.5+1.5}{3}\right) = 15.71\text{m}^3$

[답] 15.71m^3

- 탱크의 내용적 계산방법
  ① 타원형 탱크의 내용적
    ㉠ 양쪽이 볼록한 것

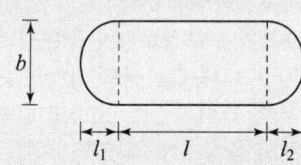

$$\text{내용적} = \dfrac{\pi ab}{4}\left(l + \dfrac{l_1+l_2}{3}\right)$$

    ㉡ 한쪽은 볼록하고 다른 한쪽은 오목한 것

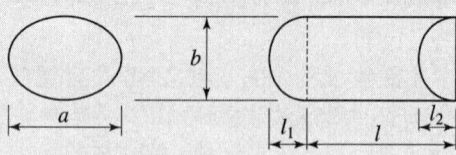

$$\text{내용적} = \dfrac{\pi ab}{4}\left(l + \dfrac{l_1-l_2}{3}\right)$$

326

② 원통형 탱크의 내용적
　㉠ 횡으로 설치한 것

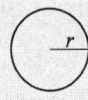 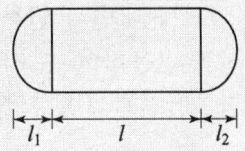

$$\text{내용적} = \pi r^2 \left(l + \frac{l_1 + l_2}{3} \right)$$

　㉡ 종으로 설치한 것

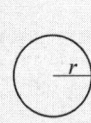 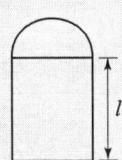

$$\text{내용적} = \pi r^2 l$$

02 과산화벤조일을 구조식으로 나타내고 분자량을 구하시오.
① 구조식　　　　　　　② 분자량

해답　① 구조식

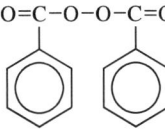

② 분자량

[계산과정] ① 과산화벤조일화학식 : $(C_6H_5CO)_2O_2$
② $M = (12 \times 6 + 1 \times 5 + 12 + 16) \times 2 + 16 \times 2 = 242$

[답] 242

상세해설
- 과산화벤조일 = 벤조일퍼옥사이드(BPO)[$(C_6H_5CO)_2O_2$] : 제5류 중 유기과산화물(자기반응성 물질)
  ① 무색 무취의 백색분말 또는 결정이다.
  ② 물에 녹지 않고 알코올에 약간 녹는다.
  ③ 에터 등 유기용제에 잘 녹는다.
  ④ 직사광선을 피하고 냉암소에 보관한다.

03 알루미늄에 대해 다음 각 물음에 답하시오.

(물음 1) 흰 연기를 내면서 연소하는 완전연소반응식을 쓰시오.
(물음 2) 염산과 반응하여 수소가스를 발생하는 화학반응식을 쓰시오.
(물음 3) 위험물안전관리법령상의 품명을 쓰시오.

해답
(물음 1) $4Al + 3O_2 \rightarrow 2Al_2O_3$
(물음 2) $2Al + 6HCl \rightarrow 2AlCl_3 + 3H_2$
(물음 3) 금속분

상세해설
- 알루미늄분(Al) : 제2류 위험물-금속분

화학식	원자량	비중	융점	비점
Al	27	2.7	660℃	2,000℃

① 은백색의 분말이며 비중이 약 2.7이다.
② 알루미늄이 연소하면 백색연기를 내면서 산화알루미늄을 생성한다.

$$4Al + 3O_2 \rightarrow 2Al_2O_3$$

③ 가열된 알루미늄은 물(수증기)과 반응하여 수소를 발생시킨다.

$$2Al + 6H_2O \rightarrow 2Al(OH)_3 + 3H_2 \uparrow$$

④ 알루미늄(Al)은 염산과 반응하여 수소를 발생한다.

$$2Al + 6HCl \rightarrow 2AlCl_3 + 3H_2 \uparrow$$

⑤ 주수소화는 엄금이며 마른모래 등으로 피복 소화한다.

04 제5류 위험물인 트라이나이트로톨루엔(TNT)의 제조방법을 사용되는 원료를 중심으로 설명하시오.

해답 톨루엔에 진한질산으로 나이트로화하고 진한 황산으로 탈수하여 제조한다.

상세해설
트라이나이트로톨루엔($C_6H_2CH_3(NO_2)_3$)-제5류-나이트로화합물
(TNT : Tri Nitro Toluene)

화학식	분자량	비중	비점	융점	착화점
$C_6H_2CH_3(NO_2)_3$	227	1.7	280℃	81℃	300℃

① 물에는 녹지 않고 알코올, 아세톤, 벤젠에 녹는다.
② Tri Nitro Toluene의 약자로 TNT라고도 한다..
③ 담황색의 주상결정이며 햇빛에 다갈색으로 변색된다.
④ 톨루엔과 질산을 반응시켜 얻는다.

$$C_6H_5CH_3 + 3HNO_3 \xrightarrow[나이트로화]{C-H_2SO_4} C_6H_2CH_3(NO_2)_3 + 3H_2O$$
(톨루엔)　　(질산)　　　　　　　　(트라이나이트로톨루엔)　(물)

⑤ 강력한 폭약이며 급격한 타격에 폭발한다.

$$2C_6H_2CH_3(NO_2)_3 \rightarrow 2C + 12CO + 3N_2\uparrow + 5H_2\uparrow$$

05
다음은 지하탱크저장소의 구조 및 설비의 기준이다. ( )안에 알맞은 답을 쓰시오.

지하저장탱크는 압력탱크(최대상용압력이 46.7kPa 이상인 탱크를 말한다) 외의 탱크에 있어서는 (①)kPa의 압력으로, 압력탱크에 있어서는 최대상용압력의 (②)배의 압력으로 각각 (③)분간 수압시험을 실시하여 새거나 변형되지 아니하여야 한다. 이 경우 수압시험은 소방청장이 정하여 고시하는 (④)과 (⑤)을 동시에 실시하는 방법으로 대신할 수 있다.

해답 ① 70　② 1.5　③ 10　④ 기밀시험　⑤ 비파괴시험

상세해설
- 지하탱크저장소의 위치·구조 및 설비의 기준
  지하저장탱크는 용량에 따라 기준에 적합하게 강철판 또는 동등 이상의 성능이 있는 금속재질로 **완전용입용접** 또는 **양면겹침이음용접**으로 틈이 없도록 만드는 동시에, 압력탱크(최대상용압력이 **46.7kPa 이상**인 탱크를 말한다) 외의 탱크에 있어서는 **70kPa의 압력**으로, 압력탱크에 있어서는 최대상용압력의 **1.5배의 압력**으로 각각 **10분간 수압시험**을 실시하여 새거나 변형되지 아니하여야 한다. 이 경우 수압시험은 소방청장이 정하여 고시하는 **기밀시험**과 **비파괴시험**을 동시에 실시하는 방법으로 대신할 수 있다.

06
다음 분말소화약제의 1차 열분해반응식을 쓰시오.

① 제1인산암모늄　　　　② 탄산수소칼륨

① $NH_4H_2PO_4 \rightarrow NH_3 + H_3PO_4$
② $2KHCO_3 \rightarrow K_2CO_3 + CO_2 + H_2O$

- 190℃ $NH_4H_2PO_4 \rightarrow NH_3 + H_3PO_4$(오르토인산)
  215℃ $2H_3PO_4 \rightarrow H_2O + H_4P_2O_7$(피로인산)
  300℃ $H_4P_2O_7 \rightarrow H_2O + 2HPO_3$(메타인산)

분말소화약제의 종류

종 별	약제명	화학식	착색	열분해 반응식	적응화재
제1종	탄산수소나트륨 중탄산나트륨	$NaHCO_3$	백색	$2NaHCO_3$ $\rightarrow Na_2CO_3+CO_2+H_2O$	B.C급
제2종	탄산수소칼륨 중탄산칼륨	$KHCO_3$	담회색	$2KHCO_3$ $\rightarrow K_2CO_3+CO_2+H_2O$	B.C급
제3종	제1인산암모늄	$NH_4H_2PO_4$	담홍색	$NH_4H_2PO_4$ $\rightarrow HPO_3+NH_3+H_2O$	A.B.C급
제4종	탄산수소칼륨+ 요소	$KHCO_3+$ $(NH_2)_2CO$	회색	$2KHCO_3+(NH_2)_2CO$ $\rightarrow K_2CO_3+2NH_3+2CO_2$	B.C급

07 제3류 위험물인 트라이에틸알루미늄에 대한 다음 각 물음에 답하시오.

(물음 1) 물과 반응하여 생성되는 기체의 명칭을 쓰시오.

(물음 2) 물과 반응하여 생성되는 기체의 완전연소 반응식을 쓰시오.

 (물음 1) 에탄
(물음 2) $2C_2H_6 + 7O_2 \rightarrow 4CO_2 + 6H_2O$

- 알킬알루미늄[$(C_nH_{2n+1}) \cdot Al$] : 제3류 위험물(금수성 물질)
  ① 알킬기(C_nH_{2n+1})에 알루미늄(Al)이 결합된 화합물이다.
  ② $C_1 \sim C_4$는 자연발화의 위험성이 있다.
  ③ 물과 접촉 시 가연성 가스 발생하므로 주수소화는 절대 금지한다.
  ④ 트라이메틸알루미늄(TMA : Tri Methyl Aluminium)

  $(CH_3)_3Al + 3H_2O \rightarrow Al(OH)_3$(수산화알루미늄) $+ 3CH_4 \uparrow$ (메탄)

  ⑤ 트라이에틸알루미늄(TEA : Tri Ethyl Aluminium)

  $(C_2H_5)_3Al + 3CH_3OH \rightarrow Al(CH_3O)_3$(트라이메톡시알루미늄) $+ 3C_2H_6$(에탄)

  $(C_2H_5)_3Al + 3H_2O \rightarrow Al(OH)_3$(수산화알루미늄) $+ 3C_2H_6 \uparrow$ (에탄)

  ⑥ 저장용기에 불활성 기체(N_2)를 봉입한다.
  ⑦ 피부 접촉 시 화상을 입히고 연소 시 흰 연기가 발생한다.

  $2(C_2H_5)_3Al + 21O_2 \rightarrow Al_2O_3 + 12CO_2 + 15H_2O$

  ⑧ 소화 시 주수소화는 절대 금하고 팽창질석, 팽창진주암 등으로 피복소화한다.

08 제2류 위험물과 혼재할 수 없는 위험물의 류별을 모두 적으시오. (단, 지정수량의 $\frac{1}{10}$ 이상을 저장하는 경우이다.)

 제1류 위험물, 제3류 위험물, 제6류 위험물

• 유별을 달리하는 위험물의 혼재 기준

구 분	제1류	제2류	제3류	제4류	제5류	제6류
제1류		×	×	×	×	○
제2류	×		×	○	○	×
제3류	×	×		○	×	×
제4류	×	○	○		○	×
제5류	×	○	×	○		×
제6류	○	×	×	×	×	

[비고] 1. "×" 표시는 혼재할 수 없음을 표시
2. "○" 표시는 혼재할 수 있음을 표시
3. 이 표는 지정수량의 $\frac{1}{10}$ 이하의 위험물에 대하여는 적용하지 아니한다.

• 쉬운 암기법
1↓ + 6↑   2 + 4
2↓ + 5↑   5 + 4
3↓ + 4↑
→

09 로켓의 추진체로 사용되는 하이드라진과 과산화수소의 반응식을 쓰시오.

 $NH_2 \cdot NH_2 + 2H_2O_2 \rightarrow 4H_2O + N_2$

• 과산화수소(H_2O_2) : 제6류 위험물–산화성액체

화학식	분자량	비중	비점	융점
H_2O_2	34	1.463	150.2℃(pure)	−0.43℃(pure)

① 분해안정제로 인산(H_3PO_4) 또는 요산($C_5H_4N_4O_3$)을 첨가한다.
② 저장용기는 밀폐하지 말고 구멍이 있는 마개를 사용한다.
③ 하이드라진($NH_2 \cdot NH_2$)과 접촉 시 분해 작용으로 폭발위험이 있다.

$$NH_2 \cdot NH_2 + 2H_2O_2 \rightarrow 4H_2O + N_2 \uparrow$$

④ 3%용액은 옥시풀이라 하며 표백제 또는 살균제로 이용한다.

• 과산화수소는 36중량% 이상만 위험물에 해당된다.

10 다음의 물질이 물과 반응하는 경우 발생하는 가스의 명칭을 쓰시오. (단, 없으면 없음이라고 할 것)

① 과산화마그네슘   ② 질산나트륨   ③ 과염소산나트륨
④ 칼륨   ⑤ 수소화칼륨

해답 ① 산소 ② 없음 ③ 없음
④ 수소 ⑤ 수소

상세해설
- 물과의 반응식
  ① 과산화마그네슘 : $2MgO_2 + 2H_2O \rightarrow 2Mg(OH)_2 + O_2$
  ② 칼륨 : $2K + 2H_2O \rightarrow 2KOH + H_2$
  ③ 수소화칼륨 : $KH + H_2O \rightarrow KOH + H_2$

---

11 제4류 위험물로서 물에 잘 녹으며 분자량이 약 58이고 액체의 비중이 0.79, 비점이 약 56.3℃, 아이오딘포름반응을 하는 물질에 대한 다음 각 물음에 답하시오.

(물음 1) 명칭   (물음 2) 시성식   (물음 3) 위험등급

해답 (물음 1) 명칭 : 아세톤
(물음 2) 시성식 : CH_3COCH_3
(물음 3) 위험등급 : Ⅱ등급

상세해설

아세톤(CH_3COCH_3) : 제4류 1석유류

화학식	분자량	비중	비점	인화점	착화점	연소범위
$(CH_3)_2CO$	58	0.79	56.3℃	-18℃	538℃	2.5~12.8%

① 무색의 휘발성 액체이다.
② 물 및 유기용제(알코올, 에터 등)에 잘 녹는다.
③ 아이오딘포름 반응을 한다.
④ 아세틸렌 가스의 흡수제에 이용된다.

12 다음 보기의 위험물에 대한 지정수량이 옳은 것을 찾아 번호로 답하시오

〈보기〉 ① 아닐린-2000L   ② 실린더유-6000L
③ 피리딘-400L   ④ 산화프로필렌-200L
⑤ 아마인유- 6000L

해답 ① ② ③

상세해설

구 분	① 아닐린	② 실린더유	③ 피리딘	④ 산화프로필렌	⑤ 아마인유
유별	3석유류 (비수용성)	4석유류	1석유류 (수용성)	특수인화물	동식물유류
지정수량	2000L	6000L	400L	50L	10000L

• 제4류 위험물의 품명 및 지정수량★★★★★

성질	품 명		지정수량	위험등급	기타 조건 (1atm에서)
인화성 액체	특수인화물		50L	I	• 발화점이 100℃ 이하 • 인화점 -20℃ 이하 & 비점 40℃ 이하 • 이황화탄소, 다이에틸에터
	제1석유류	비수용성	200L	II	• 인화점 21℃ 미만 • 아세톤, 휘발유
		수용성	400L		
	알코올류		400L		• C_1~C_3 포화 1가 알코올 (변성알코올 포함)
	제2석유류	비수용성	1000L	III	• 인화점 21℃ 이상 70℃ 미만 • 등유, 경유
		수용성	2000L		
	제3석유류	비수용성	2000L		• 인화점 70℃ 이상 200℃ 미만 • 중유, 크레오소트유
		수용성	4000L		
	제4석유류		6000L		• 인화점 200℃ 이상 250℃ 미만인 것
	동식물유류		10000L		• 동물의 지육 또는 식물의 종자나 과육으로부터 추출한 것으로 1기압에서 인화점이 250℃ 미만인 것

13 과산화칼륨 1몰이 이산화탄소와 반응하는 경우 생성되는 산소의 부피는 표준상태에서 몇 L인지 계산하시오.

해답 [계산과정] $2K_2O_2 + 2CO_2 \rightarrow 2K_2CO_3 + O_2$ (1몰 22.4L)
$K_2O_2 + CO_2 \rightarrow K_2CO_3 + 0.5O_2$ (0.5몰 11.2L)
[답] 11.2L

상세해설

- 과산화칼륨(K_2O_2) : 제1류 위험물 중 무기과산화물
  ① 상온에서 물과 격렬히 반응하여 산소(O_2)를 방출하고 폭발하기도 한다.
  $$2K_2O_2 + 2H_2O \rightarrow 4KOH + O_2 \uparrow$$
  ② 공기 중 이산화탄소(CO_2)와 반응하여 산소(O_2)를 방출한다.
  $$2K_2O_2 + 2CO_2 \rightarrow 2K_2CO_3 + O_2 \uparrow$$
  ④ 산과 반응하여 과산화수소(H_2O_2)를 생성시킨다.
  $$K_2O_2 + 2CH_3COOH \rightarrow 2CH_3COOK + H_2O_2 \uparrow$$
  ⑤ 열분해시 산소(O_2)를 방출한다.
  $$2K_2O_2 \rightarrow 2K_2O + O_2 \uparrow$$
  ⑥ 주수소화는 금물이고 마른모래(건조사)등으로 소화한다.

14 다음 [보기]중에서 1기압에서 인화점이 21℃ 이상 70℃ 미만인 수용성 물질을 모두 고르시오.

〈보기〉 테레핀유, 아세트산, 포름산, 글리세린, 나이트로벤젠

해답 아세트산, 포름산

상세해설

- 제2석유류 : 1기압에서 인화점이 21℃ 이상 70℃ 미만

구 분	테레핀유	아세트산 (초산)	포름산 (개미산=의산)	글리세린	나이트로벤젠
유별	제4류 제2석유류	제4류 제2석유류	제4류 제2석유류	제4류 제3석유류	제4류 제3석유류
수용성 여부	비수용성	수용성	수용성	수용성	비수용성

- 제4류 위험물의 판단기준
  ① "**특수인화물**"이라 함은 **이황화탄소, 다이에틸에터** 그 밖에 1기압에서 **발화점이 100℃ 이하**인 것 또는 **인화점이 -20℃ 이하**이고 **비점이 40℃ 이하**인 것을 말한다.
  ② "**제1석유류**"라 함은 아세톤, 휘발유 그 밖에 1기압에서 **인화점이 21℃ 미만**인 것을 말한다.
  ③ "**알코올류**"라 함은 1분자를 구성하는 탄소원자의 수가 **1개부터 3개까지인** 포화 1가 알코올(변성알코올을 포함한다)을 말한다. 다만, 다음 각 목의 1에 해당하는 것은 **제외**한다.
    ㉠ 1분자를 구성하는 탄소원자의 수가 1개 내지 3개의 포화1가 알코올의 함유량이 **60중량퍼센트 미만**인 수용액

ⓒ 가연성 액체량이 **60중량퍼센트 미만**이고 인화점 및 연소점(태그개방식 인화점측정기에 의한 연소점)이 에틸알코올 **60중량퍼센트** 수용액의 인화점 및 연소점을 초과하는 것
④ "**제2석유류**"라 함은 **등유, 경유** 그 밖에 1기압에서 **인화점이 21℃ 이상 70℃ 미만**인 것을 말한다. 다만, 도료류 그 밖의 물품에 있어서 가연성 액체량이 40중량퍼센트 이하이면서 인화점이 40℃ 이상인 동시에 연소점이 60℃ 이상인 것은 제외한다.
⑤ "**제3석유류**"라 함은 중유, 크레오소트유 그 밖에 1기압에서 **인화점이 70℃ 이상 200℃ 미만**인 것을 말한다. 다만, 도료류 그 밖의 물품은 가연성 액체량이 40중량퍼센트 이하인 것은 제외한다.
⑥ "**제4석유류**"라 함은 기어유, 실린더유 그 밖에 1기압에서 **인화점이 200℃ 이상 250℃ 미만**의 것을 말한다. 다만, 도료류 그 밖의 물품은 가연성 액체량이 40중량퍼센트 이하인 것은 제외한다.
⑦ "**동식물유류**"라 함은 동물의 지육 등 또는 식물의 종자나 과육으로부터 추출한 것으로서 1기압에서 **인화점이 250℃ 미만**인 것을 말한다.

15

다음은 위험물안전관리법령상 용어에 대한 정의이다. ( )안에 알맞은 답을 쓰시오.

(1) "위험물"이라 함은 (①) 또는 (②) 등의 성질을 가지는 것으로서 대통령령이 정하는 물품을 말한다.
(2) "(③)"이라 함은 위험물의 종류별로 위험성을 고려하여 대통령령이 정하는 수량으로서 제조소등의 설치허가 등에 있어서 최저의 기준이 되는 수량을 말한다.

해답 ① 인화성　② 발화성　③ 지정수량

상세해설
- 위험물안전관리법 제2조(정의)
 (1) "**위험물**"이라 함은 **인화성 또는 발화성** 등의 성질을 가지는 것으로서 대통령령이 정하는 물품을 말한다.
 (2) "**지정수량**"이라 함은 위험물의 종류별로 위험성을 고려하여 대통령령이 정하는 수량으로서 제조소등의 설치허가 등에 있어서 **최저의 기준이 되는 수량**을 말한다.
 (3) "**제조소등**"이라 함은 제조소·저장소 및 취급소를 말한다.

16 이산화탄소소화기의 주된 소화효과를 2가지만 쓰시오.

해답 질식효과, 냉각효과

17 다음 위험물에 대한 완전연소반응식을 쓰시오.

① 톨루엔   ② 벤젠   ③ 이황화탄소

해답
① 톨루엔 : $C_6H_5CH_3 + 9O_2 \rightarrow 7CO_2 + 4H_2O$
② 벤젠 : $2C_6H_6 + 15O_2 \rightarrow 12CO_2 + 6H_2O$
③ 이황화탄소 : $CS_2 + 3O_2 \rightarrow 2SO_2 + CO_2$

18 다음 제1류 위험물에 대한 지정수량을 쓰시오.

① 염소산염류   ② 무기과산화물   ③ 질산염류
④ 아이오딘산염류   ⑤ 다이크로뮴산염류

해답
① 염소산염류 : 50kg
② 무기과산화물 : 50kg
③ 질산염류 : 300kg
④ 아이오딘산염류 : 300kg
⑤ 다이크로뮴산염류 : 1000kg

상세해설 제1류 위험물의 품명 및 지정수량 ★★★★

성질	품명		지정수량	위험등급
산화성고체	○ 아염소산염류, 염소산염류, 과염소산염류, 무기과산화물		50kg	I
	○ 브로민산염류, 질산염류, 아이오딘산염류		300kg	II
	○ 과망가니즈산염류, 다이크로뮴산염류		1000kg	III
	그 밖에 행정안전부령이 정하는 것	① 과아이오딘산염류 ② 과아이오딘산 ③ 크로뮴, 납 또는 아이오딘의 산화물 ④ 아질산염류 ⑤ 염소화이소시아눌산 ⑥ 퍼옥소이황산염류 ⑦ 퍼옥소붕산염류	300kg	II
		⑧ 차아염소산염류	50kg	I

19 다음 각 물음에 대하여 알맞은 답을 쓰시오.

(물음 1) 고체가연물의 대표적인 연소형태를 4가지만 쓰시오.
(물음 2) 황의 연소형태를 쓰시오.

해답 (물음 1) 표면연소, 분해연소, 증발연소, 자기연소
(물음 2) 증발연소

상세해설

★★★ 자주출제(필수암기) ★★★
- 연소의 형태
  ① **표면연소**(surface reaction) : 숯, 코크스, 목탄, 금속분
  ② **증발연소**(evaporating combustion) : 파라핀(양초), **황**, **나프탈렌**, 왁스, 휘발유, 등유, 경유, 아세톤 등 제4류 위험물
  ③ **분해연소**(decomposing combustion) : 석탄, 목재, 플라스틱, 종이, 합성수지
  ④ **자기연소**(내부연소) : 질화면(나이트로셀룰로오스), 셀룰로이드, 나이트로글리세린 등 제5류 위험물
  ⑤ **확산연소**(diffusive burning) : 아세틸렌, LPG, LNG 등 가연성 기체
  ⑥ **불꽃연소+표면연소** : 목재, 종이, 셀룰로오스, 열경화성수지

20 다이에틸에터 37g을 2L의 밀폐용기 안에서 기체화하면 용기내부압력(기압)은 얼마가 되겠는가? (단, 용기내부 온도는 100℃를 기준으로 한다.)

해답 [계산과정] • 다이에틸에터($C_2H_5OC_2H_5$)의 분자량 $M = 12 \times 4 + 1 \times 10 + 16 = 74$
• 내부압력 $P = \dfrac{WRT}{VM} = \dfrac{37 \times 0.082 \times (273+100)}{2 \times 74} = 7.65\text{atm}$

[답] 7.65기압

상세해설

- 이상기체 상태방정식

$$PV = \dfrac{W}{M}RT = nRT$$

여기서, P : 압력(atm), V : 부피(L), W : 무게(g), M : 분자량
R : 기체상수(0.082atm · L/mol · K), T : 절대온도(273+t℃)K

위험물기능사 실기

2021년 4월 3일 시행

01 다음 제5류 위험물의 구조식을 나타내시오.

가. 트라이나이트로페놀(피크린산)
나. 트라이나이트로톨루엔(TNT)

해답 가. 트라이나이트로페놀(피크린산)   나. 트라이나이트로톨루엔(TNT)

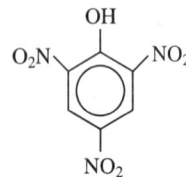   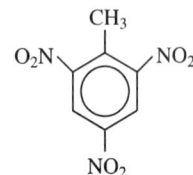

상세해설

- 트라이나이트로페놀[$C_6H_2(NO_2)_3OH$] : 제5류 나이트로화합물
  (TNP : Tri Nitro Phenol)
  ① 침상결정이며 냉수에는 약간 녹고 더운물, 알코올, 벤젠 등에 잘 녹는다.
  ② 쓴맛과 독성이 있다.
  ③ 피크르산 또는 트라이나이트로페놀(Tri Nitro Phenol)의 약자로 TNP라고도 한다.

  - 피크르산의 열분해 반응식
    $2C_6H_2OH(NO_2)_3 \rightarrow 2C + 3N_2\uparrow + 3H_2\uparrow + 4CO_2\uparrow + 6CO\uparrow$

- 트라이나이트로톨루엔[$C_6H_2CH_3(NO_2)_3$] : 제5류 위험물 중 나이트로화합물
  ① 물에는 녹지 않고 알코올, 아세톤, 벤젠에 녹는다.
  ② 톨루엔과 질산을 반응시켜 얻는다.

  $$C_6H_5CH_3 + 3HNO_3 \xrightarrow[\text{탈수작용}]{C-H_2SO_4} C_6H_2CH_3(NO_2)_3 + 3H_2O$$
  (톨루엔) (질산)   (트라이나이트로톨루엔) (물)

  ③ Tri Nitro Toluene의 약자로 TNT라고도 한다.
  ④ 담황색의 주상결정이며 햇빛에 다갈색으로 변색된다.

  - 트라이나이트로톨루엔의 열분해 반응식
    $2C_6H_2CH_3(NO_2)_3 \rightarrow 2C + 3N_2\uparrow + 5H_2\uparrow + 12CO\uparrow$

02
위험물안전관리법령상 위험물의 운반에 관한 기준에서 다음 위험물과 혼재 가능한 위험물은 몇 류 위험물인지 모두 쓰시오. (단, 지정수량의 10배인 경우이다.)

가. 제4류 위험물
나. 제5류 위험물
다. 제6류 위험물

해답
가. 제4류 위험물 : 제2류 위험물, 제3류 위험물, 제5류 위험물
나. 제5류 위험물 : 제2류 위험물, 제4류 위험물
다. 제6류 위험물 : 제1류 위험물

상세해설
- 유별을 달리하는 위험물의 혼재 기준

구 분	제1류	제2류	제3류	제4류	제5류	제6류
제1류		×	×	×	×	○
제2류	×		×	○	○	×
제3류	×	×		○	×	×
제4류	×	○	○		○	×
제5류	×	○	×	○		×
제6류	○	×	×	×	×	

[비고] 1. "×" 표시는 혼재할 수 없음을 표시
2. "○" 표시는 혼재할 수 있음을 표시
3. 이 표는 지정수량의 $\frac{1}{10}$ 이하의 위험물에 대하여는 적용하지 아니한다.

- 쉬운 암기법
1↓ + 6↑   2 + 4
2↓ + 5↑   5 + 4
3↓ + 4↑
→

03
제4류 위험물로서 분자량이 약 58이고, 일광에 의해 분해하여 과산화물을 생성하고, 피부 접촉시 탈지작용이 일어나는 물질에 대한 다음 각 물음에 답하시오.

가. 이 물질의 화학식을 쓰시오.
나. 이 물질의 지정수량을 쓰시오.

가. 화학식 : CH₃COCH₃
나. 지정수량 : 400L

• 아세톤(CH₃COCH₃) : 제4류 1석유류 – 수용성 액체
① 무색의 휘발성 액체이다.
② 물 및 유기용제에 잘 녹는다.
③ 아이오딘포름 반응을 한다.
④ 아세틸렌을 잘 녹이므로 아세틸렌(용해가스) 저장 시 아세톤에 용해시켜 저장한다.
⑤ 보관 중 황색으로 변색되며 햇빛에 분해가 된다.
⑥ 피부 접촉 시 **탈지작용**을 한다.
⑦ 다량의 물 또는 알코올포로 소화한다.

---

04 다음 제5류 위험물에 대한 품명과 지정수량을 쓰시오.

가. $(C_6H_5CO)_2O_2$
나. $C_6H_2CH_3(NO_2)_3$

 가. ① 품명 : 유기과산화물, ② 지정수량 : 100kg
나. ① 품명 : 나이트로화합물, ② 지정수량 : 10kg

가. $(C_6H_5CO)_2O_2$ – 과산화벤조일(벤조일퍼옥사이드) – 유기과산화물
나. $C_6H_2CH_3(NO_2)_3$ – 트라이나이트로톨루엔(TNT) – 나이트로화합물

• 제5류 위험물의 지정수량

성질	품명		지정수량	위험등급
자기 반응성 물질	• 유기과산화물 • 나이트로화합물 • 아조화합물 • 하이드라진유도체 • 하이드록실아민염류	• 질산에스터류 • 나이트로소화합물 • 다이아조화합물 • 하이드록실아민	1종 : 10kg 2종 : 100kg	1종 : Ⅰ 2종 : Ⅱ
종판단 완료	• 질산에스터류(대부분)(1종) • 셀룰로이드(2종) • 트라이나이트로톨루엔(1종) • 트라이나이트로페놀(1종) • 테트릴(1종) • 유기과산화물(대부분)(2종)			

05 위험물안전관리법령상 [그림]과 같이 설치된 위험물탱크의 내용적을 구하는 식을 쓰시오.

가. 횡으로 설치한 것

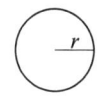 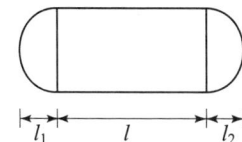

나. 종으로 설치한 것

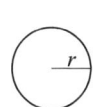 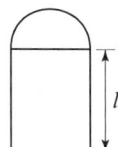

해답

가. 횡으로 설치 : $Q = \pi r^2 \left(l + \dfrac{l_1 + l_2}{3} \right)$

나. 종으로 설치 : $Q = \pi r^2 l$

상세해설

- 탱크의 공간용적
  탱크용적의 $\dfrac{5}{100}$ 이상 $\dfrac{10}{100}$ 이하의 용적

- 탱크의 내용적 계산방법
  ① 타원형 탱크의 내용적
  ㉠ 양쪽이 볼록한 것

  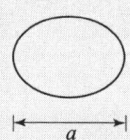 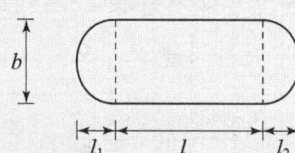

  $$내용적 = \dfrac{\pi ab}{4}\left(l + \dfrac{l_1 + l_2}{3} \right)$$

  ㉡ 한쪽은 볼록하고 다른 한쪽은 오목한 것

  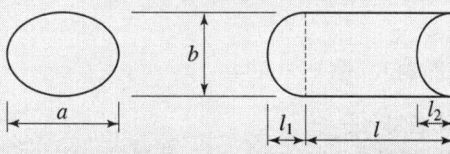

  $$내용적 = \dfrac{\pi ab}{4}\left(l + \dfrac{l_1 - l_2}{3} \right)$$

② 원통형 탱크의 내용적
  ㉠ 횡으로 설치한 것

  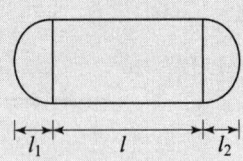

$$내용적 = \pi r^2 \left(l + \frac{l_1 + l_2}{3} \right)$$

  ㉡ 종으로 설치한 것

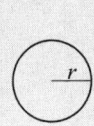 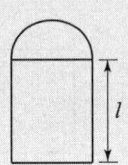

$$내용적 = \pi r^2 l$$

---

06 위험물안전관리법령상 위험물제조소의 표지 및 게시판에 관한 기준이다. 다음 각 물음에 답하시오.

가. 제조소에는 보기 쉬운 곳에 방화에 관하여 필요한 사항을 게시한 게시판을 설치하여야 한다. 게시판의 바탕색과 문자색을 쓰시오.

나. 주유취급소에 설치하는 "주유 중 엔진정지"라는 표시를 한 게시판의 바탕색과 문자색을 쓰시오.

해답
가. 바탕 : 백색, 문자 : 흑색
나. 바탕 : 황색, 문자 : 흑색

상세해설
- 위험물제조소의 표지 및 게시판
  ① 표지는 한 변의 길이가 0.3m 이상, 다른 한 변의 길이가 0.6m 이상인 직사각형으로 할 것
  ② 바탕은 백색, 문자는 흑색

- 게시판의 설치기준
  ① 한 변의 길이가 0.3m 이상, 다른 한 변의 길이가 0.6m 이상인 직사각형으로 할 것.
  ② 위험물의 유별·품명 및 저장최대수량 또는 취급최대수량, 지정수량의 배수 및 안전관리자의 성명 또는 직명을 기재할 것.

③ 게시판의 바탕은 백색으로, 문자는 흑색으로 할 것.
④ 저장 또는 취급하는 위험물에 따라 주의사항 게시판을 설치할 것.

위험물의 종류	주의사항 표시	게시판의 색
• 제1류(알칼리금속 과산화물) • 제3류(금수성 물품)	물기엄금	청색 바탕에 백색 문자
• 제2류(인화성 고체 제외)	화기주의	
• 제2류(인화성 고체) • 제3류(자연발화성 물품) • 제4류 • 제5류	화기엄금	적색 바탕에 백색 문자

• 주유취급소의 위치 · 구조 및 설비의 기준
  ① 주유공지 및 급유공지

주유공지	급유공지
너비 15m 이상, 길이 6m 이상의 콘크리트 등으로 포장한 공지	고정급유설비의 호스기기의 주위에 필요한 공지

※ 공지의 바닥은 주위 지면보다 높게 하고, 배수구 · 집유설비 및 유분리장치를 할 것.
  ② 표지 및 게시판

표 지	게 시 판
위험물 주유취급소	1. 방화에 관하여 필요한 사항 2. **황색 바탕에 흑색 문자**로 **"주유 중 엔진 정지"**

※ 게시판은 한 변의 길이가 0.3m 이상, 다른 한 변의 길이가 0.6m 이상인 직사각형으로 할 것.

---

07 에틸알코올과 칼륨이 반응하는 경우 다음 각 물음에 답하시오.

가. 에틸알코올과 칼륨의 반응식을 쓰시오.
나. 에틸알코올 92g과 칼륨 78g이 반응하는 경우 생성되는 수소기체의 부피(L)을 구하시오.

해답

가. $2C_2H_5OH + 2K \rightarrow 2C_2H_5OK + H_2$

나. [계산과정] ① 에틸알코올(C_2H_5OH)의 분자량 $= 12 \times 2 + 1 \times 6 + 16 = 46$

② $2C_2H_5OH + 2K \rightarrow 2C_2H_5OK + H_2$

$2 \times 46g \longrightarrow 1몰(22.4L)$
$92g \longrightarrow X$

$X = \dfrac{92 \times 22.4}{2 \times 46} = 22.4L$

[답] 22.4L

상세해설
- 에틸알코올(C_2H_5OH) : 제4류 위험물 중 알코올류
  ① 술 속에 포함되어 있어 주정이라고 한다.
  ② 무색투명한 액체이다.
  ③ 물에 아주 잘 녹으며 유기용제이다.
  ④ 연소 시 주간에는 불꽃이 잘 보이지 않는다.

  $$C_2H_5OH + 3O_2 \rightarrow 2CO_2 + 3H_2O$$

  ⑤ 금속나트륨, 금속칼륨을 가하면 수소(H_2)가 발생한다.

  $$2C_2H_5OH + 2Na \rightarrow 2C_2H_5ONa + H_2\uparrow$$

  ⑥ 아이오딘포름 반응을 하므로 에탄올 검출에 이용된다.

  $$\text{에탄올} \xrightarrow{KOH+I_2} \text{아이오딘포름}(CHI_3)(\text{노란색})$$

08 제4류 위험물 중 벤젠의 위험도(H)를 구하시오.

 [계산과정] $H = \dfrac{8 - 1.4}{1.4} = 4.71$

[답] 4.71

- 위험도 계산공식

$$H = \dfrac{U(\text{연소상한}) - L(\text{연소하한})}{L(\text{연소하한})}$$

- 벤젠(C_6H_6)-제4류-제1석유류-비수용성-200L

화학식	분자량	비중	비점	인화점	착화점	연소범위
C_6H_6	78	0.9	80℃	-11℃	562℃	1.4~8%

① 무색투명한 액체이다.
② 벤젠증기는 마취성 및 독성이 강하다.
③ **비수용성**이며 알코올, 아세톤, 에터에는 용해
④ 연소 시 그을음을 내며 불완전 연소한다.
⑤ 완전연소 시 **이산화탄소와 물**을 생성한다.

$$2C_6H_6 + 15O_2 \rightarrow 12CO_2 + 6H_2O$$

09 다음 제1류 위험물에 대한 지정수량을 각각 쓰시오.

① $K_2Cr_2O_7$ ② K_2O_2 ③ $KMnO_4$ ④ $KClO_3$ ⑤ KNO_3

① 1000kg ② 50kg ③ 1000kg ④ 50kg ⑤ 300kg

① $K_2Cr_2O_7$ - 다이크로뮴산칼륨 - 다이크로뮴산염류 - 1000kg
② K_2O_2 - 과산화칼륨 - 무기과산화물 - 50kg
③ $KMnO_4$ - 과망가니즈산칼륨 - 과망가니즈산염류 - 1000kg
④ $KClO_3$ - 염소산칼륨 - 염소산염류 - 50kg
⑤ KNO_3 - 질산칼륨 - 질산염류 - 300kg

제1류 위험물의 품명 및 지정수량 ★★★★

성질	품명		지정수량	위험등급
산화성고체	○ 아염소산염류, 염소산염류, 과염소산염류, 무기과산화물		50kg	I
	○ 브로민산염류, 질산염류, 아이오딘산염류		300kg	II
	○ 과망가니즈산염류, 다이크로뮴산염류		1000kg	III
	그 밖에 행정안전부령이 정하는 것	① 과아이오딘산염류 ② 과아이오딘산 ③ 크로뮴, 납 또는 아이오딘의 산화물 ④ 아질산염류 ⑤ 염소화이소시아눌산 ⑥ 퍼옥소이황산염류 ⑦ 퍼옥소붕산염류	300kg	II
		⑧ 차아염소산염류	50kg	I

10 다음 제2류 위험물에 대한 완전연소반응식을 쓰시오.

가. 삼황화인   나. 오황화인

가. $P_4S_3 + 8O_2 \rightarrow 2P_2O_5 + 3SO_2$
나. $2P_2S_5 + 15O_2 \rightarrow 2P_2O_5 + 10SO_2$

11 옥내저장소에 옥내소화전설비를 설치하였다. 옥내소화전이 가장 많이 설치된 층의 옥내소화전 설치개수가 4개인 경우 필요한 수원의 수량(m^3)을 계산하시오.

[해답] [계산과정] $Q = N(최대5개) \times 7.8m^3 = 4 \times 7.8m^3 = 31.2m^3$
[답] $31.2m^3$

상세해설

• 위험물제조소등의 소화설비 설치기준

소화설비	수평거리	방사량	방사압력	수원의 양
옥내	25m 이하	260(L/min) 이상	350(kPa) 이상	$Q = N(소화전 개수 : 최대 5개) \times 7.8m^3 (260L/min \times 30min)$
옥외	40m 이하	450(L/min) 이상	350(kPa) 이상	$Q = N(소화전 개수 : 최대 4개) \times 13.5m^3 (450L/min \times 30min)$
스프링클러	1.7m 이하	80(L/min) 이상	100(kPa) 이상	$Q = N(헤드 수 : 최대 30개) \times 2.4m^3 (80L/min \times 30min)$
물분무		20 $(L/m^2 \cdot min)$	350(kPa) 이상	$Q = A(바닥면적 m^2) \times 0.6m^3 (20L/m^2 \cdot min \times 30min)$

12 위험물안전관리법령에 따른 위험물의 유별 저장, 취급의 공통기준(중요기준)에 대한 ( )안에 알맞은 답을 쓰시오.

가. (①) 위험물은 가연물과의 접촉·혼합이나 분해를 촉진하는 물품과의 접근 또는 과열·충격·마찰 등을 피하는 한편, 알카리금속의 과산화물 및 이를 함유한 것에 있어서는 물과의 접촉을 피하여야 한다.
나. (②) 위험물은 산화제와의 접촉·혼합이나 불티·불꽃·고온체와의 접근 또는 과열을 피하는 한편, 철분·금속분·마그네슘 및 이를 함유한 것에 있어서는 물이나 산과의 접촉을 피하고 인화성 고체에 있어서는 함부로 증기를 발생시키지 아니하여야 한다.
다. (③) 위험물 중 자연발화성물질에 있어서는 불티·불꽃 또는 고온체와의 접근·과열 또는 공기와의 접촉을 피하고, 금수성물질에 있어서는 물과의 접촉을 피하여야 한다.
라. (④) 위험물은 불티·불꽃·고온체와의 접근 또는 과열을 피하고, 함부로 증기를 발생시키지 아니하여야 한다.
마. (⑤) 위험물은 가연물과의 접촉·혼합이나 분해를 촉진하는 물품과의 접근 또는 과열을 피하여야 한다.

[해답] ① 제1류 ② 제2류 ③ 제3류 ④ 제4류 ⑤ 제6류

13 다음 [보기]를 보고 각 물음에 알맞은 답을 쓰시오.

〈보기〉 삼황화인, 황린, 마그네슘, 알루미늄분, 오황화인, 적린, 황, 나트륨

가. 물과 반응하여 수소가 발생하는 물질을 모두 쓰시오.
나. 제2류 위험물을 모두 쓰시오.
다. 주기율표에서 1족 원소에 해당하는 물질을 모두 쓰시오.
 (단, 없으면 "없음" 이라고 표기하시오.)

해답
가. 마그네슘, 알루미늄분, 나트륨
나. 삼황화인, 마그네슘, 알루미늄분, 오황화인, 적린, 황
다. 나트륨

상세해설
가. 금속은 대부분 물과 반응하는 경우 수소기체를 발생한다.
나. 제2류 위험물의 지정수량 및 위험등급

성 질	품 명	지정수량	위험등급
가연성 고체	1. 황화인, 적린, 황	100kg	II
	2. 철분, 금속분, 마그네슘	500kg	III
	3. 인화성 고체	1,000kg	

다. 1족 원소(수소, 리튬, 나트륨, 칼륨, 루비듐, 세슘, 프랑슘)

14 다음 각 물질에 대한 소요단위를 구하시오.

가. 질산 90,000kg
나. 아세트산 20,000L

해답
가. [계산과정] $N = \dfrac{90,000\text{kg}}{300\text{kg} \times 10} = 30$단위
 [답] 30단위
나. [계산과정] $N = \dfrac{20,000\text{L}}{2,000\text{L} \times 10} = 1$단위
 [답] 1단위

상세해설
가. 질산-제6류-300kg
나. 아세트산(초산)-제4류-제2석유류-수용성-2,000L

- 소요단위의 계산방법
  ① 제조소 또는 취급소의 건축물

외벽이 내화구조인 것	외벽이 내화구조가 아닌 것
연면적 100m²를 1소요단위	연면적 50m²를 1소요단위

  ② 저장소의 건축물

외벽이 내화구조인 것	외벽이 내화구조가 아닌 것
연면적 150m²를 1소요단위	연면적 75m²를 1소요단위

  ③ 위험물은 지정수량의 10배를 1소요단위로 할 것.

15 다음 위험물에 대한 운반용기의 외부 표시사항 중 수납하는 위험물에 따른 주의사항(표시사항)을 쓰시오. (단, 없으면 없음이라고 표기하시오)

① 제2류 위험물 중 인화성고체
② 제5류 위험물
③ 제6류 위험물

해답
① 화기엄금
② 화기엄금, 충격주의
③ 가연물접촉주의

상세해설
- 위험물 운반용기의 외부 표시 사항
  ① 위험물의 품명, 위험등급, 화학명 및 수용성(제4류 위험물의 수용성인 것에 한함)
  ② 위험물의 수량
  ③ 수납하는 위험물에 따른 주의사항

류 별	성질에 따른 구분	표시 사항
• 제1류 위험물	알칼리금속의 과산화물	화기 · 충격주의, 물기엄금 및 가연물접촉주의
	그 밖의 것	화기 · 충격주의 및 가연물접촉주의
• 제2류 위험물	철분 · 금속분 · 마그네슘	화기주의 및 물기엄금
	인화성 고체	화기엄금
	그 밖의 것	화기주의
• 제3류 위험물	자연발화성 물질	화기엄금 및 공기접촉엄금
	금수성 물질	물기엄금
• 제4류 위험물	인화성 액체	화기엄금
• 제5류 위험물	자기반응성 물질	화기엄금 및 충격주의
• 제6류 위험물	산화성 액체	가연물접촉주의

16 다음 [보기]의 위험물을 보고 각 물음에 알맞은 답을 쓰시오.

〈보기〉 탄화알루미늄, 칼슘, 탄화칼슘, 탄화리튬, 수소화칼슘

① 물과 반응하는 경우 메탄기체를 생성하는 물질을 쓰시오.
② ①의 물질이 물과 반응하는 반응식을 쓰시오.

해답
① 탄화알루미늄
② $Al_4C_3 + 12H_2O \rightarrow 4Al(OH)_3 + 3CH_4$

상세해설
- 탄화알루미늄(Al_4C_3) : 제3류 위험물(금수성 물질)
  ① 물과 접촉 시 메탄가스를 생성하고 발열반응을 한다.

  $Al_4C_3 + 12H_2O \rightarrow 4Al(OH)_3$(수산화알루미늄) $+ 3CH_4$(메탄)

  ② 황색 결정 또는 백색 분말로 1,400℃ 이상에서는 분해가 된다.
  ③ 물 및 포 약제에 의한 소화는 절대 금하고 마른모래 등으로 피복 소화한다.

17 다음 물질 중 명칭과 화학식이 다른 경우 알맞게 고치시오.

① 벤젠 C_6H_6 ② 톨루엔 $C_6H_2CH_3$
③ 메틸알코올 CH_3OH ④ 아닐린 $C_6H_2N_2H_2$

해답 ② 톨루엔 $C_6H_5CH_3$ ④ 아닐린 $C_6H_5NH_2$

18 제2류 위험물인 적린에 대하여 다음 각 물음에 답하시오.

① 지정수량을 쓰시오.
② 완전 연소하는 경우 발생하는 기체의 명칭을 쓰시오.
③ 제3류 위험물 중 동소체 관계에 있는 물질의 명칭을 쓰시오.

해답
① 100kg
② 오산화인
③ 황린

- 적린(붉은인)(P)-제2류 위험물

화학식	원자량	비중	융점	착화점
P	31	2.2	600℃	260℃

① 황린의 **동소체**이며 황린보다 안정하다.
② 공기 중에서 자연발화하지 않는다.(발화점 : 260℃, 승화점 : 460℃)
③ 황린을 공기차단상태에서 260℃로 가열, 냉각 시 적린으로 변환다.

$$황린(P_4) \xrightarrow{공기차단(260℃가열, 냉각)} 적린(4P)$$

④ 연소 시 흰색의 오산화인(P_2O_5)이 생성된다.

$$4P + 5O_2 \rightarrow 2P_2O_5(오산화인)$$

⑤ 다량의 물을 주수하여 냉각 소화한다.

19 제2류 위험물인 마그네슘 1몰이 완전 연소하는 경우 134.7kcal의 열량을 발생한다. 다음 각 물음에 답하시오.

① 마그네슘의 연소반응식을 쓰시오.
② 4몰의 마그네슘이 연소 할 경우 발생하는 총열량을 구하시오.

 ① $2Mg + O_2 \rightarrow 2MgO$
② **[계산과정]** 1몰 → 134.7kcal
  4몰 → X
  $$X = \frac{4 \times 134.7}{1} = 538.8\text{kcal}$$
[답] 538.8kcal

- 마그네슘(Mg) : 제2류 위험물
① 2mm체 통과 못하는 덩어리는 위험물에서 제외한다.
② 직경 2mm 이상 막대모양은 위험물에서 제외한다.
③ 은백색의 광택이 나는 가벼운 금속이다.
④ 수증기와 작용하여 수소를 발생시킨다.(주수소화 금지)

$$Mg + 2H_2O \rightarrow Mg(OH)_2 + H_2 \uparrow$$

⑤ 이산화탄소 약제를 방사하면 주위의 공기 중 수분이 응축하여 위험하다.
⑥ 산과 작용하여 수소를 발생시킨다.

$$Mg(마그네슘) + 2HCl(염산) \rightarrow MgCl_2(염화마그네슘) + H_2(수소)\uparrow$$

⑦ 공기 중 습기에 발열되어 자연발화 위험이 있다.
⑧ 주수소화는 엄금이며 마른모래 등으로 피복 소화한다.

20 [보기]의 위험물에 대한 인화점이 낮은 것부터 높은 순서대로 나열 하시오.

〈보기〉 나이트로벤젠, 아세톤, 에탄올, 아세트산

해답 아세톤-에탄올-아세트산-나이트로벤젠

상세해설
• 제4류 위험물의 물성

품 명	나이트로벤젠	아세톤	에탄올	아세트산(초산)
유 별	제3석유류	제1석유류	알코올류	제2석유류
인화점	88℃	-18℃	13℃	40℃

위험물기능사 실기

2021년 6월 13일 시행

01 제4류 위험물인 사이안화수소에 대한 다음 각 물음에 답하시오.
① 시성식   ② 증기비중   ③ 품명

해답 ① HCN   ② 0.93   ③ 제1석유류

상세해설
• 사이안화수소(HCN) [hydrogen cyanide]−제4류−제1석유류−수용성

화학식	분자량	비중	비점	인화점	착화점	연소범위
HCN	27	0.69	26℃	−17℃	540℃	6~41%

① 무색의 휘발성 액체이다.
② 약한 산성인 수용액을 사이안화수소산 또는 청산이라고 한다.
③ 연소 시 질소와 이산화탄소를 생성한다.

$$4HCN + 5O_2 \rightarrow 2H_2O + 2N_2 + 4CO_2$$

④ 메탄과 암모니아를 백금 촉매하에서 산소를 혼합시켜 제조한다.

$$2CH_4 + 2NH_3 + 3O_2 \rightarrow 2HCN + 6H_2O$$

⑤ 물·에탄올·에터 등과 임의의 비율로 섞인다.
⑥ 맹독성가스로 공기 중의 허용농도를 10ppm으로 규제

02 다음 할로젠화합물 소화약제의 화학식을 각각 쓰시오.
① Halon 1211   ② Halon 1301
③ Halon 2402   ④ Halon 1011

해답 ① CF_2ClBr ② CF_3Br
③ $C_2F_4Br_2$ ④ CH_2ClBr

상세해설

- 할로젠화합물 소화약제 명명법 : 할론 ⓐ ⓑ ⓒ ⓓ
  ⓐ : C 원자수, ⓑ : F 원자수, ⓒ : Cl 원자수, ⓓ : Br 원자수
- 할로젠화합물 소화약제

구분 \ 종류	할론 2402	할론 1211	할론 1301	할론 1011
분자식	$C_2F_4Br_2$	CF_2ClBr	CF_3Br	CH_2ClBr

---

03 다음 각 설명에 해당하는 제6류 위험물의 물질명과 분자식을 쓰시오.

가. 피부 접촉 시 크산토프로테인 반응이 일어난다.
  ○ 물질명 :   ○ 분자식 :

나. 가열시 폭발우려가 있고 물과 반응하여 발열하며 증기비중은 약 3.46 이다.
  ○ 물질명 :   ○ 분자식 :

해답
가. ○ 물질명 : 질산   ○ 분자식 : HNO_3
나. ○ 물질명 : 과염소산 ○ 분자식 : $HClO_4$

상세해설

- 질산(HNO_3)-제6류 위험물-산화성 액체

화학식	분자량	비중	비점	융점
HNO_3	63	1.50	86℃	-42℃

① 빛에 의하여 일부 분해되어 생긴 NO_2 때문에 황갈색으로 된다.

$$4HNO_3 \rightarrow 2H_2O + 4NO_2\uparrow(\text{이산화질소}) + O_2\uparrow(\text{산소})$$

② 실험실에서는 갈색 병에 넣어 햇빛을 차단시킨다.

- 크산토프로테인 반응(xanthoprotenic reaction)
  단백질에 진한질산을 가하면 노란색으로 변하고 알칼리를 작용시키면 오렌지색으로 변하며, 단백질 검출에 이용된다.

- 과염소산($HClO_4$) -제6류 위험물★★★

화학식	분자량	비중	비점	융점
$HClO_4$	100.46	1.77	39℃	-112℃

① 물과 혼합하면 다량의 열을 발생한다.
② 산화력이 강하여 종이, 나무조각 또는 유기물 등과 접촉 시 폭발한다.
③ 공기 중에서 분해하여 염화수소(HCl)를 발생시킨다.
④ 산(酸) 중에서도 가장 강한 산이다.

- 산소산 중 산의 세기
  차아염소산($HClO$) < 아염소산($HClO_2$) < 염소산($HClO_3$) < 과염소산($HClO_4$)

04 제1류 위험물로서 흑자색의 사방계결정으로 물에 녹아 진한 보라색을 띠고 강한 산화력과 살균력이 있으며 분자량이 158인 이 물질에 대한 다음 각 물음에 답하시오.

① 명칭   ② 화학식   ③ 열분해 반응식

 ① 과망가니즈산칼륨   ② $KMnO_4$ ③ $2KMnO_4 \rightarrow K_2MnO_4 + MnO_2 + O_2$

• 과망가니즈산칼륨($KMnO_4$) : 제1류 위험물 중 과망가니즈산염류

화학식	분자량	비중	분해온도
$KMnO_4$	158	2.7	200~240℃

① 흑자색의 주상결정으로 물에 녹아 진한 보라색을 띠고 강한 산화력과 살균력이 있다.
② 염산과 반응 시 염소(Cl_2)를 발생시킨다.
③ 240℃에서 분해하여 산소를 방출한다.

$$2KMnO_4 \rightarrow K_2MnO_4 + MnO_2 + O_2 \uparrow$$
(망가니즈산칼륨)(이산화망가니즈) (산소)

④ 황산과 반응하여 황산칼륨, 황산망가니즈, 물, 산소를 생성한다.

$$4KMnO_4 + 6H_2SO_4 \rightarrow 2K_2SO_4 + 4MnSO_4 + 6H_2O + 5O_2$$
(과망가니즈산칼륨) (황산)　(황산칼륨) (황산망가니즈) (물)　(산소)

05 다음의 [보기]에서 설명하는 위험물은 무엇인지 쓰시오.

〈보기〉 – 분자량은 약 104.2 이고 지정수량이 1000L 인 제2석유류이다.
　　　　– 비점은 약 146℃, 인화점은 약 32℃ 이다.
　　　　– 에틸벤젠을 탈수소화 처리하여 얻을 수 있다.

 스티렌

스티렌($C_6H_5CHCH_2$)–제4류 제2석유류–비수용성(1000L)

화학식	원자량	인화점	비점	융점	발화점
$C_6H_5CHCH_2$	104	32℃	146℃	-31℃	490℃

① 가열 또는 과산화물과 중합반응을 한다.
② 중합반응이 되면 고상물질(수지)로 변한다.
③ 무색 액체이며 물에 녹지 않고 유기용제에 녹는다.
④ 에틸벤젠을 탈수소화 처리하여 얻을 수 있다.

06 제1종 분말소화약제에 대한 다음 각 물음에 알맞은 답을 쓰시오.

① 1차 열분해 반응식을 쓰시오.
② 제1종 분말소화약제가 열분해하여 $200m^3$(표준상태)의 이산화탄소를 발생하는 경우 이 때 필요한 탄산수소나트륨은 몇 kg이 필요한지 계산하시오.

해답
① $2NaHCO_3 \rightarrow Na_2CO_3 + CO_2 + H_2O$
② [계산과정] $NaHCO_3$의 분자량 = $23+1+12+16\times3=84$

$$2NaHCO_3 \rightarrow Na_2CO_3 + CO_2 + H_2O$$
$$2\times84kg \longrightarrow 1\times22.4m^3$$
$$X \longrightarrow 200m^3$$

$$X = \frac{2\times84\times200}{1\times22.4} = 1500kg$$

[답] 1500kg

상세해설
• 분말약제의 주성분 및 열분해

종별	약제명	화학식	착색	열분해 반응식
제1종	탄산수소나트륨 중탄산나트륨 중조	$NaHCO_3$	백색	270℃ $2NaHCO_3 \rightarrow Na_2CO_3+CO_2+H_2O$ 850℃ $2NaHCO_3 \rightarrow Na_2O+2CO_2+H_2O$
제2종	탄산수소칼륨 중탄산칼륨	$KHCO_3$	담회색	190℃ $2KHCO_3 \rightarrow K_2CO_3+CO_2+H_2O$ 590℃ $2KHCO_3 \rightarrow K_2O+2CO_2+H_2O$
제3종	제1인산암모늄	$NH_4H_2PO_4$	담홍색	$NH_4H_2PO_4 \rightarrow HPO_3+NH_3+H_2O$
제4종	탄산수소칼륨+ 요소	$KHCO_3+$ $(NH_2)_2CO$	회(백)색	$2KHCO_3+(NH_2)_2CO$ $\rightarrow K_2CO_3+2NH_3+2CO_2$

07 휘발유를 저장하는 옥외저장탱크의 방유제에 대하여 다음 각 물음에 답하시오.

① 방유제의 높이는 몇 m 이상 몇 m 이하로 하여야 하는가?
② 방유제의 면적은 몇 m^2 이하로 하여야 하는가?
③ 방유제에 설치 할 수 있는 휘발유 저장탱크의 수는 몇 기 이하인가?
(단, 방유제 내에 다른 위험물 저장탱크는 없다)

① 0.5m 이상 3m 이하
② 80,000m² 이하
③ 10기 이하

- **옥외탱크저장소의 방유제 설치기준** ★★★
  인화성액체위험물(이황화탄소를 제외)의 옥외탱크저장소의 방유제
  ① 방유제의 용량

방유제 안에 탱크가 하나인 때	방유제 안에 탱크가 2기 이상인 때
탱크 용량의 110% 이상	용량이 최대인 것의 용량의 110% 이상

  ② 방유제의 높이는 0.5m 이상 3m 이하, 두께 0.2m 이상, 지하매설깊이 1m 이상으로 할 것.
  ③ 방유제 내의 면적은 8만m² 이하로 할 것.
  ④ 방유제 내에 설치하는 옥외저장탱크의 수는 10 이하로 할 것.
  ⑤ 방유제 외면의 2분의 1 이상은 3m 이상의 노면 폭을 확보한 구내도로에 직접 접하도록 할 것.
  ⑥ 방유제는 옥외저장탱크의 지름에 따라 그 탱크의 옆판으로부터 다음에 정하는 거리를 유지할 것.

지름이 15m 미만인 경우	탱크 높이의 3분의 1 이상
지름이 15m 이상인 경우	탱크 높이의 2분의 1 이상

  ⑦ 용량이 1,000만L 이상인 옥외저장탱크의 방유제에는 탱크마다 **칸막이 둑을 설치**할 것.

08
[보기]의 물질 중 위험물안전관리법령상 품명이 제1석유류에 해당하는 물질을 모두 쓰시오. (단, 없으면 "없음"이라고 쓰시오.)

〈보기〉 아세트산, 포름산, 아세톤, 클로로벤젠, 에틸벤젠, 경유

 아세톤, 에틸벤젠

① 아세트산(초산)-제2석유류
② 포름산(의산, 개미산)-제2석유류
③ 아세톤-제1석유류
④ 클로로벤젠-제2석유류
⑤ 에틸벤젠-제1석유류
⑥ 경유(디젤)-제2석유류

09 위험물안전관리법령에서 위험물의 운반에 관한 기준 중 유별을 달리하는 위험물의 혼재기준에서 다음 위험물이 지정수량의 10배 이상일 때 혼재가 불가능한 위험물의 유별을 모두 쓰시오.

① 제2류 위험물
② 제5류 위험물
③ 제6류 위험물

 ① 제2류 위험물 : 제1류 위험물, 제3류 위험물, 제6류 위험물
② 제5류 위험물 : 제1류 위험물, 제3류 위험물, 제6류 위험물
③ 제6류 위험물 : 제2류 위험물, 제3류 위험물, 제4류 위험물, 제5류 위험물

• 유별을 달리하는 위험물의 혼재기준

구 분	제1류	제2류	제3류	제4류	제5류	제6류
제1류		×	×	×	×	○
제2류	×		×	○	○	×
제3류	×	×		○	×	×
제4류	×	○	○		○	×
제5류	×	○	×	○		×
제6류	○	×	×	×	×	

• 쉬운 암기법
 1↓ + 6↑   2 + 4
 2↓ + 5↑   5 + 4
 3↓ + 4↑
   →

10 다음 그림과 같은 원통형 위험물 저장탱크의 내용적을 계산하는 공식을 쓰시오.

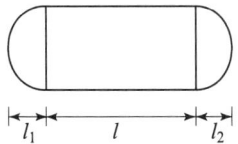

 내용적 $= \pi r^2 \left(l + \dfrac{l_1 + l_2}{3} \right)$

- 탱크의 내용적 계산방법
  ① 타원형 탱크의 내용적
    ㉠ 양쪽이 볼록한 것

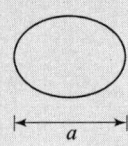 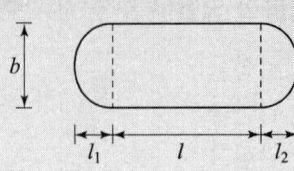

$$내용적 = \frac{\pi ab}{4}\left(l + \frac{l_1 + l_2}{3}\right)$$

  ㉡ 한쪽은 볼록하고 다른 한쪽은 오목한 것

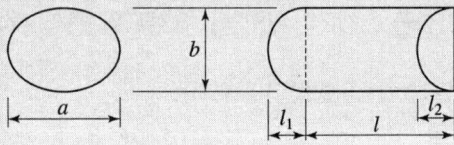

$$내용적 = \frac{\pi ab}{4}\left(l + \frac{l_1 - l_2}{3}\right)$$

  ② 원통형 탱크의 내용적
    ㉠ 횡으로 설치한 것

 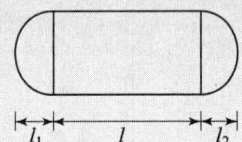

$$내용적 = \pi r^2\left(l + \frac{l_1 + l_2}{3}\right)$$

  ㉡ 종으로 설치한 것

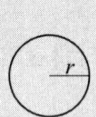 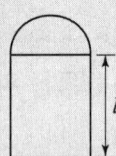

$$내용적 = \pi r^2 l$$

11. 다음 보기의 각 물질에 대한 주된 연소형태를 쓰시오.

〈보기〉 ① 마그네슘분   ② 황   ③ 나이트로셀룰로오스

 ① 표면연소   ② 증발연소   ③ 자기연소

- 연소의 종류
  ① 표면연소 : 숯, 코크스, 목탄, 금속분
  ② 증발연소 : 파라핀(양초), 황, 나프탈렌, 왁스, 휘발유, 등유, 경유, 아세톤 등 제4류
  ③ 분해연소 : 석탄, 목재, 플라스틱, 종이, 합성수지(고분자), 중유
  ④ 자기연소(내부연소) : 나이트로셀룰로오스, 셀룰로이드, 나이트로글리세린 등 제5류
  ⑤ 확산연소 : 아세틸렌, LPG, LNG 등 가연성 기체

12. 위험물안전관리법령상 다음 각 위험물의 지정수량을 쓰시오.

① K_2O_2 ② $KClO_3$ ③ CrO_3

 ① 50kg   ② 50kg   ③ 300kg

① K_2O_2 - 과산화칼륨 - 제1류 무기과산화물 - 50kg
② $KClO_3$ - 염소산칼륨 - 제1류 염소산염류 - 50kg
③ CrO_3 - 삼산화크로뮴 - 제1류 크로뮴산화물 - 300kg

제1류 위험물의 품명 및 지정수량 ★★★★

성질	품명		지정수량	위험등급
산화성고체	○ 아염소산염류, 염소산염류, 과염소산염류, 무기과산화물		50kg	I
	○ 브로민산염류, 질산염류, 아이오딘산염류		300kg	II
	○ 과망가니즈산염류, 다이크로뮴산염류		1000kg	III
	그 밖에 행정안전부령이 정하는 것	① 과아이오딘산염류 ② 과아이오딘산 ③ 크로뮴, 납 또는 아이오딘의 산화물 ④ 아질산염류 ⑤ 염소화이소시아눌산 ⑥ 퍼옥소이황산염류 ⑦ 퍼옥소붕산염류	300kg	II
		⑧ 차아염소산염류	50kg	I

13 제3류 위험물인 황린에 대한 다음 각 물음에 답하시오.

① 황린의 동소체이며 제2류 위험물인 물질의 명칭을 쓰시오.
② 황린의 동소체인 이 물질의 제조방법을 간단히 쓰시오.
③ ①에서 답한 이 물질의 연소반응식을 쓰시오.

해답
① 적린
② 황린을 공기와 차단한 상태에서 약 250~260℃로 가열하여 제조
③ $4P + 5O_2 \rightarrow 2P_2O_5$

상세해설
- 적린(붉은인)(P)-제2류 위험물

화학식	원자량	비중	융점	착화점
P	31	2.2	600℃	260℃

① 황린의 **동소체**이며 황린보다 안정하다.
② 공기 중에서 자연발화하지 않는다.(발화점 : 260℃, 승화점 : 460℃)
③ 황린을 공기차단상태에서 260℃로 가열, 냉각 시 적린으로 변한다.

$$황린(P_4) \xrightarrow{\text{공기차단(260℃가열, 냉각)}} 적린(4P)$$

④ 성냥, 불꽃놀이 등에 이용된다.
⑤ 연소 시 흰색의 오산화인(P_2O_5)이 생성된다.

$$4P + 5O_2 \rightarrow 2P_2O_5(오산화인)$$

⑥ 다량의 물을 주수하여 냉각 소화한다.

---

14 단층건축물에 설치된 옥내탱크저장소에 경유를 저장하는 옥내저장탱크가 있다. 다음 각 물음에 답하시오.

① 옥내저장탱크와 탱크전용실의 벽과의 사이에 유지하여야하는 간격(m)은 몇 m 이상인가?
② 옥내저장탱크의 상호간에 유지하여야하는 간격은 몇 m 이상인가?
③ 경유를 저장하는 옥내저장탱크의 최대용량(L)을 쓰시오.

해답 ① 0.5m 이상 ② 0.5m 이상 ③ 20,000L

상세해설
- 옥내탱크저장소의 위치 · 구조 및 설비의 기술기준
  ① 위험물을 저장 또는 취급하는 옥내저장탱크는 단층건축물에 설치된 탱크전용

실에 설치할 것

② 옥내저장탱크와 탱크전용실의 벽과의 사이 및 옥내저장탱크의 **상호간에는 0.5m 이상의 간격을 유지할 것.** 다만, 탱크의 점검 및 보수에 지장이 없는 경우에는 그러하지 아니하다.

③ 옥내저장탱크의 용량(동일한 탱크전용실에 옥내저장탱크를 2 이상 설치하는 경우에는 각 탱크의 용량의 합계를 말한다)은 지정수량의 40배(제4석유류 및 동식물유류 외의 제4류 위험물에 있어서 당해 수량이 20,000L를 초과할 때에는 20,000L) 이하일 것

- 경유를 저장하는 옥내저장탱크의 최대용량
  ① 경유(제4류 제2석유류)-지정수량(비수용성)-1000L
  ② 지정수량의 40배 = 1000L × 40 = 40000L
  ③ 제4석유류 및 동식물유류 외의 제4류 위험물은 20000L 초과할 때에는 20000L

15 벤젠 30kg이 완전연소하는 경우 필요한 공기의 부피(m^3)를 계산하시오. (단, 공기 중 산소의 부피농도는 21%이며 표준상태(0℃, 1atm)를 기준으로 한다)

[계산과정]

① 벤젠의 완전연소 반응식 : $2C_6H_6 + 15O_2 \rightarrow 12CO_2 + 6H_2O$
② 벤젠 1몰 기준 완전연소 반응식 : $C_6H_6 + 7.5O_2 \rightarrow 6CO_2 + 3H_2O$
③ 벤젠(C_6H_6) 분자량 = $12 \times 6 + 1 \times 6 = 78$
④ 필요한 산소량 : $V = \dfrac{WRT}{PM} \times 7.5 = \dfrac{30 \times 0.082 \times (273+0)}{1 \times 78} \times 7.5$
   $= 64.575 m^3$
⑤ 필요한 이론공기량 : $V = \dfrac{64.575}{0.21} = 307.50 m^3$

[답] $307.50 m^3$

- 완전연소에 필요한 산소의 부피 계산

$$V = \dfrac{WRT}{PM} \times \text{필요한 산소의 mol수}$$

여기서, V : 필요한 산소부피(m^3), W : 무게(kg)
R : 기체상수(0.082atm · m^3/mol · K)
T : 절대온도(273+t℃)K, P : 압력(atm), M : 분자량

16 철(Fe) 1kg을 완전연소 시키는데 필요한 산소의 부피(L)를 다음 반응식을 이용하여 계산하시오. (단, Fe원자량은 55.85이고 표준상태를 기준으로 한다)

$$4Fe + 3O_2 \rightarrow 2Fe_2O_3$$

[계산과정] $4Fe\ +\ 3O_2\ \rightarrow\ 2Fe_2O_3$
$4 \times 55.85 \text{kg} \rightarrow 3 \times 22.4 \text{m}^3$
$1 \text{kg} \longrightarrow X$

$X = \dfrac{1 \times 3 \times 22.4}{4 \times 55.85} = 0.3008057 \text{m}^3 = 300.81 \text{L}$

[답] 300.81L

17 다음은 위험물안전관리법령에서 정한 제2류 위험물에 대한 정의이다. ( )안에 알맞은 답을 쓰시오.

가. "가연성고체"라 함은 고체로서 화염에 의한 (①)의 위험성 또는 (②)의 위험성을 판단하기 위하여 고시로 정하는 시험에서 고시로 정하는 성질과 상태를 나타내는 것을 말한다.
나. "인화성고체"라 함은 (③) 그 밖에 1기압에서 인화점이 섭씨 (④)도 미만인 고체를 말한다.
다. 황은 순도가 (⑤)중량퍼센트 이상인 것을 말한다. 이 경우 순도측정에 있어서 불순물은 활석 등 불연성물질과 수분에 한한다.

① 발화 ② 인화 ③ 고형알코올 ④ 40 ⑤ 60

18 제5류 위험물인 다음 각 물질의 시성식을 쓰시오.

① 질산메틸 ② 트라이나이트로톨루엔 ③ 나이트로글리세린

① CH_3ONO_2 ② $C_6H_2CH_3(NO_2)_3$ ③ $C_3H_5(ONO_2)_3$

19 다음은 위험물안전관리법령상 동식물유류에 관한 내용이다. 각 물음에 답하시오.

① 유지를 구성하고 있는 지방산에 함유된 이중결합의 수를 나타내는 수치이다. 이 값이 높은 것은 이중결합이 많은 것을 의미하며 동식물유류의 분류기준이 된다. 이것은 무엇을 의미하는지 쓰시오.
② 다음 물질은 동식물유류의 구분에서 어디에 속하는지 쓰시오.
  – 야자유   – 아마인유

해답
① 아이오딘값
② – 야자유 : 불건성유   – 아마인유 : 건성유

상세해설
- 동식물유류–제4류 위험물 ★★★★
  동물의 지육 또는 식물의 종자나 과육으로부터 추출한 것으로 1기압에서 인화점이 250℃ 미만인 것

[아이오딘값에 따른 동식물유류의 분류]

구 분	아이오딘값	종 류
건성유	130 이상	해바라기기름, 동유(오동기름), 정어리기름, 아마인유, 들기름
반건성유	100~130	채종유, 쌀겨기름, 참기름, 면실유, 옥수수기름, 청어기름, 콩기름, 목화씨기름
불건성유	100 이하	야자유, 팜유, 올리브유, 피마자기름, 낙화생기름(땅콩기름), 돈지, 우지, 고래기름

- 아이오딘값
  옥소가(沃素價)라고도 하며 100g의 유지에 의해서 흡수되는 아이오딘의 g수

20 다음 보기의 위험물이 물과 반응하여 생성되는 가연성의 기체를 화학식으로 쓰시오. (단, 없으면 "없음" 이라고 쓰시오)

① 트라이에틸알루미늄   ② 과산화칼슘   ③ 메틸리튬

해답
① C_2H_6 ② 과산화칼슘 : 없음   ③ CH_4

상세해설
- 물과의 반응식
  ① 트라이에틸알루미늄 : $(C_2H_5)_3Al + 3H_2O \rightarrow Al(OH)_3 + 3C_2H_6$
  ② 과산화칼슘 : $2CaO_2 + 2H_2O \rightarrow 2Ca(OH)_2 + O_2$
  ③ 메틸리튬 : $CH_3Li + H_2O \rightarrow LiOH + CH_4$

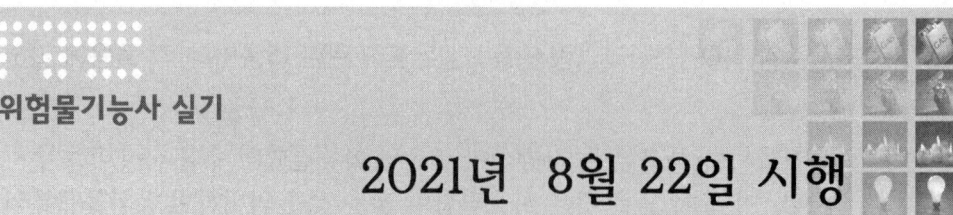

위험물기능사 실기
2021년 8월 22일 시행

01 불활성가스 소화약제 IG-541 의 구성성분 3가지를 쓰시오.

해답 ① 질소(N_2) ② 아르곤(Ar) ③ 이산화탄소(CO_2)

상세해설
- 불활성가스소화약제

약제명	구성성분과 비율
IG-100	N_2 : 100%
IG-55	N_2 : 50%, Ar : 50%
IG-541	N_2 : 52%, Ar : 40%, CO_2 : 8%

02 위험물안전관리법령상 제3류 위험물 중 위험등급 Ⅰ에 해당하는 품명 중 3가지만 쓰시오.

해답 ① 칼륨 ② 나트륨 ③ 알킬알루미늄

상세해설
제3류 위험물 및 지정수량

성 질	품 명	지정수량	위험등급
자연발화성 및 금수성 물질	칼륨, 나트륨, 알킬알루미늄, 알킬리튬	10kg	Ⅰ
	황린	20kg	
	알칼리금속(칼륨 및 나트륨 제외) 및 알칼리토금속	50kg	Ⅱ
	유기금속화합물(알킬알루미늄 및 알킬리튬 제외)		
	금속의 수소화물, 금속의 인화물, 칼슘 또는 알루미늄의 탄화물, 염소화규소화합물	300kg	Ⅲ

03 다음 그림과 같은 원통형 위험물 저장탱크의 내용적은 몇 m³인지 구하시오.

 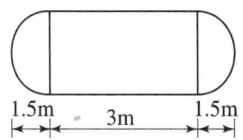

해답

[계산과정] $V = \pi \times 1^2 \times \left(3 + \dfrac{1.5 + 1.5}{3}\right) = 12.57 \text{m}^3$

[답] 12.57m^3

상세해설

- 탱크의 내용적 계산방법
  ① 타원형 탱크의 내용적
    ㉠ 양쪽이 볼록한 것

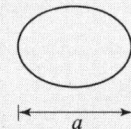 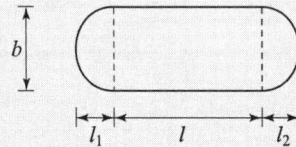

$$\text{내용적} = \frac{\pi ab}{4}\left(l + \frac{l_1 + l_2}{3}\right)$$

   ㉡ 한쪽은 볼록하고 다른 한쪽은 오목한 것

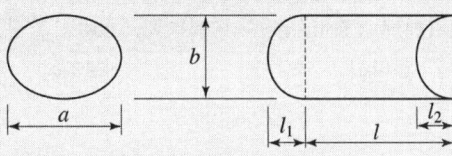

$$\text{내용적} = \frac{\pi ab}{4}\left(l + \frac{l_1 - l_2}{3}\right)$$

  ② 원통형 탱크의 내용적
    ㉠ 횡으로 설치한 것

 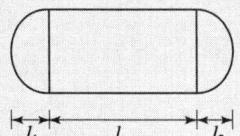

$$\text{내용적} = \pi r^2\left(l + \frac{l_1 + l_2}{3}\right)$$

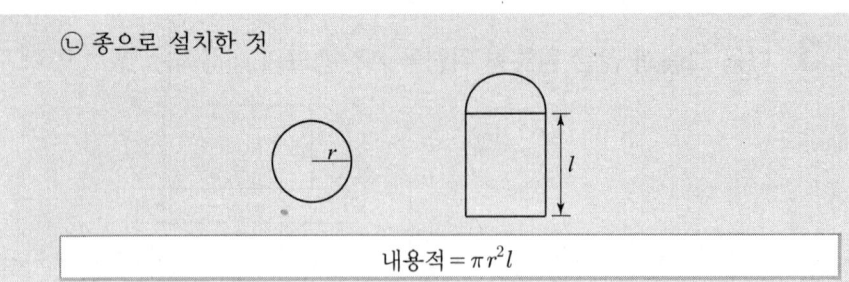

ⓒ 종으로 설치한 것

내용적 = $\pi r^2 l$

04 벤젠의 수소원자 1개를 메틸기로 치환하면 생성되는 물질에 대한 다음 각 물음에 답하시오.

(1) 화학식을 쓰시오. (2) 품명을 쓰시오.
(3) 증기비중을 쓰시오.

해답
(1) $C_6H_5CH_3$
(2) 제1석유류
(3) $M = 12 \times 7 + 1 \times 8 = 92$ $S = \dfrac{92}{29} = 3.17$

상세해설

- BTX
  Benzene(벤젠), Toluene(톨루엔), Xylene(키실렌, 크실렌, 자일렌)

구분	화학식	구조식	류별
① 벤젠	C_6H_6	(벤젠 구조식)	제4류 제1석유류
② 톨루엔	$C_6H_5CH_3$	(톨루엔 구조식)	제4류 제1석유류
③ 크실렌	$C_6H_4(CH_3)_2$	오르소크실렌(ortho-xylene), 메타크실렌(meta-xylene), 파라크실렌(para-xylene)	제4류 제2석유류

05
제2류 위험물의 위험물안전관리법령상 지정수량이 500kg인 것을 2가지만 쓰시오.

해답 철분, 금속분, 마그네슘

상세해설
• 제2류 위험물의 지정수량 및 위험등급

성 질	품 명	지정수량	위험등급
가연성 고체	1. 황화인, 적린, 황	100kg	Ⅱ
	2. 철분, 금속분, 마그네슘	500kg	Ⅲ
	3. 인화성 고체	1,000kg	

06
다음은 위험물안전관리법령상 제조소의 안전거리에 대한 기준이다. 제조소와 다음 각 시설과의 안전거리기준을 쓰시오.

① 학교
② 병원급 의료기관
③ 건축물 그 밖의 공작물로서 주택으로 사용되는 것
④ 지정문화유산
⑤ 사용전압이 30,000V를 초과하는 특고압가공전선

해답 ① 30m 이상 ② 30m 이상 ③ 10m 이상 ④ 50m 이상 ⑤ 3m 이상

상세해설
• 제조소(제6류 위험물을 취급하는 제조소를 제외)의 안전거리

구 분	안전거리
(1) 사용전압이 7,000V 초과 35,000V 이하의 특고압가공전선	3m 이상
(2) 사용전압이 35,000V를 초과하는 특고압가공전선	5m 이상
(3) 건축물 그 밖의 공작물로서 주거용으로 사용되는 것	10m 이상
(4) 고압가스, 액화석유가스 또는 도시가스를 저장 또는 취급하는 시설	20m 이상
(5) 학교, 병원급 의료기관 (6) 공연장, 영화상영관(수용인원 3백명 이상) (7) 아동복지시설, 노인복지시설, 장애인복지시설, 한부모가족복지시설, 어린이집, 정신보건시설(수용인원 20명 이상)	30m 이상
(8) 지정문화유산 및 천연기념물 등	50m 이상

07 제4류 위험물 중 2가 알코올로서 단맛이 나며 비중이 1.1, 부동액의 원료로 사용되는 물질에 대한 다음 각 물음에 답하시오.

(1) 물질명을 쓰시오.   (2) 시성식을 쓰시오.
(3) 구조식을 쓰시오.

해답 (1) 에틸렌글리콜   (2) $C_2H_4(OH)_2$
(3)
```
      H   H
      |   |
HO  - C - C - OH
      |   |
      H   H
```

상세해설
- 에틸렌글리콜(Ethylene Glycol)-제4류-제3석유류-수용성

```
CH_2 - OH              H   H
|                      |   |
CH_2 - OH         HO - C - C - OH
                       |   |
                       H   H
```

화학식	분자량	비중	비점	인화점	착화점	연소범위
$C_2H_4(OH)_2$	62	1.1	197℃	111℃	413℃	3.2% 이상

① 물과 혼합하여 부동액으로 이용되며 물, 알콜, 아세톤 등에 잘 녹는다.
② 흡습성이 있고 단맛이 있는 액체이고 독성이 있는 2가 알코올이다.
③ 산화에틸렌에 물을 첨가하여 제조한다.

---

08 제4류 위험물인 메틸알코올에 대한 다음 각 물음에 답하시오.

(1) 완전연소반응식을 쓰시오.
(2) 비중이 0.8인 메탄올 50L가 완전연소하는 경우 필요한 이론 산소량(g)을 구하시오.

해답 (1) $2CH_3OH + 3O_2 \rightarrow 2CO_2 + 4H_2O$
(2) [계산과정] 메탄올 50L를 무게(kg)로 환산

$$\gamma(g/L) = \gamma_w(1000g/L) \times S(0.8) = 800g/L$$
$$W = \gamma \times V = 800g/L \times 50L = 40000g$$

$2CH_3OH \ + \ 3O_2 \ \rightarrow \ 2CO_2 + 4H_2O$
$2 \times 32g \longrightarrow 3 \times (16 \times 2)g$
$40,000g \longrightarrow X \qquad X = \dfrac{40,000 \times 3 \times 32}{2 \times 32} = 60,000g$

[답] 60,000g

09 제5류 위험물 중 질산에틸, 트라이나이트로톨루엔에 대하여 다음 각 물음에 답하시오.

(1) 질산에틸의 화학식을 쓰시오.
(2) 질산에틸의 상온에서 상태(기체, 액체, 고체)는?
(3) 트라이나이트로톨루엔의 화학식을 쓰시오.
(4) 트라이나이트로톨루엔의 상온에서 형태(기체, 액체, 고체)는?

해답 (1) $C_2H_5NO_3$ (2) 액체
(3) $C_6H_2CH_3(NO_2)_3$ (4) 고체

상세해설

- 질산에틸($C_2H_5ONO_2$) ★★
  ① **무색 투명한 액체**이고 비수용성(물에 녹지 않음)이다.
  ② 단맛이 있고 알코올, 에터에 녹는다.
  ③ 에탄올을 진한 질산에 작용시켜서 얻는다.

  $$C_2H_5OH + HNO_3 \rightarrow C_2H_5ONO_2 + H_2O$$

  ④ 비중 1.11, 끓는점 88℃를 가진다.
  ⑤ 인화점(10℃)이 낮아서 인화의 위험이 매우 크다.
  ⑥ 아질산(HNO_2)과 접촉 또는 비점 이상 가열 시 폭발한다.
  ⑦ 용제, 폭약 등에 이용된다.

- 트라이나이트로톨루엔[$C_6H_2CH_3(NO_2)_3$] : 제5류 위험물 중 나이트로화합물
  ① 물에는 녹지 않고 알코올, 아세톤, 벤젠에 녹는다.
  ② 톨루엔과 질산을 반응시켜 얻는다.

  $$C_6H_5CH_3 + 3HNO_3 \xrightarrow[\text{(탈수작용)}]{C-H_2SO_4} C_6H_2CH_3(NO_2)_3 + 3H_2O$$
  (톨루엔)   (질산)   (트라이나이트로톨루엔) (물)

  ③ Tri Nitro Toluene의 약자로 TNT라고도 한다.
  ④ **담황색의 주상결정**이며 햇빛에 다갈색으로 변색된다.
  ⑤ 강력한 폭약이며 급격한 타격에 폭발한다.

  - 트라이나이트로톨루엔의 구조식

  - 트라이나이트로톨루엔의 열분해 반응식
  $$2C_6H_2CH_3(NO_2)_3 \rightarrow 2C + 3N_2\uparrow + 5H_2\uparrow + 12CO\uparrow$$

  ⑥ 연소 시 연소속도가 너무 빠르므로 소화가 곤란하다.
  ⑦ 무기 및 다이너마이트, 질산폭약제 제조에 이용된다.

10 에틸알코올에 대한 다음 각 물음에 답하시오.

(1) 에틸알코올과 나트륨의 반응식을 쓰시오.
(2) 에틸알코올 46g이 나트륨과 반응하는 경우 생성되는 기체의 부피(L)를 구하시오. (단, 1기압 25℃를 기준으로 한다)

 (1) $2C_2H_5OH + 2Na \rightarrow 2C_2H_5ONa + H_2$

(2) **[계산과정]** 에틸알코올(C_2H_5OH)의 분자량 = $12 \times 2 + 1 \times 6 + 16 = 46$

$W = 46g$
$R = 0.082 atm \cdot L/mol \cdot K$
$T = 273 + 25 = 298K$
$P = 1atm$
$M = 46$
에틸알코올 1몰 기준 생성기체(H_2)의 몰수 = 0.5몰(mol)

$V = \dfrac{WRT}{PM} \times 생성기체 mol수 = \dfrac{46g \times 0.082 \times 298}{1 \times 46} \times 0.5 mol$

$= 12.22L$

[답] 12.22L

- C_2H_5OH와 Na의 반응식
  ① $2C_2H_5OH + 2Na \rightarrow 2C_2H_5ONa + H_2$
  ② $C_2H_5OH + Na \rightarrow C_2H_5ONa + 0.5H_2$ (에틸알코올 1몰 기준)

- 생성기체 계산공식

$$V = \dfrac{WRT}{PM} \times K$$

여기서, V : 생성기체 부피(L), W : 반응물질의 무게(g)
R : 기체상수(0.082 atm · L/mol · K), T : 절대온도(273+t℃)
P : 압력(atm), M : 분자량, K : 생성기체 몰수(반응물질 1몰 기준)

- 나트륨(Na)-제3류-금수성물질

화학식	원자량	비점	융점	비중	불꽃색상
Na	23	880℃	97.8℃	0.97	노란색

① 가열시 노란색 불꽃을 내면서 연소한다.
② 물과 반응하여 수소 및 열을 발생한다.(금수성 물질)

$$2Na + 2H_2O \rightarrow 2NaOH + H_2$$

③ 에틸알코올과 반응하여 나트륨에틸레이트를 생성한다.

$$2Na + 2C_2H_5OH \rightarrow 2C_2H_5ONa + H_2$$

④ 보호액으로 파라핀·경유·등유 등을 사용한다.
⑤ 마른모래 등으로 질식 소화한다.

금속나트륨 화재 시 CO_2소화기 사용금지 이유
금속나트륨과 이산화탄소는 폭발적으로 반응하기 때문에 위험
$4Na + 3CO_2 \rightarrow 2Na_2CO_3 + C$

11 다음 [보기]의 위험물이 열분해하는 경우 산소가 발생하는 물질을 모두 쓰시오. (단, 없으면 "없음"으로 쓰시오)

〈보기〉 과망가니즈산칼륨, 과산화칼륨, 다이크로뮴산칼륨, 질산암모늄

해답 과망가니즈산칼륨, 과산화칼륨, 다이크로뮴산칼륨, 질산암모늄

상세해설
(1) 과망가니즈산칼륨 : $2KMnO_4 \rightarrow K_2MnO_4 + MnO_2 + O_2$
(2) 과산화칼륨 : $2K_2O_2 \rightarrow 2K_2O + O_2$
(3) 다이크로뮴산칼륨 : $4K_2Cr_2O_7 \rightarrow 2Cr_2O_3 + 4K_2CrO_4 + 3O_2$
(4) 질산암모늄 : $2NH_4NO_3 \rightarrow 2N_2 + 4H_2O + O_2$

12 다음 [보기]의 위험물을 인화점이 높은 것부터 낮은 순서대로 차례대로 쓰시오.

〈보기〉 아닐린, 아세트산, 에틸알코올, 사이안화수소, 아세트알데하이드

해답 아닐린-아세트산-에틸알코올-사이안화수소-아세트알데하이드

상세해설
• 제4류 위험물의 물리적 성질

품 명	아닐린	아세트산	에틸알코올	사이안화수소	아세트알데하이드
화학식	$C_6H_5NH_2$	CH_3COOH	C_2H_5OH	HCN	CH_3CHO
유 별	제3석유류	제2석유류	알코올류	제1석유류	특수인화물
인화점	70℃	40℃	13℃	-18℃	-38℃

13
톨루엔 400L, 아세톤 1200L, 등유 2000L를 같은 장소에 저장하려 한다. 지정수량 배수의 총 합을 구하시오.

[계산과정] 지정수량의 배수 = $\dfrac{저장수량}{지정수량}$ = $\dfrac{400}{200}+\dfrac{1200}{400}+\dfrac{2000}{1000}=7$배

[답] 7배

- 톨루엔-제4류-제1석유류-비수용성-200L★
- 아세톤-제4류-제1석유류-수용성-400L★
- 등유-제4류-제2석유류-비수용성-1000L★
- 제4류 위험물의 지정수량

성 질	품 명		지정수량
인화성액체	1. 특수인화물		50L
	2. 제1석유류	비수용성액체	200L
		수용성액체	400L
	3. 알코올류		400L
	4. 제2석유류	비수용성액체	1,000L
		수용성액체	2,000L
	5. 제3석유류	비수용성액체	2,000L
		수용성액체	4,000L
	6. 제4석유류		6,000L
	7. 동식물유류		10,000L

14
다음은 위험물 제조소등의 게시판 및 위험물 운반용기의 외부에 표시하여야 하는 주의사항이다. 각 물음에 답하시오. (단 없으면 "없음"이라고 쓰시오)

(1) 제5류 위험물에 대한 운반용기의 외부에 표시하여야하는 주의사항
(2) 제5류 위험물을 저장, 취급하는 제조소에 대한 게시판의 주의사항
(3) 제6류 위험물에 대한 운반용기의 외부에 표시하여야하는 주의사항
(4) 제6류 위험물을 저장, 취급하는 제조소에 대한 게시판의 주의사항

(1) 화기엄금 및 충격주의
(2) 화기엄금
(3) 가연물접촉주의
(4) 없음

상세해설

- **위험물 운반용기의 외부 표시 사항**
  ① 위험물의 품명, 위험등급, 화학명 및 수용성(제4류 위험물의 수용성인 것에 한함)
  ② 위험물의 수량
  ③ 수납하는 위험물에 따른 주의사항

류 별	성질에 따른 구분	표시 사항
제1류 위험물	알칼리금속의 과산화물	화기·충격주의, 물기엄금 및 가연물접촉주의
	그 밖의 것	화기·충격주의 및 가연물접촉주의
제2류 위험물	철분·금속분·마그네슘	화기주의 및 물기엄금
	인화성 고체	화기엄금
	그 밖의 것	화기주의
제3류 위험물	자연발화성 물질	화기엄금 및 공기접촉엄금
	금수성 물질	물기엄금
제4류 위험물	인화성 액체	화기엄금
제5류 위험물	자기반응성 물질	화기엄금 및 충격주의
제6류 위험물	산화성 액체	가연물접촉주의

- **위험물제조소의 표지 및 게시판**
  ① 표지는 한 변의 길이가 0.3m 이상, 다른 한 변의 길이가 0.6m 이상인 직사각형으로 할 것
  ② 바탕은 백색, 문자는 흑색

- **게시판의 설치기준**
  ① 한 변의 길이가 0.3m 이상, 다른 한 변의 길이가 0.6m 이상인 직사각형으로 할 것.
  ② 위험물의 유별·품명 및 저장최대수량 또는 취급최대수량, 지정수량의 배수 및 안전관리자의 성명 또는 직명을 기재할 것.
  ③ 게시판의 바탕은 백색으로, 문자는 흑색으로 할 것.
  ④ 저장 또는 취급하는 위험물에 따라 주의사항 게시판을 설치할 것.

위험물의 종류	주의사항 표시	게시판의 색
제1류(알칼리금속 과산화물) 제3류(금수성 물품)	물기엄금	청색 바탕에 백색 문자
제2류(인화성 고체 제외)	화기주의	적색 바탕에 백색 문자
제2류(인화성 고체) 제3류(자연발화성 물품) 제4류 제5류	**화기엄금**	**적색 바탕에 백색 문자**

15 위험물안전관리법령상 제6류 위험물에 해당되는 조건을 모두 쓰시오. (단, 없으면 "없음"이라고 쓰시오)

(1) 과염소산　　　　(2) 과산화수소　　　　(3) 질산

해답
(1) 없음
(2) 농도가 36중량% 이상인 산화성액체
(3) 비중이 1.49 이상인 산화성액체

상세해설

제6류 위험물(산화성 액체)

성 질	품　　명	화학식	지정수량
산화성 액체	• 과염소산	$HClO_4$	300kg
	• 과산화수소(농도가 36중량% 이상인 것)	H_2O_2	
	• 질산(비중이 1.49 이상인 것)	HNO_3	
	• 할로젠간화합물 　① 삼불화브로민 　② 오불화브로민 　③ 오불화아이오딘	BrF_3 BrF_5 IF_5	

---

16 다음은 제2류 위험물인 황화인에 대한 것이다. 빈칸에 알맞은 답을 쓰시오.

명 칭	화학식	조해성	지정수량
삼황화인	②	불용성	⑤
①	P_2S_5	조해성	⑤
칠황화인	③	④	⑤

해답　① 오황화인　② P_4S_3　③ P_4S_7　④ 조해성　⑤ 100kg

상세해설
황화인(제2류 위험물) : 황과 인의 화합물
• 삼황화인(P_4S_3)
　① 황색결정으로 물, 염산, 황산에 녹지 않으며 질산, 알칼리, 이황화탄소에 녹는다.
　② 연소하면 오산화인과 이산화황이 생긴다.

$$P_4S_3 + 8O_2 \rightarrow 2P_2O_5 + 3SO_2 \uparrow$$

• 오황화인(P_2S_5)
　① 담황색 결정이고 조해성이 있다.

② 수분을 흡수하면 분해된다.
③ 이황화탄소(CS_2)에 잘 녹는다.
④ 물, 알칼리와 반응하여 인산과 황화수소를 발생한다.

$$P_2S_5 + 8H_2O \rightarrow 2H_3PO_4 + 5H_2S \uparrow$$

• 칠황화인(P_4S_7)
① 담황색 결정이고 조해성이 있다.
② 수분을 흡수하면 분해된다.
③ 이황화탄소(CS_2)에 약간 녹는다.
④ 냉수에는 서서히 분해가 되고 더운물에는 급격히 분해된다.

17 다음 물질 중 제3석유류에 해당하는 것을 모두 선택하여 그 번호를 쓰시오.

① 클로로벤젠   ② 아세트산   ③ 포름산
④ 나이트로톨루엔   ⑤ 글리세린   ⑥ 나이트로벤젠

 ④, ⑤, ⑥

 ① 클로로벤젠 - 제4류 - 제2석유류
② 아세트산(초산) - 제4류 - 제2석유류
③ 포름산(의산, 개미산) - 제4류 - 제2석유류
④ 나이트로톨루엔 - 제4류 - 제3석유류
⑤ 글리세린 - 제4류 - 제3석유류
⑥ 나이트로벤젠 - 제4류 - 제3석유류

• 제3석유류 (아닳중 클에 니글메)
① 중유
② 크레오소트유(타르유, 액체핏치유)
③ 에틸렌글리콜($C_2H_4(OH)_2$)
④ 글리세린($C_3H_5(OH)_3$)
⑤ 나이트로벤젠($C_6H_5NO_2$)
⑥ 아닐린($C_6H_5NH_2$)
⑦ 메타크레졸($C_6H_4CH_3OH$)
⑧ 나이트로톨루엔($C_6H_4CH_3NO_2$)

18 제3류 위험물인 황린에 대하여 다음 각 물음에 답하시오.

(1) 안전한 저장을 위하여 사용되는 보호액을 쓰시오.
(2) 공기를 차단하고 약 250~260℃로 가열하면 생성되며 동소체인 제2류 위험물을 쓰시오.
(3) 황린이 연소하는 경우 생성되는 물질을 화학식으로 쓰시오.
(4) 수산화칼륨 수용액과 반응하였을 때 발생하는 맹독성의 가스의 화학식을 쓰시오.

해답
(1) 물
(2) 적린
(3) P_2O_5
(4) PH_3

상세해설

- 황린(P_4)[별명 : 백린] : 제3류 위험물(자연발화성 물질)
  ① 공기 중 약 40~50℃에서 자연발화한다.
  ② 저장 시 자연발화성이므로 반드시 물속에 저장한다.
  ③ 인화수소(PH_3)의 생성을 방지하기 위하여 물의 pH=9(약알칼리)가 안전한계이다.
  ④ 연소 시 오산화인(P_2O_5)의 흰 연기가 발생한다.

  $$P_4 + 5O_2 \rightarrow 2P_2O_5 (\text{오산화인})$$

  ⑤ 강알칼리의 용액에서는 유독기체인 포스핀(PH_3)을 발생한다.

  $$P_4 + 3NaOH + 3H_2O \rightarrow 3NaH_2PO_2 + PH_3 \uparrow (\text{인화수소=포스핀})$$

- 제3류 위험물 및 지정수량

성 질	품 명	지정수량	위험등급
자연발화성 및 금수성 물질	칼륨, 나트륨, 알킬알루미늄, 알킬리튬	10kg	I
	황린	20kg	
	알칼리금속(칼륨 및 나트륨 제외) 및 알칼리토금속	50kg	II
	유기금속화합물(알킬알루미늄 및 알킬리튬 제외)		
	금속의 수소화물, 금속의 인화물, 칼슘 또는 알루미늄의 탄화물, 염소화규소화합물	300kg	III

19 제1류 위험물이며 흑자색 결정인 과망가니즈산칼륨에 대한 다음 각 물음에 답하시오.

(1) 화학식을 쓰시오.
(2) 품명을 쓰시오.
(3) 물과 반응여부를 쓰시오.
(4) 물과 반응하는 경우 생성되는 기체의 명칭을 쓰시오. (단, 없으면 "없음"이라 쓰시오)
(5) 아세톤에 용해여부를 쓰시오.

해답
(1) $KMnO_4$
(2) 과망가니즈산염류
(3) 반응하지 않음
(4) 없음
(5) 용해

상세해설
- 과망가니즈산칼륨($KMnO_4$) : 제1류 위험물 중 과망가니즈산염류
  ① 흑자색의 주상결정으로 물에 녹아 진한 보라색을 띠고 강한 산화력과 살균력이 있다.
  ② 염산과 반응 시 염소(Cl_2)를 발생시킨다.
  ③ 240℃에서 분해하여 산소를 방출한다.

  $$2KMnO_4 \rightarrow K_2MnO_4 + MnO_2 + O_2 \uparrow$$
  (망가니즈산칼륨) (이산화망가니즈) (산소)

  ④ 알코올, 에터, 글리세린, 황산과 접촉 시 폭발 우려가 있다.
  ⑤ 주수소화 또는 마른모래로 피복소화한다.
  ⑥ 강알칼리와 반응하여 산소를 방출한다.

20 다음 그림을 보고 각 물음에 알맞은 답을 쓰시오.

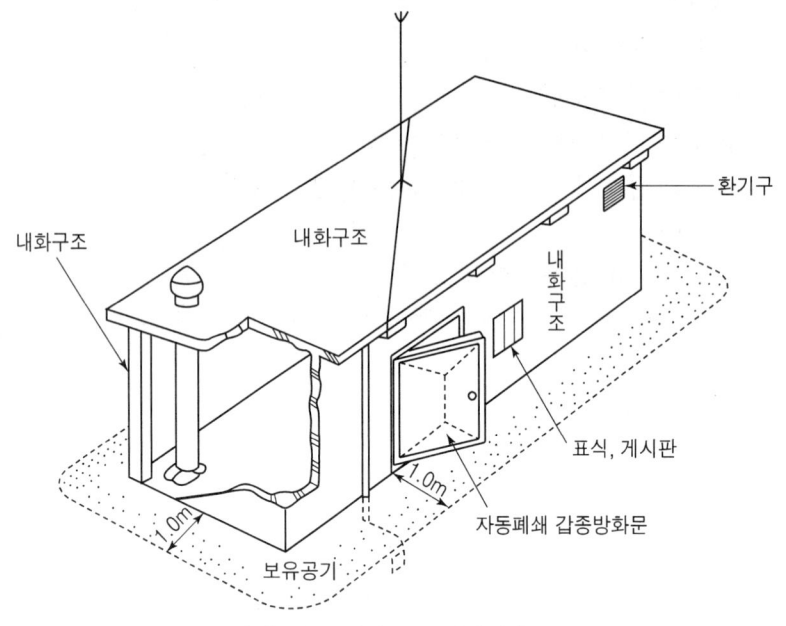

처마높이 6m 미만 소규모 옥내저장소

(1) 그림에서 보여주는 저장소의 명칭을 쓰시오.
(2) 그림에서 보여주는 저장소의 특례기준을 적용할 수 있는 지정수량의 기준을 쓰시오.
(3) 그림에서 보여주는 저장소의 특례기준에 적합하면 옥내저장소 주위에 일정한 너비의 공지를 보유하지 않아도 되는 저장창고의 처마높이 기준을 쓰시오.

해답 (1) 소규모 옥내저장소
(2) 지정수량의 50배 이하
(3) 6m 미만

상세해설
• 소규모 옥내저장소의 특례
(1) **지정수량의 50배 이하**인 소규모의 옥내저장소중 **저장창고의 처마높이가 6m 미만인 것**으로서 저장창고가 **다음 각목에 정하는 기준**에 적합한 것에 대하여는 적용하지 아니한다.
① 저장창고의 주위에는 다음 표에 정하는 너비의 공지를 보유할 것

저장 또는 취급하는 위험물의 최대수량	공지의 너비
지정수량의 5배 이하	
지정수량의 5배 초과 20배 이하	1m 이상
지정수량의 20배 초과 50배 이하	2m 이상

② 하나의 저장창고 바닥면적은 150m² 이하로 할 것
③ 저장창고는 벽·기둥·바닥·보 및 지붕을 내화구조로 할 것
④ 저장창고의 출입구에는 수시로 개방할 수 있는 자동폐쇄방식의 60분+방화문 또는 60분방화문을 설치할 것
⑤ 저장창고에는 창을 설치하지 아니할 것

(2) **지정수량의 50배 이하**인 소규모의 옥내저장소중 저장창고의 **처마높이가 6m 이상**인 것으로서 저장창고가 기준에 적합한 것에 대하여는 적용하지 아니한다.

제 2 부 최근 기출문제

위험물기능사 실기
2021년 11월 27일 시행

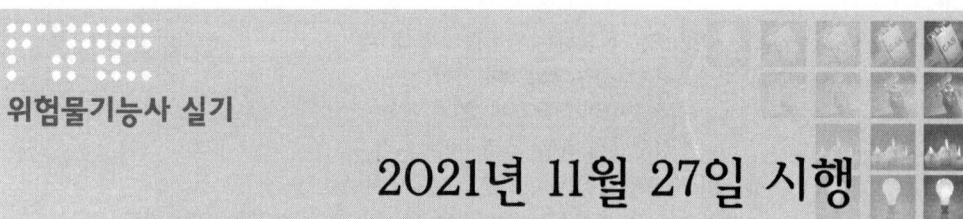

01 다음 제2류 위험물에 대한 완전연소 반응식을 쓰시오.

(1) 삼황화인
(2) 오황화인

해답
(1) $P_4S_3 + 8O_2 \rightarrow 2P_2O_5 + 3SO_2$
(2) $2P_2S_5 + 15O_2 \rightarrow 2P_2O_5 + 10SO_2$

상세해설

황화인(제2류 위험물) : 황과 인의 화합물

- **삼황화인**(P_4S_3)
  ① 황색결정으로 물, 염산, 황산에 녹지 않으며 질산, 알칼리, 이황화탄소에 녹는다.
  ② 연소하면 오산화인과 이산화황이 생긴다.

$$P_4S_3 + 8O_2 \rightarrow 2P_2O_5 + 3SO_2 \uparrow$$

- **오황화인**(P_2S_5)
  ① 담황색 결정이고 조해성이 있다.
  ② 수분을 흡수하면 분해된다.
  ③ 이황화탄소(CS_2)에 잘 녹는다.
  ④ 물, 알칼리와 반응하여 인산과 황화수소를 발생한다.

$$P_2S_5 + 8H_2O \rightarrow 2H_3PO_4 + 5H_2S \uparrow$$

- **칠황화인**(P_4S_7)
  ① 담황색 결정이고 조해성이 있다.
  ② 수분을 흡수하면 분해된다.
  ③ 이황화탄소(CS_2)에 약간 녹는다.
  ④ 냉수에는 서서히 분해가 되고 더운물에는 급격히 분해된다.

02 제4류 위험물인 피리딘에 대한 구조식으로 나타내고 분자량을 구하시오.

 ① 구조식

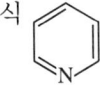

② 피리딘(C_5H_5N) 분자량 $M = 12 \times 5 + 1 \times 5 + 14 = 79$

- 피리딘(Pyridine)-제4류-제1석유류-수용성

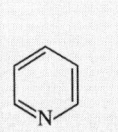

화학식	분자량	비중	비점	인화점	착화점	연소범위
C_5H_5N	79.1	0.98	115.5℃	20℃	482℃	1.8~12.4% 이상

① 물, 알코올, 에터에 잘 녹는다.
② 약알칼리성을 나타낸다.
③ 순수한 것은 무색 투명액체이며 악취와 독성을 갖고 있다.
④ 흡습성이 강하다.

03 제3류 위험물 중 나트륨에 대한 다음 각 물음에 답하시오.

가. 나트륨과 물의 반응식을 쓰시오.
나. 물음 가의 반응에서 생성되는 기체의 연소반응식을 쓰시오.

 가. $2Na + 2H_2O \rightarrow 2NaOH + H_2$
나. $2H_2 + O_2 \rightarrow 2H_2O$

- 나트륨(Na)-제3류-금수성물질

화학식	원자량	비점	융점	비중	불꽃색상
Na	23	880℃	97.8℃	0.97	노란색

① 무른 경금속으로 가열시 노란색 불꽃을 내면서 연소한다.
② 물과 반응하여 수소 및 열을 발생한다.(금수성 물질)

$$2Na + 2H_2O \rightarrow 2NaOH + H_2$$

③ 보호액으로 파라핀, 경유, 등유 등을 사용한다.
④ 에틸알코올과 반응하여 수소를 발생시킨다.

$$2Na + 2C_2H_5OH \rightarrow 2C_2H_5ONa + H_2$$

04 제2류 위험물인 황에 대한 다음 각 물음에 답하시오.

가. 연소반응식을 쓰시오.
나. 위험물에 해당하려면 순도가 몇 중량% 이상이 되어야 하는지 쓰시오.
다. 순도측정에 있어서 불순물은 활석 등 무엇에 한하는지 1가지만 쓰시오.

해답
가. $S + O_2 \rightarrow SO_2$
나. 60중량% 이상
다. 불연성물질, 수분

상세해설
• 황(S)-제2류 위험물
  순도가 60중량% 이상인 것을 말한다. 이 경우 순도 측정에 있어서 불순물은 활석 등 불연성 물질과 수분에 한한다.

05 다음 [보기]의 위험물에 대한 시성식을 쓰시오.

〈보기〉 ① 과산화칼슘 ② 과망가니즈산칼륨 ③ 질산암모늄

해답
① CaO_2 ② $KMnO_4$ ③ NH_4NO_3

06 다음 반응식의 ( )안에 해당하는 위험물에 대한 각 물음에 답하시오.

( ) + $2H_2O \rightarrow Ca(OH)_2 + 2H_2$

(1) 품명
(2) 지정수량
(3) 위험등급

해답
(1) 품명 : 금속의 수소화물
(2) 지정수량 : 300kg
(3) 위험등급 : Ⅲ등급

상세해설

- 수소화칼슘(CaH_2)

화학식	분자량	융점	비점
CaH_2	42.09	600℃	816℃

① 물과 반응하여 수소를 발생한다.

$$CaH_2 + 2H_2O \rightarrow Ca(OH)_2 + 2H_2$$

② 물 및 포약제 소화는 절대 금하고 마른모래 등으로 피복소화한다.

07 위험물제조소 건축물의 외벽 구조에 따라 연면적 몇 m^2가 1소요단위에 해당하는지 각 물음에 답하시오.

(1) 취급소의 건축물 외벽이 내화구조인 것
(2) 취급소의 건축물 외벽이 내화구조가 아닌 것
(3) 저장소의 건축물 외벽이 내화구조인 것
(4) 저장소의 건축물 외벽이 내화구조가 아닌 것
(5) 제조소의 건축물 외벽이 내화구조가 아닌 것

해답
(1) $100m^2$
(2) $50m^2$
(3) $150m^2$
(4) $75m^2$
(5) $50m^2$

상세해설

- 소요단위의 계산방법
  ① **제조소 또는 취급소의 건축물**

외벽이 내화구조인 것	외벽이 내화구조가 아닌 것
연면적 $100m^2$를 1소요단위	연면적 $50m^2$를 1소요단위

  ② **저장소의 건축물**

외벽이 내화구조인 것	외벽이 내화구조가 아닌 것
연면적 $150m^2$를 1소요단위	연면적 $75m^2$를 1소요단위

  ③ **위험물은 지정수량의 10배를 1소요단위**로 할 것.

08
표준상태에서 탄소 100kg을 완전연소시키면 몇 m³의 공기가 필요한지 구하시오. (단, 공기의 조성은 부피농도로 질소 79%, 산소 21% 이다)

해답 [계산과정]

① 탄소(C)(1몰 기준)의 완전연소반응식

$C + O_2 \rightarrow CO_2$

② 필요한 산소량

$V = \dfrac{WRT}{PM} \times \text{mol}(O_2) = \dfrac{100\text{kg} \times 0.082 \times (273+0)}{1\text{atm} \times 12} \times 1\text{mol} = 186.55\text{m}^3$

③ 필요한 공기량

$V = \dfrac{186.55\text{m}^3}{0.21} = 888.33\text{m}^3$

[답] 888.33m³

상세해설
- 이상기체 상태방정식

$$PV = \dfrac{W}{M}RT = nRT$$

여기서, P : 압력(atm), V : 부피(m³)

W : 무게(kg), M : 분자량

n : mol수 $= \dfrac{W}{M}$, R : 기체상수(0.082atm · m³/mol · K)

T : 절대온도(273+t ℃)K

09
다음은 아세트알데하이드 등의 저장기준이다. ( )안에 알맞은 답을 쓰시오.

(1) 옥외저장탱크 · 옥내저장탱크 또는 지하저장탱크 중 압력탱크에 저장하는 아세트알데하이드등 또는 다이에틸에터등의 온도는 (①) 이하로 유지할 것
(2) 보냉장치가 있는 이동저장탱크에 저장하는 아세트알데하이드등 또는 다이에틸에터등의 온도는 당해 위험물의 (②) 이하로 유지할 것
(3) 보냉장치가 없는 이동저장탱크에 저장하는 아세트알데하이드등 또는 다이에틸에터등의 온도는 (③) 이하로 유지할 것

해답 ① 40℃   ② 비점   ③ 40℃

- 옥외저장탱크·옥내저장탱크 또는 지하저장탱크의 저장 유지온도

구 분	압력탱크 외의 탱크	구 분	압력탱크
산화프로필렌과 이를 함유한 것 또는 다이에틸에터 등	30℃ 이하	아세트알데하이드 등 또는 다이에틸에터 등	40℃ 이하
아세트알데하이드 또는 이를 함유한 것	15℃ 이하		

- 이동저장탱크의 저장 유지온도

구 분	보냉장치가 있는 경우	보냉장치가 없는 경우
아세트알데하이드 등 또는 다이에틸에터 등	비점 이하	40℃ 이하

10 간이저장탱크에는 기준에 적합한 밸브 없는 통기관 또는 대기밸브부착 통기관을 설치하여야 한다. 간이저장탱크의 밸브 없는 통기관의 설치기준을 3가지만 쓰시오.

해답
① 통기관의 지름은 25mm 이상으로 할 것
② 통기관은 옥외에 설치하되, 그 끝부분의 높이는 지상 1.5m 이상으로 할 것
③ 통기관의 끝부분은 수평면에 대하여 아래로 45° 이상 구부려 빗물 등이 침투하지 아니하도록 할 것
④ 가는 눈의 구리망 등으로 인화방지장치를 할 것

상세해설
- 간이탱크저장소의 위치·구조 및 설비기준
  ① 하나의 간이탱크저장소에 설치하는 간이저장탱크는 그 수를 3 이하로 하고, **동일한 품질의 위험물의 간이저장탱크를 2 이상 설치하지 아니하여야 한다.**
  ② 간이저장탱크는 옥외에 설치하는 경우에는 그 탱크의 주위에 너비 1m 이상의 공지를 두고, 전용실안에 설치하는 경우에는 탱크와 전용실의 벽과의 사이에 0.5m 이상의 간격을 유지하여야 한다.
  ③ 간이저장탱크의 **용량은 600L 이하**
  ④ 간이저장탱크는 **두께 3.2mm 이상의 강판, 70kPa의 압력으로 10분간의 수압시험을 실시**
  ⑤ 간이저장탱크에는 밸브 없는 통기관을 설치
     ㉠ 통기관의 **지름은 25mm 이상**
     ㉡ 통기관은 옥외에 설치하되, 그 끝부분의 높이는 **지상 1.5m 이상**
     ㉢ 통기관의 끝부분은 수평면에 대하여 아래로 **45도 이상 구부려** 빗물 등이 침투하지 아니하도록 할 것
     ㉣ 가는 눈의 구리망 등으로 인화방지장치를 할 것

11 제5류 위험물 중 나이트로글리세린 50kg, 하이드록실아민 300kg, 유기과산화물 400kg을 저장하는 경우 지정수량의 배수의 합을 구하시오.

[계산과정] $N = \dfrac{50}{10} + \dfrac{300}{100} + \dfrac{400}{100} = 12$ 배

[답] 12배

- 제5류 위험물의 지정수량

성질	품명	지정수량	위험등급
자기 반응성 물질	• 유기과산화물 • 질산에스터류 • 나이트로화합물 • 나이트로소화합물 • 아조화합물 • 다이아조화합물 • 하이드라진유도체 • 하이드록실아민 • 하이드록실아민염류	1종 : 10kg 2종 : 100kg	1종 : Ⅰ 2종 : Ⅱ
종판단 완료	• 질산에스터류(대부분)(1종) • 셀룰로이드(2종) • 트라이나이트로톨루엔(1종) • 트라이나이트로페놀(1종) • 테트릴(1종) • 유기과산화물(대부분)(2종)		

12 다음 [보기]에서 설명하는 위험물에 대한 각 물음에 답하시오.

〈보기〉
- 강산화성 고체이다.
- 가열하면 400℃에서 아질산칼륨과 산소가 발생한다.
- 흑색화약의 제조나 금속열처리제 등의 용도로 사용된다.

(1) 품명 (2) 지정수량 (3) 화학식

(1) 질산염류 (2) 300kg (3) KNO_3

- 질산칼륨(KNO_3) : 제1류 위험물(산화성 고체)
  ① 질산칼륨에 숯가루, 황가루를 혼합하여 흑색화약 제조에 사용한다.
  - 흑색화약(black powder)
    ① 원료 : 질산칼륨, 숯, 황
    ② 조성 : 75%KNO_3 + 15%C + 10%S
    ③ 폭발반응식 : $38KNO_3 + 64C + 16S \rightarrow 3K_2CO_3 + 16K_2S + 19N_2 + 44CO_2 + 17CO$

② 열분해하여 산소를 방출한다.

$$2KNO_3 \rightarrow 2KNO_2 + O_2 \uparrow$$

③ 물, 글리세린에는 잘 녹으나 알코올, 에테르에는 잘 녹지 않는다.

13 주유취급소의 고정주유설비 또는 고정급유설비의 펌프기기에 대한 주유관 끝부분에서의 최대배출량(L/분)을 쓰시오.

① 휘발유　　　② 등유　　　③ 경유

 ① 휘발유(제1석유류) : 50L/분 이하
② 등유 : 80L/분 이하
③ 경유 : 180L/분 이하

- 주유취급소의 고정주유설비 또는 고정급유설비
[펌프기기의 주유관 끝부분에서의 최대배출량]

구 분	제1석유류	경유	등유	이동저장탱크
최대배출량	50L/분 이하	180L/분 이하	80L/분 이하	300L/분 이하

14 90wt% 과산화수소 1kg에 물을 첨가하여 10wt% 과산화수소를 제조하려고 한다. 첨가하여야 할 물의 양(kg)을 구하시오.

 [계산과정] ① $H_2O_2(wt\%) = \dfrac{H_2O_2(kg) \times H_2O_2(\%)/100}{수용액\ 무게(kg)} \times 100$

② $10 = \dfrac{1kg \times 90/100}{1kg + X(물)} \times 100$

③ $10 = \dfrac{90}{1+X}$　　$X = 8kg$

[답] 8kg

15 아세트산(초산)에 대한 다음 각 물음에 답하시오.

(1) 시성식   (2) 증기비중

해답 (1) CH₃COOH

(2) $S = \dfrac{60}{29} = 2.07$

상세해설
• 초산(아세트산)(CH₃COOH)-수용성

화학식	분자량	비중	인화점	착화점	연소범위
CH₃COOH	60	1.05	40℃	427℃	5.4~16.9%

① 16.7℃ 이하에서 얼음과 같이 되어 빙초산이라고도 한다.
② 3~4%의 수용액이 식초이다.
③ 물에 잘 혼합되고 피부접촉시 수포가 발생한다.

16 아세톤의 증기밀도(g/L)를 구하시오. (단, 1기압 30℃ 기준이다)

해답 [계산과정] ① 아세톤(CH₃COCH₃)의 분자량 $M = 12 \times 3 + 1 \times 6 + 16 = 58$

② 증기밀도 $d = \dfrac{1 \times 58}{0.082 \times (273+30)} = 2.33 \text{g/L}$

[답] 2.33g/L

상세해설
• 표준상태 : 0℃, 1atm
• 증기밀도 $\rho = \dfrac{PM}{RT} = \dfrac{1 \times M}{0.082 \times (273+0)} = \dfrac{M(\text{g})}{22.4l}$
  여기서, P : 압력(atm), M : 분자량, R : 기체상수(0.082atm · L/mol · K),
  T : 절대온도(273+t℃)K
• 증기비중 = $\dfrac{M(\text{분자량})}{29(\text{공기평균분자량})}$

17 제5류 위험물인 트라이나이트로톨루엔에 대한 다음 각 물음에 답하시오.

(1) 다음 각 물질과의 용해성에 대하여 쓰시오.
　① 물　　　　　　　　② 벤젠
(2) 지정수량을 쓰시오.
(3) 트라이나이트로톨루엔(TNT)을 제조하는 경우 필요한 원료를 2가지만 쓰시오.

해답 (1) ① 물 : 불용해　② 벤젠 : 용해
(2) 200kg
(3) 톨루엔, 진한질산

상세해설 트라이나이트로톨루엔($C_6H_2CH_3(NO_2)_3$)-제5류-나이트로화합물
(TNT : Tri Nitro Toluene)

화학식	분자량	비중	비점	융점	착화점
$C_6H_2CH_3(NO_2)_3$	227	1.7	280℃	81℃	300℃

① 물에는 녹지 않고 알코올, 아세톤, 벤젠에 녹는다.
② Tri Nitro Toluene의 약자로 TNT라고도 한다.
③ 담황색의 주상결정이며 햇빛에 다갈색으로 변색된다.
④ 톨루엔과 질산을 반응시켜 얻는다.

$$C_6H_5CH_3 + 3HNO_3 \xrightarrow[\text{나이트로화}]{C-H_2SO_4} C_6H_2CH_3(NO_2)_3 + 3H_2O$$
　　(톨루엔)　　(질산)　　　　　　　(트라이나이트로톨루엔)　(물)

⑤ 강력한 폭약이며 급격한 타격에 폭발한다.

$$2C_6H_2CH_3(NO_2)_3 \rightarrow 2C + 12CO + 3N_2\uparrow + 5H_2\uparrow$$

18 다음 제6류 위험물에 대한 각 물음에 답하시오.

(1) 단백질과 반응하여 노란색으로 변하는데 이것을 화학적으로 무슨 반응이라 하는지 쓰시오.
(2) 질산이 햇빛에 의해 분해되어 이산화질소를 발생하는 분해반응식을 쓰시오.

해답 (1) 크산토프로테인반응
(2) $4HNO_3 \rightarrow 2H_2O + 4NO_2 + O_2$

상세해설
- 질산(HNO_3)-제6류 위험물-산화성 액체

화학식	분자량	비중	비점	융점
HNO_3	63	1.50	86℃	-42℃

① 나이트로화합물의 제조에 사용된다.
② 햇빛에 의하여 일부 분해되어 생긴 NO_2 때문에 황갈색으로 된다.

$$4HNO_3 \rightarrow 2H_2O + 4NO_2\uparrow(이산화질소) + O_2\uparrow(산소)$$

③ 환원성 물질과 혼합하면 발화 또는 폭발한다.

- 크산토프로테인 반응(xanthoprotenic reaction)
  단백질에 진한질산을 가하면 노란색으로 변하고 알칼리를 작용시키면 **오렌지색**으로 변하며, 단백질 검출에 이용된다.

19 다음은 위험물 제조소의 환기설비 중 바닥면적에 대한 급기구의 면적기준이다. ( )안에 알맞은 답을 쓰시오.

바닥면적	급기구의 면적
(①)m^2 미만	150cm^2 이상
(①)m^2 이상 (②)m^2 미만	300cm^2 이상
(②)m^2 이상 120m^2 미만	450cm^2 이상
120m^2 이상 150m^2 미만	(③)cm^2 이상

해답 ① 60 ② 90 ③ 600

상세해설
- 환기설비의 설치기준 ★★★
  ① 자연배기방식으로 할 것.

② 급기구는 바닥면적 150m²마다 1개 이상, 크기는 800cm² 이상으로 할 것.

[바닥면적이 150m² 미만인 경우 급기구의 면적]

바닥면적	급기구의 면적
60m² 미만	150cm² 이상
60m² 이상 90m² 미만	300cm² 이상
90m² 이상 120m² 미만	450cm² 이상
120m² 이상 150m² 미만	600cm² 이상

③ 급기구는 낮은 곳에 설치하고 **인화방지망**을 설치할 것.
④ 환기구는 지붕 위 또는 지상 2m 이상의 높이에 회전식 고정 벤틸레이터 또는 루프팬 방식으로 설치할 것.

20 동식물유류는 아이오딘값을 기준으로 하여 건성유, 반건성유, 불건성유로 나눈다. 다음 동식물유류를 구분하는 아이오딘값의 일반적인 범위를 쓰시오.

○ 건성유 :   　　　　　○ 반건성유 :   　　　　　○ 불건성유 :

○ 건성유 : 130 이상
○ 반건성유 : 100~130
○ 불건성유 : 100 이하

- **동식물유류-제4류 위험물 ★★★★**
  동물의 지육 또는 식물의 종자나 과육으로부터 추출한 것으로 1기압에서 인화점이 250℃ 미만인 것

  [아이오딘값에 따른 동식물유류의 분류]

구 분	아이오딘값	종 류
건성유	130 이상	해바라기기름, 동유(오동기름), 정어리기름, 아마인유, 들기름
반건성유	100~130	채종유, 쌀겨기름, 참기름, 면실유, 옥수수기름, 청어기름, 콩기름, 목화씨기름
불건성유	100 이하	야자유, 팜유, 올리브유, 피마자기름, 낙화생기름(땅콩기름), 돈지, 우지, 고래기름

- **아이오딘값**
  옥소가(沃素價)라고도 하며 100g의 유지에 의해서 흡수되는 아이오딘의 g수

위험물기능사 실기
2022년 3월 20일 시행

01 제4류 위험물인 아닐린에 대한 다음 각 물음에 답하시오.

(물음 1) 해당하는 품명을 쓰시오.
(물음 2) 지정수량을 쓰시오.
(물음 3) 분자량을 구하시오.

해답
(물음 1) 제3석유류
(물음 2) 2,000L
(물음 3) 아닐린($C_6H_5NH_2$) : $12 \times 6 + 1 \times 5 + 14 + 1 \times 2 = 93$

상세해설

• 제4류 위험물의 품명 및 지정수량★★★★★

성질	품 명		지정수량	위험등급	기타 조건 (1atm에서)
인화성 액체	특수인화물		50L	I	• 발화점이 100℃ 이하 • 인화점 -20℃ 이하 & 비점 40℃ 이하 • 이황화탄소, 다이에틸에터
	제1석유류	비수용성	200L	II	• 인화점 21℃ 미만 • 아세톤, 휘발유
		수용성	400L		
	알코올류		400L		• $C_1 \sim C_3$ 포화 1가 알코올 (변성알코올 포함)
	제2석유류	비수용성	1000L	III	• 인화점 21℃ 이상 70℃ 미만 • 등유, 경유
		수용성	2000L		
	제3석유류	**비수용성**	**2000L**		• **인화점 70℃ 이상 200℃ 미만** • 중유, 크레오소트유
		수용성	4000L		
	제4석유류		6000L		• 인화점 200℃ 이상 250℃ 미만인 것
	동식물유류		10000L		• 동물의 지육 또는 식물의 종자나 과육으로부터 추출한 것으로 1기압에서 인화점이 250℃ 미만인 것

02 경유 600리터, 중유 200리터, 등유 300리터, 톨루엔 400리터를 보관하고 있다. 위험물안전관리법령상 각 위험물의 지정수량 배수의 총 합은 얼마인지 구하시오. (4점)

[계산과정] 지정수량의 배수 $N = \dfrac{600}{1000} + \dfrac{200}{2000} + \dfrac{300}{1000} + \dfrac{400}{200} = 3$배

[답] 3배

① 경유 – 제4류 – 제2석유류 – 비수용성 – 1000L
② 중유 – 제4류 – 제3석유류 – 비수용성 – 2000L
③ 등유 – 제4류 – 제2석유류 – 비수용성 – 1000L
④ 톨루엔 – 제4류 – 제1석유류 – 비수용성 – 200L

- 제4류 위험물의 품명 및 지정수량 ★★★★★

성질	품 명		지정수량	위험등급
인화성 액체	특수인화물		50L	Ⅰ
	제1석유류	비수용성	200L	Ⅱ
		수용성	400L	
	알코올류		400L	
	제2석유류	비수용성	1000L	Ⅲ
		수용성	2000L	
	제3석유류	비수용성	2000L	
		수용성	4000L	
	제4석유류		6000L	
	동식물유류		10000L	

03 취급하는 위험물의 최대수량이 다음과 같은 경우 위험물 제조소의 보유공지 너비는 몇 m 이상이어야 하는지 쓰시오.

(1) 지정수량의 5배 이하   (2) 지정수량의 10배 이하
(3) 지정수량의 100배 이하

[해답] (1) 3m 이상   (2) 3m 이상   (3) 5m 이상

- 제조소의 보유공지 ★
  취급 위험물의 최대수량에 따른 너비의 공지

취급 위험물의 최대수량	공지의 너비
지정수량의 10배 이하	3m 이상
지정수량의 10배 초과	5m 이상

04 햇빛에 의해 4몰의 질산이 완전 분해하여 산소 1몰을 발생하였다. 이때 같이 발생하는 유독성 기체는 무엇인지와 분해 할 때의 화학반응식을 쓰시오.

해답
① 이산화질소(NO_2)
② $4HNO_3 \rightarrow 2H_2O + 4NO_2 + O_2$

상세해설
- 질산(HNO_3) : 제6류 위험물(산화성 액체)
  ① 무색의 발연성 액체이다.
  ② 빛에 의하여 일부 분해되어 생긴 NO_2 때문에 황갈색으로 된다.

  $$4HNO_3 \rightarrow 2H_2O + 4NO_2\uparrow (이산화질소) + O_2\uparrow (산소)$$

  ③ 질산을 오산화인(P_2O_5)과 작용시키면 오산화질소(N_2O_5)가 된다.
  ④ 저장용기는 직사광선을 피하고 찬 곳에 저장한다.
  ⑤ 실험실에서는 갈색 병에 넣어 햇빛을 차단시킨다.
  ⑥ 환원성 물질과 혼합하면 발화 또는 폭발한다.

- 크산토프로테인 반응(xanthoprotenic reaction)
  단백질에 진한질산을 가하면 노란색으로 변하고 알칼리를 작용시키면 오렌지색으로 변하며, 단백질 검출에 이용된다.

  ⑦ 마른모래 및 CO_2로 소화한다.
  ⑧ 위급 시에는 다량의 물로 냉각 소화한다.

---

05 [보기]에서 설명하는 물질에 대한 다음 각 물음에 답하시오.

〈보기〉
- 산화하여 포름알데하이드를 생성한다.
- 독성이 있으며 마셨을 경우 실명 또는 사망할 수 있다.
- 연소범위 7.3~36%, 비점 65℃, 비중 0.79, 인화점 11℃ 이다.

(물음 1) 공기 중 완전연소 반응식을 쓰시오.
(물음 2) 위험등급을 쓰시오.
(물음 3) 구조식을 쓰시오.

해답
(물음 1) $2CH_3OH + 3O_2 \rightarrow 2CO_2 + 4H_2O$
(물음 2) Ⅱ등급
(물음 3)
```
      H
      |
  H - C - O - H
      |
      H
```

상세해설

- 메틸알코올(CH_3OH)-제4류-알코올류
  ① 무색, 투명한 **술 냄새**가 나는 **휘발성액체**로 **목정** 또는 **메탄올**이라고도 한다.
  ② 물에 아주 잘 녹으며, 먹으면 **실명** 또는 사망할 수 있다.
  ③ 연소 시 주간에는 불꽃이 잘 보이지 않는다.
  ④ 공기 중에서 연소 시 연한 불꽃을 낸다.

$$2CH_3OH + 3O_2 \rightarrow 2CO_2 + 4H_2O$$

  ⑤ 비중이 물보다 작다.
  ⑥ 연소범위 : 7.3~36%, 인화점 : 11℃

- 알코올의 산화 시 생성물
  ① 1차 알코올 → 알데하이드 → 카복실산

  - C_2H_5OH(에틸알코올) $\xrightarrow{CuO}$ CH_3CHO(아세트알데하이드) $\xrightarrow{+O}$ CH_3COOH(초산)
  - CH_3OH(메틸알코올) $\xrightarrow[-H_2O]{+O}$ $HCHO$(포름알데하이드) $\xrightarrow{+O}$ $HCOOH$(포름산)

  ② 2차 알코올 → 케톤

  - $CH_3-\underset{\underset{OH}{|}}{CH}-CH_3$(아이소프로필 알코올) $\xrightarrow{+O}$ $CH_3-CO-CH_3$(아세톤) + H_2O(물)

---

06 다음 [보기]에서 비중이 물보다 큰 것을 모두 선택하여 쓰시오.

〈보기〉 클로로벤젠, 이황화탄소, 산화프로필렌, 글리세린, 피리딘

 클로로벤젠, 이황화탄소, 글리세린

상세해설

- 제4류 위험물의 비중

구분	클로로벤젠	이황화탄소	산화프로필렌	글리세린	피리딘
화학식	C_6H_5Cl	CS_2	CH_3CHOCH_2	$C_3H_5(OH)_3$	C_5H_5N
유별	제2석유류	특수인화물	특수인화물	제3석유류	제1석유류
비중	1.11	1.26	0.83	1.26	0.98

07 제1류 위험물인 과산화칼륨에 대하여 다음 각 물음에 답하시오.

(물음 1) 과산화칼륨과 물의 반응식을 쓰시오.
(물음 2) 과산화칼륨과 이산화탄소의 반응식을 쓰시오.

해답
(물음 1) $2K_2O_2 + 2H_2O \rightarrow 4KOH + O_2$
(물음 2) $2K_2O_2 + 2CO_2 \rightarrow 2K_2CO_3 + O_2$

상세해설

- 과산화칼륨(K_2O_2) : 제1류 위험물 중 무기과산화물
  ① 상온에서 물과 격렬히 반응하여 산소(O_2)를 방출하고 폭발하기도 한다.
  $$2K_2O_2 + 2H_2O \rightarrow 4KOH + O_2\uparrow$$
  ② 공기 중 이산화탄소(CO_2)와 반응하여 산소(O_2)를 방출한다.
  $$2K_2O_2 + 2CO_2 \rightarrow 2K_2CO_3 + O_2\uparrow$$
  ④ 산과 반응하여 과산화수소(H_2O_2)를 생성시킨다.
  $$K_2O_2 + 2CH_3COOH \rightarrow 2CH_3COOK + H_2O_2\uparrow$$
  ⑤ 열분해시 산소(O_2)를 방출한다.
  $$2K_2O_2 \rightarrow 2K_2O + O_2\uparrow$$
  ⑥ 주수소화는 금물이고 마른모래(건조사)등으로 소화한다.

08 이황화탄소 20kg이 모두 증기가 된다면 3기압 120℃에서 몇 L가 되는지 구하시오.

해답
[계산과정] 이상기체상태방정식을 적용
① 이황화탄소(CS_2)의 분자량 $= 12+32\times 2 = 76$
② $V = \dfrac{WRT}{PM} = \dfrac{20,000g \times 0.082 \times (273+120)k}{3\times 76} = 2,826.84L$

[답] 2,826.84L

상세해설

- 이상기체 상태방정식

$$PV = \dfrac{W}{M}RT = nRT$$

여기서, P : 압력(atm), V : 부피(L), W : 무게(g), M : 분자량
R : 기체상수(0.082atm · L/mol · K)
T : 절대온도(273+t ℃)K

09
다음 할로젠화합물의 Halon 번호를 쓰시오. (6점)

① CF_3Br　　② CF_2BrCl　　③ $C_2F_4Br_2$

해답 ① 1301　② 1211　③ 2402

상세해설
- 할로젠화합물 소화약제 명명법 : 할론 ⓐ ⓑ ⓒ ⓓ
  ⓐ : C 원자수, ⓑ : F 원자수, ⓒ : Cl 원자수, ⓓ : Br 원자수

- 할로젠화합물 소화약제

구분 \ 종류	할론 2402	할론 1211	할론 1301	할론 1011
분자식	$C_2F_4Br_2$	CF_2ClBr	CF_3Br	CH_2ClBr

10
제2류 위험물인 적린에 대하여 다음 각 물음에 답하시오.

(물음 1) 완전연소 반응식을 쓰시오.
(물음 2) 생성되는 기체의 명칭을 쓰시오.

해답 (물음 1) $4P + 5O_2 \rightarrow 2P_2O_5$
(물음 2) 오산화인

상세해설
- 적린(붉은인)(P)–제2류 위험물

화학식	원자량	비중	융점	착화점
P	31	2.2	600℃	260℃

① 황린의 **동소체**이며 황린보다 안정하다.
② 공기 중에서 자연발화하지 않는다.(발화점 : 260℃, 승화점 : 460℃)
③ 황린을 공기차단상태에서 260℃로 가열, 냉각 시 적린으로 변한다.

$$황린(P_4) \xrightarrow{공기차단(260℃가열, 냉각)} 적린(4P)$$

④ 연소 시 흰색의 오산화인(P_2O_5)이 생성된다.

$$4P + 5O_2 \rightarrow 2P_2O_5(오산화인)$$

⑤ 다량의 물을 주수하여 냉각 소화한다.

11 제4류 위험물인 에틸알코올에 대한 다음 각 물음에 답하시오.

(물음 1) 1차 산화되었을 때 생성된 특수인화물의 명칭을 쓰시오.
(물음 2) (물음 1)에서 생성된 물질이 다시 공기 중에서 산화할 경우 생성되는 제2석유류의 명칭을 쓰시오.
(물음 3) 에틸알코올의 연소범위가 4.3~19%일 경우 위험도를 구하시오.

해답 (물음 1) 아세트알데하이드
(물음 2) 아세트산(초산)
(물음 3) [계산과정] $H = \dfrac{19 - 4.3}{4.3} = 3.42$
[답] 3.42

상세해설
• 알코올의 산화 시 생성물
① 1차 알코올 → 알데하이드 → 카복실산

- C_2H_5OH(에틸알코올) $\xrightarrow{CuO}$ CH_3CHO(아세트알데하이드) $\xrightarrow{+O}$ CH_3COOH(초산)
- CH_3OH(메틸알코올) $\xrightarrow[-H_2]{+O}$ $HCHO$(포름알데하이드) $\xrightarrow{+O}$ $HCOOH$(포름산)

② 2차 알코올 → 케톤

- $CH_3-\underset{\underset{OH}{|}}{CH}-CH_3$(아이소프로필 알코올) $\xrightarrow{+O}$ $CH_3-CO-CH_3$(아세톤) + H_2O(물)

12 제2류 위험물 중 마그네슘에 대하여 다음 각 물음에 답하시오.

(물음 1) 마그네슘의 연소반응식을 쓰시오
(물음 2) 마그네슘 1몰이 연소하는 경우 필요한 산소의 부피(L)를 구하시오.
(단, 표준상태이다)

해답 (물음 1) $2Mg + O_2 \rightarrow 2MgO$
(물음 2) [계산과정] $2Mg + O_2 \rightarrow 2MgO$
Mg 2몰 → O_2 1몰 22.4L (표준상태(0℃, 1기압))
Mg 1몰 → O_2 X
$2X = 1 \times 22.4$ $X = \dfrac{1}{2} \times 22.4 = 11.2L$
[답] 11.2L

13 제4류 위험물인 다이에틸에터에 대한 다음 각 물음에 답하시오.

(물음 1) 증기비중을 구하시오.
(물음 2) 과산화물의 생성여부를 확인하는 방법을 간단히 설명하시오.
(물음 3) 지정수량을 쓰시오.

해답 (물음 1) 다이에틸에터($C_2H_5OC_2H_5$)의 분자량 $M = 12 \times 4 + 1 \times 10 + 16 = 74$

$$S = \frac{74}{29} = 2.55$$

(물음 2) 다이에틸에터에 10% 아이오딘화칼륨 용액을 반응시켜 황색 변화 여부 확인
(물음 3) 50L

상세해설

- 다이에틸에터($C_2H_5OC_2H_5$)-제4류 특수인화물

$$\begin{array}{c} H\;\;H\quad\;\;H\;\;H \\ |\;\;\;\;| \quad\;\;\;\;| \;\;\;\;| \\ H-C-C-O-C-C-H \\ |\;\;\;\;| \quad\;\;\;\;| \;\;\;\;| \\ H\;\;H\quad\;\;H\;\;H \end{array}$$

화학식	분자량	비중	비점	인화점	착화점	연소범위
$C_2H_5OC_2H_5$	74.12	0.72	34℃	-40℃	180℃	1.7~48%

① 직사광선에 장시간 노출 시 과산화물 생성

과산화물 생성 확인방법
다이에틸에터 + KI용액(10%) → 황색변화(1분 이내)

② 용기는 갈색 병을 사용하며 냉암소에 보관.
③ 정전기 방지를 위하여 약간의 $CaCl_2$를 넣어준다
④ 폭발성의 과산화물 생성방지를 위해 용기 내에 40mesh 구리 망을 넣어준다.

다이에틸에터 제조방법
$C_2H_5OH + C_2H_5OH \xrightarrow{C-H_2SO_4} C_2H_5OC_2H_5 + H_2O$

⑤ 과산화물 제거시약 : 황산제일철($FeSO_4$) 또는 환원철

14 제3류 위험물인 나트륨에 대하여 다음 각 물음에 답하시오.

(물음 1) 나트륨이 물과 반응하는 경우 반응식을 쓰시오.
(물음 2) 나트륨 1kg이 물과 반응하는 경우 생성되는 기체의 부피(m^3)를 구하시오. (단, 표준상태이다)

해답
(물음 1) $2Na + 2H_2O \rightarrow 2NaOH + H_2$
(물음 2) [계산과정] ① 반응물질(나트륨) 1몰 기준, 표준상태(0℃, 1atm(기압))
② 나트륨의 원자량 = 23
③ $Na + H_2O \rightarrow NaOH + 0.5H_2$
④ $V = \dfrac{WRT}{PM} \times$ 생성기체 mol수
$= \dfrac{1kg \times 0.082 \times (273+0)}{1atm \times 23} \times 0.5 = 0.49m^3$

[답] $0.49m^3$

상세해설
• 나트륨(Na) : 제3류-금수성물질

화학식	원자량	비점	융점	비중	불꽃색상
Na	23	880℃	97.8℃	0.97	노란색

① 물과 반응하여 수소기체 발생

$2Na + 2H_2O \rightarrow 2NaOH(수산화나트륨) + H_2 \uparrow (수소발생)$

② 파라핀, 등유, 경유 속에 저장

• 이상기체 상태방정식

$$PV = \dfrac{W}{M}RT = nRT$$

여기서, P : 압력(atm), V : 부피(m^3)
W : 무게(kg), M : 분자량
n : mol수 = $\dfrac{W}{M}$, R : 기체상수(0.082atm · m^3/mol · K)
T : 절대온도(273+t℃)K

15 다음 위험물에 대한 운반용기의 외부 표시사항 중 수납하는 위험물에 따른 주의사항(표시사항)을 쓰시오. (단, 없으면 "없음"이라고 표기하시오)

① 제1류 위험물 중 알칼리금속의 과산화물
② 제2류 위험물 중 철분, 금속분, 마그네슘
③ 제3류 위험물 중 자연발화성 물질
④ 제4류 위험물
⑤ 제6류 위험물

해답
① 화기주의, 충격주의, 물기엄금, 가연물접촉주의
② 화기주의, 물기엄금
③ 화기엄금 및 공기접촉엄금
④ 화기엄금
⑤ 가연물접촉주의

상세해설
- 위험물 운반용기의 외부 표시 사항
  ① 위험물의 품명, 위험등급, 화학명 및 수용성(제4류 위험물의 수용성인 것에 한함)
  ② 위험물의 수량
  ③ 수납하는 위험물에 따른 주의사항

류 별	성질에 따른 구분	표시 사항
• 제1류 위험물	알칼리금속의 과산화물	화기 · 충격주의, 물기엄금 및 가연물접촉주의
	그 밖의 것	화기 · 충격주의 및 가연물접촉주의
• 제2류 위험물	철분 · 금속분 · 마그네슘	화기주의 및 물기엄금
	인화성 고체	화기엄금
	그 밖의 것	화기주의
• 제3류 위험물	자연발화성 물질	화기엄금 및 공기접촉엄금
	금수성 물질	물기엄금
• 제4류 위험물	인화성 액체	화기엄금
• 제5류 위험물	자기반응성 물질	화기엄금 및 충격주의
• 제6류 위험물	산화성 액체	가연물접촉주의

16 다음 그림과 같은 원통형 위험물 저장탱크의 내용적은 몇 m³인지 구하시오.

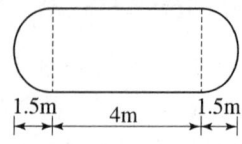

[계산과정] $V = \pi \times 1^2 \times \left(4 + \dfrac{1.5+1.5}{3}\right) = 15.71 \text{m}^3$

[답] 15.71m^3

- 탱크의 내용적 계산방법
  ① 타원형 탱크의 내용적
  ㉠ 양쪽이 볼록한 것

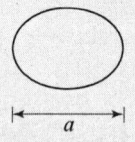 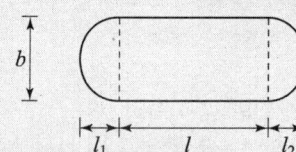

내용적 $= \dfrac{\pi ab}{4}\left(l + \dfrac{l_1 + l_2}{3}\right)$

  ㉡ 한쪽은 볼록하고 다른 한쪽은 오목한 것

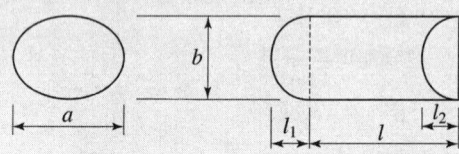

내용적 $= \dfrac{\pi ab}{4}\left(l + \dfrac{l_1 - l_2}{3}\right)$

  ② 원통형 탱크의 내용적
  ㉠ 횡으로 설치한 것

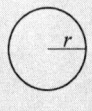 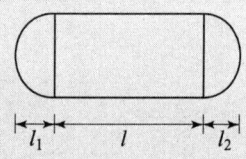

내용적 $= \pi r^2 \left(l + \dfrac{l_1 + l_2}{3}\right)$

  ㉡ 종으로 설치한 것

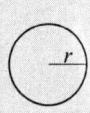 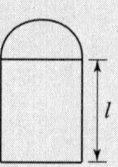

내용적 $= \pi r^2 l$

17 위험물안전관리법령상 이동탱크저장소의 구조 기준이다. 다음 ( )안에 알맞은 답을 쓰시오.

(1) 이동저장탱크는 그 내부에 (①)L 이하마다 (②)mm 이상의 강철판 또는 이와 동등 이상의 강도·내열성 및 내식성이 있는 금속성의 것으로 칸막이를 설치하여야 한다.
(2) 칸막이로 구획된 부분의 용량이 (③)L 미만인 부분에는 방파판을 설치하지 아니할 수 있다.
(3) 안전장치는 상용압력이 20kPa 이하인 탱크에 있어서는 20kPa 이상 (④)kPa 이하의 압력에서, 상용압력이 20kPa를 초과하는 탱크에 있어서는 상용압력의 (⑤)배 이하의 압력에서 작동하는 것으로 할 것

해답 ① 4,000 ② 3.2 ③ 2,000 ④ 24 ⑤ 1.1

상세해설

이동저장탱크의 구조
(1) 이동저장탱크의 구조
  ① 탱크(맨홀 및 주입관의 뚜껑을 포함)는 **두께 3.2mm 이상의 강철판** 또는 이와 동등 이상의 강도·내식성 및 내열성이 있다고 인정하여 소방방재청장이 정하여 고시하는 재료 및 구조로 위험물이 새지 아니하게 제작할 것
  ② **압력탱크(최대상용압력이 46.7kPa 이상인 탱크)**외의 탱크는 70kPa의 압력으로, **압력탱크는 최대상용압력의 1.5배의 압력**으로 각각 **10분간의 수압시험**을 실시하여 새거나 변형되지 아니할 것. 이 경우 수압시험은 용접부에 대한 비파괴시험과 기밀시험으로 대신할 수 있다.
(2) 이동저장탱크는 그 내부에 **4,000L 이하마다 3.2mm 이상의 강철판** 또는 이와 동등 이상의 강도·내열성 및 내식성이 있는 금속성의 것으로 **칸막이를 설치하여야 한다.**
(3) 칸막이로 구획된 각 부분마다 맨홀과 다음 각목의 기준에 의한 안전장치 및 방파판을 설치하여야 한다. 다만, 칸막이로 구획된 부분의 용량이 2,000L 미만인 부분에는 **방파판**을 설치하지 아니할 수 있다.
  ① 안전장치
    상용압력이 20kPa 이하인 탱크에 있어서는 20kPa 이상 24kPa 이하의 압력에서, 상용압력이 20kPa를 초과하는 탱크에 있어서는 **상용압력의 1.1배 이하**의 압력에서 작동하는 것으로 할 것
  ② 방파판
    ㉠ **두께 1.6mm 이상의 강철판** 또는 이와 동등 이상의 강도·내열성 및 내식성이 있는 금속성의 것으로 할 것
    ㉡ **하나의 구획부분에 2개 이상의 방파판**을 이동탱크저장소의 진행방향과 평행으로 설치하되, 각 방파판은 그 높이 및 칸막이로부터의 거리를 다르게

할 것
ⓒ 하나의 구획부분에 설치하는 각 방파판의 면적의 합계는 당해 구획부분의 최대 수직단면적의 50% 이상으로 할 것. 다만, 수직단면이 원형이거나 짧은 **지름이 1m 이하의 타원형**일 경우에는 40% 이상으로 할 수 있다.

18 위험물안전관리법령에 따른 소화설비의 적응성에 대한 표이다. 다음 물분무소화설비의 빈칸에 적응성이 있는 경우 ○표를 채우시오.

[소화설비의 적응성]

소화설비의 구분 \ 대상물 구분	그 밖의 건축물·공작물	전기설비	제1류 위험물		제2류 위험물			제3류 위험물		제4류 위험물	제5류 위험물	제6류 위험물
			알칼리금속 과산화물 등	그 밖의 것	철분·마그네슘·금속분 등	인화성고체	그 밖의 것	금수성물품	그 밖의 것			
물분무소화설비												

해답

소화설비의 구분 \ 대상물 구분	그 밖의 건축물·공작물	전기설비	제1류 위험물		제2류 위험물			제3류 위험물		제4류 위험물	제5류 위험물	제6류 위험물
			알칼리금속 과산화물 등	그 밖의 것	철분·마그네슘·금속분 등	인화성고체	그 밖의 것	금수성물품	그 밖의 것			
물분무소화설비	○	○		○		○	○		○	○	○	○

19 제3류 위험물인 탄화알루미늄에 대하여 다음 각 물음에 답하시오.

(물음 1) 탄화알루미늄이 물과 반응하는 반응식을 쓰시오.
(물음 2) (물음 1)에서 생성되는 기체의 연소반응식을 쓰시오.

해답 (물음 1) $Al_4C_3 + 12H_2O \rightarrow 4Al(OH)_3 + 3CH_4$
(물음 2) $CH_4 + 2O_2 \rightarrow CO_2 + 2H_2O$

상세해설
- 탄화알루미늄(Al_4C_3) : 제3류 위험물(금수성 물질)
  ① 물과 접촉 시 메탄가스를 생성하고 발열반응을 한다.

  $Al_4C_3 + 12H_2O \rightarrow 4Al(OH)_3$(수산화알루미늄) $+ 3CH_4$(메탄)

  ② 황색 결정 또는 백색 분말로 1,400℃ 이상에서는 분해가 된다.
  ③ 물 및 포 약제에 의한 소화는 절대 금하고 마른모래 등으로 피복 소화한다.

20 다음은 위험물안전관리법령상 이동탱크저장소에 의한 위험물의 운송시에 준수하여야 하는 사항이다. (   )안에 알맞은 답을 쓰시오.

위험물운송자는 장거리(고속국도에 있어서는 (①)km 이상, 그 밖의 도로에 있어서는 (②)km 이상을 말한다)에 걸치는 운송을 하는 때에는 2명 이상의 운전자로 할 것. 다만, 다음의 1에 해당하는 경우에는 그러하지 아니하다.
(1) 운송책임자를 동승시킨 경우
(2) 운송하는 위험물이 제2류 위험물·제3류 위험물(칼슘 또는 알루미늄의 탄화물과 이것만을 함유한 것에 한한다)또는 (③) 위험물(특수인화물을 제외한다)인 경우
(3) 운송도중에 (④)시간 이내마다 (⑤)분 이상씩 휴식하는 경우

해답 ① 340 ② 200 ③ 제4류 ④ 2 ⑤ 20

위험물기능사 실기

2022년 5월 27일 시행

01 위험물 중 크실렌의 이성질체 3가지의 명칭과 구조식을 쓰시오.

해답 (1) 오르토(ortho)-크실렌 (2) 메타(meta)-크실렌

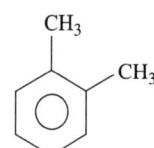

(3) 파라(para)-크실렌

상세해설
- 크실렌(자이렌)($C_6H_4(CH_3)_2$)의 이성질체
  ① 오르토(ortho)-크실렌(인화점 : 32℃) : 제2석유류
  ② 메타(meta)-크실렌(인화점 : 27.5℃) : 제2석유류
  ③ 파라(para)-크실렌(인화점 : 27.2℃) : 제2석유류

02 다음 제2류 위험물에 대한 완전연소반응식을 쓰시오.

가. 삼황화인   나. 오황화인

해답 가. $P_4S_3 + 8O_2 \rightarrow 2P_2O_5 + 3SO_2$
나. $2P_2S_5 + 15O_2 \rightarrow 2P_2O_5 + 10SO_2$

03 할로젠화합물소화약제에 대한 다음 빈칸에 알맞은 답을 쓰시오.

구 분	$C_2F_4Br_2$	CF_2ClBr	CH_3I
할론번호			

해답

구 분	$C_2F_4Br_2$	CF_2ClBr	CH_3I
할론번호	2402	1211	10001

상세해설

- 할로젠화합물 소화약제 명명법 : 할론ⓐⓑⓒⓓⓔ
  - ⓐ : C 원자수, ⓑ : F 원자수, ⓒ : Cl 원자수l, ⓓ : Br 원자수, ⓔ : I 원자수
  (1) 제일 앞에 Halon이란 명칭을 쓴다.
  (2) 그 뒤에 구성 원소들의 개수를 C, F, Cl, Br, I의 순서대로 쓰되, 해당 원소가 없는 경우는 0으로 표시한다.
  (3) 맨 끝의 숫자가 0으로 끝나면 0을 생략한다. 즉, I의 경우는 없어도 0을 표시하지 않는다.
  [참고] 수소 원자의 개수=(첫번째 숫자×2)+2-나머지 숫자의 합

- 할로젠화합물소화약제

구 분	$C_2F_4Br_2$	CF_2ClBr	CF_3Br	CH_2ClBr	CH_3I
명명법	할론2402	할론1211	할론1301	할론1011	할론10001

04 1kg의 탄산가스를 표준상태에서 소화기로 방출할 경우 부피는 약 몇 L인지 구하시오.

해답 [계산과정] ① 이산화탄소(CO_2)의 분자량=12+16×2=44
② W=1kg=1,000g
③ 표준상태=0℃, 1기압(atm) 상태
④ $V = \dfrac{WRT}{PM} = \dfrac{1000 \times 0.082 \times (273+0)}{1 \times 44} = 508.77L$

[답] 508.77L

상세해설

- 이상기체 상태방정식

$$PV = \dfrac{W}{M}RT = nRT$$

여기서, P : 압력(atm), V : 부피(L), W : 무게(g), M : 분자량
R : 기체상수(0.082atm·L/mol·K)
T : 절대온도(273+t℃)K

05 [보기]에서 수용성인 물질을 모두 선택하여 번호로 답하시오.
(단, 해당하는 물질이 없으면 "없음" 이라고 쓰시오)

〈보기〉 ① 이소프로필알코올 ② 이황화탄소 ③ 시클로헥산
     ④ 벤젠 ⑤ 아세톤 ⑥ 아세트산

 ① ⑤ ⑥

• 제4류 위험물의 비수용성과 수용성 구분

품명	수용성 및 비수용성	물질명	지정수량 (L)
특수인화물	비수용성	다이에틸에터, **이황화탄소**	50
	수용성	아세트알데하이드, 산화프로필렌	
제1석유류	비수용성	휘발유, **벤젠**, 톨루엔, **시클로헥산**, 에틸벤젠, 메틸에틸케톤, 초산(아세트산)에스터류, 의산(개미산)에스터류	200
	수용성	**아세톤**, 피리딘, 사이안화수소, 아세트니트릴	400
알코올류	수용성	메틸알코올, 에틸알코올, **프로필알코올**, 변성알코올, 퓨젤유	400
제2석유류	비수용성	등유, 경유, 크실렌, 스티렌, 테레핀유, 장뇌유, 송근유, 클로로벤젠	1000
	수용성	의산(개미산), **아세트산(초산)**, **아크릴산**	2000
제3석유류	비수용성	중유, 크레오소트유, **나이트로벤젠**, 나이트로톨루엔, 아닐린	2000
	수용성	에틸렌글리콜, **글리세린**	4000

06 위험물안전관리법령상 제4류 위험물인 알코올류에서 제외되는 조건을 2가지만 쓰시오.

 ① 1분자를 구성하는 탄소원자의 수가 1개 내지 3개의 포화1가 알코올의 함유량이 60중량% 미만인 수용액
② 가연성액체량이 60중량% 미만이고 인화점 및 연소점이 에틸알코올 60중량% 수용액의 인화점 및 연소점을 초과하는 것

07 다음 [보기]는 제6류 위험물인 과염소산, 과산화수소, 질산에 대한 공통적 성질이다. 틀린 부분을 찾아 올바르게 고치시오.

> ① 산화성액체이다. ② 유기화합물이다.
> ③ 물에 잘 녹는다. ④ 액체의 비중은 물보다 가볍다.
> ⑤ 불연성 물질이다.

 ② 유기화합물이다 → 무기화합물이다
④ 액체의 비중은 물보다 **가볍다** → 액체의 비중은 물보다 **무겁다**

 • 제6류 위험물의 공통적 성질
① 자신은 불연성이고 산소를 함유한 강산화제이다.
② 분해에 의한 산소발생으로 다른 물질의 연소를 돕는다.
③ 액체의 비중은 1보다 크고 물에 잘 녹는다.
④ 물과 접촉 시 발열한다.
⑤ 증기는 유독하고 부식성이 강하다.

08 다음 분말소화약제의 1차 분해반응식을 쓰시오.

(1) $NaHCO_3$ (2) $NH_4H_2PO_4$

 (1) $2NaHCO_3 \rightarrow Na_2CO_3 + CO_2 + H_2O$
(2) $NH_4H_2PO_4 \rightarrow NH_3 + H_3PO_4$

 분말약제의 열분해

종별	약제명	착색	열분해 반응식
제1종	탄산수소나트륨 중탄산나트륨 중조	백색	270℃ $2NaHCO_3 \rightarrow Na_2CO_3+CO_2+H_2O$ 850℃ $2NaHCO_3 \rightarrow Na_2O+2CO_2+H_2O$
제2종	탄산수소칼륨 중탄산칼륨	담회색	190℃ $2KHCO_3 \rightarrow K_2CO_3+CO_2+H_2O$ 590℃ $2KHCO_3 \rightarrow K_2O+2CO_2+H_2O$
제3종	제1인산암모늄	담홍색	190℃ $NH_4H_2PO_4 \rightarrow NH_3+H_3PO_4$(오르토인산) 215℃ $2H_3PO_4 \rightarrow H_2O+H_4P_2O_7$(피로인산) 300℃ $H_4P_2O_7 \rightarrow H_2O+2HPO_3$(메타인산)
제4종	탄산수소칼륨+요소	회(백)색	$2KHCO_3+(NH_2)_2CO \rightarrow K_2CO_3+2NH_3+2CO_2$

09 다음은 이동저장탱크의 구조기준이다. ( )안에 알맞은 답을 쓰시오.

(1) 탱크는 두께 (①)mm 이상의 강철판 또는 이와 동등 이상의 강도·내식성 및 내열성이 있다고 인정하여 소방청장이 정하여 고시하는 재료 및 구조로 위험물이 새지 아니하게 제작할 것
(2) 압력탱크(최대상용압력이 46.7kPa 이상인 탱크)외의 탱크는 (②)kPa의 압력으로 압력탱크는 최대상용압력의 (③)배의 압력으로 각각 10분간의 수압시험을 실시하여 새거나 변형되지 아니할 것.
(3) 이동저장탱크는 그 내부에 (④)L 이하마다 (⑤)mm 이상의 강철판 또는 이와 동등 이상의 강도·내열성 및 내식성이 있는 금속성의 것으로 칸막이를 설치하여야 한다.

해답 ① 3.2 ② 70 ③ 1.5 ④ 4000 ⑤ 3.2

상세해설
- 이동저장탱크의 구조
  ① 탱크(맨홀 및 주입관의 뚜껑을 포함)는 두께 3.2mm 이상의 강철판
  ② 압력탱크(최대상용압력이 46.7kPa 이상인 탱크) 외의 탱크는 70kPa의 압력으로, 압력탱크는 최대상용압력의 1.5배의 압력으로 각각 10분간의 수압시험을 실시하여 새거나 변형되지 아니할 것.
  ③ 이동저장탱크는 그 내부에 4,000L 이하마다 3.2mm 이상의 강철판 또는 이와 동등 이상의 강도·내열성 및 내식성이 있는 금속성의 것으로 **칸막이**를 설치

10 다음 [보기]의 위험물을 발화점이 낮은 것부터 높은 순서로 나열하시오.

〈보기〉 다이에틸에터, 이황화탄소, 휘발유, 아세톤

해답 이황화탄소-다이에틸에터-휘발유-아세톤

상세해설
- 제4류 위험물의 발화점

품 명	다이에틸에터	이황화탄소	휘발유	아세톤
화학식	$C_2H_5OC_2H_5$	CS_2	–	$(CH_3)_3CO$
유 별	특수인화물	특수인화물	제1석유류	제1석유류
발화점	180℃	100℃	300℃	538℃

11 위험물저장소에 〈보기〉와 같이 위험물이 저장되어 있다. 전체적으로 지정수량의 몇 배가 저장되어 있는 것인지 구하시오. (5점)

〈보기〉 다이에틸에터 100L, 이황화탄소 150L,
        아세톤 200L,   휘발유 400L

해답 [계산과정]
① 다이에틸에터 - 제4류 - 특수인화물 - 지정수량 - 50L
② 이황화탄소 - 제4류 - 특수인화물 - 지정수량 - 50L
③ 아세톤 - 제4류 - 제1석유류(수용성) - 지정수량 - 400L
④ 휘발유 - 제4류 - 제1석유류(비수용성) - 지정수량 - 200L

지정수량의 배수 = $\dfrac{저장수량}{지정수량}$ = (다이에틸에터)$\dfrac{100}{50}$ + (이황화탄소)$\dfrac{150}{50}$
 + (아세톤)$\dfrac{200}{400}$ + (휘발유)$\dfrac{400}{200}$ = 7.5배

[답] 7.5배

상세해설
• 제4류 위험물의 품명 및 지정수량

성질	품 명		지정수량	위험등급	기타 조건 (1atm에서)
인화성액체	특수인화물		50L	I	• 발화점이 100℃ 이하 • 인화점 -20℃ 이하 & 비점 40℃ 이하 • 이황화탄소, 다이에틸에터
	제1석유류	비수용성	200L	II	• 인화점 21℃ 미만 • 아세톤, 휘발유
		수용성	400L		
	알코올류		400L		• C_1~C_3 포화 1가 알코올 (변성알코올 포함)
	제2석유류	비수용성	1000L	III	• 인화점 21℃ 이상 70℃ 미만 • 등유, 경유
		수용성	2000L		
	제3석유류	비수용성	2000L		• 인화점 70℃ 이상 200℃ 미만 • 중유, 크레오소트유
		수용성	4000L		
	제4석유류		6000L		• 인화점 200℃ 이상 250℃ 미만인 것
	동식물유류		10000L		• 동물의 지육 또는 식물의 종자나 과육으로부터 추출한 것으로 1기압에서 인화점이 250℃ 미만인 것

제 2 부 최근 기출문제

12 위험물안전관리법령상 위험물제조소등에 설치하는 게시판의 바탕색과 문자색을 쓰시오.

(1) 인화성고체
① 바탕색
② 문자색

(2) 금수성물질
① 바탕색
② 문자색

해답 (1) 인화성고체
① 바탕색 : 적색
② 문자색 : 백색

(2) 금수성물질
① 바탕색 : 청색
② 문자색 : 백색

상세해설

(1) 위험물제조소의 표지 설치기준
제조소에는 보기 쉬운 곳에 다음 각목의 기준에 따라 "위험물 제조소"라는 표시를 한 표지를 설치
① 한 변의 길이가 0.3m 이상, 다른 한 변의 길이가 0.6m 이상인 직사각형으로 할 것
② 바탕은 백색, 문자는 흑색

(2) 위험물제조소의 게시판 설치기준
① 한 변의 길이가 0.3m 이상, 다른 한 변의 길이가 0.6m 이상인 직사각형으로 할 것
② 위험물의 유별·품명 및 저장최대수량 또는 취급최대수량, 지정수량의 배수 및 안전 관리자의 성명 또는 직명을 기재할 것
③ 바탕은 백색으로, 문자는 흑색으로 할 것
④ 저장 또는 취급하는 위험물에 따라 주의사항 게시판을 설치할 것

위험물의 종류	주의사항 표시	게시판의 색
• 제1류(알칼리금속 과산화물) • 제3류(금수성 물품)	물기엄금	청색 바탕에 백색 문자
• 제2류(인화성 고체 제외)	화기주의	적색 바탕에 백색 문자
• 제2류(인화성 고체) • 제3류(자연발화성 물품) • 제4류 • 제5류	화기엄금	

13 다음 [보기]의 동식물유류를 건성유, 반건성유, 불건성유로 구분하여 쓰시오.

〈보기〉 ① 아마인유 ② 들기름 ③ 참기름 ④ 야자유 ⑤ 동유

해답
① 아마인유-건성유 ② 들기름-건성유
③ 참기름-반건성유 ④ 야자유-불건성유
⑤ 동유-건성유

상세해설
- 동식물유류-제4류 위험물 ★★★★
  동물의 지육 또는 식물의 종자나 과육으로부터 추출한 것으로 1기압에서 인화점이 250℃ 미만인 것

[아이오딘값에 따른 동식물유류의 분류]

구 분	아이오딘값	종 류
건성유	130 이상	해바라기기름, 동유(오동기름), 정어리기름, 아마인유, 들기름
반건성유	100~130	채종유, 쌀겨기름, 참기름, 면실유, 옥수수기름, 청어기름, 콩기름, 목화씨기름
불건성유	100 이하	야자유, 팜유, 올리브유, 피마자기름, 낙화생기름(땅콩기름), 돈지, 우지, 고래기름

- 아이오딘값
  옥소가(沃素價)라고도 하며 100g의 유지에 의해서 흡수되는 아이오딘의 g수

14 다음 [보기]에서 설명하는 제2류 위험물에 대하여 각 물음에 답하시오.

〈보기〉 ① 주기율표에서 2족 원소에 속한다.
② 은백색의 광택이나는 무른 금속이다.
③ 비중은 1.74이며 융점은 650℃이다.
④ 산과 작용하여 수소를 발생 시킨다.

(물음 1) 완전연소 반응식을 쓰시오.
(물음 2) 물과 반응하여 수소를 발생시키는 반응식을 쓰시오.

해답
(물음 1) $2Mg + O_2 \rightarrow 2MgO$
(물음 2) $Mg + 2H_2O \rightarrow Mg(OH)_2 + H_2$

제 2 부 최근 기출문제

상세해설

- 마그네슘(Mg) : 제2류 위험물
  ① 2mm체 통과 못하는 덩어리는 위험물에서 제외한다.
  ② 직경 2mm 이상 막대모양은 위험물에서 제외한다.
  ③ 은백색의 광택이 나는 가벼운 금속이다.
  ④ 수증기와 작용하여 수소를 발생시킨다.(주수소화 금지)

  $$Mg + 2H_2O \rightarrow Mg(OH)_2 + H_2 \uparrow$$

  ⑤ 이산화탄소 약제를 방사하면 주위의 공기 중 수분이 응축하여 위험하다.
  ⑥ 산과 작용하여 수소를 발생시킨다.

  $$Mg(마그네슘) + 2HCl(염산) \rightarrow MgCl_2(염화마그네슘) + H_2(수소) \uparrow$$

  ⑦ 공기 중 습기에 발열되어 자연발화 위험이 있다.
  ⑧ 주수소화는 엄금이며 마른모래 등으로 피복 소화한다.

---

15 제4류 위험물인 아세톤에 대한 다음 각 물음에 답하시오.

(물음 1) 완전연소반응식을 쓰시오

(물음 2) 표준상태에서 아세톤 1kg이 완전 연소하는 경우 필요한 공기의 부피[m³]을 계산하시오. (단, 공기 중 산소의 부피농도는 21%이며 표준상태(0℃, 1atm)를 기준으로 한다)

해답 (물음 1) 완전연소반응식

$$CH_3COCH_3 + 4O_2 \rightarrow 3CO_2 + 3H_2O$$

(물음 2) 필요한 공기의 부피[m³]

[계산과정] ① 아세톤의 완전연소 반응식 : $CH_3COCH_3 + 4O_2 \rightarrow 3CO_2 + 3H_2O$
② 아세톤(CH_3COCH_3)분자량 = $12 \times 3 + 1 \times 6 + 16 = 58$
③ 필요한 산소량 $V = \dfrac{1kg \times 0.082 \times (273+0)K}{1atm \times 58} \times 4 = 1.5439 m^3$
⑤ 필요한 이론 공기량 $V = \dfrac{1.5439}{0.21} = 7.35 m^3$

[답] $7.35 m^3$

상세해설

- 완전연소에 필요한 산소의 부피 계산

$$V = \dfrac{WRT}{PM} \times 필요한\ 산소의\ mol수$$

여기서, V : 필요한 산소부피(m³), W : 무게(kg)
R : 기체상수(0.082 atm·m³/kmol·K),
T : 절대온도(273+t℃)K, P : 압력(atm), M : 분자량

16 제4류 위험물 중 위험등급 Ⅱ에 해당하는 품명을 2가지만 쓰시오.

해답 제1석유류, 알코올류

상세해설 제4류 위험물의 분류

성질	품명		지정수량	위험등급	비고
인화성 액체	특수인화물		50L	Ⅰ	• 발화점 100℃ 이하 • 인화점 -20℃ 이하 & 비점 40℃ 이하 • 이황화탄소, 다이에틸에터
	제1 석유류	비수용성	200L	Ⅱ	• 인화점 21℃ 미만 • 아세톤, 휘발유
		수용성	400L		
	알코올류		400L		• C_1~C_3포화 1가알코올 (변성알코올 포함)
	제2 석유류	비수용성	1000L	Ⅲ	• 인화점 21℃ 이상 70℃ 미만 • 등유, 경유
		수용성	2000L		
	제3 석유류	비수용성	2000L		• 인화점 70℃ 이상 200℃ 미만 • 중유, 크레오소트유
		수용성	4000L		
	제4석유류		6000L		• 인화점이 200℃ 이상 250℃ 미만인 것
	동식물류		10000L		• 동물의 지육 또는 식물의 종자나 과육으로부터 추출한 것으로 1기압에서 인화점이 250℃ 미만인 것

17 다음 제4류 위험물에 대한 시성식과 지정수량을 쓰시오.
(1) 클로로벤젠 : ① 시성식   ② 지정수량
(2) 톨루엔 :   ① 시성식   ② 지정수량
(3) 메틸알코올 : ① 시성식   ② 지정수량

해답 (1) 클로로벤젠 : ① C_6H_5Cl ② 1000L
(2) 톨루엔 :   ① $C_6H_5CH_3$ ② 200L
(3) 메틸알코올 : ① CH_3OH ② 400L

상세해설 (1) 클로로벤젠-제4류-제2석유류-비수용성
(2) 톨루엔-제4류-제1석유류-비수용성
(3) 메틸알코올-제4류-알코올류

18 다음 [보기]의 제5류 위험물에 대한 화학식을 쓰시오.

〈보기〉 ① 과산화벤조일 ② 질산메틸 ③ 나이트로글리콜

해답 ① $(C_6H_5CO)_2O_2$
② CH_3ONO_2
③ $C_2H_4(ONO_2)_2$

19 위험물안전관리법령에 따른 다음 각 물음에 답하시오.

(물음 1) 제조소등의 관계인은 당해 제조소등에 대하여 연 몇 회 이상 정기점검을 실시하여야 하는가?

(물음 2) 제조소등 설치자(허가를 받아 제조소등을 설치한 자)의 지위를 승계하는 경우로서 맞는 것을 모두 선택하여 번호로 답하시오.

① 제조소등의 설치자가 사망한 때
② 제조소등의 설치자가 제조소등을 양도 · 인도한 때
③ 법인인 제조소등의 설치자의 합병이 있는 때

(물음 3) 제조소등의 폐지에 대하여 틀린 내용을 모두 선택하여 번호로 답하시오.

① 폐지는 장래에 대하여 위험물시설로서의 기능을 완전히 상실시키는 것을 말한다.
② 제조소등의 용도폐지는 관계인이 한다.
③ 시 · 도지사에게 신고 후 14일 이내에 폐지하여야 한다.
④ 용도폐지신고를 하려는 자는 위험물용도폐지신고서에 제조소등의 완공검사합격확인증을 첨부하여 시 · 도지사 또는 소방서장에게 제출해야 한다.

해답 (물음 1) 연 1회 이상
(물음 2) ① ② ③
(물음 3) ③

상세해설 (1) 위험물법 시행규칙 제64조(정기점검의 횟수)
제조소등의 관계인은 당해 제조소등에 대하여 **연 1회 이상 정기점검**을 실시

(2) 위험물법 제10조(제조소등 설치자의 지위승계)
  제조소등의 설치자(허가를 받아 제조소등을 설치한 자)가 **사망**하거나 그 제조소등을 **양도·인도한 때** 또는 법인인 제조소등의 설치자의 **합병이 있는 때**에는 그 상속인, 제조소등을 양수·인수한 자 또는 합병후 존속하는 법인이나 합병에 의하여 설립되는 법인은 그 설치자의 **지위를 승계**한다.

(3) 위험물법 제11조(제조소등의 폐지)
  제조소등의 관계인(소유자·점유자 또는 관리자)은 당해 제조소등의 **용도를 폐지(장래에 대하여 위험물시설로서의 기능을 완전히 상실시키는 것)** 한 때에는 행정안전부령이 정하는 바에 따라 제조소등의 용도를 폐지한 날부터 14일 이내에 시·도지사에게 신고하여야 한다.

(4) 위험물법 시행규칙 제23조(용도폐지의 신고)
  용도폐지신고를 하려는 자는 **위험물용도폐지신고서**에 제조소등의 **완공검사합격확인증**을 첨부하여 시·도지사 또는 소방서장에게 **제출**해야 한다.

20 다음은 위험물안전관리법령에서 정한 탱크 용적 산정기준에 관한 내용이다. ( )안에 알맞은 수치를 쓰시오. (4점)

> 위험물을 저장 또는 취급하는 탱크의 용량은 당해 탱크 내용적에서 공간용적을 뺀 용적으로 한다. 탱크의 공간용적은 탱크 내용적의 100분의 (①) 이상 100분의 (②) 이하의 용적으로 한다. 다만, 소화설비(소화약제 방출구를 탱크안의 윗부분에 설치하는 것에 한한다)를 설치하는 탱크의 공간용적은 당해 소화설비의 소화약제방출구 아래의 (③)미터 이상 (④)미터 미만 사이의 면으로부터 윗부분의 용적으로 한다.

  ① 5   ② 10
  ③ 0.3 ④ 1

- 탱크의 내용적 및 공간용적
  ① 탱크의 공간용적
    탱크의 내용적의 100분의 5 이상 100분의 10 이하의 용적
    다만, 소화설비(소화약제 방출구를 탱크안의 윗부분에 설치하는 것)를 설치하는 탱크의 공간용적은 당해 소화설비의 소화약제방출구 아래의 **0.3미터 이상 1미터 미만** 사이의 면으로부터 **윗부분의** 용적으로 한다.
  ② **암반탱크**에 있어서는 당해 탱크내에 용출하는 **7일간의 지하수의 양**에 상당하는 용적과 당해 탱크의 내용적의 100분의 1의 용적 중에서 보다 **큰 용적**을 공간용적으로 한다.

위험물기능사 실기

2022년 8월 14일 시행

01 다음 제5류 위험물의 구조식을 그리시오.

① 트라이나이트로톨루엔   ② 트라이나이트로페놀

해답

① 트라이나이트로톨루엔   ② 트라이나이트로페놀

상세해설

- 트라이나이트로톨루엔
  - 트라이나이트로톨루엔의 구조식

  - 트라이나이트로톨루엔의 열분해 반응식
  $2C_6H_2CH_3(NO_2)_3 \rightarrow 2C + 3N_2\uparrow + 5H_2\uparrow + 12CO\uparrow$

- 피크르산(트라이나이트로페놀)
  - 피크르산(트라이나이트로페놀)의 구조식

  - 피크르산의 열분해 반응식
  $2C_6H_2OH(NO_2)_3 \rightarrow 2C + 3N_2\uparrow + 3H_2\uparrow + 4CO_2\uparrow + 6CO\uparrow$

02 제4류 위험물인 아세톤에 대한 다음 각 물음에 답하시오.

(물음 1) 화학식을 쓰시오.
(물음 2) 몇 석유류인지 쓰시오.
(물음 3) 증기비중을 구하시오.(계산과정 포함)

해답 (물음 1) CH_3COCH_3
(물음 2) 제1석유류
(물음 3) [계산과정] $S = \dfrac{58}{29} = 2$

[답] 2

상세해설

아세톤(CH_3COCH_3) : 제4류 1석유류

화학식	분자량	비중	비점	인화점	착화점	연소범위
$(CH_3)_2CO$	58	0.79	56.3℃	-18℃	538℃	2.5~12.8%

① 무색의 휘발성 액체이다.
② 물 및 유기용제(알코올, 에터 등)에 잘 녹는다.
③ 아이오딘포름 반응을 한다.
④ 아세틸렌 가스의 흡수제에 이용된다.

03 액화 이산화탄소 6kg이 1atm 25℃ 상태의 대기에 방사 시 부피(L)를 구하시오.

해답 [계산과정] ① 이산화탄소(CO_2)의 분자량 = 12+16×2 = 44
② 6kg = 6,000g
③ $V = \dfrac{WRT}{PM} = \dfrac{6000\text{g} \times 0.082 \times (273+25)}{1\text{atm} \times 44} = 3,332.18\text{L}$

[답] 3,332.18L

상세해설

• 이상기체 상태방정식

$$PV = \dfrac{W}{M}RT = nRT$$

여기서, P : 압력(atm), V : 부피(L), W : 무게(g), M : 분자량
R : 기체상수(0.082atm·L/mol·K)
T : 절대온도(273+t℃)K

04 다음 각 물질의 화학식을 쓰시오. (4점)

① 염소산칼슘 ② 질산마그네슘
③ 과망가니즈산나트륨 ④ 다이크로뮴산칼륨

해답
① 염소산칼슘 : $Ca(ClO_3)_2$ ② 질산마그네슘 : $Mg(NO_3)_2$
③ 과망가니즈산나트륨 : $NaMnO_4$ ④ 다이크로뮴산칼륨 : $K_2Cr_2O_7$

05 다음 보기의 위험물에 대한 운반용기 외부표시 사항 중 수납하는 위험물에 따른 주의사항을 모두 쓰시오.

〈보기〉 ① 제1류 위험물 중 염소산염류
② 제5류 위험물 중 나이트로화합물
③ 제6류 위험물 중 과산화수소

해답
① 화기주의, 충격주의, 가연물접촉주의
② 화기엄금, 충격주의
③ 가연물접촉주의

상세해설
• 위험물 운반용기의 외부 표시 사항
① 위험물의 품명, 위험등급, 화학명 및 수용성(제4류 위험물의 수용성인 것에 한함)
② 위험물의 수량
③ 수납하는 위험물에 따른 주의사항

류 별	성질에 따른 구분	표시 사항
• 제1류 위험물	알칼리금속의 과산화물	화기·충격주의, 물기엄금 및 가연물접촉주의
	그 밖의 것	화기·충격주의 및 가연물접촉주의
• 제2류 위험물	철분·금속분·마그네슘	화기주의 및 물기엄금
	인화성 고체	화기엄금
	그 밖의 것	화기주의
• 제3류 위험물	자연발화성 물질	화기엄금 및 공기접촉엄금
	금수성 물질	물기엄금
• 제4류 위험물	인화성 액체	화기엄금
• 제5류 위험물	자기반응성 물질	화기엄금 및 충격주의
• 제6류 위험물	산화성 액체	가연물접촉주의

06
산화프로필렌 200L, 벤즈알데하이드 1000L, 아크릴산 4000L를 저장하고 있을 경우 각각의 지정수량 배수의 합계는 얼마인지 구하시오. (4점)

[계산과정] $N = \dfrac{200L}{50L} + \dfrac{1000L}{1000L} + \dfrac{4000L}{2000L} = 7$배

[답] 7배

제4류 위험물의 지정수량

구 분	산화프로필렌	벤즈알데하이드	아크릴산
화학식	CH_3CHCH_2O	C_6H_5CHO	C_2H_3COOH
유 별	특수인화물	제2석유류(비수용성)	제2석유류(수용성)
지정수량	50L	1000L	2000L

07
위험물제조소등에 설치하는 경보설비의 종류를 3가지만 쓰시오.

① 자동화재탐지설비
② 비상경보설비
③ 확성장치 또는 비상방송설비

08
다음 물질이 물과 반응하는 경우 생성되는 기체의 명칭을 쓰시오.
(단, 발생되는 기체가 없으면 "없음"이라고 쓰시오)

① 트라이메틸알루미늄 ② 트라이에틸알루미늄 ③ 황린
④ 리튬 ⑤ 수소화칼슘

① 메탄 ② 에탄 ③ 없음 ④ 수소 ⑤ 수소

① 트라이메틸알루미늄 : $(CH_3)_3Al + 3H_2O \rightarrow Al(OH)_3 + 3CH_4 \uparrow$ (메탄)
② 트라이에틸알루미늄 : $(C_2H_5)_3Al + 3H_2O \rightarrow Al(OH)_3 + 3C_2H_6$ (에탄)
③ 황린 : 물과 반응하지 않음
④ 리튬 : $2Li + 2H_2O \rightarrow 2LiOH + H_2$ (수소)
⑤ 수소화칼슘 : $CaH_2 + 2H_2O \rightarrow Ca(OH)_2 + 2H_2$ (수소)

09 제4류 위험물 중 석유류의 구분은 인화점을 기준으로 한다. 다음 [보기]의 석유류에 대한 인화점기준을 쓰시오.

〈보기〉 ① 제1석유류 ② 제3석유류 ③ 제4석유류

해답
① 인화점이 21℃ 미만인 것
② 인화점이 70℃ 이상 200℃ 미만인 것
③ 인화점이 200℃ 이상 250℃ 미만인 것

상세해설
- 제4류 위험물의 판단기준
  ① "**특수인화물**"이라 함은 **이황화탄소, 다이에틸에터** 그 밖에 1기압에서 **발화점이 100℃ 이하**인 것 또는 **인화점이 −20℃ 이하**이고 **비점이 40℃ 이하**인 것을 말한다.
  ② "**제1석유류**"라 함은 아세톤, 휘발유 그 밖에 1기압에서 **인화점이 21℃ 미만**인 것을 말한다.
  ③ "**알코올류**"라 함은 1분자를 구성하는 탄소원자의 수가 **1개부터 3개**까지인 포화1가 알코올(변성알코올을 포함한다)을 말한다. 다만, 다음 각 목의 1에 해당하는 것은 **제외**한다.
    ㉠ 1분자를 구성하는 탄소원자의 수가 1개 내지 3개의 포화1가 알코올의 함유량이 **60중량퍼센트 미만**인 수용액
    ㉡ 가연성 액체량이 **60중량퍼센트 미만**이고 인화점 및 연소점(태그개방식 인화점측정기에 의한 연소점)이 에틸알코올 **60중량퍼센트** 수용액의 인화점 및 연소점을 초과하는 것
  ④ "**제2석유류**"라 함은 **등유, 경유** 그 밖에 1기압에서 **인화점이 21℃ 이상 70℃ 미만**인 것을 말한다. 다만, 도료류 그 밖의 물품에 있어서 가연성 액체량이 40중량퍼센트 이하이면서 인화점이 40℃ 이상인 동시에 연소점이 60℃ 이상인 것은 제외한다.
  ⑤ "**제3석유류**"라 함은 중유, 크레오소트유 그 밖에 1기압에서 **인화점이 70℃ 이상 200℃ 미만**인 것을 말한다. 다만, 도료류 그 밖의 물품은 가연성 액체량이 40중량퍼센트 이하인 것은 제외한다.
  ⑥ "**제4석유류**"라 함은 기어유, 실린더유 그 밖에 1기압에서 **인화점이 200℃ 이상 250℃ 미만**의 것을 말한다. 다만, 도료류 그 밖의 물품은 가연성 액체량이 40중량퍼센트 이하인 것은 제외한다.
  ⑦ "**동식물유류**"라 함은 동물의 지육 등 또는 식물의 종자나 과육으로부터 추출한 것으로서 1기압에서 **인화점이 250℃ 미만**인 것을 말한다.

10 햇빛에 의해 4몰의 질산이 완전 분해하여 산소 1몰을 발생하였다. 이때 같이 발생하는 유독성 기체는 무엇인지와 분해 할 때의 화학반응식을 쓰시오.

(5점)

해답
① 이산화질소(NO_2)
② $4HNO_3 \rightarrow 2H_2O + 4NO_2 + O_2$

상세해설
- 질산(HNO_3) : 제6류 위험물(산화성 액체)
  ① 무색의 발연성 액체이다.
  ② **빛에 의하여 일부 분해되어 생긴 NO_2 때문에 황갈색으로 된다.**

  $4HNO_3 \rightarrow 2H_2O + 4NO_2\uparrow$ (이산화질소) $+ O_2\uparrow$ (산소)

  ③ 질산을 오산화인(P_2O_5)과 작용시키면 오산화질소(N_2O_5)가 된다.
  ④ 저장용기는 직사광선을 피하고 찬 곳에 저장한다.
  ⑤ 실험실에서는 갈색 병에 넣어 햇빛을 차단시킨다.
  ⑥ 환원성 물질과 혼합하면 발화 또는 폭발한다.

  - 크산토프로테인 반응(xanthoprotenic reaction)
    단백질에 진한질산을 가하면 노란색으로 변하고 알칼리를 작용시키면 오렌지색으로 변하며, 단백질 검출에 이용된다.

  ⑦ 마른모래 및 CO_2로 소화한다.
  ⑧ 위급 시에는 다량의 물로 냉각 소화한다.

---

11 [보기]에서 물보다 무겁고 비수용성인 물질을 모두 선택하여 쓰시오.
(단, 해당하는 물질이 없으면 "없음" 이라고 쓰시오.)

〈보기〉 이황화탄소, 아세트알데하이드, 아세톤, 스티렌, 클로로벤젠

해답 이황화탄소, 스티렌, 클로로벤젠

상세해설
- 제4류 위험물의 성질

구분	이황화탄소	아세트알데하이드	아세톤	스티렌	클로로벤젠
화학식	CS_2	CH_3CHO	CH_3COCH_3	$C_6H_5CHCH_2$	C_6H_5Cl
품 명	특수인화물	특수인화물	제1석유류	제2석유류	제2석유류
수용성여부	비수용성	수용성	수용성	비수용성	비수용성

12 제2류 위험물인 황에 대한 각 물음에 답하시오.

(물음 1) 연소반응식을 쓰시오.
(물음 2) 고온에서 수소와 반응하여 달걀 썩는 냄새를 내는 물질을 생성한다. 이때의 반응식을 쓰시오.

해답
(물음 1) $S + O_2 \rightarrow SO_2$
(물음 2) $S + H_2 \rightarrow H_2S$

상세해설
- 황(S) : 제2류 위험물
  ① 동소체로 사방황, 단사황, 고무상황이 있다.
  ② 황색의 고체 또는 분말상태이다.
  ③ 물에 녹지 않고 이황화탄소(CS_2)에는 잘 녹는다.
  ④ 공기 중에서 연소 시 푸른 불꽃을 내며 이산화황이 생성된다.

  $$S + O_2 \rightarrow SO_2$$

  ⑤ 분진폭발의 위험성이 있고 목탄가루와 혼합 시 가열, 충격, 마찰에 의하여 폭발 위험성이 있다.
  ⑥ 다량의 물로 주수소화 또는 질식소화한다.

13 제2종 분말소화약제의 주성분을 쓰고, 1차 열분해 반응식을 쓰시오. (5점)

해답
① 주성분 : 탄산수소칼륨
② 열분해 반응식 : $2KHCO_3 \rightarrow K_2CO_3 + CO_2 + H_2O$

상세해설

분말약제의 열분해

종별	약제명	착색	열분해 반응식	
제1종	탄산수소나트륨 중탄산나트륨 중조	백색	270℃	$2NaHCO_3 \rightarrow Na_2CO_3+CO_2+H_2O$
			850℃	$2NaHCO_3 \rightarrow Na_2O+2CO_2+H_2O$
제2종	탄산수소칼륨 중탄산칼륨	담회색	190℃	$2KHCO_3 \rightarrow K_2CO_3+CO_2+H_2O$
			590℃	$2KHCO_3 \rightarrow K_2O+2CO_2+H_2O$
제3종	제1인산암모늄	담홍색	190℃	$NH_4H_2PO_4 \rightarrow NH_3+H_3PO_4$(오르토인산)
			215℃	$2H_3PO_4 \rightarrow H_2O+H_4P_2O_7$(피로인산)
			300℃	$H_4P_2O_7 \rightarrow H_2O+2HPO_3$(메타인산)
제4종	탄산수소칼륨+요소	회(백)색		$2KHCO_3+(NH_2)_2CO \rightarrow K_2CO_3+2NH_3+2CO_2$

14 금속칼륨이 다음 각 물질과 반응할 때의 화학반응식을 쓰시오. (6점)

• 물 :   • 에탄올 :

- 물 : $2K + 2H_2O \rightarrow 2KOH + H_2$
- 에탄올 : $2K + 2C_2H_5OH \rightarrow 2C_2H_5OK + H_2$

- 칼륨(K) : 제3류 위험물-금수성물질

화학식	원자량	비점	융점	비중	불꽃색상
K	39	762℃	63.5℃	0.857	보라색

① 가열시 보라색 불꽃을 내면서 연소한다.
② **물과 반응하여 수소 및 열을 발생한다.**(금수성 물질)

$$2K + 2H_2O \rightarrow 2KOH + H_2\uparrow + 92.8\text{kcal}$$

③ **보호액으로 파라핀·경유·등유** 등을 사용한다.
④ 피부와 접촉 시 화상을 입는다.
⑤ 마른모래 등으로 질식 소화한다.
⑥ 화학적으로 활성이 대단히 크고 **알코올과 반응하여 수소를 발생시킨다.**

$$2K + 2C_2H_5OH \rightarrow 2C_2H_5OK + H_2\uparrow$$

15 제4류 위험물을 저장하는 옥내저장소의 연면적이 450m²이고 외벽은 내화구조가 아닐 경우 이 옥내 저장소에 대한 소화설비의 소요단위는 얼마인지 구하시오. (4점)

[계산과정] $N = \dfrac{450\text{m}^2}{75\text{m}^2} = 6$ 단위

[답] 6단위

- 소요단위의 계산방법
  ① 제조소 또는 취급소의 건축물

외벽이 내화구조인 것	외벽이 내화구조가 아닌 것
연면적 100m²를 1소요단위	연면적 50m²를 1소요단위

  ② 저장소의 건축물

외벽이 내화구조인 것	외벽이 내화구조가 아닌 것
연면적 150m²를 1소요단위	연면적 75m²를 1소요단위

  ③ **위험물**은 **지정수량의 10배를 1소요단위**로 할 것.

16 제4류 위험물인 에틸알코올에 대한 다음 각 물음에 답하시오.

(물음 1) 1차 산화하였을 때 생성된 특수인화물을 화학식으로 쓰시오.
(물음 2) (물음 1)에서 생성되는 물질의 완전연소 반응식을 쓰시오.
(물음 3) (물음 1)에서 생성되는 물질이 다시 공기 중에서 산화할 경우 생성되는 제2석유류의 명칭을 쓰시오.

해답 (물음 1) CH_3CHO
(물음 2) $2CH_3CHO + 5O_2 \rightarrow 4CO_2 + 4H_2O$
(물음 3) 아세트산(초산)

상세해설
- 알코올의 산화 시 생성물
  ① 1차 알코올 → 알데하이드 → 카복실산

  - C_2H_5OH(에틸알코올) $\xrightarrow{CuO}$ CH_3CHO(아세트알데하이드) $\xrightarrow{+O}$ CH_3COOH(초산)
  - CH_3OH(메틸알코올) $\xrightarrow[-H_2O]{+O}$ $HCHO$(포름알데하이드) $\xrightarrow{+O}$ $HCOOH$(포름산)

  ② 2차 알코올 → 케톤

  - $CH_3-\underset{\underset{OH}{|}}{CH}-CH_3$(아이소프로필 알코올) $\xrightarrow{+O}$ $CH_3-CO-CH_3$(아세톤) + H_2O(물)

17 다음 제2류 위험물의 지정수량을 각각 쓰시오.

① 황화인   ② 적린   ③ 철분

해답 ① 100kg   ② 100kg   ③ 500kg

상세해설
- 제2류 위험물의 지정수량 및 위험등급

성 질	품 명	지정수량	위험등급
가연성 고체	1. **황화인**, 적린, 황	100kg	Ⅱ
	2. **철분**, 금속분, 마그네슘	500kg	Ⅲ
	3. 인화성 고체	1,000kg	

18 제4류 위험물 중 위험등급이 Ⅲ에 해당하는 품명을 모두 쓰시오.

해답 제2석유류, 제3석유류, 제4석유류, 동식물유류

상세해설

• 제4류 위험물의 품명 및 지정수량★★★★★

성질	품 명		지정수량	위험등급	기타 조건 (1atm에서)
인화성 액체	특수인화물		50L	Ⅰ	• 발화점이 100℃ 이하 • 인화점 -20℃ 이하 & 비점 40℃ 이하 • 이황화탄소, 다이에틸에터
	제1석유류	비수용성	200L	Ⅱ	• 인화점 21℃ 미만 • 아세톤, 휘발유
		수용성	400L		
	알코올류		400L		• C_1~C_3 포화 1가 알코올 (변성알코올 포함)
	제2석유류	비수용성	1000L	Ⅲ	• 인화점 21℃ 이상 70℃ 미만 • 등유, 경유
		수용성	2000L		
	제3석유류	비수용성	2000L		• 인화점 70℃ 이상 200℃ 미만 • 중유, 크레오소트유
		수용성	4000L		
	제4석유류		6000L		• 인화점 200℃ 이상 250℃ 미만인 것
	동식물유류		10000L		• 동물의 지육 또는 식물의 종자나 과육으로부터 추출한 것으로 1기압에서 인화점이 250℃ 미만인 것

19 다음 [보기]에서 설명하는 제1류 위험물에 대한 각 물음에 답하시오.

〈보기〉 ① 산화성고체이다.
② 분자량 101, 분해온도 400℃이다.
③ 숯가루, 황가루를 혼합하여 흑색화약 제조에 사용한다.

(물음 1) 시성식을 쓰시오.
(물음 2) 위험등급을 쓰시오.
(물음 3) 분해반응식을 쓰시오.

해답 (물음 1) KNO_3
(물음 2) Ⅱ등급
(물음 3) $2KNO_3 \rightarrow 2KNO_2 + O_2$

상세해설
- 질산칼륨(KNO_3) : 제1류 위험물(산화성 고체)
  ① 질산칼륨에 숯가루, 황가루를 혼합하여 흑색화약 제조에 사용한다.
  - 흑색화약(black powder)
    ① 원료 : 질산칼륨, 숯, 황
    ② 조성 : 75%KNO_3 + 15%C + 10%S
    ③ 폭발반응식 : $38KNO_3+64C+16S \rightarrow 3K_2CO_3+16K_2S+19N_2+44CO_2+17CO$
  ② 열분해하여 산소를 방출한다.

  $$2KNO_3 \rightarrow 2KNO_2 + O_2 \uparrow$$

  ③ 물, 글리세린에는 잘 녹으나 알코올, 에터에는 잘 녹지 않는다.

20 다음과 같은 원통형 탱크의 내용적은 몇 m^3인가? (단, 계산과정도 쓰시오.)

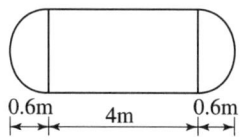

해답
[계산과정] 내용적 $V = \pi \times 1^2 \times \left(4 + \dfrac{0.6+0.6}{3}\right) = 13.82 m^3$

[답] $13.82 m^3$

상세해설
- 탱크의 내용적 계산방법
  ① 타원형 탱크의 내용적
    ㉠ 양쪽이 볼록한 것

    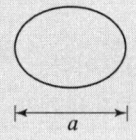
    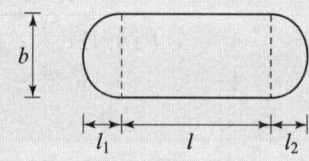

    $$내용적 = \dfrac{\pi ab}{4}\left(l + \dfrac{l_1+l_2}{3}\right)$$

    ㉡ 한쪽은 볼록하고 다른 한쪽은 오목한 것

    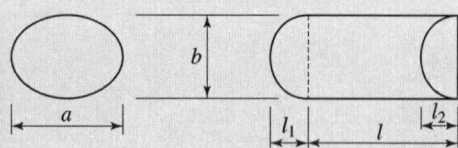

$$내용적 = \frac{\pi ab}{4}\left(l + \frac{l_1 - l_2}{3}\right)$$

② 원통형 탱크의 내용적
　㉠ 횡으로 설치한 것

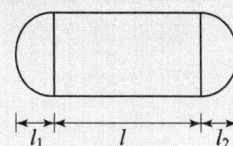

$$내용적 = \pi r^2 \left(l + \frac{l_1 + l_2}{3}\right)$$

　㉡ 종으로 설치한 것

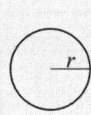
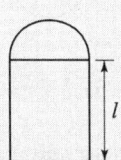

$$내용적 = \pi r^2 l$$

위험물기능사 실기

2022년 11월 6일 시행

01 다음과 같은 원통형 탱크의 내용적은 몇 m³인지 계산하시오? (5점)

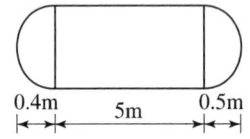

해답 [계산과정] 탱크의 내용적 $V = \pi \times 1^2 \times \left(5 + \dfrac{0.4 + 0.5}{3}\right) = 16.65\text{m}^3$

[답] 16.65m^3

02 제3류 위험물인 인화칼슘에 대한 각 물음에 답하시오.
(단, 반응하지 않는 경우 "없음" 이라고 답하시오.)

(물음 1) 물과의 반응식을 쓰시오.
(물음 2) 염산과의 반응식을 쓰시오.

해답 (물음 1) $Ca_3P_2 + 6H_2O \rightarrow 3Ca(OH)_2 + 2PH_3$
(물음 2) $Ca_3P_2 + 6HCl \rightarrow 3CaCl_2 + 2PH_3$

상세해설
- 인화칼슘(Ca_3P_2)[별명 : 인화석회] : 제3류 위험물(금수성 물질)
  ① 적갈색의 괴상고체
  ② 물 및 약산과 격렬히 반응, 분해하여 인화수소(포스핀)(PH_3)를 생성한다.
    - $Ca_3P_2 + 6H_2O \rightarrow 3Ca(OH)_2 + 2PH_3$(포스핀＝인화수소)
    - $Ca_3P_2 + 6HCl \rightarrow 3CaCl_2 + 2PH_3$(포스핀＝인화수소)

03 위험물안전관리법령상 다음의 위험물이 위험물에서 제외되는 기준을 쓰시오.

① 철분   ② 마그네슘   ③ 과산화수소

 ① 철의분말로서 53μm의 표준체를 통과하는 것이 50중량% 미만인 것
② ㉠ 2mm의 체를 통과하지 아니하는 덩어리 상태의 것
   ㉡ 직경 2mm 이상의 막대 모양의 것
③ 농도가 36중량% 미만인 것

상세해설
- 위험물의 판단기준
  ① **황** : 순도가 60중량% 이상인 것을 말한다. 이 경우 순도 측정에 있어서 불순물은 활석 등 불연성 물질과 수분에 한한다.
  ② **철분** : 철의 분말로서 53μm의 표준체를 통과하는 것이 50중량% 미만인 것은 제외
  ③ **금속분** : 알칼리금속·알칼리토금속·철 및 마그네슘 외의 금속의 분말을 말하고, 구리분·니켈분 및 150μm의 체를 통과하는 것이 50중량% 미만인 것은 제외
  ④ **마그네슘은 다음 각 목의 1에 해당하는 것은 제외한다.**
    ㉠ 2mm의 체를 통과하지 아니하는 덩어리 상태의 것
    ㉡ 직경 2mm 이상의 막대 모양의 것
  ⑤ **인화성 고체** : 고형알코올 그 밖에 1기압에서 인화점이 40℃ 미만인 고체
  ⑥ 제6류 위험물의 판단 기준

종류	과산화수소	질산
기준	• 농도 36중량% 이상	• 비중 1.49 이상

04 위험물안전관리법령상 위험물의 운반에 관한 기준에서 다음 각 위험물이 지정수량 이상일 경우 혼재가 불가능한 위험물의 유별을 모두 쓰시오.

(1) 제2류 위험물   (2) 제3류 위험물   (3) 제6류 위험물

 (1) 제1류, 제3류, 제6류
(2) 제1류, 제2류, 제5류, 제6류
(3) 제2류, 제3류, 제4류, 제5류

상세해설
- 혼재가 가능한 유별 위험물
  ↓1 + 6↑   2 + 4
  ↓2 + 5↑   5 + 4
  ↓3 + 4↑
  →

05 다음 [보기]에서 금속나트륨과 금속칼륨의 공통적 성질에 해당하는 것을 모두 선택하여 번호를 쓰시오. (4점)

〈보기〉 ① 무른 경금속이다.
② 알코올과 반응하여 수소를 발생한다.
③ 물과 반응할 때 불연성 기체를 발생한다.
④ 흑색의 고체이다.
⑤ 보호액 속에 보관한다.

해답 ① ② ⑤

상세해설

- 칼륨(K) : 제3류 위험물–금수성물질

화학식	원자량	비점	융점	비중	불꽃색상
K	39	762℃	63.5℃	0.857	보라색

① 무른 경금속으로 가열시 보라색 불꽃을 내면서 연소한다.
② 물과 반응하여 수소 및 열을 발생한다.(금수성 물질)

$$2K + 2H_2O \rightarrow 2KOH + H_2\uparrow + 92.8\text{kcal}$$

③ 보호액으로 파라핀 · 경유 · 등유 등을 사용한다.
④ 에틸알코올과 반응하여 수소를 발생시킨다.

$$2K + 2C_2H_5OH \rightarrow 2C_2H_5OK + H_2\uparrow$$

- 나트륨(Na)–제3류–금수성물질

화학식	원자량	비점	융점	비중	불꽃색상
Na	23	880℃	97.8℃	0.97	노란색

① 무른 경금속으로 가열시 노란색 불꽃을 내면서 연소한다.
② 물과 반응하여 수소 및 열을 발생한다.(금수성 물질)

$$2Na + 2H_2O \rightarrow 2NaOH + H_2$$

③ 보호액으로 파라핀 · 경유 · 등유 등을 사용한다.
④ 에틸알코올과 반응하여 수소를 발생시킨다.

$$2Na + 2C_2H_5OH \rightarrow 2C_2H_5ONa + H_2$$

06
제1종 분말인 탄산수소나트륨이 열분해하였을 경우 다음 각 물음에 답하시오.

(물음 1) 1차 열분해 반응식을 쓰시오
(물음 2) 100kg의 탄산수소나트륨이 완전분해 시 발생되는 이산화탄소의 부피[m^3]를 구하시오. (단, 1기압, 100℃를 기준으로 한다)

해답
(물음 1) $2NaHCO_3 \rightarrow Na_2CO_3 + CO_2 + H_2O$
(물음 2) 이산화탄소의 부피[m^3]
  [계산과정] ① $NaHCO_3$의 190℃에서 열분해 반응식
    반응물질 1몰 기준 $NaHCO_3 \rightarrow 0.5Na_2CO_3 + 0.5CO_2 + 0.5H_2O$
  ② $NaHCO_3$의 분자량 = 23+1+12+16×3 = 84
  ③ $V = \dfrac{WRT}{PM} \times 0.5 = \dfrac{100\text{kg} \times 0.082 \times (273+100)\text{K}}{1 \times 84} \times 0.5$
     $= 18.21\text{m}^3$

[답] 18.21m^3

상세해설
- 완전연소에 필요한 산소의 부피 계산

$$V = \dfrac{WRT}{PM} \times \text{발생기체의 mol수}$$

여기서, V: 발생기체의 부피(m^3), W: 무게(kg)
R: 기체상수(0.082atm·m^3/kmol·K),
T: 절대온도(273+t℃)K, P: 압력(atm), M: 분자량

07
1kg의 탄산가스를 표준상태에서 소화기로 방출할 경우 부피는 약 몇 L인지 구하시오.

해답 [계산과정]
① 이산화탄소(CO_2)의 분자량 = 12+16×2 = 44
② $W = 1\text{kg} = 1,000\text{g}$
③ 표준상태 = 0℃, 1기압(atm) 상태
④ $V = \dfrac{WRT}{PM} = \dfrac{1000 \times 0.082 \times (273+0)}{1 \times 44} = 508.77\text{L}$

[답] 508.77L

상세해설

- 이상기체 상태방정식

$$PV = \frac{W}{M}RT = nRT$$

여기서, P : 압력(atm), V : 부피(L), W : 무게(g), M : 분자량
R : 기체상수(0.082atm · L/mol · K)
T : 절대온도(273+t ℃)K

08 아세트알데하이드 300L, 등유 2,000L, 크레오소트유 2,000L를 저장하고 있다. 위험물안전관리법령상 각 위험물의 지정수량 배수의 총 합은 얼마인지 구하시오.

해답

[계산과정] $N = \dfrac{300L}{50L} + \dfrac{2,000L}{1,000L} + \dfrac{2,000L}{2,000L} = 9$배

[답] 9배

상세해설

① 아세트알데하이드-제4류 특수인화물-50L
② 등유-제4류-제2석유류-비수용성-1,000L
③ 크레오소트유-제4류-제3석유류-비수용성-2,000L

- 제4류 위험물의 품명 및 지정수량★★★★★

성질	품 명		지정수량	위험등급	기타 조건 (1atm에서)
인화성 액체	특수인화물		50L	I	• 발화점이 100℃ 이하 • 인화점 −20℃ 이하 & 비점 40℃ 이하 • 이황화탄소, 다이에틸에터
	제1석유류	비수용성	200L	II	• 인화점 21℃ 미만 • 아세톤, 휘발유
		수용성	400L		
	알코올류		400L		• C_1~C_3 포화 1가 알코올 (변성알코올 포함)
	제2석유류	비수용성	1000L	III	• 인화점 21℃ 이상 70℃ 미만 • 등유, 경유
		수용성	2000L		
	제3석유류	비수용성	2000L		• 인화점 70℃ 이상 200℃ 미만 • 중유, 크레오소트유
		수용성	4000L		
	제4석유류		6000L		• 인화점 200℃ 이상 250℃ 미만인 것
	동식물유류		10000L		• 동물의 지육 또는 식물의 종자나 과육으로부터 추출한 것으로 1기압에서 인화점이 250℃ 미만인 것

09 제4류 위험물인 에틸렌글리콜에 대한 다음 각 물음에 답하시오.

(물음 1) 구조식   (물음 2) 위험등급   (물음 3) 증기비중

해답 (물음 1) 구조식 :
$$\begin{array}{c} CH_2-OH \\ | \\ CH_2-OH \end{array} \qquad \begin{array}{c} H \quad H \\ | \quad | \\ HO-C-C-OH \\ | \quad | \\ H \quad H \end{array}$$

(물음 2) 위험등급 : Ⅲ등급

(물음 3) 증기비중 : $S = \dfrac{62}{29} = 2.14$

상세해설
- 에틸렌글리콜(Ethylene Glycol) - 제4류 - 제3석유류 - 수용성

$$\begin{array}{c} CH_2-OH \\ | \\ CH_2-OH \end{array} \qquad \begin{array}{c} H \quad H \\ | \quad | \\ HO-C-C-OH \\ | \quad | \\ H \quad H \end{array}$$

화학식	분자량	비중	비점	인화점	착화점	연소범위
$C_2H_4(OH)_2$	62	1.1	197℃	111℃	413℃	3.2% 이상

① 물과 혼합하여 부동액으로 이용되며 물, 알콜, 아세톤 등에 잘 녹는다.
② 흡습성이 있고 단맛이 있는 액체이고 독성이 있는 2가 알코올이다.
③ 산화에틸렌에 물을 첨가하여 제조한다.

10 제5류 위험물 중 나이트로화합물에 해당하며 담황색의 주상결정이며 햇빛에 다갈색으로 변하고 분자량이 227인 이 물질에 대한 다음 각 물음에 답하시오.

(물음 1) 명칭
(물음 2) 화학식
(물음 3) 지정과산화물 해당여부(단, 해당이 없으면 "없음"으로 답하시오)
(물음 4) 운반용기 외부 표시하여야 할 주의사항
　　　(단, 해당이 없으면 "없음"으로 답하시오)

해답 (물음 1) 트라이나이트로톨루엔　　(물음 2) $C_6H_5CH_3(NO_2)_3$
(물음 3) 없음　　(물음 4) 화기엄금, 충격주의

상세해설
- 트라이나이트로톨루엔[$C_6H_2CH_3(NO_2)_3$] : 제5류 위험물 중 나이트로화합물
① 물에는 녹지 않고 알코올, 아세톤, 벤젠에 녹는다.
② 톨루엔과 질산을 반응시켜 얻는다.

$$C_6H_5CH_3 + 3HNO_3 \xrightarrow[\text{(탈수작용)}]{C-H_2SO_4} C_6H_2CH_3(NO_2)_3 + 3H_2O$$
(톨루엔)　　(질산)　　　　　　　　(트라이나이트로톨루엔)　(물)

③ Tri Nitro Toluene의 약자로 TNT라고도 한다.
④ **담황색의 주상결정**이며 햇빛에 다갈색으로 변색된다.
⑤ 강력한 폭약이며 급격한 타격에 폭발한다.

- 트라이나이트로톨루엔의 구조식

  (구조식: 벤젠고리에 CH_3, 2,4,6 위치에 NO_2 3개)

- 트라이나이트로톨루엔의 열분해 반응식
  $2C_6H_2CH_3(NO_2)_3 \rightarrow 2C + 3N_2\uparrow + 5H_2\uparrow + 12CO\uparrow$

⑥ 연소 시 연소속도가 너무 빠르므로 소화가 곤란하다.
⑦ 무기 및 다이너마이트, 질산폭약제 제조에 이용된다.

- 위험물 운반용기의 외부 표시 사항
  ① 위험물의 품명, 위험등급, 화학명 및 수용성(제4류 위험물의 수용성인 것에 한함)
  ② 위험물의 수량
  ③ 수납하는 위험물에 따른 주의사항

류 별	성질에 따른 구분	표시 사항
• 제1류 위험물	알칼리금속의 과산화물	화기·충격주의, 물기엄금 및 가연물접촉주의
	그 밖의 것	화기·충격주의 및 가연물접촉주의
• 제2류 위험물	**철분·금속분·마그네슘**	화기주의 및 물기엄금
	인화성 고체	화기엄금
	그 밖의 것	화기주의
• 제3류 위험물	**자연발화성 물질**	화기엄금 및 공기접촉엄금
	금수성 물질	물기엄금
• 제4류 위험물	인화성 액체	화기엄금
• 제5류 위험물	자기반응성 물질	화기엄금 및 충격주의
• 제6류 위험물	산화성 액체	가연물접촉주의

11 할로젠화합물소화약제에 대한 다음 빈칸에 알맞은 답을 쓰시오.

구 분	CF_3Br	CH_2ClBr	CH_3Br
할론번호			

구 분	CF₃Br	CH₂ClBr	CH₃Br
할론번호	1301	1011	1001

- 할로젠화합물 소화약제 명명법 : 할론ⓐⓑⓒⓓⓔ
  ⓐ : C 원자수, ⓑ : F 원자수, ⓒ : Cl 원자수l, ⓓ : Br 원자수, ⓔ : I 원자수
  (1) 제일 앞에 Halon이란 명칭을 쓴다.
  (2) 그 뒤에 구성 원소들의 개수를 C, F, Cl, Br, I의 순서대로 쓰되, 해당 원소가 없는 경우는 0으로 표시한다.
  (3) 맨 끝의 숫자가 0으로 끝나면 0을 생략한다. 즉, I의 경우는 없어도 0을 표시하지 않는다.
  [참고] 수소 원자의 개수=(첫번째 숫자×2)+2-나머지 숫자의 합

- 할로젠화합물소화약제

구 분	C₂F₄Br₂	CF₂ClBr	CF₃Br	CH₂ClBr	CH₃I
명명법	할론2402	할론1211	할론1301	할론1011	할론10001

12 위험물안전관리법령에 따라 탱크시험자가 갖추어야 하는 장비는 필수장비와 필요한 경우에 두는 장비로 구분할 수 있다. 각각에 해당하는 장비 중 2가지씩만 쓰시오.

　○ 필수장비　　　　　　　　　○ 필요한 경우에 두는 장비

○ 필수장비 :
  ① 자기탐상시험기　② 초음파두께측정기
○ 필요한 경우에 두는 장비 :
  ① 진공누설시험기　② 기밀시험장치　③ 수직·수평도 측정기 중 2가지

탱크시험자의 장비
(1) **필수장비 : 자기탐상시험기, 초음파두께측정기** 및 다음 ① 또는 ② 중 어느 하나
  ① 영상초음파시험기
  ② 방사선투과시험기 및 초음파시험기
(2) **필요한 경우에 두는 장비**
  ① 충·수압시험, 진공시험, 기밀시험 또는 내압시험의 경우
    • 진공능력 53kPa 이상의 **진공누설시험기**
    • **기밀시험장치**(안전장치가 부착된 것으로서 가압능력 200kPa 이상, 감압의 경우에는 감압능력 10kPa 이상·감도 10Pa 이하의 것으로서 각각의 압력변화를 스스로 기록할 수 있는 것)
  ② 수직·수평도 시험의 경우 : **수직·수평도 측정기**

13 제1류 위험물인 [보기]의 물질이 분해할 경우 산소가 발생하는 반응식을 쓰시오.

[보기] (1) 삼산화크로뮴   (2) 질산칼륨

해답
(1) $4CrO_3 \rightarrow 2Cr_2O_3 + 3O_2$
(2) $2KNO_3 \rightarrow 2KNO_2 + O_2$

상세해설
- 무수크로뮴산 = 삼산화크로뮴(CrO_3) - 제1류 위험물
  ① 가열하면 분해하여 산소와 산화크로뮴이 생성된다.

  $$4CrO_3 \xrightarrow{\triangle} 2Cr_2O_3 + 3O_2 \uparrow$$

  ② 물과 작용하면 부식성이 강한 산이 된다.
  ③ 물, 알코올, 에터, 황산에 잘 녹는다.

- 질산칼륨(KNO_3) : 제1류 위험물(산화성 고체)
  ① 질산칼륨에 숯가루, 황가루를 혼합하여 흑색화약 제조에 사용한다.
  - 흑색화약(black powder)
    ① 원료 : 질산칼륨, 숯, 황
    ② 조성 : 75%KNO_3 + 15%C + 10%S
    ③ 폭발반응식 : $38KNO_3 + 64C + 16S \rightarrow 3K_2CO_3 + 16K_2S + 19N_2 + 44CO_2 + 17CO$
  ② 열분해하여 산소를 방출한다.

  $$2KNO_3 \rightarrow 2KNO_2 + O_2 \uparrow$$

  ③ 물, 글리세린에는 잘 녹으나 알코올, 에터에는 잘 녹지 않는다.

14 다음 [보기]의 위험물 중 연소하는 경우 오산화인이 발생하는 물질을 모두 고르시오.

〈보기〉 삼황화인, 오황화인, 칠황화인, 적린, 황

해답 삼황화인, 오황화인, 칠황화인, 적린

상세해설
① 삼황화인 : $P_4S_3 + 8O_2 \rightarrow 2P_2O_5 + 3SO_2$
② 오황화인 : $2P_2S_5 + 15O_2 \rightarrow 2P_2O_5 + 10SO_2$
③ 칠황화인 : $P_4S_7 + 12O_2 \rightarrow 2P_2O_5 + 7SO_2$
④ 적린 : $4P + 5O_2 \rightarrow 2P_2O_5$
⑤ 황 : $S + O_2 \rightarrow SO_2$

15 위험물옥내탱크저장소의 기술기준 중 옥내저장탱크와 탱크전용실의 벽과의 사이(①) 및 옥내저장탱크의 상호간(②) 간격을 나타낸 그림이다. ( )안에 알맞은 거리간격을 답하시오.

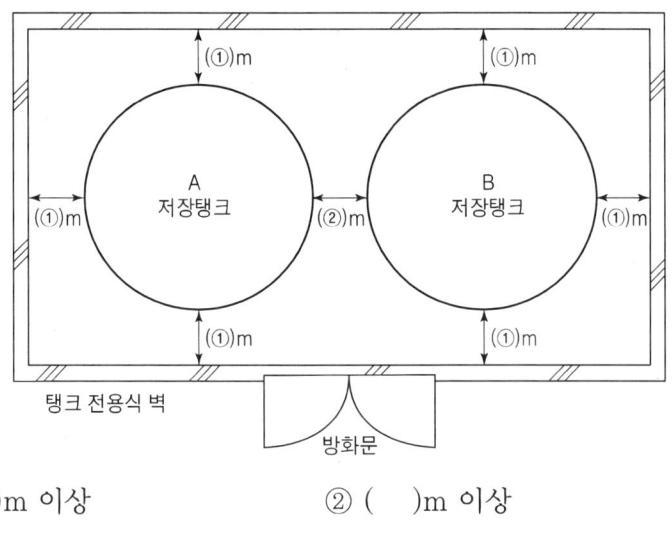

① (   )m 이상　　　　　　② (   )m 이상

 ① 0.5　② 0.5

- 옥내탱크저장소의 위치·구조 및 설비의 기술기준
  ① 위험물을 저장 또는 취급하는 옥내저장탱크는 단층건축물에 설치된 탱크전용실에 설치할 것
  ② 옥내저장탱크와 탱크전용실의 벽과의 사이 및 옥내저장탱크의 **상호간에는 0.5m 이상의 간격을 유지할 것**. 다만, 탱크의 점검 및 보수에 지장이 없는 경우에는 그러하지 아니하다.
  ③ 옥내저장탱크의 용량(동일한 탱크전용실에 옥내저장탱크를 2 이상 설치하는 경우에는 각 탱크의 용량의 합계를 말한다)은 **지정수량의 40배(제4석유류 및 동식물유류 외의 제4류 위험물에 있어서 당해 수량이 20,000L를 초과할 때에는 20,000L) 이하일 것**
  ④ 밸브 없는 통기관
    ㉠ 통기관의 끝부분은 건축물의 창·출입구 등의 개구부로부터 1m 이상 떨어진 옥외의 장소에 지면으로부터 4m 이상의 높이로 설치하되, 인화점이 40℃ 미만인 위험물의 탱크에 설치하는 통기관에 있어서는 부지경계선으로부터 1.5m 이상 이격할 것. 다만, 고인화점 위험물만을 100℃ 미만의 온도로 저장 또는 취급하는 탱크에 설치하는 통기관은 그 끝부분을 탱크전용실 내에 설치할 수 있다.
    ㉡ 통기관은 가스 등이 체류할 우려가 있는 굴곡이 없도록 할 것

ⓒ 직경은 30mm 이상일 것
ⓔ 끝부분은 수평면보다 45도 이상 구부려 빗물 등의 침투를 막는 구조로 할 것
ⓜ 가는 눈의 구리망 등으로 인화방지장치를 할 것.

16 옥내저장소의 벽, 기둥 및 바닥이 내화구조로 된 건축물인 장소에 [보기]의 위험물을 저장하는 경우 각 위험물에 대한 공지의 너비[m]를 쓰시오.

〈보기〉 (1) 인화성고체 12,000kg
(2) 질산 12,000kg
(3) 황 12,000kg

[계산과정] (1) 지정수량의 배수 $N = \dfrac{12,000\text{kg}}{1,000\text{kg}} = 12$배 ∴ 2m 이상

(2) 지정수량의 배수 $N = \dfrac{12,000\text{kg}}{300\text{kg}} = 40$배 ∴ 3m 이상

(3) 지정수량의 배수 $N = \dfrac{12,000\text{kg}}{100\text{kg}} = 120$배 ∴ 5m 이상

[답] (1) 2m 이상 (2) 3m 이상 (3) 5m 이상

• 옥내저장소의 보유공지

저장 또는 취급하는 위험물의 최대수량	공지의 너비	
	벽·기둥 및 바닥이 내화구조로 된 건축물	그 밖의 건축물
지정수량의 5배 이하		0.5m 이상
지정수량의 5배 초과 10배 이하	1m 이상	1.5m 이상
지정수량의 10배 초과 20배 이하	2m 이상	3m 이상
지정수량의 20배 초과 50배 이하	3m 이상	5m 이상
지정수량의 50배 초과 200배 이하	5m 이상	10m 이상
지정수량의 200배 초과	10m 이상	15m 이상

단, **지정수량의 20배를 초과하는 옥내저장소**와 동일한 부지내에 있는 다른 옥내저장소와의 사이에는 동표에 정하는 **공지의 너비의 3분의 1**(3m 미만인 경우에는 3m)의 공지를 보유할 수 있다.

17 다음 그림은 주유취급소에 설치하는 주의사항 표지이다. 각 물음에 답하시오.

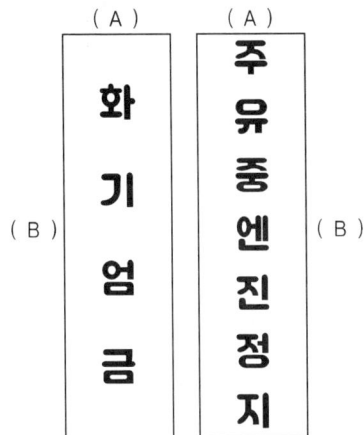

(물음 1) 게시판의 크기를 쓰시오.
  ① A   ② B
(물음 2) "화기엄금"게시판의 바탕색과 문자색을 쓰시오.
  ① 바탕색   ② 문자색
(물음 3) "주유 중 엔진정지"게시판의 바탕색과 문자색을 쓰시오.
  ① 바탕색   ② 문자색

해답 (물음 1) 게시판의 크기
  ① A : 0.3m 이상   ② B : 0.6m 이상
(물음 2) "화기엄금"게시판의 바탕색과 문자색
  ① 바탕색 : 적색   ② 문자색 : 백색
(물음 3) "주유 중 엔진정지"게시판의 바탕색과 문자색
  ① 바탕색 : 황색   ② 문자색 : 흑색

상세해설
- 위험물제조소의 표지 및 게시판
  ① 표지는 한 변의 길이가 0.3m 이상, 다른 한 변의 길이가 0.6m 이상인 직사각형으로 할 것
  ② 바탕은 백색, 문자는 흑색

- 게시판의 설치기준
  ① 한 변의 길이가 0.3m 이상, 다른 한 변의 길이가 0.6m 이상인 직사각형으로 할 것.
  ② 위험물의 유별·품명 및 저장최대수량 또는 취급최대수량, 지정수량의 배수 및 안전관리자의 성명 또는 직명을 기재할 것.
  ③ 게시판의 바탕은 백색으로, 문자는 흑색으로 할 것.

④ 저장 또는 취급하는 위험물에 따라 주의사항 게시판을 설치할 것.

위험물의 종류	주의사항 표시	게시판의 색
• 제1류(알칼리금속 과산화물) • 제3류(금수성 물품)	물기엄금	청색 바탕에 백색 문자
• 제2류(인화성 고체 제외)	화기주의	적색 바탕에 백색 문자
• 제2류(인화성 고체) • 제3류(자연발화성 물품) • 제4류 • 제5류	화기엄금	

• 주유취급소의 위치 · 구조 및 설비의 기준
 ① 주유공지 및 급유공지

주유공지	급유공지
너비 15m 이상, 길이 6m 이상의 콘크리트 등으로 포장한 공지	고정급유설비의 호스기기의 주위에 필요한 공지

※ 공지의 바닥은 주위 지면보다 높게 하고, 배수구 · 집유설비 및 유분리장치를 할 것.
 ② 표지 및 게시판

표 지	게 시 판
위험물 주유취급소	1. 방화에 관하여 필요한 사항 2. 황색 바탕에 흑색 문자로 "주유 중 엔진 정지"

※ 게시판은 한 변의 길이가 0.3m 이상, 다른 한 변의 길이가 0.6m 이상인 직사각형으로 할 것.

18 다음 [보기]의 위험물 중 가연물이며 산소 공급 없이 자기연소(자체연소)가 가능한 물질을 모두 선택하여 답하시오.

〈보기〉
과산화수소, 과산화나트륨, 과산화벤조일, 나이트로글리세린, 다이에틸아연

해답 과산화벤조일, 나이트로글리세린

상세해설

구 분	과산화수소	과산화나트륨	과산화벤조일	나이트로글리세린	다이에틸아연
유 별	제6류	제1류	제5류	제5류	제3류
성 질	산화성액체	산화성고체	자기반응성 (자기연소성)	자기반응성 (자기연소성)	금수성
가연성여부	불연성	불연성	가연성	가연성	가연성

19 다음 [표]는 위험물안전관리법령에 따른 제조소등의 구분에 대한 도표이다. 빈칸에 알맞은 답을 쓰시오.

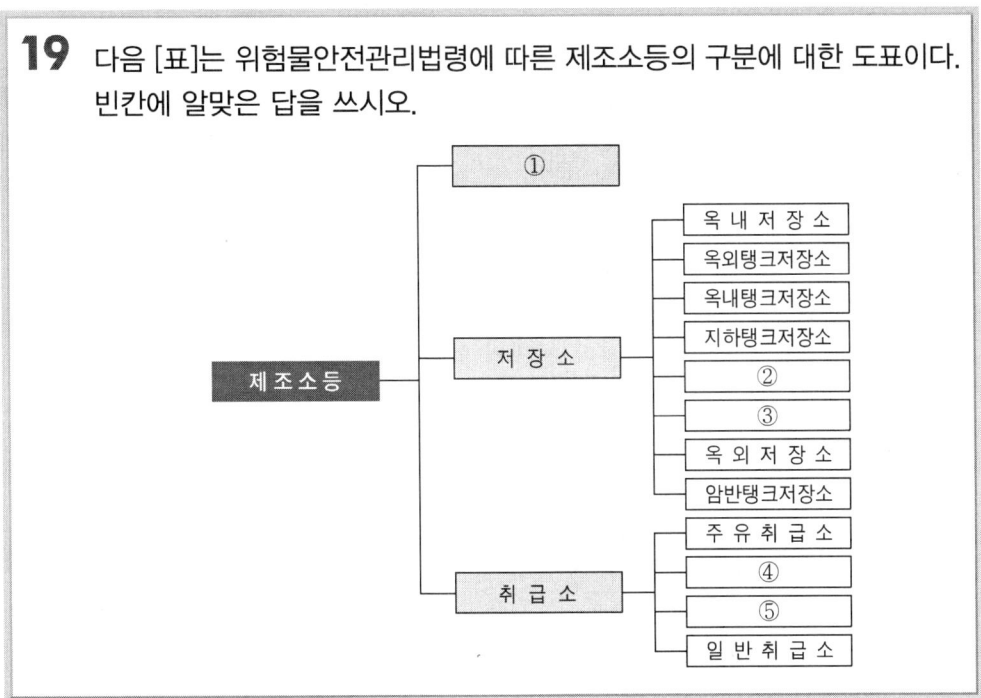

해답 ① 제조소등 ② 간이탱크저장소
③ 이동탱크저장소 ④ 판매취급소
⑤ 이송취급소

상세해설
• 제조소등의 구분

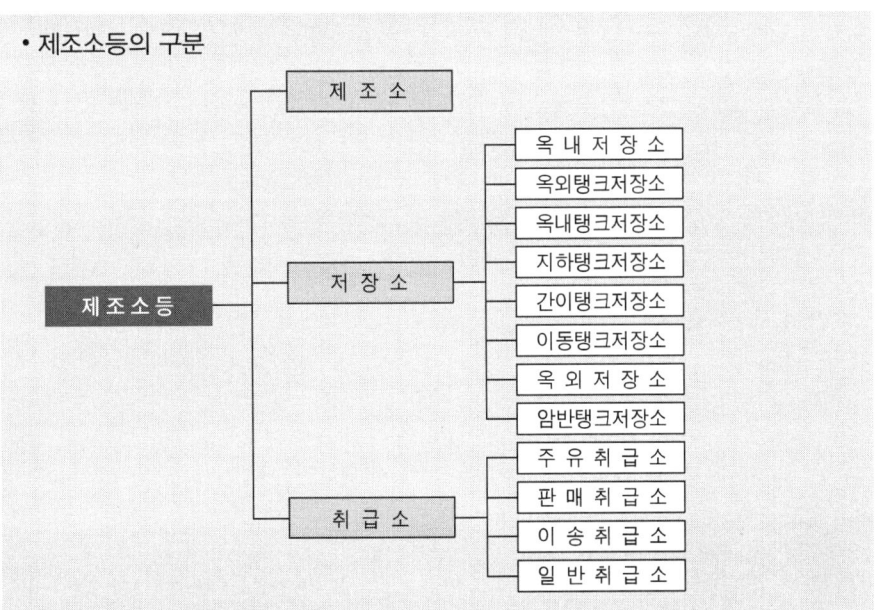

20 제4류 위험물인 메틸알코올(메탄올)과 벤젠을 비교하여 ( )안에 [보기]의 A, B를 선택하여 적으시오.

〈보기〉 A : 높다, 크다, 많다, 넓다
B : 낮다, 작다, 적다, 좁다

(1) 메틸알코올의 분자량이 벤젠의 분자량보다 (①)
(2) 메틸알코올의 증기비중이 벤젠의 증기비중보다 (②)
(3) 메틸알코올의 인화점이 벤젠의 인화점보다 (③)
(4) 메틸알코올의 연소범위가 벤젠의 연소범위보다 (④)
(5) 메틸알코올 1몰이 완전연소 시 발생하는 이산화탄소의 양이 벤젠 1몰이 완전연소 시 발생하는 이산화탄소의 양 보다 (⑤)

해답 ① B ② B ③ A ④ A ⑤ B

상세해설
- 메틸알코올과 벤젠의 비교

구 분	화학식	분자량	증기비중	인화점	연소범위	2몰 연소시 발생하는 CO_2양
메틸알코올	CH_3OH	32	32/29 = 1.1	11℃	7.3~36%	2몰
벤젠	C_6H_6	78	78/29 = 2.7	-11℃	1.4~8%	12몰

$2CH_3OH + 3O_2 \rightarrow 2CO_2 + 4H_2O$
$2C_6H_6 + 15O_2 \rightarrow 12CO_2 + 6H_2O$

위험물기능사 실기

2023년 3월 26일 시행

01 다음 그림을 보고 탱크의 내용적(L)을 계산하시오.

[계산과정] $Q = \pi r^2 l = \pi \times (0.5\text{m})^2 \times 1\text{m} \times \dfrac{1{,}000\text{L}}{1\text{m}^3} = 785.40\text{L}$

[답] 785.40L

원통형 탱크의 내용적
① 횡으로 설치한 것

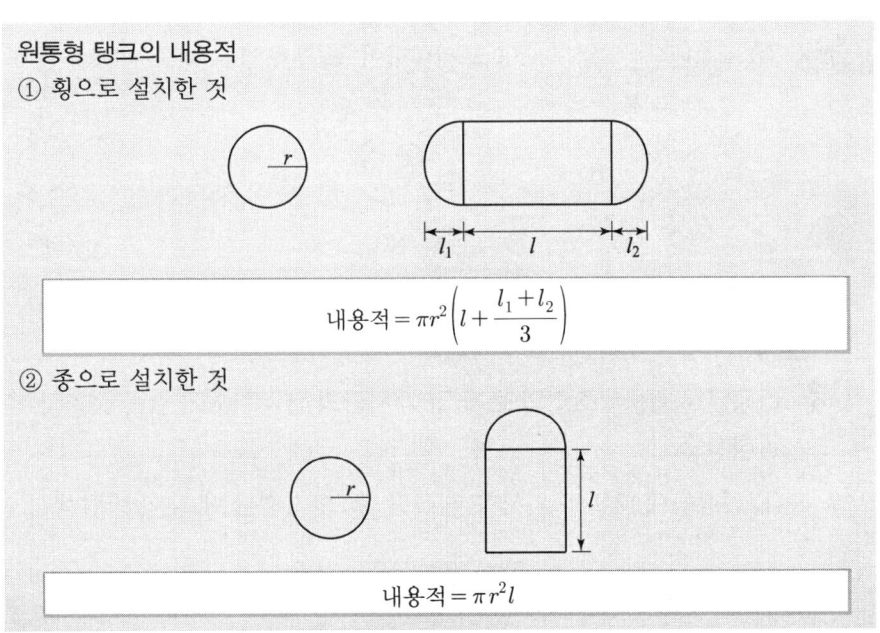

내용적 $= \pi r^2 \left(l + \dfrac{l_1 + l_2}{3} \right)$

② 종으로 설치한 것

내용적 $= \pi r^2 l$

02 다음 제2류 위험물에 대한 지정수량을 쓰시오.

① 황화인 ② 황 ③ 적린 ④ 마그네슘 ⑤ 철분

해답
① 황화인 : 100kg ② 황 : 100kg
③ 적린 : 100kg ④ 마그네슘 : 500kg
⑤ 철분 : 500kg

상세해설
• 제2류 위험물의 지정수량 및 위험등급

성 질	품 명	지정수량	위험등급
가연성 고체	1. **황화인, 적린, 황**	100kg	Ⅱ
	2. **철분, 금속분, 마그네슘**	500kg	Ⅲ
	3. **인화성 고체**	1,000kg	

03 다음 제5류 위험물에 대한 구조식을 그리시오.

① 질산메틸 ② 트라이나이트로톨루엔 ③ 피크르산

해답

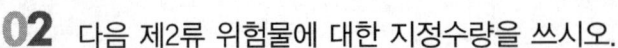

04 다음은 위험물제조소의 표지 및 게시판의 설치기준에 관한 것이다. 각 물음에 답하시오.

(1) 위험물에 따른 주의사항 게시판 중 "화기엄금"에 대한 바탕색과 문자색을 쓰시오.
(2) "주유 중 엔진 정지" 게시판의 바탕색과 문자색을 쓰시오.

해답
(1) 바탕색 : 적색, 문자색 : 백색
(2) 바탕색 : 황색, 문자색 : 흑색

- 위험물제조소의 표지 및 게시판
  ① 표지는 한 변의 길이가 0.3m 이상, 다른 한 변의 길이가 0.6m 이상인 직사각형으로 할 것
  ② 바탕은 백색, 문자는 흑색

- 게시판의 설치기준
  ① 한 변의 길이가 0.3m 이상, 다른 한 변의 길이가 0.6m 이상인 직사각형으로 할 것.
  ② 위험물의 유별·품명 및 저장최대수량 또는 취급최대수량, 지정수량의 배수 및 안전관리자의 성명 또는 직명을 기재할 것.
  ③ 게시판의 바탕은 백색으로, 문자는 흑색으로 할 것.
  ④ 저장 또는 취급하는 위험물에 따라 주의사항 게시판을 설치할 것.

위험물의 종류	주의사항 표시	게시판의 색
• 제1류(알칼리금속 과산화물) • 제3류(금수성 물품)	물기엄금	청색 바탕에 백색 문자
• 제2류(인화성 고체 제외)	화기주의	적색 바탕에 백색 문자
• 제2류(인화성 고체) • 제3류(자연발화성 물품) • 제4류 • 제5류	화기엄금	

- 주유취급소의 위치·구조 및 설비의 기준
  ① 주유공지 및 급유공지

주유공지	급유공지
너비 15m 이상, 길이 6m 이상의 콘크리트 등으로 포장한 공지	고정급유설비의 호스기기의 주위에 필요한 공지

  ※ 공지의 바닥은 주위 지면보다 높게 하고, 배수구·집유설비 및 유분리장치를 할 것.
  ② 표지 및 게시판

표 지	게 시 판
위험물 주유취급소	1. 방화에 관하여 필요한 사항 2. **황색 바탕에 흑색 문자로 "주유 중 엔진 정지"**

  ※ 게시판은 한 변의 길이가 0.3m 이상, 다른 한 변의 길이가 0.6m 이상인 직사각형으로 할 것.

05 다음은 제2석유류에 대한 정의이다. ( )안에 알맞은 답을 쓰시오.

"제2석유류"라 함은 등유, 경유 그 밖에 1기압에서 인화점이 섭씨 (①)도 이상 (②)도 미만인 것을 말한다. 다만, 도료류 그 밖의 물품에 있어서 가연성 액체량이 (③)중량퍼센트 이하이면서 인화점이 섭씨 (④)도 이상인 동시에 연소점이 섭씨 (⑤)도 이상인 것은 제외한다.

해답 ① 21 ② 70 ③ 40 ④ 40 ⑤ 60

상세해설
- 제4류 위험물의 판단기준
  ① "특수인화물"이라 함은 이황화탄소, 다이에틸에터 그 밖에 1기압에서 발화점이 100℃ 이하인 것 또는 인화점이 -20℃ 이하이고 비점이 40℃ 이하인 것을 말한다.
  ② "제1석유류"라 함은 아세톤, 휘발유 그 밖에 1기압에서 인화점이 21℃ 미만인 것을 말한다.
  ③ "알코올류"라 함은 1분자를 구성하는 탄소원자의 수가 1개부터 3개까지인 포화1가 알코올(변성알코올을 포함한다)을 말한다. 다만, 다음 각 목의 1에 해당하는 것은 제외한다.
      ㉠ 1분자를 구성하는 탄소원자의 수가 1개 내지 3개의 포화1가 알코올의 함유량이 60중량퍼센트 미만인 수용액
      ㉡ 가연성 액체량이 60중량퍼센트 미만이고 인화점 및 연소점(태그개방식 인화점측정기에 의한 연소점)이 에틸알코올 60중량퍼센트 수용액의 인화점 및 연소점을 초과하는 것
  ④ "제2석유류"라 함은 등유, 경유 그 밖에 1기압에서 인화점이 21℃ 이상 70℃ 미만인 것을 말한다. 다만, 도료류 그 밖의 물품에 있어서 가연성 액체량이 40중량퍼센트 이하이면서 인화점이 40℃ 이상인 동시에 연소점이 60℃ 이상인 것은 제외한다.
  ⑤ "제3석유류"라 함은 중유, 크레오소트유 그 밖에 1기압에서 인화점이 70℃ 이상 200℃ 미만인 것을 말한다. 다만, 도료류 그 밖의 물품은 가연성 액체량이 40중량퍼센트 이하인 것은 제외한다.
  ⑥ "제4석유류"라 함은 기어유, 실린더유 그 밖에 1기압에서 인화점이 200℃ 이상 250℃ 미만의 것을 말한다. 다만, 도료류 그 밖의 물품은 가연성 액체량이 40중량퍼센트 이하인 것은 제외한다.
  ⑦ "동식물유류"라 함은 동물의 지육 등 또는 식물의 종자나 과육으로부터 추출한 것으로서 1기압에서 인화점이 250℃ 미만인 것을 말한다.

06 제6류 위험물인 과산화수소에 대한 다음 각 물음에 답하시오.

(1) 열분해 반응식을 쓰시오.
(2) 농도가 36중량%인 과산화수소 100g이 열분해 하는 경우 생성되는 산소의 질량(g)을 구하시오.

(1) $2H_2O_2 \rightarrow 2H_2O + O_2$

(2) [계산과정]

① H_2O_2의 분자량 $M = 1 \times 2 + 16 \times 2 = 34$

② 36중량%인 과산화수소 100g중 과산화수소의 무게 : $100g \times 0.36 = 36g$

$$2H_2O_2 \rightarrow 2H_2O + O_2$$
$$2 \times 34g \longrightarrow 16 \times 2g$$
$$36g \longrightarrow Xg$$

$$X = \frac{36 \times 16 \times 2}{2 \times 34} = 16.94g$$

[답] 16.94g

- 과산화수소(H_2O_2)의 일반적인 성질
  ① 이산화망가니즈하에서 분해가 촉진되어 산소(O_2)를 발생시킨다.

  $$2H_2O_2 \rightarrow 2H_2O + O_2$$

  ② 분해안정제로 인산(H_3PO_4) 및 요산($C_5H_4N_4O_3$)을 첨가한다.
  ③ 저장용기는 밀폐하지 말고 구멍이 있는 마개를 사용한다.
  ④ 하이드라진($NH_2 \cdot NH_2$)과 접촉 시 분해작용으로 폭발위험이 있다.

  $$NH_2 \cdot NH_2 + 2H_2O_2 \rightarrow 4H_2O + N_2 \uparrow$$

  ⑤ 다량의 물로 주수 소화한다.

- 제6류 위험물의 판단 기준

종류	과산화수소	질산
기준	• 농도 36중량% 이상	• 비중 1.49 이상

07 다음 [보기]의 위험물을 인화점이 낮은 것부터 높은 순서로 쓰시오. (4점)

[보기] 나이트로벤젠, 메틸알코올, 클로로벤젠, 산화프로필렌

해답 산화프로필렌 – 메틸알코올 – 클로로벤젠 – 나이트로벤젠

상세해설
• 제4류 위험물의 물성

품 명	산화프로필렌	메틸알코올	클로로벤젠	나이트로벤젠
류 별	특수인화물	알코올류	제2석유류	제3석유류
인화점	-37℃	11℃	32℃	88℃

08 위험물안전관리법령상 옥외저장소에 저장할 수 있는 제4류 위험물의 품명을 3가지만 쓰시오. (단, 위험물에 포함되지 않는 경우 그 이유를 쓰시오.)

해답
① 제1석유류(인화점이 0℃ 이상인 것에 한한다)
② 알코올류
③ 제2석유류
④ 제3석유류
⑤ 제4석유류
⑥ 동식물유류

상세해설
• 옥외저장소에 저장할 수 있는 위험물
 (1) 제2류 위험물 중 황 또는 인화성고체(인화점이 0℃ 이상인 것에 한한다)
 (2) 제4류 위험물 중 제1석유류(인화점이 0℃ 이상인 것에 한한다)·알코올류·제2석유류·제3석유류·제4석유류 및 동식물유류
 (3) 제6류 위험물

09 동식물유류는 아이오딘값을 기준으로 하여 건성유, 반건성유, 불건성유로 나눈다. 다음 동식물유류를 구분하는 아이오딘값의 일반적인 범위를 쓰시오.
 ◦ 건성유 :   ◦ 반건성유 :   ◦ 불건성유 :

해답 ◦ 건성유 : 130 이상   ◦ 반건성유 : 100~130   ◦ 불건성유 : 100 이하

- **동식물유류-제4류 위험물** ★★★★
  동물의 지육 또는 식물의 종자나 과육으로부터 추출한 것으로 1기압에서 인화점이 250℃ 미만인 것

  [아이오딘값에 따른 동식물유류의 분류]

구 분	아이오딘값	종 류
건성유	130 이상	해바라기기름, 동유(오동기름), 정어리기름, 아마인유, 들기름
반건성유	100~130	채종유, 쌀겨기름, 참기름, 면실유, 옥수수기름, 청어기름, 콩기름, 목화씨기름
불건성유	100 이하	야자유, 팜유, 올리브유, 피마자기름, 낙화생기름(땅콩기름), 돈지, 우지, 고래기름

  - 아이오딘값
    옥소가(沃素價)라고도 하며 100g의 유지에 의해서 흡수되는 아이오딘의 g수

10 위험물안전관리법령상 위험물제조소에서 환기설비의 설치기준에 관한 것이다. ( )안에 알맞은 답을 쓰시오.

(1) 환기는 (①)방식으로 할 것
(2) 급기구는 당해 급기구가 설치된 실의 바닥면적 (②)m² 마다 1개 이상으로 하되, 급기구의 크기는 (③)cm² 이상으로 할 것.
(3) 환기구는 지붕위 또는 지상 (④)m 이상의 높이에 회전식 고정벤티레이터 또는 (⑤) 방식으로 설치할 것

해답 ① 자연배기 ② 150 ③ 800 ④ 2 ⑤ 루프팬

- **환기설비의 설치기준** ★★★
  ① **자연배기**방식으로 할 것.
  ② 급기구는 바닥면적 **150m²**마다 1개 이상, 크기는 **800cm² 이상**으로 할 것.

  [바닥면적이 150m² 미만인 경우 급기구의 면적]

바닥면적	급기구의 면적
60m² 미만	150cm² 이상
60m² 이상 90m² 미만	300cm² 이상
90m² 이상 120m² 미만	450cm² 이상
120m² 이상 150m² 미만	600cm² 이상

  ③ 급기구는 낮은 곳에 설치하고 **인화방지망**을 설치할 것.
  ④ 환기구는 지붕 위 또는 **지상 2m 이상**의 높이에 회전식 고정 벤틸레이터 또는 루프팬 방식으로 설치할 것.

11 제5류 위험물인 나이트로글리세린에 대한 다음 각 물음에 답하시오.

(1) 나이트로글리세린의 열분해 반응식에서 ( )안에 알맞은 답을 쓰시오.
$4C_3H_5(ONO_2)_3 \rightarrow$ (①)CO_2 + (②)N_2 + O_2 + $10H_2O$

(2) 나이트로글리세린 2mol이 열분해하는 경우 생성되는 이산화탄소의 질량(g)을 구하시오.

(3) 나이트로글리세린 90.8g이 열분해하는 경우 생성되는 산소의 질량(g)을 구하시오.

해답

(1) ① 12, ② 6

(2) 생성되는 이산화탄소의 질량(g)

[계산과정] $4C_3H_5(ONO_2)_3 \rightarrow 12CO_2 + 6N_2 + O_2 + 10H_2O$

4몰　　　→　12×44g
2몰　　　→　X

$$X = \frac{2 \times 12 \times 44}{4} = 264g$$

[답] 264g

(3) 생성되는 산소의 질량(g)

[계산과정] 나이트로글리세린($C_3H_5(ONO_2)_3$)의 분자량
$M = 12 \times 3 + 1 \times 5 + (14 + 16 \times 3) \times 3 = 227$
$4C_3H_5(ONO_2)_3 \rightarrow 12CO_2 + 6N_2 + O_2 + 10H_2O$

$4 \times 227g$ ─────────→ 32g
90.8g ─────────→ X

$$X = \frac{90.8 \times 32}{4 \times 227} = 3.2g$$

[답] 3.2g

상세해설

• 나이트로글리세린(Nitro Glycerine) : NG [$(C_3H_5(ONO_2)_3)$]★★★★★

화학식	분자량	비중	융점	비점	착화점
$C_3H_5(ONO_2)_3$	227	1.6	13℃	160℃	210℃

① 상온에서는 액체이지만 겨울철에는 동결한다.
② 진한질산과 진한 황산을 가하면 나이트로화 하여 나이트로글리세린으로 된다.

글리세린의 나이트로화반응

$C_3H_5(OH)_3 + 3HONO_2 \xrightarrow{H_2SO_4} C_3H_5(ONO_2)_3 + 3H_2O$
　(글리세린)　　(질산)　　　　　　(트라이나이트로글리세린)　(물)

③ 비수용성이며 메탄올, 아세톤 등에 녹는다.

④ 가열, 마찰, 충격에 예민하여 대단히 위험하다.
⑤ 산과 접촉 시 분해가 촉진되고 폭발우려가 있다.

> 나이트로글리세린의 열분해 반응식
> $4C_3H_5(ONO_2)_3 \rightarrow 12CO_2\uparrow + 6N_2\uparrow + O_2\uparrow + 10H_2O$

⑥ 다이나마이트(규조토+나이트로글리세린), 무연화약 제조에 이용된다.

12. 다음 제1류 위험물에 대한 각 물음에 답하시오.
(단, 없으면 "없음"으로 답하시오.)

(1) 과산화마그네슘과 염산의 반응식을 쓰시오.
(2) 과산화마그네슘과 물과의 반응식을 쓰시오.
(3) 과산화마그네슘의 완전열분해 반응식을 쓰시오.

해답
(1) $MgO_2 + 2HCl \rightarrow MgCl_2 + H_2O_2$
(2) $2MgO_2 + 2H_2O \rightarrow 2Mg(OH)_2 + O_2$
(3) $2MgO_2 \rightarrow 2MgO + O_2$

상세해설
• 과산화마그네슘(MgO_2)
① 백색 분말이다
② 습기 또는 물과 접촉 시 산소를 방출한다.
③ 가연성유기물과 혼합되어 있을 때 가열, 충격에 의해 폭발 위험이 있다.
④ 물과 접촉하여 수산화마그네슘 및 산소를 발생한다.

> $2MgO_2 + 2H_2O \rightarrow 2Mg(OH)_2(수산화마그네슘) + O_2\uparrow(산소)$

⑤ 산과 접촉하여 과산화수소를 발생한다.

> $MgO_2 + 2HCl(염산) \rightarrow MgCl_2 + H_2O_2(과산화수소)$

13. 비커에 비중이 0.79인 에틸알코올 200mL와 비중이 1.0인 물 150mL가 혼합된 용액이 있다. 다음 각 물음에 답하시오.

(1) 에틸알코올의 농도(wt(%))를 계산하시오.
(2) 물음 (1)의 에틸알코올은 위험물안전관리법령상 제4류 위험물의 알코올류에 해당여부를 판단하고 그에 따른 이유를 설명하시오.

(1) 에틸알코올의 농도

[계산과정] $C = \dfrac{200 \times 0.79}{200 \times 0.79 + 150 \times 1.0} \times 100 = 51.30 \text{wt\%}$

[답] 51.30wt%

(2) 해당여부 : 알코올류에 해당하지 않는다.

이유 : 농도가 60중량% 미만이므로

- 제4류 위험물의 판단기준
  ① "**특수인화물**"이라 함은 **이황화탄소, 다이에틸에터** 그 밖에 1기압에서 **발화점이 100℃ 이하**인 것 또는 **인화점이 -20℃ 이하**이고 **비점이 40℃ 이하**인 것을 말한다.
  ② "**제1석유류**"라 함은 아세톤, 휘발유 그 밖에 1기압에서 **인화점이 21℃ 미만**인 것을 말한다.
  ③ "**알코올류**"라 함은 1분자를 구성하는 탄소원자의 수가 **1개부터 3개**까지인 포화 1가 알코올(변성알코올을 포함한다)을 말한다. 다만, 다음 각 목의 1에 해당하는 것은 **제외**한다.
    ㉠ 1분자를 구성하는 탄소원자의 수가 1개 내지 3개의 포화1가 알코올의 함유량이 **60중량퍼센트 미만**인 수용액
    ㉡ 가연성 액체량이 **60중량퍼센트 미만**이고 인화점 및 연소점(태그개방식 인화점측정기에 의한 연소점)이 에틸알코올 **60중량퍼센트** 수용액의 인화점 및 연소점을 초과하는 것
  ④ "**제2석유류**"라 함은 **등유, 경유** 그 밖에 1기압에서 **인화점이 21℃ 이상 70℃ 미만**인 것을 말한다. 다만, 도료류 그 밖의 물품에 있어서 가연성 액체량이 40중량퍼센트 이하이면서 인화점이 40℃ 이상인 동시에 연소점이 60℃ 이상인 것은 제외한다.
  ⑤ "**제3석유류**"라 함은 중유, 크레오소트유 그 밖에 1기압에서 **인화점이 70℃ 이상 200℃ 미만**인 것을 말한다. 다만, 도료류 그 밖의 물품은 가연성 액체량이 40중량퍼센트 이하인 것은 제외한다.
  ⑥ "**제4석유류**"라 함은 기어유, 실린더유 그 밖에 1기압에서 **인화점이 200℃ 이상 250℃ 미만**의 것을 말한다. 다만, 도료류 그 밖의 물품은 가연성 액체량이 40중량퍼센트 이하인 것은 제외한다.
  ⑦ "**동식물유류**"라 함은 동물의 지육 등 또는 식물의 종자나 과육으로부터 추출한 것으로서 1기압에서 **인화점이 250℃ 미만**인 것을 말한다.

14 [보기]에서 과염소산에 대한 내용으로 옳은 것을 모두 선택하여 그 번호를 쓰시오. (4점)

[보기] ① 물질의 분자량은 약 106이다.
② 무색의 액체이다.
③ 짙은 푸른색을 나타내는 액체이다.
④ 농도가 36wt%미만인 것은 위험물에 해당되지 않는다.
⑤ 가열시 분해하여 유독한 HCl가스를 발생한다.

 ② ⑤

- 과염소산($HClO_4$) – 제6류 위험물

화학식	분자량	비중	비점	융점
$HClO_4$	100.46	1.77	39℃	-112℃

① 물과 혼합하면 다량의 열을 발생한다.
② 산화력이 강하여 종이, 나무조각 또는 유기물 등과 접촉 시 폭발한다.
③ 공기 중에서 분해하여 염화수소(HCl)를 발생시킨다.
④ 산(酸) 중에서도 가장 강한 산이다.

- 산소산 중 산의 세기
차아염소산(HClO) < 아염소산($HClO_2$) < 염소산($HClO_3$) < 과염소산($HClO_4$)

15 아세트알데하이드에 대한 다음 각 물음에 답하시오.

(1) 품명과 지정수량을 적으시오.
(2) 아래 [보기]에서 설명하는 것 중 맞는 것을 모두 고르시오.

[보기] ① 에탄올을 산화시키는 과정에서 생성된다.
② 휘발성이 강하고 무색 투명한 액체로 과일 냄새가 난다.
③ 구리, 은, 마그네슘 용기에 저장한다.
④ 물, 에터, 에탄올에 잘 녹고 고무를 녹인다.

(3) 보냉장치가 없는 이동저장탱크에 저장하는 아세트알데히등의 온도는 (   )℃ 이하로 할 것

 (1) 품명 : 특수인화물, 지정수량 : 50L
(2) ① ② ④
(3) 40

- 아세트알데하이드(CH_3CHO) : 제4류 위험물 중 특수인화물

화학식	분자량	비중	비점	인화점	착화점	연소범위
CH_3CHO	44	0.78	21℃	-38℃	185℃	4~60%

① 휘발성이 강하고 과일냄새가 있는 무색 액체
② 물, 에탄올에 잘 녹는다.
③ 산화되어 아세트산(초산)(CH_3COOH)이 된다.

$$2CH_3CHO + O_2 \rightarrow 2CH_3COOH$$

④ 저장용기 사용 시 구리, 마그네슘, 은, 수은 및 합금용기는 사용금지
⑤ 환원되어 에틸알코올(C_2H_5OH)이 된다.

$$CH_3CHO + H_2 \rightarrow C_2H_5OH$$

⑥ 에틸알코올을 산화시켜 제조한다.

$$2C_2H_5OH + O_2 \rightarrow 2H_2O + 2CH_3CHO$$

- 이동저장탱크의 저장 유지온도

구 분	보냉장치가 있는 경우	보냉장치가 없는 경우
아세트알데하이드 등 또는 다이에틸에터 등	비점 이하	40℃ 이하

- 옥외저장탱크·옥내저장탱크 또는 지하저장탱크의 저장 유지온도

구 분	압력탱크 외의 탱크	구 분	압력탱크
산화프로필렌과 이를 함유한 것 또는 다이에틸에터 등	30℃ 이하	아세트알데하이드 등 또는 다이에틸에터 등	40℃ 이하
아세트알데하이드 또는 이를 함유한 것	15℃ 이하		

---

16 [보기]의 위험물을 보고 다음 각 물음에 알맞은 답을 쓰시오.
(단, 해당사항이 없으면 "해당 없음"이라고 적으시오.)

[보기] 질산암모늄, 질산칼륨, 과산화나트륨, 삼산화크로뮴, 염소산칼륨

(1) 산소 또는 이산화탄소와 반응하는 물질을 선택하여 화학식으로 쓰시오.
(2) 흡습성이 강하고 분해하는 경우 흡열반응하는 물질 물질을 선택하여 화학식으로 쓰시오.
(3) 비중이 2.32이고 열분해하는 경우 이산화망가니즈을 촉매로 하여 산소가 발생하는 물질을 화학식으로 쓰시오.

(1) Na₂O₂ (2) NH₄NO₃ (3) KClO₃

① 질산암모늄(NH₄NO₃) – 제1류 질산염류
② 질산칼륨(KNO₃) – 제1류 질산염류
③ 과산화나트륨(Na₂O₂) – 제1류 무기과산화물
④ 삼산화크로뮴(CrO₃) – 제1류 크로뮴산화물
⑤ 염소산칼륨(KClO₃) – 제1류 염소산염류

17 표준상태에서 메탄올 80kg이 완전연소하는 경우 필요한 공기의 부피(m³)를 계산하시오. (단, 공기는 질소 79vol%, 산소 21vol%로 구성되어 있다고 가정한다)

 [계산과정]
① 메탄올(CH_3OH)의 분자량 $M = 12 + 1 \times 4 + 16 = 32$, 표준상태 : 0℃, 1atm
② 메탄올의 연소반응식 : $2CH_3OH + 3O_2 \rightarrow 2CO_2 + 4H_2O$
③ 메탄올 1몰의 연소반응식 $CH_3OH + 1.5O_2 \rightarrow CO_2 + 2H_2O$
④ 필요한 산소(O_2)의 부피(m³) : $V = \dfrac{80\text{kg} \times 0.082 \times (273+0)}{1\text{atm} \times 32} \times 1.5$
⑤ 필요한 공기의 부피(m³) : $V = \dfrac{80\text{kg} \times 0.082 \times (273+0)}{1\text{atm} \times 32} \times 1.5 \times \dfrac{1}{0.21}$
   $= 399.75\text{m}^3$

[답] 399.75m³

(1) 이상기체 상태방정식

$$PV = \dfrac{W}{M}RT = nRT$$

여기서, P : 압력(atm), V : 부피(m³), $\dfrac{W}{M}$: mol(n), W : 무게(g), M : 분자량
R : 기체상수(0.082atm·m³/kmol·K), T : 절대온도(273+t℃)K

(2) 필요한 산소의 부피(m³) – 반응물질은 반드시 1몰을 기준으로 한다.
$V = \dfrac{WRT}{PM} \times \text{mol}$ (필요한 산소의 몰 수)

(3) 필요한 공기의 부피(m³)
$V = \dfrac{WRT}{PM} \times \text{mol} \times \dfrac{1}{0.21}$

제 2 부 최근 기출문제

18 다음 이동저장탱크의 그림을 보고 각 물음에 답하시오.

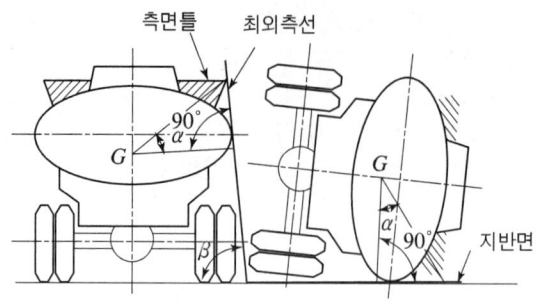

(1) 그림에서 최대수량의 위험물을 저장한 상태에 있을 때의 당해 탱크중량의 중심점과 측면틀의 최외측을 연결하는 직선과 그 중심점을 지나는 직선중 최외측선과 직각을 이루는 직선과의 내각인 α의 각도는 몇 도 이상이 되도록 하여야 하는가?

(2) 그림에서 탱크 뒷부분의 입면도에 있어서 측면틀의 최외측과 탱크의 최외측을 연결하는 직선("최외측선")의 수평면에 대한 내각인 β의 각도는 몇 도 이상이 되도록 하여야 하는가?

해답 (1) 35도 이상
(2) 75도 이상

상세해설 이동저장탱크의 측면틀 및 방호틀의 기준
(1) 측면틀의 기준
① 탱크 뒷부분의 입면도에 있어서 측면틀의 최외측과 탱크의 최외측을 연결하는 직선("최외측선")의 수평면에 대한 **내각이 75도 이상**이 되도록 하고, 최대수량의 위험물을 저장한 상태에 있을 때의 당해 탱크중량의 중심점과 측면틀의 최외측을 연결하는 직선과 그 중심점을 지나는 직선중 최외측선과 직각을 이루는 직선과의 **내각이 35도 이상**이 되도록 할 것
② 외부로부터 하중에 견딜 수 있는 구조로 할 것
③ 탱크상부의 네 모퉁이에 당해 탱크의 전단 또는 후단으로부터 각각 1m 이내의 위치에 설치할 것
④ 측면틀에 걸리는 하중에 의하여 탱크가 손상되지 아니하도록 측면틀의 부착부분에 받침판을 설치할 것
(2) 방호틀의 기준
① **두께 2.3mm 이상의 강철판** 또는 이와 동등 이상의 기계적 성질이 있는 재료로써 산모양의 형상으로 하거나 이와 동등 이상의 강도가 있는 형상으로 할 것
② **정상부분은 부속장치보다 50mm 이상 높게** 하거나 이와 동등 이상의 성능이 있는 것으로 할 것

19 다음 위험물에 대한 완전연소반응식을 쓰시오. (단, 해당하는 사항이 없으면 "해당 없음"으로 표기하시오.)

① 황린 ② 삼황화인
③ 나트륨 ④ 과산화마그네슘
⑤ 질산

 해답
① $P_4 + 5O_2 \rightarrow 2P_2O_5$
② $P_4S_3 + 8O_2 \rightarrow 2P_2O_5 + 3SO_2$
③ $4Na + O_2 \rightarrow 2Na_2O$
④ 해당 없음
⑤ 해당 없음

20 다음 [보기]의 위험물을 참조하여 각 물음에 답하시오.

[보기]
염소산나트륨, 질산암모늄, 과산화나트륨, 칼륨, 과망가니즈산칼륨, 아세톤

(1) [보기]의 위험물중 이산화탄소와 반응하는 물질을 모두 고르시오.
 (단, 해당하는 사항이 없으면 "해당 없음"으로 표기하시오.)
(2) (1)에서 선택한 물질 중에서 1가지 물질을 선택하여 이산화탄소와 반응식을 쓰시오.

해답
(1) 과산화나트륨, 칼륨
(2) $2Na_2O_2 + 2CO_2 \rightarrow 2Na_2CO_3 + O_2$
 $4K + 3CO_2 \rightarrow 2K_2CO_3 + C$

상세해설
- 과산화나트륨(Na_2O_2) : 제1류 위험물 중 무기과산화물(금수성)

화학식	분자량	비중	융점	분해온도
Na_2O_2	78	2.8	460℃	460℃

① 상온에서 **물과 격렬히 반응하여 산소(O_2)를 방출**하고 폭발하기도 한다.

$2Na_2O_2$(과산화나트륨) + $2H_2O$(물) → $4NaOH$(수산화나트륨) + O_2(산소)↑

② 공기 중 **이산화탄소(CO_2)와 반응하여 산소(O_2)를 방출**한다.

$2Na_2O_2 + 2CO_2 \rightarrow 2Na_2CO_3$(탄산나트륨) + O_2↑

③ 산과 반응하여 과산화수소(H_2O_2)를 생성시킨다.

$Na_2O_2 + 2CH_3COOH(초산) \rightarrow 2CH_3COONa(초산나트륨) + H_2O_2(과산화수소)\uparrow$

④ 열분해 시 산소(O_2)를 방출한다.

$2Na_2O_2 \rightarrow 2Na_2O + O_2\uparrow$

⑤ 주수소화는 금물이고 마른모래(건조사), 팽창질석, 팽창진주암, 탄산수소염류 등으로 소화한다.

- 칼륨(K) : 제3류 위험물-금수성물질

화학식	원자량	비점	융점	비중	불꽃색상
K	39	762℃	63.5℃	0.857	보라색

① 가열시 보라색 불꽃을 내면서 연소한다.
② **물과 반응하여 수소 및 열을 발생한다.**(금수성 물질)

$2K + 2H_2O \rightarrow 2KOH + H_2\uparrow + 92.8kcal$

③ **보호액으로 파라핀 · 경유 · 등유** 등을 사용한다.
④ 피부와 접촉 시 화상을 입는다.
⑤ 마른모래 등으로 질식 소화한다.
⑥ 화학적으로 활성이 대단히 크고 **알코올과 반응하여 수소를 발생시킨다.**

$2K + 2C_2H_5OH \rightarrow 2C_2H_5OK + H_2\uparrow$

2023년 6월 10일 시행

01 [보기]의 위험물을 인화점이 낮은 것부터 높은 순서대로 쓰시오. (4점)

[보기] 나이트로벤젠, 아세트알데하이드, 에탄올, 아세트산

해답 아세트알데하이드 – 에탄올 – 아세트산 – 나이트로벤젠

상세해설

명 칭	나이트로벤젠	아세트알데하이드	에탄올	아세트산
유 별	제3석유류	특수인화물	알코올류	제2석유류
인화점	88℃	-38℃	13℃	40℃

02 아래 위험물의 품명에 대한 지정수량을 쓰시오.

① 염소산염류 ② 질산염류 ③ 다이크로뮴산염류

해답
① 염소산염류 : 50kg
② 질산염류 : 300kg
③ 다이크로뮴산염류 : 1,000kg

상세해설

• 제1류 위험물 및 지정수량

성질	품 명	지정수량	위험등급
산화성 고체	1. 아염소산염류 2. 염소산염류 3. 과염소산염류 4. 무기과산화물	50kg	I
	5. 브로민산염류 6. 질산염류 7. 아이오딘산염류	300kg	II
	8. 과망가니즈산염류 9. 다이크로뮴산염류	1,000kg	III

03 다음 [보기]에서 불건성유를 모두 선택하여 쓰시오. (단 해당사항이 없을 경우는 "없음"이라고 쓰시오.) (4점)

[보기] 야자유, 아마인유, 해바라기유, 피마자유, 올리브유

해답 야자유, 피마자유, 올리브유

상세해설

- 동식물유류-제4류 위험물 ★★★★
동물의 지육 또는 식물의 종자나 과육으로부터 추출한 것으로 1기압에서 인화점이 250℃ 미만인 것

[아이오딘값에 따른 동식물유류의 분류]

구 분	아이오딘값	종 류
건성유	130 이상	해바라기기름, 동유(오동기름), 정어리기름, 아마인유, 들기름
반건성유	100~130	채종유, 쌀겨기름, 참기름, 면실유, 옥수수기름, 청어기름, 콩기름, 목화씨기름
불건성유	100 이하	야자유, 팜유, 올리브유, 피마자기름, 낙화생기름(땅콩기름), 돈지, 우지, 고래기름

- 아이오딘값
옥소가(沃素價)라고도 하며 100g의 유지에 의해서 흡수되는 아이오딘의 g수

04 다음 [보기]의 각 위험물에 대한 완전연소반응식을 쓰시오.

[보기] 가. 다이에틸에터   나. 이황화탄소   다. 메틸에틸케톤

해답
가. $C_2H_5OC_2H_5 + 6O_2 \rightarrow 4CO_2 + 5H_2O$
나. $CS_2 + 3O_2 \rightarrow CO_2 + 2SO_2$
다. $2CH_3COC_2H_5 + 11O_2 \rightarrow 8CO_2 + 8H_2O$

상세해설

구 분	다이에틸에터	이황화탄소	메틸에틸케톤
유별	제4류 특수인화물	제4류 특수인화물	제4류 제1석유류
화학식	$C_2H_5OC_2H_5$	CS_2	$CH_3COC_2H_5$

※ CHO로 구성된 화합물은 완전연소하는 경우 이산화탄소(CO_2)와 물(H_2O)이 생성된다.

05 제5류 위험물인 다음 각 물질의 시성식을 쓰시오.
① 질산메틸   ② 트라이나이트로톨루엔   ③ 나이트로글리세린

 ① CH_3ONO_2 ② $C_6H_2CH_3(NO_2)_3$ ③ $C_3H_5(ONO_2)_3$

06 위험물안전관리법령상 이동저장탱크의 구조에 대한 다음 각 물음에 답하시오.
(1) 탱크 내부에 설치하는 칸막이는 두께 몇 mm 이상의 강철판으로 하여야 하는가?
(2) 탱크 내부에 설치하는 방파판은 두께 몇 mm 이상의 강철판으로 하여야 하는가?
(3) 탱크 부속장치의 손상을 방지하기위한 방호틀은 두께 몇 mm 이상의 강철판으로 하여야 하는가?

 (1) 3.2mm 이상
(2) 1.6mm 이상
(3) 2.3mm 이상

상세해설
이동저장탱크의 구조
(1) **칸막이의 설치기준**
이동저장탱크는 그 내부에 4,000L 이하마다 **3.2mm 이상**의 강철판 또는 이와 동등 이상의 강도·내열성 및 내식성이 있는 금속성의 것으로 **칸막이**를 설치하여야 한다.
(2) **방파판의 설치기준**
① **두께 1.6mm 이상**의 강철판 또는 이와 동등 이상의 강도·내열성 및 내식성이 있는 금속성의 것으로 할 것
② 하나의 구획부분에 2개 이상의 방파판을 이동탱크저장소의 진행방향과 평행으로 설치하되, 각 방파판은 그 높이 및 칸막이로부터의 거리를 다르게 할 것
③ 하나의 구획부분에 설치하는 각 방파판의 면적의 합계는 당해 구획부분의 최대 수직단면적의 50% 이상으로 할 것. 다만, 수직단면이 원형이거나 짧은 지름이 1m 이하의 타원형일 경우에는 40% 이상으로 할 수 있다.
(3) **방호틀 설치기준**
① **두께 2.3mm 이상**의 강철판
② 정상부분은 부속장치보다 50mm 이상 높게 할 것

07
톨루엔 9.2g을 완전 연소시키는데 필요한 공기는 몇 L인지 구하시오. (단, 0℃, 1기압을 기준으로 하며 공기 중 산소는 21vol% 이다.) (4점)

[계산과정]

⟨방법1⟩ ① 톨루엔의 완전연소 반응식

$C_6H_5CH_3 + 9O_2 \rightarrow 7CO_2 + 4H_2O$

92g ──→ 9×22.4L
9.2g ──→ X

$X = \dfrac{9.2 \times 9 \times 22.4}{92} = 20.16 L$ (필요한 산소량)

② 필요한 공기량 = $\dfrac{20.16L}{0.21} = 96L$

[답] 96L

⟨방법2⟩ ① 톨루엔($C_6H_5CH_3$) 분자량 = 12+7×1+8 = 92

② 필요한 공기량 $V = \dfrac{WRT}{PM \times 0.21} \times 9 = \dfrac{9.2 \times 0.082 \times (273+0)}{1 \times 92 \times 0.21} \times 9$
= 95.94L

[답] 95.94L

상세해설

- 이상기체 상태방정식

$$PV = \dfrac{W}{M}RT = nRT$$

여기서, P : 압력(atm), V : 부피(L), W : 무게(g), M : 분자량
R : 기체상수(0.082atm·L/mol·K)
T : 절대온도(273+t℃)K

08
위험물안전관리법령에 따라 옥내저장소에 황린을 저장하고자 한다. 다음 각 물음에 답하시오.

(1) 옥내저장소의 저장창고 바닥면적(m^2)은 얼마 이하로 하여야 하는가?
(2) 위험등급을 쓰시오.
(3) 위험물을 유별로 정리하는 한편 서로 1m 이상의 간격을 두는 경우 황린과 함께 저장할 수 있는 위험물의 류별을 쓰시오.

(1) 1,000m² 이하
(2) Ⅰ등급
(3) 제1류 위험물

상세해설

- 황린(P_4)[별명 : 백린] : 제3류 위험물(자연발화성 물질)
  ① 공기 중 약 40~50℃에서 자연발화한다.
  ② 저장 시 자연발화성이므로 반드시 물속에 저장한다.
  ③ 인화수소(PH_3)의 생성을 방지하기 위하여 물의 pH=9(약알칼리)가 안전한계이다.
  ④ 연소 시 오산화인(P_2O_5)의 흰 연기가 발생한다.

  $$P_4 + 5O_2 \rightarrow 2P_2O_5(오산화인)$$

  ⑤ 강알칼리의 용액에서는 유독기체인 포스핀(PH_3)을 발생한다.

  $$P_4 + 3NaOH + 3H_2O \rightarrow 3NaH_2PO_2 + PH_3\uparrow (인화수소=포스핀)$$

- 제3류 위험물 및 지정수량

성 질	품 명	지정수량	위험등급
자연 발화성 및 금수성 물질	칼륨, 나트륨, 알킬알루미늄, 알킬리튬	10kg	Ⅰ
	황린	20kg	
	알칼리금속(칼륨 및 나트륨 제외) 및 알칼리토금속 유기금속화합물(알킬알루미늄 및 알킬리튬 제외)	50kg	Ⅱ
	금속의 수소화물, 금속의 인화물, 칼슘 또는 알루미늄의 탄화물, 염소화규소화합물	300kg	Ⅲ

- 옥내저장소의 저장창고 바닥면적 설치기준 ★★

위험물의 종류	바닥면적
제1류위험물 중 아염소산염류, 염소산염류, 과염소산염류, 무기과산화물, 지정수량 50kg인 것 제3류위험물 중 칼륨, 나트륨, 알킬알루미늄, 알킬리튬, 지정수량 10kg인 것 및 황린 제4류위험물 중 특수인화물, 제1석유류 및 알코올류 제5류위험물 중 유기과산화물, 질산에스터류, 지정수량 10kg인 것 제6류위험물	1000m² 이하
위 이외의 위험물	2000m² 이하
내화구조의 격벽으로 완전히 구획된 실	1500m² 이하

- 위험물의 저장 기준
  옥내저장소 또는 옥외저장소에 있어서 다음의 각목의 규정에 의한 위험물을 저장하는 경우로서 위험물을 유별로 정리하여 저장하는 한편, 서로 **1m 이상의 간격**을 두는 경우에는 **동일한 저장소에 저장할 수 있다**(중요기준).
  ① **제1류 위험물**(알칼리금속의 과산화물 또는 이를 함유한 것을 제외)과 **제5류 위험물**을 저장하는 경우

② 제1류 위험물과 제6류 위험물을 저장하는 경우
③ 제1류 위험물과 제3류 위험물 중 **자연발화성물질**(황린 또는 이를 함유한 것)을 저장하는 경우
④ 제2류 위험물 중 **인화성고체**와 **제4류 위험물**을 저장하는 경우
⑤ 제3류 위험물 중 **알킬알루미늄등**과 **제4류 위험물**(알킬알루미늄 또는 알킬리튬을 함유한 것)을 저장하는 경우
⑥ 제4류 위험물 중 **유기과산화물** 또는 이를 함유하는 것과 제5류 위험물 중 **유기과산화물** 또는 이를 함유한 것을 저장하는 경우

09 다음 [보기]에서 설명하는 제4류 위험물에 대한 각 물음에 답하시오.

[보기]
- 무색투명한 액체이다.
- 연소 시 아황산가스 및 이산화탄소를 생성한다.
- 저장 시 저장탱크를 물속에 보관한다.
- 분자량 76, 비점 46℃, 비중 1.26, 증기비중 약 2.62

(1) 명칭 (2) 시성식
(3) 품명 (4) 지정수량
(5) 위험등급

해답 (1) 이황화탄소 (2) CS_2
(3) 특수인화물 (4) 50L
(5) Ⅰ등급

상세해설
- 이황화탄소(CS_2)-제4류-특수인화물

화학식	분자량	비중	비점	인화점	착화점	연소범위
CS_2	76.1	1.26	46℃	-30℃	100℃	1.0~50%

① 무색투명한 액체이다.
② 물에는 녹지 않고 알코올, 에터, 벤젠 등 유기용제에 녹는다.
③ 햇빛에 방치하면 황색을 띤다.
④ 연소 시 아황산가스(SO_2) 및 CO_2를 생성한다.

$$CS_2 + 3O_2 \rightarrow CO_2 + 2SO_2$$

⑤ 물과 반응하여 황화수소와 이산화탄소를 발생한다.

$$\underset{(\text{이황화탄소})}{CS_2} + \underset{(\text{물})}{2H_2O} \rightarrow \underset{(\text{황화수소})}{2H_2S} + \underset{(\text{이산화탄소})}{CO_2}$$

⑥ 저장 시 저장탱크를 물속에 넣어 저장한다.

⑦ 4류 위험물중 착화온도(100℃)가 가장 낮다.
⑧ 화재 시 다량의 포를 방사하여 질식 및 냉각 소화한다.

• 제4류 위험물의 품명 및 지정수량★★★★★

성질	품 명		지정수량	위험등급	기타 조건 (1atm에서)
인화성 액체	특수인화물		50L	I	• 발화점이 100℃ 이하 • 인화점 −20℃ 이하 & 비점 40℃ 이하 • 이황화탄소, 다이에틸에터
	제1석유류	비수용성	200L	II	• 인화점 21℃ 미만 • 아세톤, 휘발유
		수용성	400L		
	알코올류		400L		• C_1~C_3 포화 1가 알코올 (변성알코올 포함)
	제2석유류	비수용성	1000L	III	• 인화점 21℃ 이상 70℃ 미만 • 등유, 경유
		수용성	2000L		
	제3석유류	비수용성	2000L		• 인화점 70℃ 이상 200℃ 미만 • 중유, 크레오소트유
		수용성	4000L		
	제4석유류		6000L		• 인화점 200℃ 이상 250℃ 미만인 것
	동식물유류		10000L		• 동물의 지육 또는 식물의 종자나 과육으로부터 추출한 것으로 1기압에서 인화점이 250℃ 미만인 것

10 다음 표의 위험물에 대하여 빈칸을 채우시오. (6점)

물질명	시성식	위험물안전관리법령상 품명
에탄올	①	④
에틸렌글리콜	②	⑤
글리세린	③	⑥

물질명	시성식	위험물안전관리법령상 품명
에탄올	① C_2H_5OH	④ 알코올류
에틸렌글리콜	② CH_2OHCH_2OH	⑤ 제3석유류
글리세린	③ $CH_2OHCHOHCH_2OH$	⑥ 제3석유류

11 제3류 위험물인 탄화칼슘에 대한 다음 각 물음에 답하시오.

(1) 물과 반응하여 생성되는 기체의 완전연소반응식을 쓰시오.
(2) 제조소에 설치하는 게시판의 바탕색과 문자색을 쓰시오.
• 바탕색   • 문자색

해답 (1) $2C_2H_2 + 5O_2 \rightarrow 4CO_2 + 2H_2O$
(2) • 바탕색 : 백색   • 문자색 : 흑색

상세해설
• 탄화칼슘(CaC_2) : 제3류 위험물 중 칼슘탄화물

화학식	분자량	융점	비중
CaC_2	64	2370℃	2.21

① 물과 접촉 시 아세틸렌을 생성하고 열을 발생시킨다.

$$CaC_2 + 2H_2O \rightarrow Ca(OH)_2(수산화칼슘) + C_2H_2\uparrow(아세틸렌)$$

② 아세틸렌의 폭발범위는 2.5~81%로 대단히 넓어서 폭발위험성이 크다.
③ 장기 보관 시 **불활성 기체**(N_2 등)를 봉입하여 저장한다.

• 위험물제조소의 표지 설치기준
제조소에는 보기 쉬운 곳에 다음 각목의 기준에 따라 "위험물 제조소"라는 표시를 한 표지를 설치
① 한 변의 길이가 **0.3m 이상**, 다른 한 변의 길이가 **0.6m 이상**인 **직사각형**으로 할 것
② **바탕은 백색, 문자는 흑색**

• 위험물제조소의 게시판 설치기준
① 한 변의 길이가 0.3m 이상, 다른 한 변의 길이가 0.6m 이상인 직사각형으로 할 것
② 위험물의 유별·품명 및 저장최대수량 또는 취급최대수량, 지정수량의 배수 및 안전 관리자의 성명 또는 직명을 기재할 것
③ **바탕은 백색으로, 문자는 흑색**으로 할 것
④ 저장 또는 취급하는 위험물에 따라 주의사항 게시판을 설치할 것

위험물의 종류	주의사항 표시	게시판의 색
• 제1류(알칼리금속 과산화물) • 제3류(금수성 물품)	물기엄금	청색 바탕에 백색 문자
• 제2류(인화성 고체 제외)	화기주의	적색 바탕에 백색 문자
• 제2류(인화성 고체) • 제3류(자연발화성 물품) • 제4류 • 제5류	화기엄금	적색 바탕에 백색 문자

12 위험물안전관리법령에서 위험물의 운반에 관한 기준 중 유별을 달리하는 위험물의 혼재기준에서 다음 위험물이 지정수량의 10배 이상일 때 혼재가 불가능한 위험물의 유별을 모두 쓰시오.

① 제2류 위험물
② 제5류 위험물
③ 제6류 위험물

해답 ① 제2류 위험물 : 제1류 위험물, 제3류 위험물, 제6류 위험물
② 제5류 위험물 : 제1류 위험물, 제3류 위험물, 제6류 위험물
③ 제6류 위험물 : 제2류 위험물, 제3류 위험물, 제4류 위험물, 제5류 위험물

상세해설
- 유별을 달리하는 위험물의 혼재기준

구 분	제1류	제2류	제3류	제4류	제5류	제6류
제1류		×	×	×	×	○
제2류	×		×	○	○	×
제3류	×	×		○	×	×
제4류	×	○	○		○	×
제5류	×	○	×	○		×
제6류	○	×	×	×	×	

- 쉬운 암기법
  1↓ + 6↑   2 + 4
  2↓ + 5↑   5 + 4
  3↓ + 4↑
  →

13 다음과 같은 원통형 탱크의 내용적은 몇 m³인지 계산하시오? (5점)

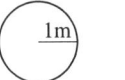 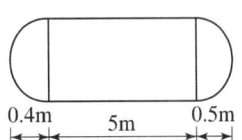

해답 [계산과정] 탱크의 내용적 $V = \pi \times 1^2 \times \left(5 + \dfrac{0.4 + 0.5}{3}\right) = 16.65 \text{m}^3$

[답] 16.65m^3

14 위험물안전관리법령상 적재하는 위험물의 성질에 따른 조치사항으로서 차광성과 방수성이 있는 피복으로 가려야하는 위험물을 보기에서 선택하여 번호로 답하시오. (단, 두 가지 모두 해당되면 중복하여 모두 쓰시오.)

[보기] ① 염소산칼륨 ② 적린 ③ 과산화칼륨 ④ 아세톤
⑤ 과산화수소 ⑥ 철분

(1) 차광성이 있는 덮개로 덮어야 하는 위험물을 모두 쓰시오.
(2) 방수성이 있는 피복으로 덮어야하는 것을 모두 쓰시오.

해답 (1) ①, ③, ⑤
(2) ③, ⑥

상세해설
① 염소산칼륨-제1류 염소산염류(차광성)
② 적린-제2류(해당 없음)
③ 과산화칼륨-제1류-알칼리금속 과산화물(차광성 및 방수성)
④ 아세톤-제4류-제1석유류(해당 없음)
⑤ 과산화수소-제6류(차광성)
⑥ 철분-제2류(방수성)

• 적재하는 위험물의 성질에 따른 조치
① 차광성이 있는 피복으로 가려야 하는 위험물
  ㉠ 제1류 위험물
  ㉡ 제3류 위험물 중 자연발화성 물질
  ㉢ 제4류 위험물 중 특수인화물
  ㉣ 제5류 위험물
  ㉤ 제6류 위험물
② 방수성이 있는 피복으로 덮어야 하는 것
  ㉠ 제1류 위험물 중 알칼리금속의 과산화물
  ㉡ 제2류 위험물 중 철분·금속분·마그네슘 또는 이들 중 어느 하나 이상을 함유한 것
  ㉢ 제3류 위험물 중 금수성 물질

15 다음 [보기]에서 설명하는 위험물에 대한 각 물음에 답하시오.

[보기]
- 제4류 위험물이며 3~4%의 수용액이 식초이다.
- 분자량은 60이다.
- 지정수량은 2,000L이다.
- 강산화제 및 알칼리 금속과 접촉을 피한다.

(1) 연소할 경우 생성물 2가지를 쓰시오.
(2) Zn과 반응할 경우 생성되는 가연성기체의 명칭을 쓰시오.
(3) 해당 물질의 수용성, 비수용성 여부를 쓰시오.

(1) 이산화탄소(CO_2), 물(H_2O)
(2) 수소(H_2)
(3) 수용성

 [보기]에서 설명하는 위험물은 아세트산(초산, CH_3COOH)
　　　　　　　　　　　　-제4류-제2석유류-수용성

- 초산(아세트산)(CH_3COOH) : 제4류 위험물 중 제2석유류
  ① 16.7℃ 이하에서 얼음과 같이 되어 빙초산이라고도 한다.
  ② 3~4%의 수용액이 식초이다.
  ③ 물에 잘 혼합되고 피부 접촉 시 수포가 발생한다.
  ④ CHO로 구성된 유기화합물이 완전연소 시 CO_2와 H_2O가 생성된다.

  $$CH_3COOH + 2O_2 \rightarrow 2CO_2 + 2H_2O$$

  ⑤ 초산과 에틸알코올의 반응식

  $$CH_3COOH + C_2H_5OH \xrightarrow{C-H_2SO_4} CH_3COOC_2H_5 + H_2O$$
  　　(초산)　　(에틸알코올)　　　　　　(초산에틸)　　(물)
  - $C-H_2SO_4$(진한 황산)의 역할 : 탈수작용

  ⑥ 아연과 반응하여 수소를 발생한다.

  $$2CH_3COOH + 2Zn \rightarrow 2CH_3COOZn + H_2$$

16 위험물안전관리법령에 따른 소화설비의 적응성에 대한 표이다. 다음 각 소화설비의 적응성이 있는 경우 빈칸에 ○표를 채우시오.

[소화설비의 적응성]

소화설비의 구분		제2류 위험물		
		철분·금속분·마그네슘등	인화성고체	그밖의 것
옥내소화전				
물분무등 소화설비	물분무소화설비			
	포소화설비			
	불활성가스소화설비			
	할로젠화합물소화설비			

해답

소화설비의 구분		제2류 위험물		
		철분·금속분·마그네슘등	인화성고체	그밖의 것
옥내소화전			○	○
물분무등 소화설비	물분무소화설비		○	○
	포소화설비		○	○
	불활성가스소화설비		○	
	할로젠화합물소화설비		○	

상세해설

소화설비의 적응성

소화설비의 구분		제1류 위험물		제2류 위험물			제3류 위험물		제4류 위험물	제5류 위험물	제6류 위험물
		알칼리금속과 산화물 등	그 밖의 것	철분·금속분·마그네슘 등	인화성고체	그 밖의 것	금수성물품	그 밖의 것			
옥내소화전 또는 옥외소화전설비			○		○	○		○		○	○
스프링클러설비			○		○	○		○	△	○	○
물분무등 소화설비	물분무소화설비		○		○	○		○	○	○	○
	포소화설비		○		○	○		○	○	○	○
	불활성가스 소화설비				○				○		
	할로젠화합물 소화설비				○				○		
	분말소화설비 인산염류 등		○		○	○			○		○
	탄산수소염류 등	○		○	○		○		○		
	그 밖의 것	○		○			○				

17 비중이 1.45이고 농도가 80wt%인 질산수용액 1L에 대한 다음 각 물음에 답하시오.

(1) HNO₃의 무게(g)를 구하시오.
(2) 이 물질의 농도를 10wt%인 수용액으로 만들려면 물은 몇 g을 첨가하여야 하는지 계산하시오.

해답 (1) [계산과정] ① 질산수용액의 무게(W_1)

$$W_1 = \gamma \times V = \gamma_w(물) \times S(비중) \times V(부피)$$

$$W_1 = 1000 \text{kg/m}^3 \times 1.45 \times 0.001 \text{m}^3 (1\text{L}) = 1.45 \text{kg} = 1450 \text{g}$$

② 질산의 무게(W_2)

$$W_2 = 1450 \text{g} \times 0.8(80\%) = 1160 \text{g}$$

[답] 1,160g

(2) [계산과정] $\dfrac{1160}{1450 + x} \times 100 = 10\%$ $x = 10,150 \text{g}$

[답] 10,150g

상세해설
- 질산(HNO₃) : 제6류 위험물(산화성 액체)
  ① 무색의 발연성 액체이다.
  ② **빛에 의하여 일부 분해되어 생긴 NO₂ 때문에 황갈색으로 된다.**

  $$4\text{HNO}_3 \rightarrow 2\text{H}_2\text{O} + 4\text{NO}_2 \uparrow (이산화질소) + \text{O}_2 \uparrow (산소)$$

  ③ 질산을 오산화인(P₂O₅)과 작용시키면 오산화질소(N₂O₅)가 된다.
  ④ 저장용기는 직사광선을 피하고 찬 곳에 저장한다.
  ⑤ 실험실에서는 갈색 병에 넣어 햇빛을 차단시킨다.
  ⑥ 환원성 물질과 혼합하면 발화 또는 폭발한다.

  - 크산토프로테인 반응(xanthoprotenic reaction)
    단백질에 진한질산을 가하면 노란색으로 변하고 알칼리를 작용시키면 오렌지색으로 변하며, 단백질 검출에 이용된다.

  ⑦ 마른모래 및 CO₂로 소화한다.
  ⑧ 위급 시에는 다량의 물로 냉각 소화한다.

18 분말소화약제인 탄산수소칼륨이 약 190℃에서 열분해 되었을 때의 분해반응식을 쓰고, 200kg 의 탄산수소칼륨이 분해하였을 때 발생하는 탄산가스는 몇 m^3 인지 1기압, 200℃를 기준으로 구하시오. (단, 칼륨의 원자량은 39이다)

○ 열분해 반응식

○ 탄산가스의 양(m^3) [계산과정]   [답]

해답
○ 열분해 반응식 : $2KHCO_3 \rightarrow K_2CO_3 + CO_2 + H_2O$
○ 탄산가스의 양(m^3)

[계산과정]

〈방법1〉 ① $KHCO_3$의 분자량 = 39+1+12+16×3 = 100

② $KHCO_3$의 190℃에서 열분해 반응식

$2KHCO_3 \rightarrow K_2CO_3 + CO_2 + H_2O$
$2 \times 100kg \longrightarrow 22.4m^3$
$200kg \longrightarrow Xm^3$

$X = \dfrac{200 \times 22.4}{2 \times 100} = 22.4m^3$ (표준상태 : 0℃, 1atm)

③ 200℃, 1atm 상태로 환산(보일-샤를의 법칙 적용)

$\dfrac{P_1 V_1}{T_1} = \dfrac{P_2 V_2}{T_2}$, $\dfrac{1 \times 22.4}{273+0} = \dfrac{1 \times V_2}{273+200}$

④ $V_2 = \dfrac{1 \times 22.4 \times 473}{273} = 38.81m^3$

[답] $38.81m^3$

〈방법2〉 ① $KHCO_3$의 190℃에서 열분해 반응식

$2KHCO_3 \rightarrow K_2CO_3 + CO_2 + H_2O$
$KHCO_3 \rightarrow 0.5K_2CO_3 + 0.5CO_2 + 0.5H_2O$

② $V = \dfrac{WRT}{PM} \times 0.5 = \dfrac{200 \times 0.082 \times (273+200)}{1 \times 100} \times 0.5$

$= 38.79m^3$

[답] $38.79m^3$

상세해설
• 이상기체 상태방정식

$$PV = \dfrac{W}{M}RT = nRT$$

여기서, P : 압력(atm), V : 부피(m^3), W : 무게(g), M : 분자량
R : 기체상수(0.082atm · m^3/kmol · K)
T : 절대온도(273+t℃)K

- 분말약제의 열분해

종 별	약제명	착색	열분해 반응식
제1종	탄산수소나트륨 중탄산나트륨 중조	백색	270℃ $2NaHCO_3 \rightarrow Na_2CO_3+CO_2+H_2O$ 850℃ $2NaHCO_3 \rightarrow Na_2O+2CO_2+H_2O$
제2종	탄산수소칼륨 중탄산칼륨	담회색	190℃ $2KHCO_3 \rightarrow K_2CO_3+CO_2+H_2O$ 590℃ $2KHCO_3 \rightarrow K_2O+2CO_2+H_2O$
제3종	제1인산암모늄	담홍색	$NH_4H_2PO_4 \rightarrow HPO_3+NH_3+H_2O$
제4종	탄산수소칼륨+요소	회(백)색	$2KHCO_3+(NH_2)_2CO$ $\rightarrow K_2CO_3+2NH_3+2CO_2$

19 아래 그림은 탱크전용실에 설치된 지하저장탱크에 대한 것이다. 다음 각 물음에 답하시오.

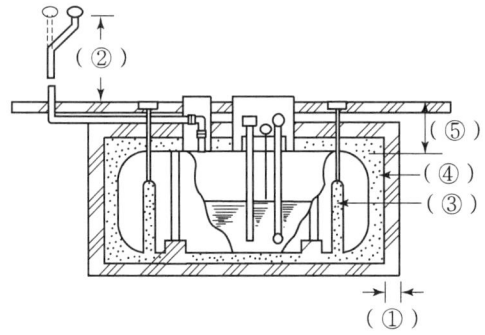

(1) (①) 탱크전용실의 벽의 두께는 몇 m 이상으로 하여야하는가?
(2) (②) 통기관의 끝부분은 지면으로부터 몇 m 이상의 높이로 설치하여야 하는가?
(3) (③) 액체위험물의 누설을 검사하기 위한 관은 몇 개소 이상 적당한 장소에 설치하여야하는가?
(4) (④) 탱크주위에는 어떤 물질로 채워야 하는가?
(5) (⑤) 지하저장탱크의 윗부분은 지면으로부터 몇 m 이상 아래에 있어야 하는가?

 (1) 0.3m
(2) 4m
(3) 4개소
(4) 마른모래 또는 입자지름 5mm 이하의 마른 자갈분

(5) 0.6m

상세해설

탱크전용실에 설치된 지하저장탱크

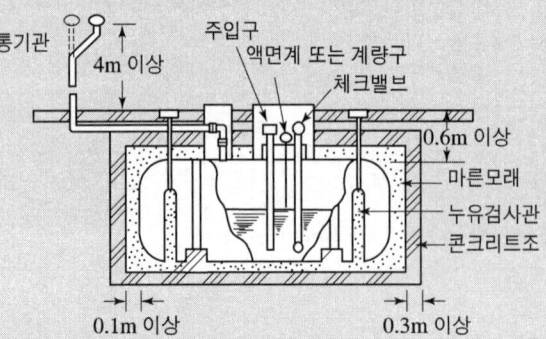

① 탱크전용실의 **벽·바닥 및 뚜껑의 두께는 0.3m 이상**일 것
② **통기관**의 끝부분은 지면으로부터 **4m 이상**의 높이로 설치 할 것.
③ **액체위험물의 누설을 검사**하기 위한 관을 **4개소 이상** 적당한 위치에 설치 할 것.
④ 탱크주위에 마른모래 또는 습기 등에 의하여 응고되지 아니하는 **입자지름 5mm 이하의 마른 자갈분**을 채울 것
⑤ 지하저장탱크의 **윗부분**은 지면으로부터 **0.6m 이상** 아래에 있을 것
⑥ 지하탱크를 대지경계선으로 부터 **0.6m 이상** 떨어진 곳에 매설할 것
⑦ 탱크전용실은 대지경계선으로 부터 **0.1m 이상** 떨어진 곳에 설치 할 것.
⑧ 지하저장탱크와 탱크전용실의 안쪽과의 사이는 0.1m 이상의 간격을 유지하도록 할 것
⑨ 지하저장탱크를 2 이상 인접해 설치하는 경우에는 그 상호간에 1m(당해 2 이상의 지하저장탱크의 용량의 합계가 지정수량의 100배 이하인 때에는 0.5m) 이상의 간격을 유지할 것.

20 아연에 대한 다음 각 물음에 답하시오.

(1) 아연과 물이 반응하는 경우 반응식을 쓰시오.
(2) 아연과 염산이 반응하는 경우 생성되는 기체의 명칭을 쓰시오.

해답 (1) $Zn + 2H_2O \rightarrow Zn(OH)_2 + H_2$
(2) 수소

상세해설

$$Zn + 2HCl \rightarrow ZnCl_2 + H_2 \uparrow$$

위험물기능사 실기

2023년 8월 12일 시행

01 방향족 탄화수소인 BTX에 대하여 다음 각 물음에 답하시오. (5점)

(1) BTX는 무엇의 약자인지 각 물질의 명칭을 쓰시오.
  ① B :   ② T :   ③ X :
(2) 위 3가지 물질 중 "T"에 해당하는 물질의 구조식을 쓰시오.

해답 (1) ① 벤젠   ② 톨루엔   ③ 크실렌(자이렌)
(2)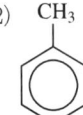

상세해설
- BTX
  Benzene(벤젠), Toluene(톨루엔), Xylene(키실렌, 크실렌, 자이렌)

구분	화학식	구조식			류별
① 벤젠	C_6H_6	(벤젠 구조식)			제4류 제1석유류
② 톨루엔	$C_6H_5CH_3$	(톨루엔 구조식)			제4류 제1석유류
③ 크실렌	$C_6H_4(CH_3)_2$	오르소크실렌 (ortho-xylene)	메타크실렌 (meta-xylene)	파라크실렌 (para-xylene)	제4류 제2석유류

02 [보기]의 위험물에 대한 인화점이 낮은 것부터 높은 순서대로 나열 하시오.

[보기] 나이트로벤젠, 아세톤, 에탄올, 아세트산

해답 아세톤-에탄올-아세트산-나이트로벤젠

상세해설
- 제4류 위험물의 물성

품 명	나이트로벤젠	아세톤	에탄올	아세트산(초산)
유 별	제3석유류	제1석유류	알코올류	제2석유류
인화점	88℃	-18℃	13℃	40℃

03 제3류 위험물인 탄화알루미늄에 대하여 다음 각 물음에 답하시오.

(1) 탄화알루미늄이 물과 반응하는 반응식을 쓰시오.
(2) (1)에서 생성되는 기체의 연소반응식을 쓰시오.

해답
(1) $Al_4C_3 + 12H_2O \rightarrow 4Al(OH)_3 + 3CH_4$
(2) $CH_4 + 2O_2 \rightarrow CO_2 + 2H_2O$

상세해설
- 탄화알루미늄(Al_4C_3) : 제3류 위험물(금수성 물질)
  ① 물과 접촉 시 메탄가스를 생성하고 발열반응을 한다.

  $Al_4C_3 + 12H_2O \rightarrow 4Al(OH)_3$(수산화알루미늄) $+ 3CH_4$(메탄)

  ② 황색 결정 또는 백색 분말로 1,400℃ 이상에서는 분해가 된다.
  ③ 물 및 포 약제에 의한 소화는 절대 금하고 마른모래 등으로 피복 소화한다.

04 다음과 같은 원통형 탱크의 내용적은 몇 m³인지 계산하시오.

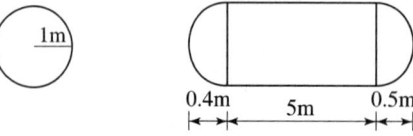

해답 [계산과정] 탱크의 내용적 $V = \pi \times 1^2 \times \left(5 + \dfrac{0.4 + 0.5}{3}\right) = 16.65 \mathrm{m}^3$

[답] $16.65 \mathrm{m}^3$

05
다음 [보기]의 산소산 중 산성의 세기가 작은 것부터 번호를 나열하시오.

[보기] ① $HClO$ ② $HClO_2$ ③ $HClO_3$ ④ $HClO_4$

해답 ①-②-③-④

상세해설
- 산소산 중 산의 세기
  차아염소산($HClO$) < 아염소산($HClO_2$) < 염소산($HClO_3$) < 과염소산($HClO_4$)

06
다음 보기의 분말소화약제의 화학식을 쓰시오.

[보기] ① 제1종 분말소화약제 ② 제2종 분말소화약제 ③ 제3종 분말소화약제

해답
① 제1종 분말소화약제 : $NaHCO_3$
② 제2종 분말소화약제 : $KHCO_3$
③ 제3종 분말소화약제 : $NH_4H_2PO_4$

상세해설
- 분말약제의 종류

종별	약제명	화학식	착색	열분해 반응식
제1종	탄산수소나트륨 중탄산나트륨 중조	$NaHCO_3$	백색	270℃ $2NaHCO_3 \rightarrow Na_2CO_3+CO_2+H_2O$ 850℃ $2NaHCO_3 \rightarrow Na_2O+2CO_2+H_2O$
제2종	탄산수소칼륨 중탄산칼륨	$KHCO_3$	담회색	190℃ $2KHCO_3 \rightarrow K_2CO_3+CO_2+H_2O$ 590℃ $2KHCO_3 \rightarrow K_2O+2CO_2+H_2O$
제3종	제1인산암모늄	$NH_4H_2PO_4$	담홍색	$NH_4H_2PO_4 \rightarrow HPO_3+NH_3+H_2O$
제4종	탄산수소칼륨+ 요소	$KHCO_3+$ $(NH_2)_2CO$	회(백)색	$2KHCO_3+(NH_2)_2CO \rightarrow K_2CO_3+2NH_3+2CO_2$

07 아연에 대한 다음 각 물음에 답하시오.

(1) 아연과 물이 반응하는 경우 반응식을 쓰시오.
(2) 아연과 염산이 반응하는 경우 생성되는 기체의 명칭을 쓰시오.

해답 (1) $Zn + 2H_2O \rightarrow Zn(OH)_2 + H_2$
(2) 수소

상세해설

$$Zn + 2HCl \rightarrow ZnCl_2 + H_2 \uparrow$$

08 다음 [보기]는 제4류 위험물에 대한 내용이다. [보기]에 해당되는 물질에 대한 각 물음에 답하시오.

[보기]
- 물, 알코올, 벤젠 등 유기용제에는 잘 녹는다.
- 무색 투명한 수용성의 액체이다.
- 인화점이 −37℃, 비점이 34℃ 이다.
- 저장용기 사용시 구리, 마그네슘, 수은으로 된 용기는 사용금지이다.
- 저장 시 불활성기체를 봉입하여야 한다.

(1) 명칭을 쓰시오.
(2) 지정수량을 쓰시오.
(3) 보냉 장치가 없는 이동저장탱크에 저장하는 경우 위험물의 온도는 몇 ℃ 이하를 유지하여야 하는지 쓰시오.

해답 (1) 산화프로필렌
(2) 50L
(3) 40℃ 이하

상세해설
- 산화프로필렌(CH_3CHCH_2O) : 제4류 위험물 중 특수인화물

```
    H  H  H
    |  |  |
H — C — C — C — H
    |   \ /   |
    H    O    H
```

화학식	분자량	비중	비점	인화점	착화점	연소범위
CH_3CHCH_2O	58	0.83	34℃	−37℃	465℃	2.8~37%

① 휘발성이 강하고 에터 냄새가 나는 액체이다.
② 물, 알코올, 벤젠 등 유기용제에는 잘 녹는다.
③ 연소범위는 2.8~37%이며 **증기는 공기보대 2.0배 무겁다.**
④ 저장용기 사용 시 **동(구리), 마그네슘, 은, 수은 및 합금용기 사용금지**
   (아세틸리드(acetylide) 생성)
⑤ 저장 용기 내에 질소(N_2) 등 불연성가스를 채워둔다.
⑥ 소화는 포약제로 질식소화한다.

- 옥외저장탱크 · 옥내저장탱크 또는 지하저장탱크의 저장 유지온도

구 분	압력탱크 외의 탱크	구 분	압력탱크
산화프로필렌과 이를 함유한 것 또는 다이에틸에터 등	30℃ 이하	아세트알데하이드 등 또는 다이에틸에터 등	40℃ 이하
아세트알데하이드 또는 이를 함유한 것	15℃ 이하		

- 이동저장탱크의 저장 유지온도

구 분	보냉장치가 있는 경우	보냉장치가 없는 경우
아세트알데하이드 등 또는 다이에틸에터 등	비점 이하	40℃ 이하

09 제4류 위험물인 메틸알코올에 대한 다음 각 물음에 답하시오.

(1) 완전연소반응식을 쓰시오.
(2) 비중이 0.8인 메탄올 50L가 완전연소하는 경우 필요한 이론 산소량(g)을 구하시오.

해답 (1) $2CH_3OH + 3O_2 \rightarrow 2CO_2 + 4H_2O$
(2) **[계산과정]** 메탄올 50L를 무게(kg)로 환산

$$\gamma(g/L) = \gamma_w(1000g/L) \times S(0.8) = 800g/L$$

$$W = \gamma \times V = 800g/L \times 50L = 40000g$$

$$2CH_3OH \quad + \quad 3O_2 \quad \rightarrow \quad 2CO_2 + 4H_2O$$
$$2 \times 32g \longrightarrow 3 \times (16 \times 2)g$$
$$40,000g \longrightarrow X \qquad X = \frac{40,000 \times 3 \times 32}{2 \times 32} = 60,000g$$

[답] 60,000g

10

[보기]의 위험물을 지정수량이 큰 것부터 작은 순서대로 나열하시오. (4점)

[보기] 아염소산염류, 아이오딘산염류, 다이크로뮴산염류, 철분, 황화인

해답 다이크로뮴산염류 - 철분 - 아이오딘산염류 - 황화인 - 아염소산염류

상세해설
- 아염소산염류-제1류-50kg
- 아이오딘산염류-제1류-300kg
- 다이크로뮴산염류-제1류-1,000kg
- 철분-제2류-500kg
- 황화인-제2류-100kg

- 제1류 위험물 및 지정수량

성 질	품 명	지정수량	위험등급
산화성 고체	1. 아염소산염류 2. 염소산염류 3. 과염소산염류 4. 무기과산화물 (아염과무)	50kg	I
	5. 브로민산염류 6. 질산염류 7. 아이오딘산염류 (브질요)	300kg	II
	8. 과망가니즈산염류 9. 다이크로뮴산염류	1,000kg	III

- 제2류 위험물의 지정수량

성 질	품 명	지정수량	위험등급
가연성 고체	1. 황화인, 적린, 황	100kg	II
	2. 철분, 금속분, 마그네슘	500kg	III
	3. 인화성 고체	1,000kg	

11

다음 제2류 위험물에 대한 완전연소반응식을 쓰시오.

가. 삼황화인   나. 오황화인

해답
가. $P_4S_3 + 8O_2 \rightarrow 2P_2O_5 + 3SO_2$
나. $2P_2S_5 + 15O_2 \rightarrow 2P_2O_5 + 10SO_2$

12 위험물안전관리법령상 위험물의 운반에 관한 기준에서 다음 각 위험물이 지정수량 이상일 경우 혼재가 불가능한 위험물의 유별을 모두 쓰시오.

(1) 제2류 위험물   (2) 제3류 위험물   (3) 제6류 위험물

해답 (1) 제1류, 제3류, 제6류
(2) 제1류, 제2류, 제5류, 제6류
(3) 제2류, 제3류, 제4류, 제5류

상세해설
- 혼재가 가능한 유별 위험물
  ↓1 + 6↑   2 + 4
  ↓2 + 5↑   5 + 4
  ↓3 + 4↑
  →

13 다음 물질이 물과 반응하는 경우 생성되는 기체의 명칭을 쓰시오.
(단, 발생되는 기체가 없으면 "없음"이라고 쓰시오).

① 인화칼슘   ② 질산암모늄
③ 과산화칼륨   ④ 금속리튬
⑤ 염소산칼륨

해답 ① 포스핀(인화수소)
② 없음
③ 산소
④ 수소
⑤ 없음

상세해설
① 인화칼슘 : $Ca_3P_2 + 6H_2O \rightarrow 3Ca(OH)_2 + 2PH_3$(포스핀, 인화수소)
② 질산암모늄 : 물과 반응하지 않고 용해
③ 과산화칼륨 : $2K_2O_2 + 2H_2O \rightarrow 4KOH + O_2$ (산소)
④ 금속리튬 : $Li + 2H_2O \rightarrow 2LiOH + H_2$ (수소)
⑤ 염소산칼륨 : 물과 반응하지 않고 용해

14 휘발유를 저장하는 옥외저장탱크의 방유제에 대하여 다음 각 물음에 답하시오.

① 방유제의 높이는 몇 m 이상 몇 m 이하로 하여야 하는가?
② 방유제의 면적은 몇 m² 이하로 하여야 하는가?
③ 방유제에 설치 할 수 있는 휘발유 저장탱크의 수는 몇 기 이하인가?
  (단, 방유제 내에 다른 위험물 저장탱크는 없다)

해답
① 0.5m 이상 3m 이하
② 80,000m² 이하
③ 10기 이하

상세해설
- **옥외탱크저장소의 방유제 설치기준 ★★★**
  인화성액체위험물(이황화탄소를 제외)의 옥외탱크저장소의 방유제
  ① 방유제의 용량

방유제 안에 탱크가 하나인 때	방유제 안에 탱크가 2기 이상인 때
탱크 용량의 110% 이상	용량이 최대인 것의 용량의 110% 이상

  ② 방유제의 높이는 **0.5m 이상 3m 이하**, 두께 0.2m 이상, 지하매설깊이 1m 이상으로 할 것.
  ③ 방유제 내의 면적은 **8만m² 이하**로 할 것.
  ④ 방유제 내에 설치하는 옥외저장탱크의 수는 **10 이하**로 할 것.
  ⑤ 방유제 외면의 2분의 1 이상은 3m 이상의 노면 폭을 확보한 구내도로에 직접 접하도록 할 것.
  ⑥ 방유제는 옥외저장탱크의 지름에 따라 그 탱크의 옆판으로부터 다음에 정하는 거리를 유지할 것.

지름이 15m 미만인 경우	탱크 높이의 3분의 1 이상
지름이 15m 이상인 경우	탱크 높이의 2분의 1 이상

  ⑦ 용량이 **1,000만L 이상**인 옥외저장탱크의 방유제에는 탱크마다 **칸막이 둑**을 설치할 것.

15 다음은 위험물안전관리법령에서 정한 제4류 위험물의 알코올류에 대한 내용이다. ( )안에 알맞은 답을 쓰시오.

"알코올류"라 함은 1분자를 구성하는 탄소원자의 수가 (①)개부터 (②)개까지인 포화1가 알코올(변성알코올을 포함한다)을 말한다. 다만, 다음 각목의 1에 해당하는 것은 제외한다.
가. 1분자를 구성하는 탄소원자의 수가 1개 내지 3개의 포화1가 알코올의 함유량이 (③)중량퍼센트 미만인 수용액
나. 가연성액체량이 (④)중량퍼센트 미만이고 인화점 및 연소점(태그개방식 인화점측정기에 의한 연소점을 말한다. 이하 같다)이 에틸알코올 (⑤)중량퍼센트 수용액의 인화점 및 연소점을 초과하는 것

해답 ① 1 ② 3 ③ 60 ④ 60 ⑤ 60

상세해설
- 제4류 위험물의 판단기준
  ① **"특수인화물"**이라 함은 **이황화탄소, 다이에틸에터** 그 밖에 1기압에서 **발화점이 100℃ 이하**인 것 또는 **인화점이 −20℃ 이하**이고 **비점이 40℃ 이하**인 것을 말한다.
  ② **"제1석유류"**라 함은 아세톤, 휘발유 그 밖에 1기압에서 **인화점이 21℃ 미만**인 것을 말한다.
  ③ **"알코올류"**라 함은 1분자를 구성하는 탄소원자의 수가 **1개부터 3개**까지인 포화1가 알코올(변성알코올을 포함한다)을 말한다. 다만, 다음 각 목의 1에 해당하는 것은 **제외**한다.
    ㉠ 1분자를 구성하는 탄소원자의 수가 1개 내지 3개의 포화1가 알코올의 함유량이 **60중량퍼센트 미만**인 수용액
    ㉡ 가연성 액체량이 **60중량퍼센트 미만**이고 인화점 및 연소점(태그개방식 인화점측정기에 의한 연소점)이 에틸알코올 **60중량퍼센트** 수용액의 인화점 및 연소점을 초과하는 것
  ④ **"제2석유류"**라 함은 **등유, 경유** 그 밖에 1기압에서 **인화점이 21℃ 이상 70℃ 미만**인 것을 말한다. 다만, 도료류 그 밖의 물품에 있어서 가연성 액체량이 40중량퍼센트 이하이면서 인화점이 40℃ 이상인 동시에 연소점이 60℃ 이상인 것은 제외한다.
  ⑤ **"제3석유류"**라 함은 중유, 크레오소트유 그 밖에 1기압에서 **인화점이 70℃ 이상 200℃ 미만**인 것을 말한다. 다만, 도료류 그 밖의 물품은 가연성 액체량이 40중량퍼센트 이하인 것은 제외한다.
  ⑥ **"제4석유류"**라 함은 기어유, 실린더유 그 밖에 1기압에서 **인화점이 200℃ 이상 250℃ 미만**의 것을 말한다. 다만, 도료류 그 밖의 물품은 가연성 액체량이 40중량퍼센트 이하인 것은 제외한다.

⑦ "동식물유류"라 함은 동물의 지육 등 또는 식물의 종자나 과육으로부터 추출한 것으로서 1기압에서 **인화점이 250℃ 미만**인 것을 말한다.

16 다음 [보기]의 위험물에 대하여 위험등급에 따라 각각 구분하시오.
(단, 해당이 없으면 "해당 없음"이라고 쓰시오.)

[보기] 아염소산염류, 염소산염류, 과염소산염류, 황화인, 적린,
       황, 질산에스터류

(1) Ⅰ등급 :
(2) Ⅱ등급 :
(3) Ⅲ등급 :

해답 (1) Ⅰ등급 : 아염소산염류, 염소산염류, 과염소산염류, 질산에스터류
(2) Ⅱ등급 : 황화인, 적린, 황
(3) Ⅲ등급 : 해당 없음

상세해설
• 제1류 위험물의 품명 및 지정수량 ★★★★

성질	품명		지정수량	위험등급
산화성 고체	○ 아염소산염류, 염소산염류, 과염소산염류, 무기과산화물		50kg	Ⅰ
	○ 브로민산염류, 질산염류, 아이오딘산염류		300kg	Ⅱ
	○ 과망가니즈산염류, 다이크로뮴산염류		1000kg	Ⅲ
	그 밖에 행정안전부령이 정하는 것	① 과아이오딘산염류 ② 과아이오딘산 ③ 크로뮴, 납 또는 아이오딘의 산화물 ④ 아질산염류 ⑤ 염소화아이소시아눌산 ⑥ 퍼옥소이황산염류 ⑦ 퍼옥소붕산염류	300kg	Ⅱ
		⑧ 차아염소산염류	50kg	Ⅰ

• 제2류 위험물의 지정수량 및 위험등급

성질	품명	지정수량	위험등급
가연성 고체	1. **황화인**, 적린, 황	100kg	Ⅱ
	2. **철분**, 금속분, 마그네슘	500kg	Ⅲ
	3. 인화성 고체	1,000kg	

17 불연성기체 10wt%와 탄소 90wt%로 구성된 물질 1kg이 있다. 완전연소하는 경우 필요한 산소의 부피[L]를 구하시오. (단, 탄소의 원자량은 12이며 표준상태를 기준으로 한다)

해답 [계산과정]
① 표준상태(0℃, 1atm)
② 순수한 탄소의 무게 $W = 1kg \times 0.9(90\%) = 0.9kg = 900g$
③ 탄소의 완전 연소 반응식
  $C + O_2 \rightarrow CO_2$ (연소물질 탄소(C)1몰 기준)
④ 필요한 산소의 부피
  $$V = \frac{WRT}{PM} \times mol(O_2) = \frac{900g \times 0.08205 \times (273+0)}{1atm \times 12} \times 1mol = 1,679.97L$$

[답] 1,679.97L

상세해설
• 이상기체 상태방정식
  $$PV = \frac{W}{M}RT = nRT$$

  여기서, P : 압력(atm), V : 부피(L), W : 무게(g), M : 분자량
  R : 기체상수(0.082atm · L/mol · K)
  T : 절대온도(273+t ℃)K

18 위험물안전관리법령상 위험물을 운송하는 경우 반드시 위험물안전카드를 휴대하여야 한다. 위험물안전카드를 휴대하여야 하는 위험물의 류별 3가지를 쓰시오. (단, 위험물의 류별 중 품명까지 구분되는 경우 품명까지 쓰시오.)

해답 제1류, 제2류, 제3류, 제4류(특수인화물, 제1석유류), 제5류, 제6류 중 3가지

상세해설 이동탱크저장소에 의한 위험물의 운송시에 준수하여야 하는 기준
① 위험물운송자는 운송의 개시전에 이동저장탱크의 배출밸브 등의 밸브와 폐쇄장치, 맨홀 및 주입구의 뚜껑, 소화기 등의 점검을 충분히 실시할 것
② 위험물운송자는 장거리(고속국도에 있어서는 340km 이상, 그 밖의 도로에 있어서는 200km 이상을 말한다)에 걸치는 운송을 하는 때에는 2명 이상의 운전자로 할 것
③ 위험물운송자는 이동탱크저장소를 휴식 · 고장 등으로 일시 정차시킬 때에는 안전한 장소를 택하고 당해 이동탱크저장소의 안전을 위한 감시를 할 수 있는 위치에

있는 등 운송하는 위험물의 안전확보에 주의할 것
④ 위험물운송자는 이동저장탱크로부터 위험물이 현저하게 새는 등 재해발생의 우려가 있는 경우에는 재난을 방지하기 위한 응급조치를 강구하는 동시에 소방관서 그 밖의 관계기관에 통보할 것
⑤ 위험물(제4류 위험물에 있어서는 특수인화물 및 제1석유류에 한한다)을 운송하게 하는 자는 위험물안전카드를 위험물운송자로 하여금 휴대하게 할 것
⑥ 위험물운송자는 위험물안전카드를 휴대하고 당해 카드에 기재된 내용에 따를 것

19 다음 위험물에 대한 운반용기의 외부 표시사항 중 수납하는 위험물에 따른 주의사항(표시사항)을 쓰시오. (단, 없으면 없음이라고 표기하시오)

① 제2류 위험물 중 인화성고체
② 제5류 위험물
③ 제6류 위험물

① 화기엄금
② 화기엄금, 충격주의
③ 가연물접촉주의

- 위험물 운반용기의 외부 표시 사항
  ① 위험물의 품명, 위험등급, 화학명 및 수용성(제4류 위험물의 수용성인 것에 한함)
  ② 위험물의 수량
  ③ 수납하는 위험물에 따른 주의사항

류 별	성질에 따른 구분	표시 사항
• 제1류 위험물	알칼리금속의 과산화물	화기·충격주의, 물기엄금 및 가연물접촉주의
	그 밖의 것	화기·충격주의 및 가연물접촉주의
• 제2류 위험물	철분·금속분·마그네슘	화기주의 및 물기엄금
	인화성 고체	**화기엄금**
	그 밖의 것	화기주의
• 제3류 위험물	자연발화성 물질	화기엄금 및 공기접촉엄금
	금수성 물질	물기엄금
• 제4류 위험물	인화성 액체	화기엄금
• 제5류 위험물	자기반응성 물질	**화기엄금 및 충격주의**
• 제6류 위험물	산화성 액체	**가연물접촉주의**

20 제1류 위험물인 과염소산칼륨 50kg이 완전 열분해하는 경우 다음 각 물음에 답하시오.(단, K의 원자량은 39, Cl의 원자량은 35.5, 표준상태를 기준으로 한다.)

(1) 생성되는 산소의 부피(m^3)를 구하시오.
(2) 생성되는 산소의 무게(kg)를 구하시오.

해답 (1) 생성되는 산소의 부피(m^3)

[계산과정] • $KClO_4$의 분자량 = 39+35.5+16×4 = 138.5
• 과염소산칼륨 1몰의 열분해 반응식 : $KClO_4 \rightarrow KCl + 2O_2$
• $V = \dfrac{WRT}{PM} \times \text{mol}(생성기체)$

$V = \dfrac{50\text{kg} \times 0.08205 \times (273+0)\text{K}}{1\text{atm} \times 138.5} \times 2몰 = 16.17\text{m}^3$

[답] 16.17m^3

(2) 생성되는 산소의 무게(kg)

[계산과정] $KClO_4 \rightarrow KCl + 2O_2$
138.5kg → 2×32kg
50kg → X

$X = \dfrac{50 \times 2 \times 32}{138.5} = 23.10\text{kg}$

[답] 23.10kg

상세해설
• 과염소산칼륨($KClO_4$)
① 물에 녹기 어렵고 알코올, 에터에 불용
② 진한 황산과 접촉 시 폭발성이 있다.
③ 황, 탄소, 유기물 등과 혼합 시 가열, 충격, 마찰에 의하여 폭발한다.
④ 400℃에서 분해가 시작되어 600℃에서 완전 분해하여 산소를 발생한다.

$KClO_4 \rightarrow KCl + 2O_2 \uparrow$
(과염소산칼륨)　(염화칼륨)　(산소)

위험물기능사 실기
2023년 11월 19일 시행

01 탄산수소나트륨에 대한 다음 각 물음에 답하시오.

(1) 270℃에서 열분해 식을 쓰시오.
(2) 탄산수소나트륨이 표준상태에서 열분해하여 발생한 이산화탄소의 부피가 100m³이 되었다면 열분해된 탄산수소나트륨의 무게는 얼마인가? (단, Na의 원자량은 23이다.)

(1) $2NaHCO_3 \rightarrow Na_2CO_3 + CO_2 + H_2O$

(2) **[계산과정]** ① $NaHCO_3$의 분자량 = 23+1+12+16×3 = 84
② $NaHCO_3$의 270℃에서 열분해 반응식
$$2NaHCO_3 \rightarrow Na_2CO_3 + CO_2 + H_2O$$
$$2 \times 84 \text{kg} \longrightarrow 22.4\text{m}^3$$
$$X \text{kg} \longrightarrow 100\text{m}^3$$
$$X = \frac{2 \times 84 \times 100}{22.4} = 750 \text{kg} (표준상태 : 0℃, 1atm)$$

[답] 750kg

• 분말약제의 열분해

종별	약제명	착색	열분해 반응식
제1종	탄산수소나트륨 중탄산나트륨 중조	백색	270℃ $2NaHCO_3 \rightarrow Na_2CO_3+CO_2+H_2O$ 850℃ $2NaHCO_3 \rightarrow Na_2O+2CO_2+H_2O$
제2종	탄산수소칼륨 중탄산칼륨	담회색	190℃ $2KHCO_3 \rightarrow K_2CO_3+CO_2+H_2O$ 590℃ $2KHCO_3 \rightarrow K_2O+2CO_2+H_2O$
제3종	제1인산암모늄	담홍색	$NH_4H_2PO_4 \rightarrow HPO_3+NH_3+H_2O$
제4종	탄산수소칼륨+요소	회(백)색	$2KHCO_3+(NH_2)_2CO$ $\rightarrow K_2CO_3+2NH_3+2CO_2$

02 제5류 위험물인 다음 각 물질의 시성식을 쓰시오.
① 질산메틸 ② 트라이나이트로톨루엔 ③ 나이트로글리세린

해답 ① CH_3ONO_2 ② $C_6H_2CH_3(NO_2)_3$ ③ $C_3H_5(ONO_2)_3$

03 담황색의 주상결정이며 폭발성 고체로서 보관 중 햇빛에 다갈색으로 변색우려가 있고 분자량이 227인 위험물의 구조식 및 열분해 반응식을 쓰시오.

해답 ① 구조식 :

② 열분해반응식 : $2C_6H_2CH_3(NO_2)_3 \rightarrow 2C + 12CO + 3N_2 + 5H_2$

상세해설

트라이나이트로톨루엔[$C_6H_2CH_3(NO_2)_3$](TNT : Tri Nitro Toluene) ★★★★★

화학식	분자량	비중	비점	융점	착화점
$C_6H_2CH_3(NO_2)_3$	227	1.7	280℃	81℃	300℃

① 물에는 녹지 않고 알코올, 아세톤, 벤젠에 녹는다.
② Tri Nitro Toluene의 약자로 TNT라고도 한다.
③ 담황색의 주상결정이며 햇빛에 다갈색으로 변색된다.
④ 톨루엔과 질산을 반응시켜 얻는다.

04 황 1kg이 연소하는 경우 필요한 공기량은 표준상태로 몇 L인가? [단, 공기 중 산소의 농도는 21%(v/v)이다.]

[계산과정]

① 황(S)의 완전연소 반응식

$$S + O_2 \rightarrow SO_2$$

32kg ⟶ $1 \times 22.4 m^3$

1kg ⟶ X

$\therefore X = \dfrac{1 \times 1 \times 22.4}{32} = 0.7 m^3$ (필요한 산소량)

② 필요한 공기량 계산

$\therefore X = \dfrac{0.7}{0.21} = 3.333333 m^3 = 3333.33 L$ (필요한 공기량)

[답] 3333.33L

05 위험물 제4류 제1석유류인 벤젠에 대한 다음 각 물음에 답하시오.

① 연소반응식   ② 지정수량   ③ 분자량

① $2C_6H_6 + 15O_2 \rightarrow 12CO_2 + 6H_2O$
② 200L
③ 78

벤젠(Benzene)(C_6H_6) : 제4류 위험물 중 제1석유류

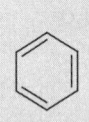 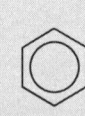

화학식	분자량	비중	비점	인화점	착화점	연소범위
C_6H_6	78	0.9	80℃	-11℃	562℃	1.4~8%

① 벤젠증기는 마취성 및 독성이 강하다.
② 비수용성이며 알코올, 아세톤, 에테르에는 용해
③ 취급 시 정전기에 유의해야 한다.

06 탄화칼슘에 대한 다음 각 물음에 답하시오.

(1) 물과 접촉할 경우 반응식을 쓰시오.
(2) 물과 반응하여 생성되는 기체의 명칭과 연소범위를 쓰시오.
(3) 생성된 기체의 완전 연소반응식을 쓰시오.

해답
(1) $CaC_2 + 2H_2O \rightarrow Ca(OH)_2 + C_2H_2 \uparrow$
(2) ① 기체의 명칭 : 아세틸렌   ② 기체의 연소범위 : 2.5~81%
(3) $2C_2H_2 + 5O_2 \rightarrow 4CO_2 + 2H_2O$

상세해설
탄화칼슘(CaC_2)-제3류 위험물-칼슘탄화물

화학식	분자량	융점	비중
CaC_2	64	2370℃	2.21

① **물과 접촉 시 아세틸렌을 생성하고 열을 발생시킨다.**
$$CaC_2 + 2H_2O \rightarrow Ca(OH)_2(수산화칼슘) + C_2H_2 \uparrow (아세틸렌)$$
② **아세틸렌의 폭발범위는 2.5~81%로 대단히 넓어서 폭발위험성이 크다.**
③ **장기 보관시 불활성기체(N_2 등)를 봉입**하여 저장한다.
④ 고온(700℃)에서 질화되어 석회질소($CaCN_2$)가 생성된다.
$$CaC_2 + N_2 \rightarrow CaCN_2(석회질소) + C(탄소)$$
⑤ 물 및 포 약제에 의한 소화는 절대 금하고 마른모래 등으로 피복 소화한다.

07 유별을 달리하는 위험물의 혼재기준 중 위험물의 저장량이 지정수량의 $\frac{1}{10}$을 초과하는 경우 빈칸에 알맞은 위험물의 유별을 모두 쓰시오.

유별	혼재가 가능한 유별
제2류 위험물	
제3류 위험물	
제4류 위험물	

해답

유별	혼재가 가능한 유별
제2류 위험물	제4류 위험물, 제5류 위험물
제3류 위험물	제4류 위험물
제4류 위험물	제2류 위험물, 제3류 위험물, 제5류 위험물

상세해설

• 유별을 달리하는 위험물의 혼재기준

구 분	제1류	제2류	제3류	제4류	제5류	제6류
제1류		×	×	×	×	○
제2류	×		×	○	○	×
제3류	×	×		○	×	×
제4류	×	○	○		○	×
제5류	×	○	×	○		×
제6류	○	×	×	×	×	

• 쉬운 암기법

↓ 1 + 6 ↑   2 + 4
↓ 2 + 5 ↑   5 + 4
↓ 3 + 4 ↑

---

08 어느 위험물제조소등에 다음 [보기]와 같은 위험물이 저장되어 있다. 위험물의 지정수량의 배수 합을 구하시오. (3점)

[보기] 황 100kg, 철분 500kg, 질산염류 600kg

[계산과정] 지정수량의 배수 = $\dfrac{저장수량}{지정수량} = \dfrac{100}{100} + \dfrac{500}{500} + \dfrac{600}{300} = 4$배

[답] 4배

상세해설

• 제1류 위험물의 지정수량

성질	품 명	지정수량	위험등급
산화성 고체	1. 아염소산염류, 염소산염류, 과염소산염류, 무기과산화물	50kg	I
	2. 브로민산염류, **질산염류**, 아이오딘산염류	300kg	II
	3. 과망가니즈산염류, 다이크로뮴산염류	1000kg	III

• 제2류 위험물의 지정수량

성 질	품 명	지정수량	위험등급
가연성 고체	1. 황화인, 적린, **황**	100kg	II
	2. **철분**, 금속분, 마그네슘	500kg	III
	3. 인화성고체	1000kg	

09 탄소가 완전 연소할 때의 연소반응식을 쓰고, 12kg의 탄소가 완전연소 하는데 필요한 산소의 부피(m^3)를 750mmHg, 30℃ 기준으로 구하시오. (6점)

해답
① 연소 반응식 : $C + O_2 \rightarrow CO_2$
② 필요한 산소의 부피
[계산과정]
[방법 1]
① 탄소의 완전연소 반응식
　　$C + O_2 \rightarrow CO_2$
　　12kg ─── $1 \times 22.4 m^3$
　　12kg ─── X
∴ $X = \dfrac{12 \times 1 \times 22.4}{12} = 22.4 m^3$ (필요한 산소의 부피)
　　　　　　　　　　(0℃, 1기압(760mmHg))

② 750mmHg, 30℃ 기준으로 환산
$\dfrac{P_1 V_1}{T_1} = \dfrac{P_2 V_2}{T_2}$, $\dfrac{760 \times 22.4}{273 + 0} = \dfrac{750 \times V_2}{273 + 30}$

③ $V_2 = \dfrac{760 \times 22.4 \times 303}{750 \times 273} = 25.19 m^3$

[답] $25.19 m^3$

[방법 2]
① 탄소(C)원자량 12
② 필요한 산소의 부피
$V = \dfrac{WRT}{PM} \times \text{mol(산소)} = \dfrac{12 \times 0.082 \times (273+30)}{(750/760) \times 12} \times 1 = 25.18 m^3$

[답] $25.18 m^3$

---

10 원자량이 약 24이고, 은백색의 광택이 나는 가벼운 금속이며 산과 작용하여 수소를 발생하는 제2류 위험물의 물질명을 쓰고, 그 물질과 염산과의 화학반응식을 쓰시오. (5점)

해답
① 물질명 : 마그네슘
② 화학반응식 : $Mg + 2HCl \rightarrow MgCl_2 + H_2$

- 마그네슘(Mg) : 제2류 위험물
  ① 2mm체 통과 못하는 덩어리는 위험물에서 제외한다.
  ② 직경 2mm 이상 막대모양은 위험물에서 제외한다.
  ③ 은백색의 광택이 나는 가벼운 금속이다.
  ④ 수증기와 작용하여 수소를 발생시킨다.(주수소화 금지)

  $$Mg + 2H_2O \rightarrow Mg(OH)_2 + H_2 \uparrow$$

  ⑤ 이산화탄소 약제를 방사하면 주위의 공기 중 수분이 응축하여 위험하다.
  ⑥ 산과 작용하여 수소를 발생시킨다.

  $$Mg(마그네슘) + 2HCl(염산) \rightarrow MgCl_2(염화마그네슘) + H_2(수소) \uparrow$$

  ⑦ 공기 중 습기에 발열되어 자연발화 위험이 있다.
  ⑧ 주수소화는 엄금이며 마른모래 등으로 피복 소화한다.

11. 다이에틸에터에 대한 다음 각 물음에 답하시오. (6점)

(1) 인화점을 쓰시오.
(2) 연소범위를 쓰시오.
(3) 위험물안전관리법령상 품명을 쓰시오.

해답
(1) −40℃
(2) 1.7~48%
(3) 특수인화물

- 제4류 위험물(인화성 액체)

구 분	지정품목	기타 조건 (1atm에서)
특수인화물	• 이황화탄소 • 다이에틸에터	• 발화점이 100℃ 이하 • 인화점 −20℃ 이하이고 비점이 40℃ 이하
제1석유류	• 아세톤 • 휘발유	• 인화점 21℃ 미만
알코올류	C_1~C_3까지 포화 1가 알코올(변성알코올 포함) • 메틸알코올 • 에틸알코올 • 프로필알코올	
제2석유류	• 등유 • 경유	• 인화점 21℃ 이상 70℃ 미만
제3석유류	• 중유 • 크레오소트유	• 인화점 70℃ 이상 200℃ 미만
제4석유류	• 기어유 • 실린더유	• 인화점 200℃ 이상 250℃ 미만
동식물유류	• 동물의 지육 등 또는 식물의 종자나 과육으로부터 추출한 것으로서 인화점이 250℃ 미만인 것	

12 위험물안전관리법령상 [보기]의 위험물을 저장하는 경우 옥내저장소의 저장창고 바닥면적은 몇 m² 이하로 하여야 하는지 쓰시오. (3점)

[보기] ① 염소산염류 ② 제2석유류 ③ 유기과산화물

해답 ① 1000m² 이하 ② 2000m² 이하 ③ 1000m² 이하

상세해설

• 옥내저장소의 저장창고 바닥면적 설치기준 ★★

위험물의 종류	바닥면적
• 제1류 위험물 중 아염소산염류, 염소산염류, 과염소산염류, 무기과산화물, 그 밖에 지정수량 50kg인 위험물 • 제3류 위험물 중 칼륨, 나트륨, 알킬알루미늄, 알킬리튬, 그 밖에 지정수량이 10kg인 위험물 및 **황린** • 제4류 위험물 중 특수인화물, 제1석유류 및 알코올류 • 제5류 위험물 중 유기과산화물, 질산에스터류, 그 밖에 지정수량이 10kg인 위험물 • 제6류 위험물	1000m² 이하
• 위 이외의 위험물을 저장하는 창고	2000m² 이하
• 내화구조의 격벽으로 완전히 구획된 실에 각각 저장하는 창고	1500m² 이하

---

13 다음의 위험물에 대해 위험물안전관리법령상 해당하는 품명과 지정수량을 쓰시오.

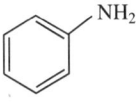

○ 품명
○ 지정수량

해답 ○ 품명 : 제3석유류   ○ 지정수량 : 2000L

상세해설

아닐린($C_6H_5NH_2$)-제3석유류-2000L
① 햇빛 또는 공기에 접촉시 적갈색으로 변색된다.
② 물에는 약간 녹고(용해도 3.6%) 유기용제에 녹는다.
③ 금속과 반응하여 수소를 발생시킨다.

아닐린의 제조방법 ★★★
나이트로벤젠을 수소로서 환원(수소와 결합)하여 아닐린을 만든다.
$$C_6H_5NO_2 + 3H_2 \rightarrow C_6H_5NH_2 + 2H_2O$$
(나이트로벤젠) (수소)   (아닐린) (물)

14 [보기]의 위험물에 대한 인화점이 낮은 것부터 높은 순서대로 나열 하시오.

[보기] 나이트로벤젠, 아세톤, 에탄올, 아세트산

해답 아세톤-에탄올-아세트산-나이트로벤젠

상세해설
- 제4류 위험물의 물성

품 명	나이트로벤젠	아세톤	에탄올	아세트산(초산)
유 별	제3석유류	제1석유류	알코올류	제2석유류
인화점	88℃	-18℃	13℃	40℃

15 다음 위험물을 수납한 운반용기의 외부에 표시하는 주의사항을 모두 쓰시오. (단, 원칙적인 경우에 한한다.) (6점)

  ○ 제4류 위험물 :
  ○ 제5류 위험물 :
  ○ 제6류 위험물 :

해답
  ○ 제4류 위험물 : 화기엄금
  ○ 제5류 위험물 : 화기엄금 및 충격주의
  ○ 제6류 위험물 : 가연물접촉주의

상세해설
- 위험물 운반용기의 외부 표시 사항
  ① 위험물의 품명, 위험등급, 화학명 및 수용성(제4류 위험물의 수용성인 것에 한함)
  ② 위험물의 수량
  ③ 수납하는 위험물에 따른 주의사항

류 별	성질에 따른 구분	표시 사항
• 제1류 위험물	알칼리금속의 과산화물	화기·충격주의, 물기엄금 및 가연물접촉주의
	그 밖의 것	화기·충격주의 및 가연물접촉주의
• 제2류 위험물	철분·금속분·마그네슘	화기주의 및 물기엄금
	인화성 고체	화기엄금
	그 밖의 것	화기주의
• 제3류 위험물	자연발화성 물질	화기엄금 및 공기접촉엄금
	금수성 물질	물기엄금
• **제4류 위험물**	**인화성 액체**	**화기엄금**
• **제5류 위험물**	**자기반응성 물질**	**화기엄금 및 충격주의**
• **제6류 위험물**	**산화성 액체**	**가연물접촉주의**

16 다음 [보기]에서 설명하는 제3류 위험물의 명칭을 쓰고, 이 물질과 물과의 화학반응식을 쓰시오.

[보기]
- 적갈색의 고체이다.
- 지정수량은 300kg이다.
- 물과 반응할 때 인화수소를 발생한다.
- 물 및 산과 반응한다.
- 비중은 약 2.5이다.

① 위험물명 : 인화칼슘
② 물과의 화학반응식 : $Ca_3P_2 + 6H_2O \rightarrow 3Ca(OH)_2 + 2PH_3$

- 인화칼슘(Ca_3P_2)[별명 : 인화석회] : 제3류 위험물(금수성 물질)
  ① 분자량 = $40 \times 3 + 31 \times 2 = 182$
  ② 적갈색의 괴상고체
  ③ 물 및 약산과 격렬히 반응, 분해하여 인화수소(포스핀)(PH_3)를 생성한다.
  - $Ca_3P_2 + 6H_2O \rightarrow 3Ca(OH)_2 + 2PH_3$(포스핀 = 인화수소)
  - $Ca_3P_2 + 6HCl \rightarrow 3CaCl_2 + 2PH_3$(포스핀 = 인화수소)
  ④ 포스핀은 맹독성 가스이므로 취급 시 방독마스크를 착용한다.
  ⑤ 물 및 포 약제에 의한 소화는 절대 금하고 마른모래 등으로 피복하여 자연 진화 되도록 기다린다.

17 위험물안전관리법령상 간이탱크저장소에 대하여 다음 각 물음에 답하시오. (6점)

(1) 1개의 간이탱크 저장소에 설치하는 간이저장탱크는 몇 개 이하로 하여야 하는지 쓰시오.
(2) 간이저장탱크의 용량은 몇 L 이하이어야 하는지 쓰시오.
(3) 간이저장탱크는 두께를 몇 mm 이상의 강판으로 하여야 하는지 쓰시오.

(1) 3개 이하
(2) 600L 이하
(3) 3.2mm 이상

- 간이탱크저장소의 위치·구조 및 설비기준
  ① 하나의 간이탱크저장소에 설치하는 간이저장탱크는 그 수를 **3 이하**로 하고, 동일한 품질의 위험물의 간이저장탱크를 **2 이상 설치하지 아니하여야 한다.**

② 간이저장탱크는 옥외에 설치하는 경우에는 그 탱크의 주위에 너비 1m 이상의 공지를 두고, 전용실안에 설치하는 경우에는 탱크와 전용실의 벽과의 사이에 0.5m 이상의 간격을 유지하여야 한다.
③ 간이저장탱크의 **용량은 600L 이하**
④ 간이저장탱크는 **두께 3.2mm 이상의 강판, 70kPa의 압력으로 10분간의 수압시험**을 실시
⑤ 간이저장탱크에는 밸브 없는 통기관을 설치
  ㉠ 통기관의 **지름은 25mm 이상**
  ㉡ 통기관은 옥외에 설치하되, 그 끝부분의 높이는 **지상 1.5m 이상**
  ㉢ 통기관의 끝부분은 수평면에 대하여 아래로 **45도 이상 구부려** 빗물 등이 침투하지 아니하도록 할 것
  ㉣ 가는 눈의 구리망 등으로 인화방지장치를 할 것

---

18 아래의 물질을 옥외저장탱크·옥내저장탱크 또는 지하저장탱크 중 압력탱크 외의 탱크에 저장하는 경우 저장온도는 몇 ℃ 이하로 유지하여야 하는지 쓰시오. (3점)

① 다이에틸에터   ② 아세트알데하이드   ③ 산화프로필렌

해답
① 다이에틸에터 : 30℃ 이하
② 아세트알데하이드 : 15℃ 이하
③ 산화프로필렌 : 30℃ 이하

상세해설
- 옥외저장탱크·옥내저장탱크 또는 지하저장탱크의 저장 유지온도

구 분	압력탱크 외의 탱크	구 분	압력탱크
산화프로필렌과 이를 함유한 것 또는 다이에틸에터등	30℃ 이하	아세트알데하이드등 또는 다이에틸에터등	40℃ 이하
아세트알데하이드 또는 이를 함유한 것	15℃ 이하		

- 이동저장탱크의 저장 유지온도

구 분	보냉장치가 있는 경우	보냉장치가 없는 경우
아세트알데하이드등 또는 다이에틸에터등	비점 이하	40℃ 이하

19 다음 [보기]의 위험물 중 위험물안전관리법령상 포소화설비가 적응성이 없는 것을 모두 선택하여 쓰시오. (단, 모두 적응성이 있을 경우는 "해당 없음" 이라고 쓰시오.) (3점)

[보기] 철분, 인화성고체, 황린, 알킬알루미늄, TNT

해답 철분, 알킬알루미늄

상세해설
- 철분-제2류
- 인화성고체-제2류
- 황린-제3류 그 밖의 것
- 알킬알루미늄-제3류 금수성
- TNT(트라이나이트로톨루엔)-제5류

소화설비의 적응성

소화설비의 구분		제1류 위험물		제2류 위험물			제3류 위험물		제4류 위험물	제5류 위험물	제6류 위험물
		알칼리금속과산화물 등	그 밖의 것	철분·금속분·마그네슘 등	인화성고체	그 밖의 것	금수성물품	그 밖의 것			
옥내소화전 또는 옥외소화전설비			○		○	○		○		○	○
스프링클러설비			○		○	○		○	△	○	○
물분무등소화설비	물분무소화설비		○		○	○		○	○	○	○
	포소화설비		○		○	○		○	○	○	○
	불활성기체 소화설비				○				○		
	할로젠화합물 소화설비				○				○		
	분말소화설비	인산염류 등		○		○	○			○		○
		탄산수소염류 등	○		○	○		○		○		
		그 밖의 것	○		○			○				

20 [보기]의 위험물을 지정수량이 큰 것부터 작은 순서대로 나열하시오. (4점)

[보기] 아염소산염류, 아이오딘산염류, 다이크로뮴산염류, 철분, 황화인

해답 다이크로뮴산염류 - 철분 - 아이오딘산염류 - 황화인 - 아염소산염류

상세해설
- 아염소산염류-제1류-50kg
- 아이오딘산염류-제1류-300kg
- 다이크로뮴산염류-제1류-1,000kg
- 철분-제2류-500kg
- 황화인-제2류-100kg

• 제1류 위험물 및 지정수량

성 질	품 명	지정수량	위험등급
산화성 고체	1. 아염소산염류 2. 염소산염류 3. 과염소산염류 4. 무기과산화물 (아염과무)	50kg	I
	5. 브로민산염류 6. 질산염류 7. 아이오딘산염류 (브질오)	300kg	II
	8. 과망가니즈산염류 9. 다이크로뮴산염류	1,000kg	III

• 제2류 위험물의 지정수량

성 질	품 명	지정수량	위험등급
가연성 고체	1. 황화인, 적린, 황	100kg	II
	2. 철분, 금속분, 마그네슘	500kg	III
	3. 인화성 고체	1,000kg	

위험물기능사 실기

2024년 3월 16일 시행

01 다음 [표]는 위험물안전관리법령에서 정한 자체소방대에 두는 화학소방자동차 및 자체소방대원의 수에 관한 것이다. 빈칸에 알맞은 답을 쓰시오.

사업소의 구분	화학소방자동차	자체소방대원의 수
1. 제조소 또는 일반취급소에서 취급하는 제4류 위험물의 최대수량의 합이 지정수량의 3천배 이상 12만배 미만인 사업소	1대	①
2. 제조소 또는 일반취급소에서 취급하는 제4류 위험물의 최대수량의 합이 지정수량의 12만배 이상 24만배 미만인 사업소	2대	10인
3. 제조소 또는 일반취급소에서 취급하는 제4류 위험물의 최대수량의 합이 지정수량의 24만배 이상 48만배 미만인 사업소	3대	②
4. 제조소 또는 일반취급소에서 취급하는 제4류위험물의 최대수량의 합이 지정수량의 48만배 이상인 사업소	4대	③
5. 옥외탱크저장소에 저장하는 제4류 위험물의 최대수량이 지정수량의 50만배 이상인 사업소	④	⑤

해답 ① 5인 ② 15인 ③ 20인 ④ 2대 ⑤ 10인

상세해설
- 자체소방대에 두는 화학소방자동차 및 인원(제4류 위험물)

사업소의 구분	취급하는 최대수량의 합	화학소방자동차	자체소방대원의 수
제조소 또는 일반취급소	지정수량의 **3천배 이상 12만배 미만**	1대	5인
	지정수량의 **12만배 이상 24만배 미만**	2대	10인
	지정수량의 **24만배 이상 48만배 미만**	3대	15인
	지정수량의 **48만배 이상**인 사업소	4대	20인
옥외탱크저장소	지정수량의 **50만배 이상**	2대	10인

02 다음 제4류 위험물에 대한 증기밀도(g/L)를 구하시오. (단, 1기압, 30℃ 기준)

(1) 에틸알코올   (2) 톨루엔

해답

(1) [계산과정] 에틸알코올(C_2H_5OH) 분자량 $M = 12 \times 2 + 1 \times 6 + 16 = 46$

$$\rho = \frac{1 \times 46}{0.082 \times (273+30)} = 1.85 \text{g/L}$$

[답] 1.85g/L

(2) [계산과정] 톨루엔($C_6H_5CH_3$) 분자량 $M = 12 \times 7 + 1 \times 8 = 92$

$$\rho = \frac{1 \times 92}{0.082 \times (273+30)} = 3.70 \text{g/L}$$

[답] 3.70g/L

상세해설

- 표준상태 : 0℃, 1atm
- 증기밀도 $\rho = \dfrac{PM}{RT} = \dfrac{1 \times M}{0.082 \times (273+0)} = \dfrac{M(\text{g})}{22.4\text{L}}$

  여기서, P : 압력(atm), M : 분자량, R : 기체상수(0.082atm·L/mol·K), T : 절대온도(273+t℃)K

- 증기비중 $= \dfrac{M(\text{분자량})}{29(\text{공기평균분자량})}$

03 표준상태에서 2kg의 황이 완전연소를 위하여 필요한 공기의 부피(L)를 계산하시오. (단, 황의 분자량은 32이고, 공기 중에 산소는 부피농도로 21% 존재한다.)

해답 [계산과정] ① 황(S) 1몰의 완전연소 반응식

$S + O_2 \rightarrow SO_2$

② 완전연소에 필요한 산소의 부피(표준상태 : 0℃, 1atm(기압))

$$V = \frac{WRT}{PM} \times O_2 \text{mol수} = \frac{2,000\text{g} \times 0.082 \times (273+0)\text{K}}{1\text{atm} \times 32} \times 1\text{mol}$$
$$= 1,399.125\text{L}$$

③ 필요한 공기의 부피 $V = \dfrac{1399.125\text{L}}{0.21} = 6,662.5\text{L}$

[답] 6,662.5L

04 다음 [보기]의 위험물을 보고 각 물음에 답하시오. (단, 두 가지 모두 해당되면 중복하여 쓰시오)

[보기] 휘발유, 다이에틸에터, 황화인, 마그네슘, 황린, 질산암모늄, 질산, 과산화나트륨

(1) 차광성이 있는 피복으로 가려야 하는 위험물을 모두 쓰시오.
(2) 방수성이 있는 피복으로 덮어야 하는 것을 모두 쓰시오.

 (1) 질산암모늄, 과산화나트륨, 황린, 다이에틸에터, 질산
(2) 마그네슘, 과산화나트륨

○ 휘발유(제4류 1석유류)
○ 다이에틸에터(제4류 특수인화물)
○ 황화인(제2류)
○ 마그네슘(제2류)
○ 황린(제3류 자연발화성)
○ 질산암모늄(제1류)
○ 질산(제6류)
○ 과산화나트륨(제1류 알칼리금속의 과산화물)

• 적재하는 위험물의 성질에 따른 조치
① 차광성이 있는 피복으로 가려야하는 위험물
㉠ 제1류 위험물
㉡ 제3류 위험물 중 자연 발화성 물질
㉢ 제4류 위험물 중 특수인화물
㉣ 제5류 위험물
㉤ 제6류 위험물
② 방수성이 있는 피복으로 덮어야 하는 것
㉠ 제1류 위험물 중 알칼리금속의 과산화물
㉡ 제2류 위험물 중 철분·금속분·마그네슘 또는 이들 중 어느 하나 이상을 함유한 것
㉢ 제3류 위험물 중 금수성 물질

제 2 부 최근 기출문제

05 제5류 위험물인 나이트로글리세린에 대한 다음 각 물음에 답하시오.

(1) 구조식
(2) 품명
(3) 고온에서 폭발·분해하여 이산화탄소, 질소, 산소, 수증기가 생성되는 반응식을 쓰시오.

해답 (1) 구조식

$$\begin{array}{c} H \quad H \quad H \\ | \quad | \quad | \\ H-C-C-C-H \\ | \quad | \quad | \\ O \quad O \quad O \\ | \quad | \quad | \\ NO_2 \ NO_2 \ NO_2 \end{array}$$

(2) 품명 : 질산에스터류
(3) 고온에서 폭발·분해 반응식 : $4C_3H_5(ONO_2)_3 \rightarrow 12CO_2 + 6N_2 + O_2 + 10H_2O$

상세해설
• 나이트로글리세린(Nitro Glycerine) : NG [$C_3H_5(ONO_2)_3$] ★★★★★

화학식	분자량	비중	융점	비점	착화점
$C_3H_5(ONO_2)_3$	227	1.6	13℃	160℃	210℃

① 상온에서는 액체이지만 겨울철에는 동결한다.
② 진한질산과 진한 황산을 가하면 나이트로화하여 나이트로글리세린으로 된다.

글리세린의 나이트로화반응

$$C_3H_5(OH)_3 + 3HONO_2 \xrightarrow{H_2SO_4} C_3H_5(ONO_2)_3 + 3H_2O$$
(글리세린)   (질산)   (트라이나이트로글리세린) (물)

③ 비수용성이며 메탄올, 아세톤 등에 녹는다.
④ 가열, 마찰, 충격에 예민하여 대단히 위험하다.
⑤ 산과 접촉 시 분해가 촉진되고 폭발우려가 있다.

나이트로글리세린의 열분해 반응식
$$4C_3H_5(ONO_2)_3 \rightarrow 12CO_2\uparrow + 6N_2\uparrow + O_2\uparrow + 10H_2O$$

⑥ 다이나마이트(규조토+나이트로글리세린), 무연화약 제조에 이용된다.

06 철과 묽은 염산이 반응하는 경우 다음 각 물음에 답하시오.

(1) 반응식을 쓰시오.
(2) 반응 시 생성되는 기체의 명칭을 쓰시오.

해답 (1) $Fe + 2HCl \rightarrow FeCl_2 + H_2$
(2) 수소

07 다음 보기의 위험물이 물과 반응하는 경우 생성되는 가연성기체의 명칭을 쓰시오. (단, 생성기체가 없으면 "해당 없음"이라고 쓰시오.)

> [보기] (1) 트라이에틸알루미늄 (2) 인화알루미늄
> (3) 염소산칼륨 (4) 과염소산나트륨
> (5) 사이안화수소

 (1) 에탄 (2) 인화수소(포스핀)
(3) "해당 없음" (4) "해당 없음"
(5) "해당 없음"

(1) 트라이에틸알루미늄 : $(C_2H_5)_3Al + 3H_2O \rightarrow Al(OH)_3 + 3C_2H_6$
(2) 인화알루미늄 : $AlP + 3H_2O \rightarrow Al(OH)_3 + PH_3$
(3) 염소산칼륨 : $KClO_3 + H_2O \rightarrow$ 용해
(4) 과염소산나트륨 : $NaClO_4 + H_2O \rightarrow$ 용해
(5) 사이안화수소 : $KCN + H_2O \rightarrow$ 용해

08 알루미늄의 화재에 주수소화를 금지하고 있다 그 이유를 물과의 반응과 연관시켜 쓰시오.

 알루미늄은 물과 반응하여 가연성 가스인 수소를 발생하기 때문

- 알루미늄분(Al) : 제2류 위험물-금속분

화학식	원자량	비중	융점	비점
Al	27	2.7	660℃	2,000℃

① 은백색의 분말이며 비중이 약 2.7이다.
② **알루미늄이 연소하면 백색연기를 내면서 산화알루미늄을 생성한다.**
$$4Al + 3O_2 \rightarrow 2Al_2O_3$$
③ 가열된 **알루미늄은 물(수증기)과 반응하여 수소를 발생시킨다.**
$$2Al + 6H_2O \rightarrow 2Al(OH)_3 + 3H_2 \uparrow$$
④ 알루미늄(Al)은 염산과 반응하여 수소를 발생한다.
$$2Al + 6HCl \rightarrow 2AlCl_3 + 3H_2 \uparrow$$
⑤ 주수소화는 엄금이며 마른모래 등으로 피복 소화한다.

09 다음 [보기]는 위험물안전관리법령상 판매취급소의 기준에 관한 내용이다. ( )안에 알맞은 답을 쓰시오.

[보기]
(1) 판매취급소는 저장 또는 취급하는 위험물의 수량이 지정수량의 ( ) 이하인 판매취급소를 말한다.
(2) 위험물을 배합하는 실의 바닥면적 기준을 쓰시오.
(3) 출입구 문턱의 높이는 바닥면으로부터 몇 m 이상으로 하여야 하는지 쓰시오.

 (1) 40배
(2) $6m^2$ 이상 $15m^2$ 이하
(3) 0.1m 이상

- 판매취급소의 구분

취급소의 구분	저장 또는 취급하는 위험물의 수량
제1종 판매취급소	지정수량의 20배 이하
제2종 판매취급소	지정수량의 40배 이하

- 위험물을 배합하는 실은 다음에 의할 것.
  ① 바닥면적은 $6m^2$ 이상 $15m^2$ 이하일 것
  ② 내화구조로 된 벽으로 구획할 것
  ③ 바닥은 위험물이 침투하지 아니하는 구조로 하여 적당한 경사를 두고 집유설비를 할 것
  ④ 출입구에는 수시로 열 수 있는 자동폐쇄식의 60분+방화문 또는 60분방화문을 설치할 것
  ⑤ 출입구 문턱의 높이는 바닥면으로부터 0.1m 이상으로 할 것
  ⑥ 내부에 체류한 가연성의 증기 또는 가연성의 미분을 지붕 위로 방출하는 설비를 할 것

10 위험물안전관리법령에서 정한 방법으로 그림과 같은 원통형 탱크의 내용적(m^3)을 구하시오.

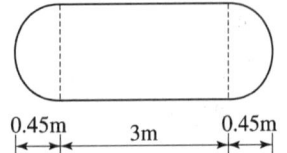

[계산과정] $V = \pi \times 1^2 \times \left(3 + \dfrac{0.45 + 0.45}{3}\right) = 10.37\text{m}^3$

[답] 10.37m^3

• 탱크의 내용적 계산방법
  ① 타원형 탱크의 내용적
    ㉠ 양쪽이 볼록한 것

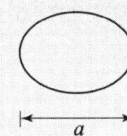 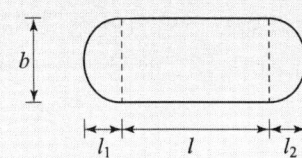

$$\text{내용적} = \dfrac{\pi ab}{4}\left(l + \dfrac{l_1 + l_2}{3}\right)$$

    ㉡ 한쪽은 볼록하고 다른 한쪽은 오목한 것

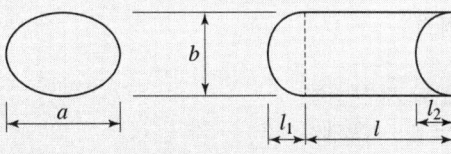

$$\text{내용적} = \dfrac{\pi ab}{4}\left(l + \dfrac{l_1 - l_2}{3}\right)$$

  ② 원통형 탱크의 내용적
    ㉠ 횡으로 설치한 것

 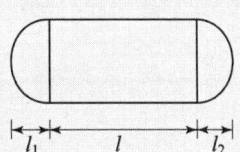

$$\text{내용적} = \pi r^2 \left(l + \dfrac{l_1 + l_2}{3}\right)$$

    ㉡ 종으로 설치한 것

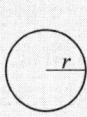 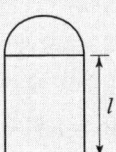

$$\text{내용적} = \pi r^2 l$$

11 다음 각 물음에 알맞은 답을 쓰시오.

(1) 메틸알코올이 산화되어 생성되는 물질인 알데하이드의 화학식을 쓰시오.
(2) (1)에서 답한 물질이 산화되어 생성되는 물질인 카복실기의 화학식을 쓰시오.
(3) (2)에서 답한 물질의 지정수량을 쓰시오.
(4) 에틸알코올이 산화되어 생성되는 물질인 알데하이드의 명칭을 쓰시오.
(5) (4)에서 답한 물질의 품명을 쓰시오.

해답
(1) HCHO
(2) HCOOH
(3) 2000L
(4) 아세트알데하이드
(5) 특수인화물

상세해설 알코올의 산화 시 생성물
① 1차 알코올 → 알데하이드 → 카복실산

- $C_2H_5OH(에틸알코올) \xrightarrow{CuO} CH_3CHO(아세트알데하이드) \xrightarrow{+O} CH_3COOH(초산)$
- $CH_3OH(메틸알코올) \xrightarrow[-H_2O]{+O} HCHO(포름알데하이드) \xrightarrow{+O} HCOOH(포름산)$

② 2차 알코올 → 케톤

- $CH_3-\underset{\underset{OH}{|}}{CH}-CH_3(아이소프로필\ 알코올) \xrightarrow{+O} CH_3-CO-CH_3(아세톤) + H_2O(물)$

12 다음 [보기]에서 설명하는 제4류 위험물에 대한 물질을 화학식으로 쓰시오.

[보기]
(1) 제2석유류로서 수용성이며 16.7℃ 이하에서 얼음과 같이 되어 빙초산이라고도 하며, 신맛이 나고 분자량 60이다.
(2) 벤젠고리에서 수소원자 한 개를 나이트로기로 치환된 물질이다.
(3) 3가 알코올이고 수용성이며 단맛이 있어 감유라고도 한다.

해답 (1) CH_3COOH (2) $C_6H_5NO_2$ (3) $C_3H_5(OH)_3$

상세해설

- 초산(아세트산)(CH_3COOH)-수용성

화학식	분자량	비중	인화점	착화점	연소범위
CH_3COOH	60	1.05	40℃	427℃	5.4~16.9%

① 16.7℃ 이하에서 얼음과 같이 되어 빙초산이라고도 한다.
② 3~4%의 수용액이 식초이다.
③ 물에 잘 혼합되고 피부접촉시 수포가 발생한다.

- 글리세린(글리세롤)($C_3H_5(OH)_3$) ★★

$$\begin{array}{l} CH_2-OH \\ CH\ -OH \\ CH_2-OH \end{array} \quad \begin{array}{l} H\ \ H\ \ H \\ |\ \ \ |\ \ \ | \\ H-C-C-C-H \\ |\ \ \ |\ \ \ | \\ OH\ OH\ OH \end{array}$$

화학식	분자량	비중	비점	인화점	착화점
$C_3H_5(OH)_3$	92	1.26	182℃	160℃	370℃

① 무색의 점성이 있는 액체이다.
② 단맛이 있어 감유라고도 한다.
③ 물, 알코올에는 잘 녹는다.
④ 인체에는 독성이 없고, 화장품의 제조에 이용된다.

---

13 에틸알코올에 대한 다음 각 물음에 답하시오.

(1) 에틸알코올과 나트륨의 반응식을 쓰시오.
(2) 에틸알코올 46g이 나트륨과 반응하는 경우 생성되는 기체의 부피(L)를 구하시오. (단, 1기압 25℃를 기준으로 한다)

해답

(1) $2C_2H_5OH + 2Na \rightarrow 2C_2H_5ONa + H_2$

(2) **[계산과정]** 에틸알코올(C_2H_5OH)의 분자량 = $12 \times 2 + 1 \times 6 + 16 = 46$

$W = 46g$
$R = 0.082 atm \cdot L/mol \cdot K$
$T = 273 + 25 = 298K$
$P = 1atm$
$M = 46$

에틸알코올 1몰 기준 생성기체(H_2)의 몰수 = 0.5몰(mol)

$V = \dfrac{WRT}{PM} \times$ 생성기체 mol수 $= \dfrac{46g \times 0.082 \times 298}{1 \times 46} \times 0.5 mol$

$= 12.22L$

[답] 12.22L

상세해설

- C_2H_5OH와 Na의 반응식
  ① $2C_2H_5OH + 2Na \rightarrow 2C_2H_5ONa + H_2$
  ② $C_2H_5OH + Na \rightarrow C_2H_5ONa + 0.5H_2$(에틸알코올 1몰 기준)

- 생성기체 계산공식

$$V = \frac{WRT}{PM} \times K$$

여기서, V : 생성기체 부피(L), W : 반응물질의 무게(g)
R : 기체상수(0.082atm · L/mol · K), T : 절대온도(273+t℃)
P : 압력(atm), M : 분자량, K : 생성기체 몰수(반응물질 1몰 기준)

- 나트륨(Na)-제3류-금수성물질

화학식	원자량	비점	융점	비중	불꽃색상
Na	23	880℃	97.8℃	0.97	노란색

① 가열시 노란색 불꽃을 내면서 연소한다.
② 물과 반응하여 수소 및 열을 발생한다.(금수성 물질)

$$2Na + 2H_2O \rightarrow 2NaOH + H_2$$

③ 에틸알코올과 반응하여 나트륨에틸레이트를 생성한다.

$$2Na + 2C_2H_5OH \rightarrow 2C_2H_5ONa + H_2$$

④ 보호액으로 파라핀 · 경유 · 등유 등을 사용한다.
⑤ 마른모래 등으로 질식 소화한다.

금속나트륨 화재 시 CO_2소화기 사용금지 이유
금속나트륨과 이산화탄소는 폭발적으로 반응하기 때문에 위험
$$4Na + 3CO_2 \rightarrow 2Na_2CO_3 + C$$

---

14 다음 [보기]는 제6류 위험물을 저장하고 있는 옥내저장소에 관한 내용이다. [보기]의 내용에서 틀린 부분이 있으면 찾아서 올바르게 고치시오. (단, 해당 사항이 없으면 "해당 없음"이라고 쓰시오.)

> [보기] ① 안전거리를 두지 않아도 된다.
> ② 저장창고의 바닥면적은 2000m² 이하로 한다.
> ③ 지붕은 내화구조로 할 수 있다.
> ④ 지정수량 10배 이상은 피뢰침을 설치하지 않아도 된다.

해답 ② 2000m² 이하 → 1000m² 이하

상세해설

- 옥내저장소의 저장창고 바닥면적 설치기준 ★★

위험물의 종류	바닥면적
• 제1류 위험물 중 아염소산염류, 염소산염류, 과염소산염류, 무기과산화물, 지정수량 50kg인 것 • 제3류 위험물 중 칼륨, 나트륨, 알킬알루미늄, 알킬리튬, 지정수량 10kg인 것 및 황린 • 제4류 위험물 중 특수인화물, 제1석유류 및 알코올류 • 제5류 위험물 중 유기과산화물, 질산에스터류, 지정수량 10kg인 것 • 제6류 위험물	1000m² 이하
• 위 이외의 위험물	2000m² 이하
• 내화구조의 격벽으로 완전히 구획된 실	1500m² 이하

- 피뢰설비
  지정수량의 **10배 이상**의 위험물을 취급하는 제조소(**제6류** 위험물을 취급하는 위험물제조소를 **제외**)에는 피뢰침을 설치할 것

15 다음은 위험물안전관리법령상 제4류 위험물에 대한 용어의 정의이다. ( )안에 알맞은 답을 쓰시오.

(1) "특수인화물"이라 함은 이황화탄소, 다이에틸에터 그 밖에 1기압에서 발화점이 섭씨 (①)도 이하인 것. 또는 인화점이 섭씨 영하 (②)도 이하이고 비점이 섭씨 (③)도 이하인 것을 말한다.
(2) "제1석유류"라 함은 아세톤, 휘발유 그 밖에 1기압에서 인화점이 섭씨 (④)도 미만인 것을 말한다.
(3) "제3석유류"라 함은 중유, 크레오소트유 그 밖에 1기압에서 인화점이 섭씨 (⑤)도 이상 섭씨 (⑥)도 미만인 것을 말한다. 다만, 도료류 그 밖의 물품은 가연성 액체량이 (⑦) 중량퍼센트 이하인 것은 제외한다.

 ① 100 ② 20 ③ 40 ④ 21 ⑤ 70 ⑥ 200 ⑦ 40

상세해설

- 제4류 위험물의 판단기준
  ① "**특수인화물**"이라 함은 **이황화탄소, 다이에틸에터** 그 밖에 1기압에서 **발화점이 100℃ 이하**인 것 또는 **인화점이 −20℃ 이하**이고 **비점이 40℃ 이하**인 것을 말한다.
  ② "**제1석유류**"라 함은 아세톤, 휘발유 그 밖에 1기압에서 **인화점이 21℃ 미만**인

것을 말한다.
③ "알코올류"라 함은 1분자를 구성하는 탄소원자의 수가 **1개부터 3개**까지인 포화 1가 알코올(변성알코올을 포함한다)을 말한다. 다만, 다음 각 목의 1에 해당하는 것은 **제외**한다.
  ㉠ 1분자를 구성하는 탄소원자의 수가 1개 내지 3개의 포화1가 알코올의 함유량이 **60중량퍼센트 미만**인 수용액
  ㉡ 가연성 액체량이 **60중량퍼센트 미만**이고 인화점 및 연소점(태그개방식 인화점측정기에 의한 연소점)이 에틸알코올 **60중량퍼센트** 수용액의 인화점 및 연소점을 초과하는 것
④ "제2석유류"라 함은 **등유, 경유** 그 밖에 1기압에서 **인화점이 21℃ 이상 70℃ 미만**인 것을 말한다. 다만, 도료류 그 밖의 물품에 있어서 가연성 액체량이 40중량퍼센트 이하이면서 인화점이 40℃ 이상인 동시에 연소점이 60℃ 이상인 것은 제외한다.
⑤ "제3석유류"라 함은 중유, 크레오소트유 그 밖에 1기압에서 **인화점이 70℃ 이상 200℃ 미만**인 것을 말한다. 다만, 도료류 그 밖의 물품은 가연성 액체량이 40중량퍼센트 이하인 것은 제외한다.
⑥ "제4석유류"라 함은 기어유, 실린더유 그 밖에 1기압에서 **인화점이 200℃ 이상 250℃ 미만**의 것을 말한다. 다만, 도료류 그 밖의 물품은 가연성 액체량이 40중량퍼센트 이하인 것은 제외한다.
⑦ "동식물유류"라 함은 동물의 지육 등 또는 식물의 종자나 과육으로부터 추출한 것으로서 1기압에서 **인화점이 250℃ 미만**인 것을 말한다.

16 다음 할로젠화합물 소화약제의 화학식을 각각 쓰시오.

① 할론 2402 ② 할론 1211 ③ 할론 1301

해답 ① $C_2F_4Br_2$ ② CF_2ClBr ③ CF_3Br

상세해설
- 할로젠화합물 소화약제 명명법 : 할론 ⓐ ⓑ ⓒ ⓓ
  ⓐ : C 원자수, ⓑ : F 원자수, ⓒ : Cl 원자수, ⓓ : Br 원자수
- 할로젠화합물 소화약제

구분\종류	할론 2402	할론 1211	할론 1301	할론 1011
분자식	$C_2F_4Br_2$	CF_2ClBr	CF_3Br	CH_2ClBr

17 다음 [보기]의 제3류 위험물에 대한 지정수량을 쓰시오.

[보기] ① 나트륨 ② 칼륨 ③ 황린 ④ 알킬리튬 ⑤ 칼슘의 탄화물

해답 ① 10kg ② 10kg ③ 20kg ④ 10kg ⑤ 300kg

상세해설
• 제3류 위험물의 품명 및 지정수량 ★★★

성 질	품 명	지정수량	위험등급
자연발화성 및 금수성 물질	1. 칼륨	10kg	I
	2. 나트륨		
	3. 알킬알루미늄		
	4. 알킬리튬		
	5. 황린	20kg	
	6. 알칼리금속(칼륨 및 나트륨 제외) 및 알칼리토금속	50kg	II
	7. 유기금속화합물 (알킬알루미늄 및 알킬리튬 제외)		
	8. 금속의 수소화물	300kg	III
	9. 금속의 인화물		
	10. 칼슘 또는 알루미늄의 탄화물		

18 다음 [보기]의 위험물에 대한 위험등급을 구분하여 쓰시오.

[보기] 유기과산화물, 질산에스터류, 아닐린, 하이드라진유도체, 질산염류, 다이크로뮴산염류, 아염소산염류, 과산화수소, 클로로벤젠

(1) I 등급 :
(2) II 등급 :
(3) III 등급 :

해답 (1) I 등급 : 질산에스터류, 아염소산염류, 과산화수소
(2) II 등급 : 유기과산화물, 질산염류, 하이드라진유도체
(3) III 등급 : 다이크로뮴산염류, 아닐린, 클로로벤젠

19 다음은 과산화칼륨에 대한 반응식이다. ( )안에 알맞은 답을 쓰시오.

(1) $2K_2O_2 \rightarrow 2K_2O + ($ $)$
(2) $2K_2O_2 + 2H_2O \rightarrow 4KOH + ($ $)$
(3) $K_2O_2 + 2CH_3COOH \rightarrow 2CH_3COOK + ($ $)$

해답
(1) O_2
(2) O_2
(3) H_2O_2

상세해설
- 과산화칼륨(K_2O_2) : 제1류 위험물 중 무기과산화물
  ① 상온에서 물과 격렬히 반응하여 산소(O_2)를 방출하고 폭발하기도 한다.
  $$2K_2O_2 + 2H_2O \rightarrow 4KOH + O_2 \uparrow$$
  ② 공기 중 이산화탄소(CO_2)와 반응하여 산소(O_2)를 방출한다.
  $$2K_2O_2 + 2CO_2 \rightarrow 2K_2CO_3 + O_2 \uparrow$$
  ④ 산과 반응하여 과산화수소(H_2O_2)를 생성시킨다.
  $$K_2O_2 + 2CH_3COOH \rightarrow 2CH_3COOK + H_2O_2 \uparrow$$
  ⑤ 열분해시 산소(O_2)를 방출한다.
  $$2K_2O_2 \rightarrow 2K_2O + O_2 \uparrow$$
  ⑥ 주수소화는 금물이고 마른모래(건조사)등으로 소화한다.

20 다음 표는 위험물안전관리법에서 정한 위험물취급자격자의 구분에 따른 취급할 수 있는 위험물이다. 빈칸에 알맞은 답을 쓰시오.

위험물취급자격자의 구분	취급할 수 있는 위험물
①	모든 위험물
②	제4류 위험물
3. 소방공무원 경력자 (소방공무원으로 근무한 경력이 3년 이상인 자)	③

해답
① 위험물기능장, 위험물산업기사, 위험물기능사
② 안전관리자교육이수자
③ 제4류 위험물

- 위험물취급자격자의 자격

위험물취급자격자의 구분	취급할 수 있는 위험물
1. 위험물기능장, 위험물산업기사, 위험물기능사의 자격을 취득한 사람	별표 1의 모든 위험물
2. 안전관리자교육이수자	별표 1의 위험물 중 제4류 위험물
3. 소방공무원 경력자(소방공무원으로 근무한 경력이 3년 이상인 자)	별표 1의 위험물 중 제4류 위험물

제 2 부 최근 기출문제

위험물기능사 실기

2024년 6월 1일 시행

01 위험물안전관리법령상 다음 각 위험물의 운반용기 외부에 표시해야 하는 주의사항을 모두 쓰시오.

(1) 과산화수소 (2) 아세톤
(3) 과산화벤조일 (4) 마그네슘
(5) 황린

해답
(1) 과산화수소 : 가연물접촉주의
(2) 아세톤 : 화기엄금
(3) 과산화벤조일 : 화기엄금, 충격주의
(4) 마그네슘 : 화기주의, 물기엄금
(5) 황린 : 화기엄금, 공기접촉엄금

상세해설
• 위험물 운반용기의 외부 표시 사항
① 위험물의 품명, 위험등급, 화학명 및 수용성(제4류 위험물의 수용성인 것에 한함)
② 위험물의 수량
③ 수납하는 위험물에 따른 주의사항

류 별	성질에 따른 구분	표시 사항
•제1류 위험물	알칼리금속의 과산화물	화기·충격주의, 물기엄금 및 가연물접촉주의
	그 밖의 것	화기·충격주의 및 가연물접촉주의
•제2류 위험물	철분·금속분·마그네슘	화기주의 및 물기엄금
	인화성 고체	화기엄금
	그 밖의 것	화기주의
•제3류 위험물	자연발화성 물질	화기엄금 및 공기접촉엄금
	금수성 물질	물기엄금
•제4류 위험물	인화성 액체	화기엄금
•제5류 위험물	자기반응성 물질	화기엄금 및 충격주의
•제6류 위험물	산화성 액체	가연물접촉주의

02 다음 [표]는 위험물제조소등을 분류한 것이다. 빈칸의 번호에 알맞은 답을 쓰시오.

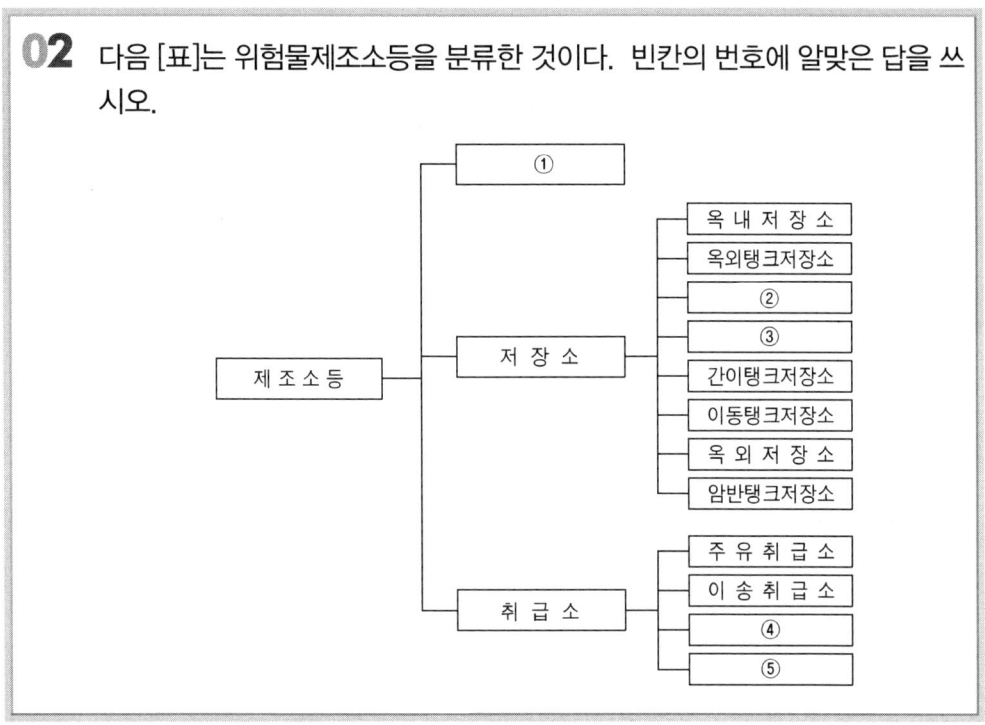

해답
① 제조소　　② 옥내탱크저장소
③ 지하탱크저장소　　④ 판매취급소
⑤ 일반취급소

상세해설

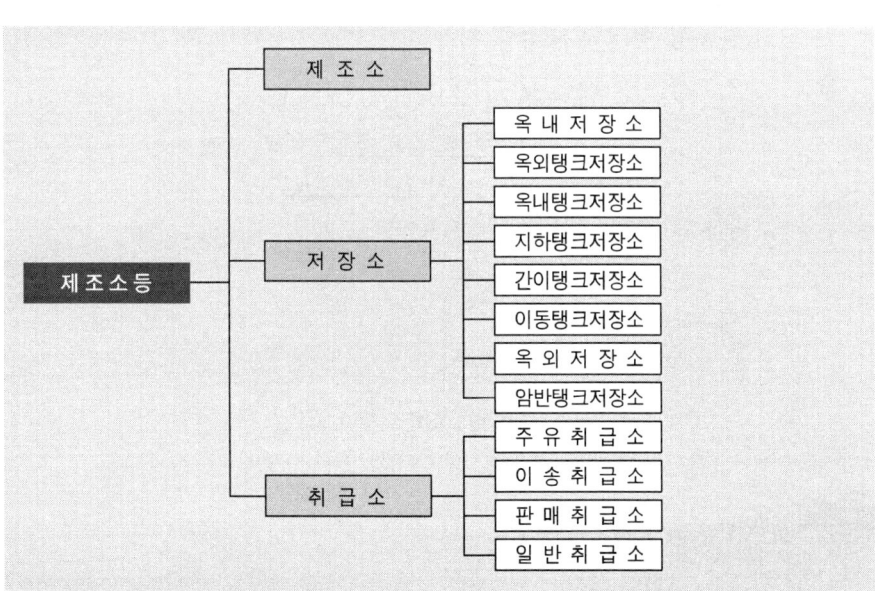

03 다음 [보기]의 각 위험물에 대한 화학식을 시성식으로 쓰시오.

[보기] (1) 트라이나이트로톨루엔
      (2) 트라이나이트로페놀
      (3) 다이나이트로벤젠

해답
(1) $C_6H_2CH_3(NO_2)_3$
(2) $C_6H_2OH(NO_2)_3$
(3) $C_6H_4(NO_2)_2$

상세해설

구분	영문명	유별	시성식
트라이나이트로톨루엔	Tri Nitro Toluene	제5류 나이트로화합물 (제1종)	$C_6H_2CH_3(NO_2)_3$
트라이나이트로페놀	Tri Nitro Phenol	제5류 나이트로화합물 (제1종)	$C_6H_2OH(NO_2)_3$
다이나이트로벤젠	Di Nitro Benzene	제5류 나이트로화합물 (종 판단필요)	$C_6H_4(NO_2)_2$

04 다음 그림을 보고 탱크의 내용적 계산하는 방법을 공식으로 쓰시오.

(1) 원통형 탱크의 내용적

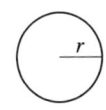 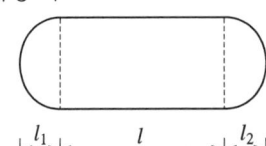

(2) 종으로 설치한 것

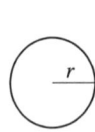 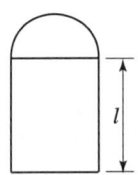

해답
(1) $V = \pi r^2 \left(l + \dfrac{l_1 + l_2}{3} \right)$
(2) $V = \pi r^2 l$

- 탱크의 내용적 계산방법
  ① 타원형 탱크의 내용적
    ㉠ 양쪽이 볼록한 것

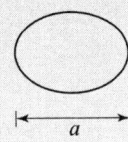 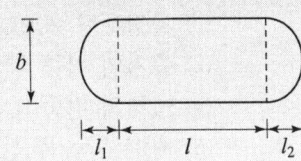

$$\text{내용적} = \frac{\pi ab}{4}\left(l + \frac{l_1 + l_2}{3}\right)$$

    ㉡ 한쪽은 볼록하고 다른 한쪽은 오목한 것

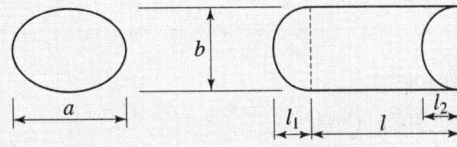

$$\text{내용적} = \frac{\pi ab}{4}\left(l + \frac{l_1 - l_2}{3}\right)$$

  ② 원통형 탱크의 내용적
    ㉠ 횡으로 설치한 것

 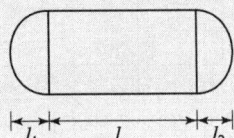

$$\text{내용적} = \pi r^2 \left(l + \frac{l_1 + l_2}{3}\right)$$

    ㉡ 종으로 설치한 것

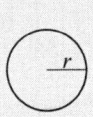 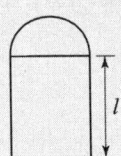

$$\text{내용적} = \pi r^2 l$$

제 2 부 최근 기출문제

05 다음 [보기]에서 설명하는 제4류 위험물에 대한 각 물음에 답하시오.

[보기]
① 휘발성이 강한 무색 액체
② 지정수량 200L
③ 증기의 비중 약 2.5
④ 액체의 비중 0.8
⑤ 제2부탄올을 산화하면 얻을 수 있다.

(1) 명칭
(2) 화학식
(3) 제1류 위험물과 혼재가능 여부를 쓰시오.

해답
(1) 명칭 : 메틸에틸케톤
(2) 화학식 : $CH_3COC_2H_5$
(3) 제1류 위험물과 혼재가능 여부 : 불가능

상세해설
• 메틸에틸케톤(Methyl Ethyl Ketone)($CH_3COC_2H_5$) : 제4류-제1석유류(비수용성)

```
    H  O  H  H
    |  ||  |  |
H - C - C - C - C - H
    |     |  |
    H     H  H
```

화학식	분자량	비중	비점	인화점	착화점	연소범위
$CH_3COC_2H_5$	72.11	0.81	79.6℃	-7℃	516℃	1.8~10%

① 휘발성이 강한 무색액체이며 2-뷰타논이라고도 한다.
② 완전 연소하면 이산화탄소와 물이 생성된다.

$$2CH_3COC_2H_5 + 11O_2 \rightarrow 8CO_2 + 8H_2O$$

③ 제2부탄올을 산화하면 생긴다.
④ MEK라고 약칭한다.

06 다음 보기의 위험물이 물과 반응하는 경우 생성되는 가연성기체의 명칭을 쓰시오.

[보기] ① 수소화칼륨 ② 리튬 ③ 인화알루미늄
       ④ 탄화리튬 ⑤ 탄화알루미늄

① 수소 ② 수소 ③ 인화수소(포스핀) ④ 아세틸렌 ⑤ 메탄

① 수소화칼륨   : $KH + H_2O \rightarrow KOH + H_2$
② 리튬   : $2Li + 2H_2O \rightarrow 2LiOH + H_2$
③ 인화알루미늄 : $AlP + 3H_2O \rightarrow Al(OH)_3 + PH_3$
④ 탄화리튬   : $Li_2C_2 + 2H_2O \rightarrow 2LiOH + C_2H_2$
⑤ 탄화알루미늄 : $Al_4C_3 + 12H_2O \rightarrow 4Al(OH)_3 + 3CH_4$

07 다음 그림은 위험물안전관리법령상 주유취급소에 설치하여야 하는 주의사항 표지이다. 다음 각 물음에 알맞은 답을 쓰시오.

( )cm
위험물 제조소 ( )cm

화기엄금 | 주유중엔진정지

(1) 그림의 제조소의 표지를 보고 ( )안에 알맞은 답을 쓰시오.
　① 가로　　　　　　　② 세로
(2) 제조소 게시판의 바탕과 문자의 색을 쓰시오.
　① 바탕색　　　　　　② 글자색
(3) "화기엄금" 게시판의 바탕과 문자의 색을 쓰시오.
　① 바탕색　　　　　　② 글자색
(4) "주유 중 엔진정지" 게시판의 바탕과 문자의 색을 쓰시오.
　① 바탕색　　　　　　② 글자색

(1) 제조소의 표지
　① 가로 : 60　　② 세로 : 30

(2) 제조소 게시판의 바탕과 문자의 색
　　① 바탕 : 백색　　② 문자 : 흑색
(3) "화기엄금" 게시판의 바탕과 문자의 색
　　① 바탕 : 적색　　② 문자 : 백색
(4) "주유 중 엔진정지" 게시판의 바탕과 문자의 색
　　① 바탕 : 황색　　② 문자 : 흑색

상세해설

- 위험물제조소의 표지 및 게시판
  ① 표지는 한 변의 길이가 0.3m 이상, 다른 한 변의 길이가 0.6m 이상인 직사각형으로 할 것
  ② 바탕은 백색, 문자는 흑색

- 게시판의 설치기준
  ① 한 변의 길이가 0.3m 이상, 다른 한 변의 길이가 0.6m 이상인 직사각형으로 할 것.
  ② 위험물의 유별·품명 및 저장최대수량 또는 취급최대수량, 지정수량의 배수 및 안전관리자의 성명 또는 직명을 기재할 것.
  ③ 게시판의 바탕은 백색으로, 문자는 흑색으로 할 것.
  ④ 저장 또는 취급하는 위험물에 따라 주의사항 게시판을 설치할 것.

위험물의 종류	주의사항 표시	게시판의 색
· 제1류(알칼리금속 과산화물) · 제3류(금수성 물품)	물기엄금	청색 바탕에 백색 문자
· 제2류(인화성 고체 제외)	화기주의	적색 바탕에 백색 문자
· 제2류(인화성 고체) · 제3류(자연발화성 물품) · 제4류 · 제5류	화기엄금	

- 주유취급소의 위치·구조 및 설비의 기준
  ① 주유공지 및 급유공지

주유공지	급유공지
너비 15m 이상, 길이 6m 이상의 콘크리트 등으로 포장한 공지	고정급유설비의 호스기기의 주위에 필요한 공지

　　※ 공지의 바닥은 주위 지면보다 높게 하고, 배수구·집유설비 및 유분리장치를 할 것.
　　② 표지 및 게시판

표 지	게 시 판
위험물 주유취급소	1. 방화에 관하여 필요한 사항 2. **황색 바탕에 흑색 문자**로 **"주유 중 엔진 정지"**

　　※ 게시판은 한 변의 길이가 0.3m 이상, 다른 한 변의 길이가 0.6m 이상인 직사각형으로 할 것.

08 다음과 같이 위험물을 옥내저장소에 저장하는 경우 소요단위를 구하시오.

> 아염소산나트륨 250kg, 과산화칼륨 500kg,
> 질산칼륨 1,500kg, 다이크로뮴산칼륨 5,000kg

[계산과정] 지정수량의 배수 $N = \dfrac{250}{50} + \dfrac{500}{50} + \dfrac{1500}{300} + \dfrac{5000}{1000} = 25$배

소요단위 $N = \dfrac{25}{10} = 2.5$단위 ∴ 3단위

[답] 3단위

- 소요단위의 계산방법
  ① **제조소** 또는 취급소의 건축물

외벽이 내화구조인 것	외벽이 내화구조가 아닌 것
연면적 100m²를 1소요단위	연면적 50m²를 1소요단위

  ② 저장소의 건축물

외벽이 내화구조인 것	외벽이 내화구조가 아닌 것
연면적 150m²를 1소요단위	연면적 75m²를 1소요단위

  ③ 위험물은 지정수량의 10배를 1소요단위로 할 것

- 제1류 위험물의 품명 및 지정수량 ★★★★

성질	품명		지정수량	위험등급
산화성고체	○ 아염소산염류, 염소산염류, 과염소산염류, 무기과산화물		50kg	I
	○ 브로민산염류, 질산염류, 아이오딘산염류		300kg	II
	○ 과망가니즈산염류, 다이크로뮴산염류		1000kg	III
	그 밖에 행정안전부령이 정하는 것	① 과아이오딘산염류 ② 과아이오딘산 ③ 크로뮴, 납 또는 아이오딘의 산화물 ④ 아질산염류 ⑤ 염소화아이소시아눌산 ⑥ 퍼옥소이황산염류 ⑦ 퍼옥소붕산염류	300kg	II
		⑧ 차아염소산염류	50kg	I

09 제3류 위험물인 금속칼륨에 대하여 다음 각 물음에 답하시오.

(1) 자연발화하는 경우의 반응식을 쓰시오.
(2) 물과의 반응식을 쓰시오.
(3) 저장하는 경우 사용하는 보호액 1가지를 쓰시오.

(1) $4K + O_2 \rightarrow 2K_2O$

(2) $2K + 2H_2O \rightarrow 2KOH + H_2$

(3) 파라핀, 경유, 등유 중 1가지

• 칼륨(K) : 제3류 위험물-금수성물질

화학식	원자량	비점	융점	비중	불꽃색상
K	39	762℃	63.5℃	0.857	보라색

① 가열시 보라색 불꽃을 내면서 연소한다.
② **물과 반응하여 수소** 및 열을 발생한다.(금수성 물질)

$$2K + 2H_2O \rightarrow 2KOH + H_2\uparrow + 92.8kcal$$

③ **보호액으로 파라핀·경유·등유** 등을 사용한다.
④ 피부와 접촉 시 화상을 입는다.
⑤ 마른모래 등으로 질식 소화한다.
⑥ 화학적으로 활성이 대단히 크고 **알코올과 반응하여 수소를 발생시킨다.**

$$2K + 2C_2H_5OH \rightarrow 2C_2H_5OK + H_2\uparrow$$

---

10 다음 분말소화약제에 대한 주성분을 화학식으로 쓰시오.

(1) 제1종 분말소화약제
(2) 제2종 분말소화약제
(3) 제3종 분말소화약제

(1) $NaHCO_3$
(2) $KHCO_3$
(3) $NH_4H_2PO_4$

분말소화약제의 종류

종 별	약제명	화학식	착색	열분해 반응식	적응화재
제1종	탄산수소나트륨 중탄산나트륨	$NaHCO_3$	백색	$2NaHCO_3$ $\rightarrow Na_2CO_3+CO_2+H_2O$	B.C급
제2종	탄산수소칼륨 중탄산칼륨	$KHCO_3$	담회색	$2KHCO_3$ $\rightarrow K_2CO_3+CO_2+H_2O$	B.C급
제3종	제1인산암모늄	$NH_4H_2PO_4$	담홍색	$NH_4H_2PO_4$ $\rightarrow HPO_3+NH_3+H_2O$	A.B.C급
제4종	탄산수소칼륨+ 요소	$KHCO_3+$ $(NH_2)_2CO$	회색	$2KHCO_3+(NH_2)_2CO$ $\rightarrow K_2CO_3+2NH_3+2CO_2$	B.C급

11 다음 [보기]의 위험물 중 연소하는 경우 오산화인이 발생하는 물질을 모두 고르시오.

[보기] 삼황화인, 오황화인, 칠황화인, 적린, 황

해답 삼황화인, 오황화인, 칠황화인, 적린

상세해설
① 삼황화인 : $P_4S_3 + 8O_2 \rightarrow 2P_2O_5 + 3SO_2$
② 오황화인 : $2P_2S_5 + 15O_2 \rightarrow 2P_2O_5 + 10SO_2$
③ 칠황화인 : $P_4S_7 + 12O_2 \rightarrow 2P_2O_5 + 7SO_2$
④ 적린 : $4P + 5O_2 \rightarrow 2P_2O_5$
⑤ 황 : $S + O_2 \rightarrow SO_2$

12 위험물안전관리법령에서 위험물의 운반에 관한 기준 중 유별을 달리하는 위험물의 혼재기준에서 다음 위험물이 지정수량의 10배 이상일 때 혼재가 불가능한 위험물의 유별을 모두 쓰시오.

① 제2류 위험물 ② 제5류 위험물
③ 제6류 위험물

해답
① 제2류 위험물 : 제1류 위험물, 제3류 위험물, 제6류 위험물
② 제5류 위험물 : 제1류 위험물, 제3류 위험물, 제6류 위험물
③ 제6류 위험물 : 제2류 위험물, 제3류 위험물, 제4류 위험물, 제5류 위험물

상세해설
• 유별을 달리하는 위험물의 혼재기준

구 분	제1류	제2류	제3류	제4류	제5류	제6류
제1류		×	×	×	×	○
제2류	×		×	○	○	×
제3류	×	×		○	×	×
제4류	×	○	○		○	×
제5류	×	○	×	○		×
제6류	○	×	×	×	×	

• 쉬운 암기법
1↓ + 6↑   2 + 4
2↓ + 5↑   5 + 4
3↓ + 4↑
→

13 다음 [보기]에서 설명하는 위험물에 대하여 각 물음에 알맞은 답을 쓰시오.

[보기] ○ 분자량 76, 증기비중 약 2.62이다.
○ 저장 시 저장탱크를 철근콘크리트의 수조에 보관한다.
○ 무색투명한 액체이다.
○ 연소 시 아황산가스 및 이산화탄소를 생성한다.

(1) 화학식
(2) 콘크리트 수조의 벽 및 바닥의 두께[m]
(3) 연소반응식

해답
(1) CS_2
(2) 0.2m 이상
(3) $CS_2 + 3O_2 \rightarrow CO_2 + 2SO_2$

 • 이황화탄소(CS_2)★★★★★

화학식	분자량	비중	비점	인화점	착화점	연소범위
CS_2	76.1	1.26	46℃	-30℃	100℃	1.0~50%

① 물에는 녹지 않고 알코올, 에터, 벤젠 등 유기용제에 녹는다.
② 연소 시 아황산가스(SO_2) 및 CO_2를 생성한다.

$$CS_2 + 3O_2 \rightarrow CO_2 + 2SO_2$$

③ 물과 반응하여 황화수소와 이산화탄소를 발생한다.

$$\underset{(이황화탄소)}{CS_2} + \underset{(물)}{2H_2O} \rightarrow \underset{(황화수소)}{2H_2S} + \underset{(이산화탄소)}{CO_2}$$

④ 저장 시 저장탱크를 물속에 넣어 저장한다.
⑤ 이황화탄소의 옥외저장탱크는 벽 및 바닥의 **두께가 0.2m 이상**이고 누수가 되지 아니하는 **철근콘크리트의 수조**에 넣어 보관하여야 한다.

14 인화점이 4℃이고, 진한 질산과 진한 황산으로 나이트로화하여 트라이나이트로톨루엔을 제조하는 이 위험물에 대한 다음 각 물음에 답하시오.

(1) 구조식
(2) 품명
(3) 위험등급

(1) 구조식

(2) 품명 : 제1석유류
(3) 위험등급 : Ⅱ등급

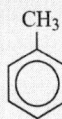

- 톨루엔($C_6H_5CH_3$)★★★★★

화학식	분자량	비중	비점	인화점	착화점	연소범위
$C_6H_5CH_3$	92	0.871	111℃	4℃	552℃	1.27~7%

① 무색 투명한 휘발성 액체이며 물에는 용해되지 않고 유기용제에 용해된다.
② 독성은 벤젠의 $\frac{1}{10}$ 정도이며 소화는 다량의 포약제로 질식 및 냉각소화한다.
③ 톨루엔과 질산을 반응시켜 트라이나이트로톨루엔을 얻는다.

$$C_6H_5CH_3 + 3HNO_3 \xrightarrow[\text{나이트로화}]{C-H_2SO_4} C_6H_2CH_3(NO_2)_3 + 3H_2O$$
(톨루엔) (질산)   (트라이나이트로톨루엔) (물)

15 다음 [보기]에서 설명하는 위험물에 대한 각 물음에 답하시오.

[보기] ○ 저장 및 취급 시 분해안정제인 인산과 요산 등을 첨가한다.
○ 저장용기는 밀폐하지 말고 구멍이 있는 마개를 사용한다.
○ 하이드라진과 접촉 시 분해작용으로 폭발위험이 있다.
○ 산화제 및 환원제가 될 수 있다.

(1) 화학식
(2) 농도가 ( )wt% 이상인 것에 한한다. 에서 ( )안에 알맞은 답은?
(3) 완전분해반응식

(1) H_2O_2
(2) 36
(3) $2H_2O_2 \rightarrow 2H_2O + O_2$

• 과산화수소(H_2O_2)의 일반적인 성질
① 이산화망가니즈하에서 분해가 촉진되어 산소(O_2)를 발생시킨다.
$$2H_2O_2 \rightarrow 2H_2O + O_2$$
② 분해안정제로 인산(H_3PO_4) 및 요산($C_5H_4N_4O_3$)을 첨가한다.
③ 저장용기는 밀폐하지 말고 구멍이 있는 마개를 사용한다.
④ 하이드라진($NH_2 \cdot NH_2$)과 접촉 시 분해작용으로 폭발위험이 있다.
$$NH_2 \cdot NH_2 + 2H_2O_2 \rightarrow 4H_2O + N_2 \uparrow$$
⑤ 다량의 물로 주수 소화한다.

• 제6류 위험물의 판단 기준

종류	과산화수소	질산
기준	• 농도 36중량% 이상	• 비중 1.49 이상

16 과산화칼륨 1몰이 이산화탄소와 반응하는 경우 생성되는 산소의 부피는 표준상태에서 몇 L인지 계산하시오.

[계산과정] $2K_2O_2 + 2CO_2 \rightarrow 2K_2CO_3 + O_2$ (1몰 22.4L)
$K_2O_2 + CO_2 \rightarrow K_2CO_3 + 0.5O_2$ (0.5몰 11.2L)
[답] 11.2L

• 과산화칼륨(K_2O_2) : 제1류 위험물 중 무기과산화물
① 상온에서 물과 격렬히 반응하여 산소(O_2)를 방출하고 폭발하기도 한다.
$$2K_2O_2 + 2H_2O \rightarrow 4KOH + O_2 \uparrow$$
② 공기 중 이산화탄소(CO_2)와 반응하여 산소(O_2)를 방출한다.
$$2K_2O_2 + 2CO_2 \rightarrow 2K_2CO_3 + O_2 \uparrow$$
④ 산과 반응하여 과산화수소(H_2O_2)를 생성시킨다.
$$K_2O_2 + 2CH_3COOH \rightarrow 2CH_3COOK + H_2O_2 \uparrow$$
⑤ 열분해시 산소(O_2)를 방출한다.
$$2K_2O_2 \rightarrow 2K_2O + O_2 \uparrow$$
⑥ 주수소화는 금물이고 마른모래(건조사)등으로 소화한다.

17 표준상태에서 삼황화인 1몰이 완전 연소할 경우 필요한 공기의 부피[L]를 구하시오. (단, 공기 중에 산소는 21% 존재한다.)

[해답] [계산과정] ① 표준상태(0℃, 1atm)
② 삼황화인의 완전 연소 반응식
$$P_4S_3 + 8O_2 \rightarrow 2P_2O_5 + 3SO_2$$
③ 필요한 공기의 부피
$$V = \frac{\text{반응에 필요한 산소 mol수} \times 22.4\text{L/mol}}{\text{공기중 산소농도}(\%)}$$
$$= \frac{8\text{mol} \times 22.4\text{L/mol}}{0.21} = 853.33\text{L}$$

[답] 853.33L

상세해설
- 황화인(제2류 위험물) : 황과 인의 화합물
  ① **삼황화인**(P_4S_3)
    - 황색 결정으로 물, 염산, 황산에 녹지 않으며 질산, 알칼리, 이황화탄소에 녹는다.
    - **연소하면 오산화인과 이산화황**이 생긴다.
    $$P_4S_3 + 8O_2 \rightarrow 2P_2O_5(\text{오산화인}) + 3SO_2(\text{이산화황})\uparrow$$
  ② **오황화인**(P_2S_5)
    - 담황색 결정이고 조해성이 있다.
    - 수분을 흡수하면 분해된다.
    - 이황화탄소(CS_2)에 잘 녹는다.
    - 연소하면 오산화인과 이산화황이 생긴다.
    $$2P_2S_5 + 15O_2 \rightarrow 2P_2O_5 + 10SO_2\uparrow$$
    - 물, 알칼리와 반응하여 인산과 황화수소를 발생한다.
    $$P_2S_5 + 8H_2O \rightarrow 2H_3PO_4 + 5H_2S(\text{황화수소})\uparrow$$
  ③ **칠황화인**(P_4S_7)
    - 담황색 결정이고 조해성이 있다.
    - 수분을 흡수하면 분해된다.
    - 이황화탄소(CS_2)에 약간 녹는다.
    - 냉수에는 서서히 분해가 되고 더운물에는 급격히 분해된다.
    $$P_4S_7 + 13H_2O \rightarrow H_3PO_4 + 7H_2S(\text{황화수소}) + 3H_3PO_3$$

18 다음 표에서 위험물의 명칭과 지정수량을 표의 빈칸에 쓰시오.

화학식	명칭	지정수량
①	과망가니즈산칼륨	②
NH_4ClO_4	③	50kg
④	다이크로뮴산칼륨	⑤

해답

화학식	명칭	지정수량
① $KMnO_4$	과망가니즈산칼륨	② 1,000kg
NH_4ClO_4	③ 과염소산암모늄	50kg
④ $K_2Cr_2O_7$	다이크로뮴산칼륨	⑤ 1,000kg

상세해설

제1류 위험물의 품명 및 지정수량 ★★★★

성질	품명		지정수량	위험등급
산화성고체	○ 아염소산염류, 염소산염류, 과염소산염류, 무기과산화물		50kg	I
	○ 브로민산염류, 질산염류, 아이오딘산염류		300kg	II
	○ 과망가니즈산염류, 다이크로뮴산염류		1000kg	III
	그 밖에 행정안전부령이 정하는 것	① 과아이오딘산염류 ② 과아이오딘산 ③ 크로뮴, 납 또는 아이오딘의 산화물 ④ 아질산염류 ⑤ 염소화아이소시아눌산 ⑥ 퍼옥소이황산염류 ⑦ 퍼옥소붕산염류	300kg	II
		⑧ 차아염소산염류	50kg	I

19 위험물안전관리법령에서 정한 제4류 위험물의 판단기준에 관한 다음 ( )안에 알맞은 답을 쓰시오.

- "제1석유류"라 함은 아세톤, 휘발유 그 밖에 1기압에서 인화점이 섭씨 (①)도 미만인 것을 말한다.
- "제2석유류"라 함은 등유, 경유 그 밖에 1기압에서 인화점이 섭씨 (②)도 이상 (③)도 미만인 것을 말한다. 다만, 도료류 그 밖의 물품에 있어서 가연성 액체량이 40중량퍼센트 이하이면서 인화점이 섭씨 40도 이상인 동시에 연소점이 섭씨 60도 이상인 것은 제외한다.
- "제3석유류"라 함은 중유, 크레오소트유 그 밖에 1기압에서 인화점이 섭씨 (④)도 이상 섭씨 (⑤)도 미만인 것을 말한다. 다만, 도료류 그 밖의 물품은 가연성 액체량이 40중량퍼센트 이하인 것은 제외한다.

① 21 　② 21 　③ 70 　④ 70 　⑤ 200

- 제4류 위험물의 판단기준
  ① "특수인화물"이라 함은 **이황화탄소, 다이에틸에터** 그 밖에 1기압에서 **발화점이 100℃ 이하**인 것 또는 **인화점이 −20℃ 이하**이고 **비점이 40℃ 이하**인 것을 말한다.
  ② "제1석유류"라 함은 아세톤, 휘발유 그 밖에 1기압에서 **인화점이 21℃ 미만**인 것을 말한다.
  ③ "알코올류"라 함은 1분자를 구성하는 탄소원자의 수가 **1개부터 3개**까지인 포화 1가 알코올(변성알코올을 포함한다)을 말한다. 다만, 다음 각 목의 1에 해당하는 것은 **제외**한다.
    ㉠ 1분자를 구성하는 탄소원자의 수가 1개 내지 3개의 포화1가 알코올의 함유량이 **60중량퍼센트 미만**인 수용액
    ㉡ 가연성 액체량이 **60중량퍼센트 미만**이고 인화점 및 연소점(태그개방식 인화점측정기에 의한 연소점)이 에틸알코올 60중량퍼센트 수용액의 인화점 및 연소점을 초과하는 것
  ④ "제2석유류"라 함은 **등유, 경유** 그 밖에 1기압에서 **인화점이 21℃ 이상 70℃ 미만**인 것을 말한다. 다만, 도료류 그 밖의 물품에 있어서 가연성 액체량이 40중량퍼센트 이하이면서 인화점이 40℃ 이상인 동시에 연소점이 60℃ 이상인 것은 제외한다.
  ⑤ "제3석유류"라 함은 중유, 크레오소트유 그 밖에 1기압에서 **인화점이 70℃ 이상 200℃ 미만**인 것을 말한다. 다만, 도료류 그 밖의 물품은 가연성 액체량이 40중량퍼센트 이하인 것은 제외한다.
  ⑥ "제4석유류"라 함은 기어유, 실린더유 그 밖에 1기압에서 **인화점이 200℃ 이상 250℃ 미만**의 것을 말한다. 다만, 도료류 그 밖의 물품은 가연성 액체량이 40중량퍼센트 이하인 것은 제외한다.
  ⑦ "동식물유류"라 함은 동물의 지육 등 또는 식물의 종자나 과육으로부터 추출한 것으로서 1기압에서 **인화점이 250℃ 미만**인 것을 말한다.

20 에틸알코올 100과 나트륨이 반응하는 경우 생성되는 수소기체의 질량[g]을 구하시오. (단, 표준상태이다.)

[계산과정] ① 에틸알코올(C_2H_5OH)의 분자량 $M = 12 \times 2 + 1 \times 6 + 16 = 46$
② 에틸알코올과 나트륨의 반응식
$$2C_2H_5OH + 2Na \rightarrow 2C_2H_5ONa + H_2$$
$2 \times 46g \longrightarrow 2g$
$100g \longrightarrow X$

$$X = \frac{100 \times 2}{2 \times 46} = 2.17\text{g}$$

[답] 2.17g

상세해설

• 나트륨(Na)-제3류-금수성물질

화학식	원자량	비점	융점	비중	불꽃색상
Na	23	880℃	97.8℃	0.97	노란색

① 가열시 노란색 불꽃을 내면서 연소한다.
② 물과 반응하여 수소 및 열을 발생한다.(금수성 물질)

$$2Na + 2H_2O \rightarrow 2NaOH + H_2$$

③ 에틸알코올과 반응하여 나트륨에틸레이트를 생성한다.

$$2Na + 2C_2H_5OH \rightarrow 2C_2H_5ONa + H_2$$

④ 보호액으로 파라핀 · 경유 · 등유 등을 사용한다.
⑤ 마른모래 등으로 질식 소화한다.

금속나트륨 화재 시 CO_2 소화기 사용금지 이유
금속나트륨과 이산화탄소는 폭발적으로 반응하기 때문에 위험

$$4Na + 3CO_2 \rightarrow 2Na_2CO_3 + C$$

위험물기능사 실기

2024년 8월 18일 시행

01 다음 위험물의 구조식과 품명을 쓰시오.

(1) 벤젠

구조식	품명

(2) 나이트로벤젠

구조식	품명

(3) 아닐린

구조식	품명

해답

(1) 벤젠

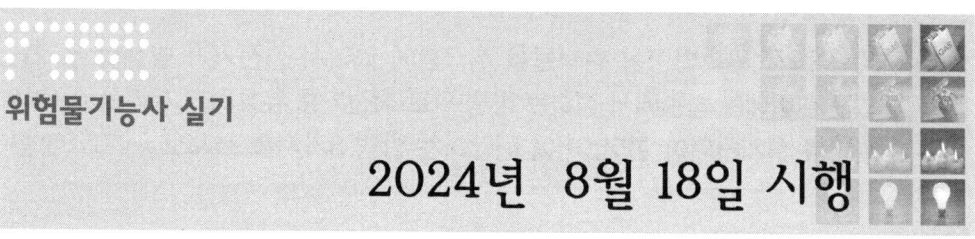

구조식	품명
(벤젠 고리)	제1석유류

(2) 나이트로벤젠

구조식	품명
NO$_2$-(벤젠 고리)	제3석유류

(3) 아닐린

구조식	품명
NH$_2$-(벤젠 고리)	제3석유류

02 위험물안전관리법령상 위험물을 취급함에 있어서 정전기가 발생할 우려가 있는 설비에는 법령에서 정하는 방법 으로 정전기를 유효하게 제거할 수 있는 설비를 설치하여야 한다. 이에 해당하는 방법 3가지를 쓰시오. (6점)

해답
① 접지에 의한 방법
② 공기 중의 상대습도를 70% 이상으로 하는 방법
③ 공기를 이온화하는 방법

03 다음 그림을 보고 각 물음에 알맞은 답을 쓰시오.

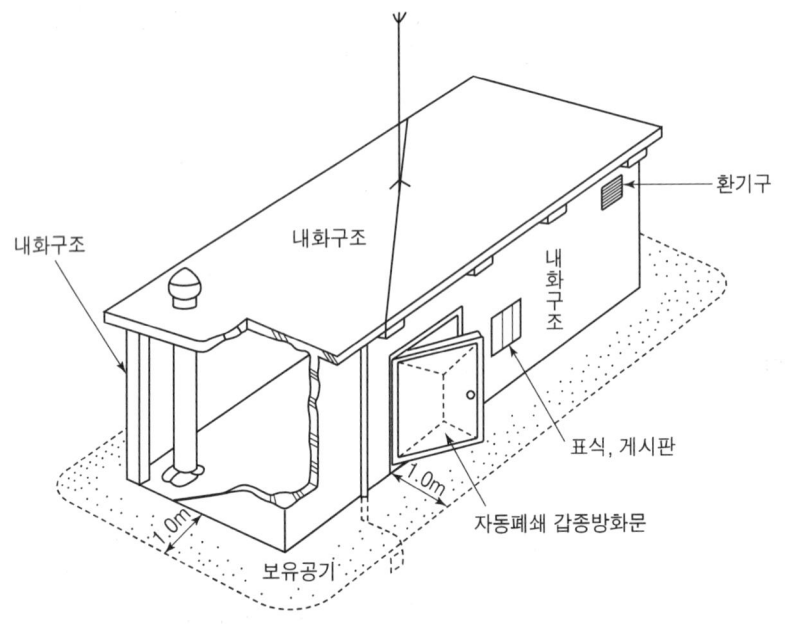

처마높이 6m 미만 소규모 옥내저장소

(1) 그림에서 보여주는 저장소의 명칭을 쓰시오.
(2) 그림에서 보여주는 저장소의 특례기준을 적용할 수 있는 지정수량의 기준을 쓰시오.
(3) 그림에서 보여주는 저장소의 특례기준에 적합하면 옥내저장소 주위에 일정한 너비의 공지를 보유하지 않아도 되는 저장창고의 처마높이 기준을 쓰시오.

(1) 소규모 옥내저장소
(2) 지정수량의 50배 이하
(3) 6m 미만

• 소규모 옥내저장소의 특례
(1) **지정수량의 50배 이하**인 소규모의 옥내저장소중 **저장창고의 처마높이**가 **6m 미만인 것**으로서 저장창고가 **다음 각목에 정하는 기준**에 적합한 것에 대하여는 적용하지 아니한다.
① 저장창고의 주위에는 다음 표에 정하는 너비의 공지를 보유할 것

저장 또는 취급하는 위험물의 최대수량	공지의 너비
지정수량의 5배 이하	
지정수량의 5배 초과 20배 이하	1m 이상
지정수량의 20배 초과 50배 이하	2m 이상

② 하나의 저장창고 바닥면적은 150㎡ 이하로 할 것
③ 저장창고는 벽·기둥·바닥·보 및 지붕을 내화구조로 할 것
④ 저장창고의 출입구에는 수시로 개방할 수 있는 자동폐쇄방식의 60분+방화문 또는 60분방화문을 설치할 것
⑤ 저장창고에는 창을 설치하지 아니할 것
(2) **지정수량의 50배 이하**인 소규모의 옥내저장소중 저장창고의 **처마높이**가 **6m 이상**인 것으로서 저장창고가 기준에 적합한 것에 대하여는 적용하지 아니한다.

04 다음 [보기]의 위험물에 대하여 위험등급에 따라 각각 구분하시오. (단, 해당없으면 "해당없음"이라고 표기하시오.)

[보기] 황화인, 적린, 황린, 제1석유류, 아이오딘산염류, 질산염류, 브로민산염류, 알코올류

(1) Ⅰ등급 :
(2) Ⅱ등급 :
(3) Ⅲ등급 :

(1) Ⅰ등급 : 황린
(2) Ⅱ등급 : 황화인, 적린, 아이오딘산염류, 질산염류, 브로민산염류, 제1석유류, 알코올류
(3) 해당없음

상세해설

- 제1류 위험물의 품명 및 지정수량 ★★★★

성질	품명	지정수량	위험등급
산화성 고체	○ 아염소산염류, 염소산염류, 과염소산염류, 무기과산화물	50kg	I
	○ 브로민산염류, 질산염류, 아이오딘산염류	300kg	II
	○ 과망가니즈산염류, 다이크로뮴산염류	1000kg	III
	그 밖에 행정안전부령이 정하는 것: ① 과아이오딘산염류 ② 과아이오딘산 ③ 크로뮴, 납 또는 아이오딘의 산화물 ④ 아질산염류 ⑤ 염소화아이소시아눌산 ⑥ 퍼옥소이황산염류 ⑦ 퍼옥소붕산염류	300kg	II
	⑧ 차아염소산염류	50kg	I

- 제2류 위험물의 지정수량 및 위험등급

성 질	품 명	지정수량	위험등급
가연성 고체	1. **황화인**, 적린, 황	100kg	II
	2. **철분**, 금속분, 마그네슘	500kg	III
	3. **인화성 고체**	1,000kg	

---

05 제5류 위험물인 과산화수소에 대하여 다음 물음에 알맞은 답을 쓰시오.

(1) 분해하여 산소가 발생하는 분해반응식을 쓰시오.
(2) 하이드라진과 반응하여 질소와 물이 발생하는 반응식을 쓰시오.

해답
(1) $2H_2O_2 \rightarrow 2H_2O + O_2$
(2) $2H_2O_2 + N_2H_4 \rightarrow 4H_2O + N_2$

상세해설

- 과산화수소(H_2O_2)의 일반적인 성질
  ① 이산화망가니즈하에서 분해가 촉진되어 산소(O_2)를 발생시킨다.
  $$2H_2O_2 \rightarrow 2H_2O + O_2$$
  ② 분해안정제로 인산(H_3PO_4) 및 요산($C_5H_4N_4O_3$)을 첨가한다.
  ③ 저장용기는 밀폐하지 말고 구멍이 있는 마개를 사용한다.
  ④ 하이드라진($NH_2 \cdot NH_2$)과 접촉 시 분해작용으로 폭발위험이 있다.
  $$NH_2 \cdot NH_2 + 2H_2O_2 \rightarrow 4H_2O + N_2 \uparrow$$
  ⑤ 다량의 물로 주수 소화한다.

- 제6류 위험물의 판단 기준

종류	과산화수소	질산
기준	• 농도 36중량% 이상	• 비중 1.49 이상

06 다음 [표]는 위험물안전관리법령에서 정한 자체소방대에 두는 화학소방자동차 및 인원에 관한 것이다. ( )안에 알맞은 답을 쓰시오.

사업소의 구분	화학소방자동차	자체소방대원의 수
1. 제조소 또는 일반취급소에서 취급하는 제4류 위험물의 최대수량의 합이 지정수량의 3천배 이상 (①)만배 미만인 사업소	1대	5인
2. 제조소 또는 일반취급소에서 취급하는 제4류 위험물의 최대수량의 합이 지정수량의 12만배 이상 24만배 미만인 사업소	2대	(②)인
3. 제조소 또는 일반취급소에서 취급하는 제4류 위험물의 최대수량의 합이 지정수량의 24만배 이상 48만배 미만인 사업소	3대	(③)인
4. 제조소 또는 일반취급소에서 취급하는 제4류 위험물의 최대수량의 합이 지정수량의 48만배 이상인 사업소	4대	(④)인
5. 옥외탱크저장소에 저장하는 제4류 위험물의 최대수량이 지정수량의 50만배 이상인 사업소	(⑤)대	10인

해답 ① 12　② 10　③ 15　④ 20　⑤ 2

상세해설
- 자체소방대에 두는 화학소방자동차 및 인원

취급하는 제4류 위험물의 최대수량의 합	화학소방자동차	자체소방대원의 수
① 지정수량의 **3천배 이상 12만배** 미만	1대	5인
② 지정수량의 **12만배 이상 24만배** 미만	2대	10인
③ 지정수량의 **24만배 이상 48만배** 미만	3대	15인
④ 지정수량의 **48만배 이상**	4대	20인
⑤ 옥외탱크저장소에 저장하는 지정수량의 50만배 이상	2대	10인

07 다음 제4류 위험물에 대한 화학식을 보고 물질의 명칭을 쓰시오.

① $CH_3COC_2H_5$　　② C_6H_5Cl　　③ $CH_3COOC_2H_5$

해답 ① 메틸에틸케톤　② 클로로벤젠　③ 아세트산에틸(초산에틸)

08 다음 위험물에 대한 연소반응식을 쓰시오.

(1) 삼황화인
(2) 오황화인
(3) 칠황화인

해답 (1) $P_4S_3 + 8O_2 \rightarrow 2P_2O_5 + 3SO_2$
(2) $2P_2S_5 + 15O_2 \rightarrow 2P_2O_5 + 10SO_2$
(3) $P_4S_7 + 12O_2 \rightarrow 2P_2O_5 + 7SO_2$

상세해설
- 황화인(제2류 위험물) : 황과 인의 화합물
  ① 삼황화인(P_4S_3)
  - 황색 결정으로 물, 염산, 황산에 녹지 않으며 질산, 알칼리, 이황화탄소에 녹는다.
  - **연소하면 오산화인과 이산화황**이 생긴다.

  $$P_4S_3 + 8O_2 \rightarrow 2P_2O_5(오산화인) + 3SO_2(이산화황)\uparrow$$

  ② **오황화인**(P_2S_5)
  - 담황색 결정이고 조해성이 있다.
  - 수분을 흡수하면 분해된다.
  - 이황화탄소(CS_2)에 잘 녹는다.
  - 연소하면 오산화인과 이산화황이 생긴다.

  $$2P_2S_5 + 15O_2 \rightarrow 2P_2O_5 + 10SO_2\uparrow$$

  - 물, 알칼리와 반응하여 인산과 황화수소를 발생한다.

  $$P_2S_5 + 8H_2O \rightarrow 2H_3PO_4 + 5H_2S(황화수소)\uparrow$$

  ③ **칠황화인**(P_4S_7)
  - 담황색 결정이고 조해성이 있다.
  - 수분을 흡수하면 분해된다.
  - 이황화탄소(CS_2)에 약간 녹는다.
  - 냉수에는 서서히 분해가 되고 더운물에는 급격히 분해된다.

  $$P_4S_7 + 13H_2O \rightarrow H_3PO_4 + 7H_2S(황화수소) + 3H_3PO_3$$

09 위험물안전관리법령에서 정한 제4류 위험물의 판단기준에 관한 다음 ( )안에 알맞은 답을 쓰시오.

> - "제1석유류"라 함은 아세톤, 휘발유 그 밖에 (①)기압에서 인화점이 섭씨 (②)도 미만인 것을 말한다.
> - "제3석유류"라 함은 중유, 크레오소트유 그 밖에 1기압에서 인화점이 섭씨 (③)도 이상 섭씨 (④)도 미 만인 것을 말한다. 다만, 도료류 그 밖의 물품은 가연성 액체량이 (⑤) 중량퍼센트 이하인 것은 제외한다.

 ① 1 ② 21 ③ 70 ④ 200 ⑤ 40

- 제4류 위험물의 판단기준
  ① **"특수인화물"**이라 함은 **이황화탄소, 다이에틸에터** 그 밖에 1기압에서 **발화점이 100℃ 이하**인 것 또는 **인화점이 -20℃ 이하**이고 비점이 40℃ 이하인 것을 말한다.
  ② **"제1석유류"**라 함은 아세톤, 휘발유 그 밖에 1기압에서 **인화점이 21℃ 미만**인 것을 말한다.
  ③ **"알코올류"**라 함은 1분자를 구성하는 탄소원자의 수가 **1개부터 3개까지**인 포화 1가 알코올(변성알코올을 포함한다)을 말한다. 다만, 다음 각 목의 1에 해당하는 것은 **제외**한다.
    ㉠ 1분자를 구성하는 탄소원자의 수가 1개 내지 3개의 포화1가 알코올의 함유량이 **60중량퍼센트 미만**인 수용액
    ㉡ 가연성 액체량이 **60중량퍼센트 미만**이고 인화점 및 연소점(태그개방식 인화점측정기에 의한 연소점)이 에틸알코올 **60중량퍼센트** 수용액의 인화점 및 연소점을 초과하는 것
  ④ **"제2석유류"**라 함은 **등유, 경유** 그 밖에 1기압에서 **인화점이 21℃ 이상 70℃ 미만**인 것을 말한다. 다만, 도료류 그 밖의 물품에 있어서 가연성 액체량이 40중량퍼센트 이하이면서 인화점이 40℃ 이상인 동시에 연소점이 60℃ 이상인 것은 제외한다.
  ⑤ **"제3석유류"**라 함은 중유, 크레오소트유 그 밖에 1기압에서 **인화점이 70℃ 이상 200℃ 미만**인 것을 말한다. 다만, 도료류 그 밖의 물품은 가연성 액체량이 40중량퍼센트 이하인 것은 제외한다.
  ⑥ **"제4석유류"**라 함은 기어유, 실린더유 그 밖에 1기압에서 **인화점이 200℃ 이상 250℃ 미만**의 것을 말한다. 다만, 도료류 그 밖의 물품은 가연성 액체량이 40중량퍼센트 이하인 것은 제외한다.
  ⑦ **"동식물유류"**라 함은 동물의 지육 등 또는 식물의 종자나 과육으로부터 추출한 것으로서 1기압에서 **인화점이 250℃ 미만**인 것을 말한다.

10 금속나트륨 57.5g이 완전연소할 경우 다음 각 물음에 답하시오. (단, 표준상태를 기준으로 하고, 금속나트륨의 원자량은 23, 공기 중 산소는 21% 이다)

(1) 연소에 필요한 산소의 부피[L]
(2) 연소에 필요한 공기의 부피[L]

해답 (1) 산소의 부피[L]

[계산과정] ① 금속나트륨의 완전연소반응식
$$4Na + O_2 \rightarrow 2Na_2O$$
② 금속나트륨의 1몰 기준 완전연소반응식
$$Na + 0.25O_2 \rightarrow 0.5Na_2O$$
③ 금속나트륨의 원자량 23

$$V = \frac{WRT}{PM} \times \text{산소 mol수}$$

$$= \frac{57.5\text{g} \times 0.08205 \times (273+0)\text{K}}{1\text{atm} \times 23} \times 0.25\text{mol} = 14\text{L}$$

[답] 14L

(2) 공기의 부피[L]

[계산과정] $V = \dfrac{WRT}{PM \times O_2(\%)} \times \text{산소 mol수}$

$$= \frac{57.5\text{g} \times 0.08205 \times (273+0)\text{K}}{1\text{atm} \times 23 \times 0.21} \times 0.25\text{mol} = 66.67\text{L}$$

[답] 66.67L

상세해설
- 이상기체 상태방정식

$$PV = \frac{W}{M}RT = nRT$$

여기서, P : 압력(atm), V : 부피(L), W : 무게(g), M : 분자량
R : 기체상수(0.082atm · L/mol · K)
T : 절대온도(273+t℃)K

11
다음은 위험물안전관리법령상 제조소의 안전거리에 대한 기준이다. 제조소와 다음 각 시설과의 안전거리기준을 쓰시오.

① 학교
② 병원급 의료기관
③ 건축물 그 밖의 공작물로서 주택으로 사용되는 것
④ 지정문화유산
⑤ 사용전압이 30,000V를 초과하는 특고압가공전선

해답 ① 30m 이상 ② 30m 이상 ③ 10m 이상 ④ 50m 이상 ⑤ 3m 이상

상세해설
- 제조소(제6류 위험물을 취급하는 제조소를 제외)의 안전거리

구 분	안전거리
(1) 사용전압이 7,000V 초과 35,000V 이하의 특고압가공전선	3m 이상
(2) 사용전압이 35,000V를 초과하는 특고압가공전선	5m 이상
(3) 건축물 그 밖의 공작물로서 주거용으로 사용되는 것	10m 이상
(4) 고압가스, 액화석유가스 또는 도시가스를 저장 또는 취급하는 시설	20m 이상
(5) 학교, 병원급 의료기관 (6) 공연장, 영화상영관(수용인원 3백명 이상) (7) 아동복지시설, 노인복지시설, 장애인복지시설, 한부모가족복지시설, 어린이집, 정신보건시설(수용인원 20명 이상)	30m 이상
(8) 지정문화유산 및 천연기념물 등	50m 이상

12
위험물안전관리에 관한 세부기준에서 규정한 이동저장탱크의 외부도장에 관한 표이다. 다음 ( )안에 알맞은 답을 쓰시오.

유별	도장의 색상	비고
제1류	(①)	1. 탱크의 옆면과 뒷면을 제외한 면적의 40% 이내의 면적은 다른 유별의 색상 외의 색상으로 도장하는 것이 가능하다. 2. 제4류에 대해서는 도장의 색상 제한이 없으나 적색을 권장한다.
제2류	(②)	
제3류	(③)	
제5류	(④)	
제6류	(⑤)	

해답 ① 회색 ② 적색 ③ 청색 ④ 황색 ⑤ 청색

13 아래의 [보기]에 해당하는 위험물을 저장, 보관하는 경우 해당 위험물의 보호액에 해당하는 것을 모두 선택하여 쓰시오. (단, 없으면 "해당없음"이라 쓰시오.)

[보기] 경유, 염산, 물, 유동파라핀, 에탄올

(1) 황린
(2) 트라이에틸알루미늄
(3) 칼륨

해답
(1) 황린 : 물
(2) 트라이에틸알루미늄 : 해당없음
(3) 칼륨 : 경유, 유동파라핀

상세해설

- **황린(P_4)[별명 : 백린] : 제3류 위험물(자연발화성 물질)**
  ① 공기 중 약 40~50℃에서 자연발화한다.
  ② 저장 시 자연발화성이므로 반드시 물속에 저장한다.
  ③ 인화수소(PH_3)의 생성을 방지하기 위하여 물의 pH=9(약알칼리)가 안전한계이다.
  ④ 연소 시 오산화인(P_2O_5)의 흰 연기가 발생한다.

  $$P_4 + 5O_2 \rightarrow 2P_2O_5 (오산화인)$$

  ⑤ 강알칼리의 용액에서는 유독기체인 포스핀(PH_3)을 발생한다.

  $$P_4 + 3NaOH + 3H_2O \rightarrow 3NaH_2PO_2 + PH_3 \uparrow (인화수소 = 포스핀)$$

- **칼륨(K) : 제3류 위험물-금수성물질**

화학식	원자량	비점	융점	비중	불꽃색상
K	39	762℃	63.5℃	0.857	보라색

  ① 가열시 보라색 불꽃을 내면서 연소한다.
  ② **물과 반응하여 수소 및 열을 발생한다.(금수성 물질)**

  $$2K + 2H_2O \rightarrow 2KOH + H_2 \uparrow + 92.8kcal$$

  ③ **보호액으로 파라핀·경유·등유** 등을 사용한다.
  ④ 피부와 접촉 시 화상을 입는다.
  ⑤ 마른모래 등으로 질식 소화한다.
  ⑥ 화학적으로 활성이 대단히 크고 **알코올과 반응하여 수소를 발생시킨다.**

  $$2K + 2C_2H_5OH \rightarrow 2C_2H_5OK + H_2 \uparrow$$

14 다음 제3류 위험물의 품명에 대한 지정수량을 쓰시오.

(1) 알칼리금속 (2) 유기금속화합물
(3) 금속의 인화물 (4) 금속의 수소화물
(5) 알루미늄 탄화물

 (1) 5kg (2) 50kg
(3) 300kg (4) 300kg
(5) 300kg

상세해설 제3류 위험물 및 지정수량

성 질	품 명	지정수량	위험등급
자연발화성 및 금수성 물질	칼륨, 나트륨, 알킬알루미늄, 알킬리튬	10kg	I
	황린	20kg	
	알칼리금속(칼륨 및 나트륨 제외) 및 알칼리토금속	50kg	II
	유기금속화합물(알킬알루미늄 및 알킬리튬 제외)		
	금속의 수소화물, 금속의 인화물, 칼슘 또는 알루미늄의 탄화물, 염소화규소화합물	300kg	III

15 아래의 위험물이 물과 반응할 경우 생성되는 기체의 명칭을 쓰시오.
(단, 없으면 "해당없음"으로 쓰시오.)

(1) 과산화나트륨 (2) 질산나트륨
(3) 칼슘 (4) 과염소산나트륨
(5) 수소화나트륨

 (1) 산소 (2) 해당없음
(3) 수소 (4) 해당없음
(5) 수소

 (1) 과산화나트륨 : $2Na_2O_2 + 2H_2O \rightarrow 4NaOH + O_2$
(2) 질산나트륨 : 물에 용해되며 반응 없음
(3) 칼슘 : $Ca + 2H_2O \rightarrow Ca(OH)_2 + H_2$
(4) 과염소산나트륨 : 물에 용해되며 반응 없음
(5) 수소화나트륨 : $NaH + H_2O \rightarrow NaOH + H_2$

16 탄산수소칼륨이 열에 의해 분해되었을 때의 1차 열분해반응식을 쓰고, 100kg의 탄산수소칼륨이 완전분해해서 발생되는 이산화탄소의 양은 몇 m^3인지 1기압, 100℃를 기준으로 구하시오. (6점)

(1) 열분해반응식 : $2KHCO_3 \rightarrow K_2CO_3 + CO_2 + H_2O$

(2) 이산화탄소 양

[방법 1]

① $KHCO_3$의 분자량 = 39+1+12+16×3 = 100

② $KHCO_3$의 190℃에서 열분해 반응식

$$2KHCO_3 \rightarrow K_2CO_3 + CO_2 + H_2O$$
$$2 \times 100 kg \longrightarrow 22.4 m^3$$
$$100 kg \longrightarrow X m^3$$

$$X = \frac{100 \times 22.4}{2 \times 100} = 11.2 m^3 \text{(표준상태 : 0℃, 1atm)}$$

③ 100℃, 1atm 상태로 환산 (보일-샤를의 법칙 적용)

$$\frac{P_1 V_1}{T_1} = \frac{P_2 V_2}{T_2}, \quad \frac{1 \times 11.2}{273 + 0} = \frac{1 \times V_2}{273 + 100}$$

④ $V_2 = \dfrac{1 \times 11.2 \times 373}{273} = 15.30 m^3$

[답] $15.30 m^3$

[방법 2]

① $NaHCO_3$의 190℃에서 열분해 반응식

$$2KHCO_3 \rightarrow K_2CO_3 + CO_2 + H_2O$$
$$KHCO_3 \rightarrow 0.5K_2CO_3 + 0.5CO_2 + 0.5H_2O$$

② 이상기체 상태방정식

$$PV = \frac{W}{M}RT = nRT$$

여기서, P : 압력(atm), V : 부피(m^3), W : 무게(kg), M : 분자량,
R : 기체상수(0.082 atm·m^3/kmol·K),
T : 절대온도(273+t℃)K

③ ∴ $V = \dfrac{WRT}{PM} \times 0.5 = \dfrac{100 \times 0.082 \times (273+100)}{1 \times 100} \times 0.5 = 15.29 m^3$

[답] $15.29 m^3$

상세해설

- 분말약제의 열분해

종별	약제명	착색	열분해 반응식
제1종	탄산수소나트륨 중탄산나트륨 중조	백색	270℃ $2NaHCO_3 \rightarrow Na_2CO_3 + CO_2 + H_2O$ 850℃ $2NaHCO_3 \rightarrow Na_2O + 2CO_2 + H_2O$
제2종	탄산수소칼륨 중탄산칼륨	담회색	190℃ $2KHCO_3 \rightarrow K_2CO_3 + CO_2 + H_2O$ 590℃ $2KHCO_3 \rightarrow K_2O + 2CO_2 + H_2O$
제3종	제1인산암모늄	담홍색	$NH_4H_2PO_4 \rightarrow HPO_3 + NH_3 + H_2O$
제4종	탄산수소칼륨+요소	회(백)색	$2KHCO_3 + (NH_2)_2CO$ $\rightarrow K_2CO_3 + 2NH_3 + 2CO_2$

17 위험물안전관리법령에서 정한 제2류 위험물에 대한 지정수량이다. 다음 표에서 틀린 부분을 찾아 바르게 고치시오.

유별	성질	위험물 품명	지정수량
제2류	가연성 고체	1. 황화인	100kg
		2. 황린	100kg
		3. 황	100kg
		4. 철분	500kg
		5. 금속분	500kg
		6. 마그네슘	500kg
		7. 그 밖에 행정안전부령으로 정하는 것 8. 제1호부터 제7호까지의 어느 하나에 해당하는 위험물을 하나 이상 함유한 것	100kg 또는 500kg
		9. 인화성고체	500kg

해답 2. 황린 → 2. 적린
9. 인화성고체 500kg → 1,000kg

상세해설

- 제2류 위험물의 지정수량 및 위험등급

성질	품명	지정수량	위험등급
가연성 고체	1. 황화인, 적린, 황	100kg	II
	2. 철분, 금속분, 마그네슘	500kg	III
	3. 인화성 고체	1,000kg	

18 옥외저장탱크의 주위에는 그 저장 또는 취급하는 위험물의 최대수량에 따라 옥외저장탱크 측면으로부터 기준에 따른 너비의 공지를 보유하여야 한다. 다음 각 물음에 알맞은 너비의 공지를 쓰시오.

(1) 지정수량 3500배 제4류 위험물
(2) 지정수량 3500배 제5류 위험물
(3) 지정수량 3500배 제6류 위험물

(1) 15m 이상
(2) 15m 이상
(3) 5m 이상

(1) 옥외저장탱크의 보유공지

저장 또는 취급하는 위험물의 최대수량	공지의 너비
• 지정수량의 500배 이하	3m 이상
• 지정수량의 500배 초과 1,000배 이하	5m 이상
• 지정수량의 1,000배 초과 2,000배 이하	9m 이상
• 지정수량의 2,000배 초과 3,000배 이하	12m 이상
• 지정수량의 3,000배 초과 4,000배 이하	15m 이상
• 지정수량의 4,000배 초과	당해 탱크의 수평단면의 최대지름(횡형인 경우에는 긴 변)과 높이 중 큰 것과 지정수량의 4,000배 초과 같은 거리 이상. 다만, 30m 초과의 경우에는 30m 이상으로 할 수 있고, 15m 미만의 경우에는 15m 이상으로 하여야 한다.

(2) **제6류 위험물**을 저장 또는 취급하는 옥외저장탱크는 규정에 의한 **보유공지의 3분의 1 이상의 너비**로 할 수 있다. 이 경우 보유공지의 너비는 **1.5m 이상**이 되어야 한다.

※ 지정수량 3,500배 제6류 위험물의 공지의 너비 = $15m \times \dfrac{1}{3} = 5m$

19 제1류 위험물인 염소산칼륨에 대한 다음 각 물음에 알맞은 답을 쓰시오.
(단, 없으면 "해당없음"으로 쓰시오.)

(1) 완전 열분해 반응식
(2) 물과의 반응식
(3) 완전연소 반응식

(1) $2KClO_3 \rightarrow 2KCl + 3O_2$
(2) 해당없음
(3) 해당없음

• 염소산칼륨($KClO_3$) : 제1류 위험물 중 염소산염류
① 무색 또는 백색 분말. 비중 : 2.34
② 온수, 글리세린에 용해. 냉수, 알코올에는 용해하기 어렵다.
③ 400℃ 부근에서 분해가 시작

$$2KClO_3 \rightarrow KCl + KClO_4 + O_2\uparrow$$
(염소산칼륨) (염화칼륨) (과염소산칼륨) (산소)

④ 완전 열분해되어 염화칼륨과 산소를 방출

$$2KClO_3 \rightarrow 2KCl + 3O_2$$
(염소산칼륨) (염화칼륨) (산소)

⑤ 유기물 등과 접촉 시 충격을 가하면 폭발하는 수가 있다.

20 다음 그림과 같은 타원형 위험물 탱크의 용량은 몇 m³인지 구하시오.
(단, 탱크의 공간용적은 내용적의 100분의 5로 한다)

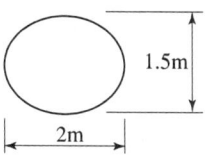
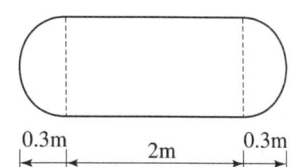

 [계산과정] 탱크의 내용적 $Q = \dfrac{\pi \times 2 \times 1.5}{4} \times \left(2 + \dfrac{0.3+0.3}{3}\right) = 5.18\text{m}^3$

탱크의 용량 $Q = 5.18\text{m}^3 \times \left(1 - \dfrac{5}{100}\right) = 4.92\text{m}^3$

[답] 4.92m^3

• 탱크의 내용적 계산방법
① 타원형 탱크의 내용적
㉠ 양쪽이 볼록한 것

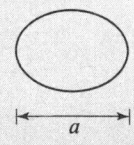
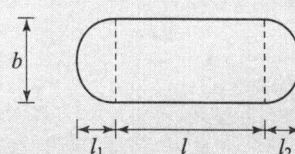

$$\text{내용적} = \frac{\pi ab}{4}\left(l + \frac{l_1 + l_2}{3}\right)$$

ⓒ 한쪽은 볼록하고 다른 한쪽은 오목한 것

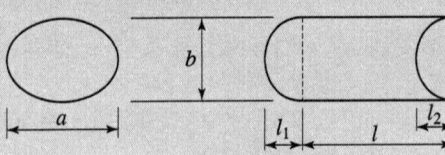

$$\text{내용적} = \frac{\pi ab}{4}\left(l + \frac{l_1 - l_2}{3}\right)$$

② 원통형 탱크의 내용적
 ㉠ 횡으로 설치한 것

 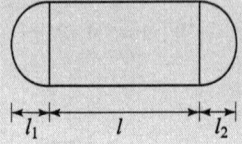

$$\text{내용적} = \pi r^2 \left(l + \frac{l_1 + l_2}{3}\right)$$

ⓒ 종으로 설치한 것

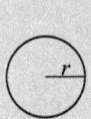 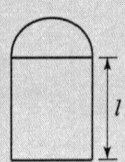

$$\text{내용적} = \pi r^2 l$$

위험물기능사 실기

2024년 11월 9일 시행

01 위험물안전관리법령상 이동탱크저장소에 대한 다음 각 물음에 답하시오.
(1) 이동탱크저장소의 탱크는 두께 몇 mm 이상의 강철판으로 제작하는가?
(2) 이동탱크저장소의 탱크 내부에 설치하는 칸막이는 두께 몇 mm 이상의 강철판으로 제작하는가?
(3) 이동탱크저장소의 탱크내부에 설치하는 방파판은 두께 몇 mm 이상의 강철판으로 제작하는가?

(1) 3.2mm 이상
(2) 3.2mm 이상
(3) 1.6mm 이상

상세 해설
이동저장탱크의 구조
(1) 칸막이의 설치기준
이동저장탱크는 그 내부에 4,000L 이하마다 3.2mm 이상의 강철판 또는 이와 동등 이상의 강도·내열성 및 내식성이 있는 금속성의 것으로 **칸막이**를 설치하여야 한다.
(2) 방파판의 설치기준
① **두께 1.6mm 이상**의 강철판 또는 이와 동등 이상의 강도·내열성 및 내식성이 있는 금속성의 것으로 할 것
② 하나의 구획부분에 2개 이상의 방파판을 이동탱크저장소의 진행방향과 평행으로 설치하되, 각 방파판은 그 높이 및 칸막이로부터의 거리를 다르게 할 것
③ 하나의 구획부분에 설치하는 각 방파판의 면적의 합계는 당해 구획부분의 최대 수직단면적의 50% 이상으로 할 것. 다만, 수직단면이 원형이거나 짧은 지름이 1m 이하의 타원형일 경우에는 40% 이상으로 할 수 있다.
(3) 방호틀 설치기준
① **두께 2.3mm 이상**의 강철판
② 정상부분은 부속장치보다 50mm 이상 높게 할 것

02 다음 위험물에 대한 연소반응식을 쓰시오.

(1) 삼황화인
(2) 오황화인
(3) 칠황화인

(1) $P_4S_3 + 8O_2 \rightarrow 2P_2O_5 + 3SO_2$
(2) $2P_2S_5 + 15O_2 \rightarrow 2P_2O_5 + 10SO_2$
(3) $P_4S_7 + 12O_2 \rightarrow 2P_2O_5 + 7SO_2$

- 황화인(제2류 위험물) : 황과 인의 화합물
  ① 삼황화인(P_4S_3)
  - 황색 결정으로 물, 염산, 황산에 녹지 않으며 질산, 알칼리, 이황화탄소에 녹는다.
  - **연소하면 오산화인과 이산화황**이 생긴다.

  $$P_4S_3 + 8O_2 \rightarrow 2P_2O_5(\text{오산화인}) + 3SO_2(\text{이산화황})\uparrow$$

  ② 오황화인(P_2S_5)
  - 담황색 결정이고 조해성이 있다.
  - 수분을 흡수하면 분해된다.
  - 이황화탄소(CS_2)에 잘 녹는다.
  - 연소하면 오산화인과 이산화황이 생긴다.

  $$2P_2S_5 + 15O_2 \rightarrow 2P_2O_5 + 10SO_2\uparrow$$

  - 물, 알칼리와 반응하여 인산과 황화수소를 발생한다.

  $$P_2S_5 + 8H_2O \rightarrow 2H_3PO_4 + 5H_2S(\text{황화수소})\uparrow$$

  ③ 칠황화인(P_4S_7)
  - 담황색 결정이고 조해성이 있다.
  - 수분을 흡수하면 분해된다.
  - 이황화탄소(CS_2)에 약간 녹는다.
  - 냉수에는 서서히 분해가 되고 더운물에는 급격히 분해된다.

  $$P_4S_7 + 13H_2O \rightarrow H_3PO_4 + 7H_2S(\text{황화수소}) + 3H_3PO_3$$

03
제5류 위험물인 트라이나이트로톨루엔에 대한 다음 각 물음에 알맞은 답을 쓰시오.

(1) 시성식 (2) 구조식

 (1) 시성식 : $C_6H_2CH_3(NO_2)_3$
(2) 구조식 :

$$\begin{array}{c} CH_3 \\ O_2N \diagup \diagdown NO_2 \\ \\ NO_2 \end{array}$$

• 트라이나이트로톨루엔[$C_6H_2CH_3(NO_2)_3$](TNT : Tri Nitro Toluene) ★★★★★

화학식	분자량	비중	비점	융점	착화점
$C_6H_2CH_3(NO_2)_3$	227	1.7	280℃	81℃	300℃

① 물에는 녹지 않고 알코올, 아세톤, 벤젠에 녹는다.
② Tri Nitro Toluene의 약자로 TNT라고도 한다.
③ 담황색의 주상결정이며 햇빛에 다갈색으로 변색된다.
④ 톨루엔과 질산을 반응시켜 얻는다.

$$C_6H_5CH_3 + 3HNO_3 \xrightarrow[\text{나이트로화}]{H_2SO_4} C_6H_2CH_3(NO_2)_3 + 3H_2O$$

04
다음 각 물음에 알맞은 답을 쓰시오. (단, N의 원자량 14, Cl의 원자량 35.5이다.)

(1) 과염소산 : ① 시성식 ② 분자량
(2) 질산   : ① 시성식 ② 분자량

 (1) ① $HClO_4$ ② 100.5
(2) ① HNO_3 ② 63

(1) $HClO_4$의 분자량 $M = 1 + 35.5 + 16 \times 4 = 100.5$
(2) HNO_3의 분자량 $M = 1 + 14 + 16 \times 3 = 63$

05 제6류 위험물인 과산화수소에 대한 다음 각 물음에 답하시오.

(1) 열분해 반응식을 쓰시오.
(2) 농도가 36중량%인 과산화수소 100g이 열분해 하는 경우 생성되는 산소의 질량(g)을 구하시오.

(1) $2H_2O_2 \rightarrow 2H_2O + O_2$
(2) [계산과정]
① H_2O_2의 분자량 $M = 1 \times 2 + 16 \times 2 = 34$
② 36중량%인 과산화수소 100g중 과산화수소의 무게 : $100g \times 0.36 = 36g$

$$2H_2O_2 \rightarrow 2H_2O + O_2$$
$$2 \times 34g \longrightarrow 16 \times 2g$$
$$36g \longrightarrow Xg$$
$$X = \frac{36 \times 16 \times 2}{2 \times 34} = 16.94g$$

[답] 16.94g

- 과산화수소(H_2O_2)의 일반적인 성질
  ① 이산화망가니즈하에서 분해가 촉진되어 산소(O_2)를 발생시킨다.
  $$2H_2O_2 \rightarrow 2H_2O + O_2$$
  ② 분해안정제로 인산(H_3PO_4) 및 요산($C_5H_4N_4O_3$)을 첨가한다.
  ③ 저장용기는 밀폐하지 말고 구멍이 있는 마개를 사용한다.
  ④ 하이드라진($NH_2 \cdot NH_2$)과 접촉 시 분해작용으로 폭발위험이 있다.
  $$NH_2 \cdot NH_2 + 2H_2O_2 \rightarrow 4H_2O + N_2 \uparrow$$
  ⑤ 다량의 물로 주수 소화한다.

- 제6류 위험물의 판단 기준

종류	과산화수소	질산
기준	• 농도 36중량% 이상	• 비중 1.49 이상

06 다음 위험물이 열분해 할 경우 생성되는 기체의 명칭을 쓰시오.
(단, 없으면 "해당없음"으로 쓰시오.)

(1) 삼산화크로뮴
(2) 과산화칼륨
(3) 아염소산나트륨

 해답
(1) 산소(O_2)
(2) 산소(O_2)
(3) 산소(O_2)

상세해설
(1) 삼산화크로뮴 : $4CrO_3 \rightarrow 2Cr_2O_3 + 3O_2$
(2) 과산화칼륨 : $2K_2O_2 \rightarrow 2K_2O + O_2$
(3) 아염소산나트륨 : $NaClO_2 \rightarrow NaCl + O_2$

07 제3류 위험물인 탄화칼슘에 대한 다음 각 물음에 답하시오.

(1) 연소(산화)하여 산화칼슘과 이산화탄소가 생성되는 반응식
(2) 물과의 반응식
(3) 물과 반응하여 생성되는 기체의 연소반응식

 해답
(1) $2CaC_2 + 5O_2 \rightarrow 2CaO + 4CO_2$
(2) $CaC_2 + 2H_2O \rightarrow Ca(OH)_2 + C_2H_2$
(3) $2C_2H_2 + 5O_2 \rightarrow 4CO_2 + 2H_2O$

상세해설
탄화칼슘(CaC_2)-제3류 위험물-칼슘탄화물

화학식	분자량	융점	비중
CaC_2	64	2370℃	2.21

① 물과 접촉 시 아세틸렌을 생성하고 열을 발생시킨다.
$CaC_2 + 2H_2O \rightarrow Ca(OH)_2$(수산화칼슘) $+ C_2H_2 \uparrow$(아세틸렌)
② 아세틸렌의 폭발범위는 2.5~81%로 대단히 넓어서 폭발위험성이 크다.
③ 장기 보관시 불활성기체(N_2 등)를 봉입하여 저장한다.
④ 고온(700℃)에서 질화되어 석회질소($CaCN_2$)가 생성된다.
$CaC_2 + N_2 \rightarrow CaCN_2$(석회질소) $+ C$(탄소)
⑤ 물 및 포 약제에 의한 소화는 절대 금하고 마른모래 등으로 피복 소화한다.

08 원자량이 약 24이고, 은백색의 광택이 나는 가벼운 금속이며 산과 작용하여 수소를 발생하는 제2류 위험물의 물질명을 쓰고, 그 물질과 염산과의 화학반응식을 쓰시오.

① 물질명 : 마그네슘
② 화학반응식 : $Mg + 2HCl \rightarrow MgCl_2 + H_2$

- 마그네슘(Mg) : 제2류 위험물
  ① 2mm체 통과 못하는 덩어리는 위험물에서 제외한다.
  ② 직경 2mm 이상 막대모양은 위험물에서 제외한다.
  ③ 은백색의 광택이 나는 가벼운 금속이다.
  ④ 수증기와 작용하여 수소를 발생시킨다.(주수소화 금지)

  $$Mg + 2H_2O \rightarrow Mg(OH)_2 + H_2 \uparrow$$

  ⑤ 이산화탄소 약제를 방사하면 주위의 공기 중 수분이 응축하여 위험하다.
  ⑥ 산과 작용하여 수소를 발생시킨다.

  $$Mg(마그네슘) + 2HCl(염산) \rightarrow MgCl_2(염화마그네슘) + H_2(수소) \uparrow$$

  ⑦ 공기 중 습기에 발열되어 자연발화 위험이 있다.
  ⑧ 주수소화는 엄금이며 마른모래 등으로 피복 소화한다.

09 다음 [보기]에서 질산에스터류에 해당하는 물질을 모두 선택하여 쓰시오.

[보기] 트라이나이트로톨루엔, 나이트로셀룰로오스, 나이트로글리세린, 테트릴, 질산메틸, 피크린산

나이트로셀룰로오스, 나이트로글리세린, 질산메틸

(1) 트라이나이트로톨루엔 – 제5류 – 나이트로화합물
(2) 나이트로셀룰로오스 – 제5류 – **질산에스터류**
(3) 나이트로글리세린 – 제5류 – **질산에스터류**
(4) 테트릴 – 제5류 – 나이트로화합물
(5) 질산메틸 – 제5류 – **질산에스터류**
(6) 피크린산 – 제5류 – 나이트로화합물

10
메탄올 10kg을 완전 연소시키는데 필요한 공기량[m³]을 구하시오.
(단, 0℃, 1기압을 기준으로 하며 공기 중 산소는 21%이다.)

[계산과정] ① 메탄올의 완전연소 반응식 $2CH_3OH + 3O_2 \rightarrow 2CO_2 + 4H_2O$
② 메탄올 1몰 기준 반응식 $CH_3OH + 1.5O_2 \rightarrow CO_2 + 2H_2O$
③ 메탄올(CH_3OH)의 분자량 $M = 12 + 1 \times 4 + 16 = 32$
④ 필요한 공기량

$$V = \frac{WRT}{PM \times O_2(\%)} \times 산소\, mol수$$

$$= \frac{10kg \times 0.08205 \times (273+0)K}{1atm \times 32 \times 0.21} \times 1.5 mol = 50 m^3$$

[답] $50 m^3$

상세해설
- 이상기체 상태방정식

$$PV = \frac{W}{M}RT = nRT$$

여기서, P : 압력(atm), V : 부피(L)
W : 무게(g), M : 분자량
R : 기체상수(0.082atm · L/mol · K)
T : 절대온도(273+t ℃)K

11
다음 위험물에 대한 각 물음에 알맞은 답을 쓰시오.

(1) 에틸렌글리콜
   ① 몇 가 알코올인지 쓰시오.
   ② 수용성 여부를 쓰시오.
   ③ 지정수량을 쓰시오.
(2) 글리세린
   ① 몇 가 알코올인지 쓰시오.
   ② 수용성 여부를 쓰시오.
   ③ 지정수량을 쓰시오.

해답 (1) ① 2가 ② 수용성 ③ 4,000L
(2) ① 3가 ② 수용성 ③ 4,000L

제 2 부 최근 기출문제

상세해설

구분	화학식	유별	OH수
메틸알코올	CH_3OH	제4류 알코올류	1(1가)
에틸알코올	C_2H_5OH	제4류 알코올류	1(1가)
에틸렌글리콜	$C_2H_4(OH)_2$	제4류 제3석유류	2(2가)
글리세린	$C_3H_5(OH)_3$	제4류 제3석유류	3(3가)

• 제4류 위험물의 품명 및 지정수량★★★★★

성질	품 명		지정수량	위험등급	기타 조건 (1atm에서)
인화성 액체	특수인화물		50L	I	• 발화점이 100℃ 이하 • 인화점 −20℃ 이하 & 비점 40℃ 이하 • 이황화탄소, 다이에틸에터
	제1석유류	비수용성	200L	II	• 인화점 21℃ 미만 • 아세톤, 휘발유
		수용성	400L		
	알코올류		400L		• $C_1 \sim C_3$ 포화 1가 알코올 (변성알코올 포함)
	제2석유류	비수용성	1000L	III	• 인화점 21℃ 이상 70℃ 미만 • 등유, 경유
		수용성	2000L		
	제3석유류	비수용성	2000L		• 인화점 70℃ 이상 200℃ 미만 • 중유, 크레오소트유
		수용성	4000L		
	제4석유류		6000L		• 인화점 200℃ 이상 250℃ 미만인 것
	동식물유류		10000L		• 동물의 지육 또는 식물의 종자나 과육으로부터 추출한 것으로 1기압에서 인화점이 250℃ 미만인 것

---

12 다음 각 위험물에 대한 화학식을 쓰시오.

(1) 염소산칼륨   (2) 질산나트륨
(3) 다이크로뮴산나트륨   (4) 과망가니즈산칼륨
(5) 브로민산나트륨

(1) $KClO_3$ (2) $NaNO_3$
(3) $Na_2Cr_2O_7$ (4) $KMnO_4$
(5) $NaBrO_3$

13 위험물안전관리법령에 따른 소화설비의 적응성에 관한 표이다. 기타설비의 적응성이 있는 경우 빈칸에 ○표를 하시오.

소화설비의 구분		건축물·그밖의공작물	전기설비	제1류 위험물		제2류 위험물			제3류 위험물		제4류 위험물	제5류 위험물	제6류 위험물
				알칼리금속과산화물 등	그 밖의 것	철분·금속분·마그네슘 등	인화성고체	그 밖의 것	금수성물질	그 밖의 것			
기타	물통 또는 수조	○			○		○	○		○		○	○
	건조사			○	○	○	○	○	○	○	○	○	○
	팽창질석 또는 팽창진주암			○	○	○	○	○	○	○	○	○	○

해답

소화설비의 구분		건축물·그밖의공작물	전기설비	제1류 위험물		제2류 위험물			제3류 위험물		제4류 위험물	제5류 위험물	제6류 위험물
				알칼리금속과산화물 등	그 밖의 것	철분·금속분·마그네슘 등	인화성고체	그 밖의 것	금수성물질	그 밖의 것			
기타	물통 또는 수조	○			○		○	○		○		○	○
	건조사			○	○	○	○	○	○	○	○	○	○
	팽창질석 또는 팽창진주암			○	○	○	○	○	○	○	○	○	○

14 다음은 물분무소화설비의 설치기준에 대한 것이다. ( )안에 알맞은 답을 쓰시오.

(1) 방호대상물의 표면적이 200m²인 경우 물분무소화설비의 방사구역은 (①)m² 이상으로 할 것
(2) 방호대상물의 표면적이 70m²인 경우 물분무소화설비의 방사구역은 (②)m² 이상으로 할 것
(3) 수원의 수량은 분무헤드가 가장 많이 설치된 방사구역의 모든 분무헤드를 동시에 사용할 경우에 당해 방사구역의 표면적 1m² 당 1분당 (③)L의 비율로 계산한 양으로 (④) 분간 방사할 수 있는 양 이상이 되도록 설치할 것
(4) 물분무소화설비의 분무헤드를 동시에 사용할 경우에 각 끝부분의 방사압력이 (⑤)kPa 이상으로 표준 방사량을 방사할 수 있는 성능이 되도록 할 것

해답 ① 150 ② 70 ③ 20 ④ 30 ⑤ 350

상세해설
- 물분무소화설비의 설치기준
① 물분무소화설비의 **방사구역은 150m² 이상**(방호대상물의 **표면적이 150m² 미만인 경우에는 당해 표면적**)으로 할 것
② 수원의 수량은 분무헤드가 가장 많이 설치된 방사구역의 모든 분무헤드를 동시에 사용할 경우에 당해 방사구역의 **표면적 1m²당 1분당 20L**의 비율로 계산한 양으로 **30분간 방사**할 수 있는 양 이상이 되도록 설치할 것
③ 물분무소화설비는 분무헤드를 동시에 사용할 경우에 각 끝부분의 방사압력이 **350kPa 이상**으로 **표준방사량**을 방사할 수 있는 성능이 되도록 할 것

물분무 헤드의 방수압력	헤드의 방수량
350kPa	헤드의 설계압력에 의한 방사량

15 위험물은 그 운반용기의 외부에 위험물안전관리법령에서 정하는 사항을 표시하여 적재하여야 한다. 위험물 운반용기의 외부에 표시하여야 할 사항을 [보기]에서 모두 골라 쓰시오.

[보기] ○ 제조일자   ○ 위험물의 품명
        ○ 위험등급   ○ 위험물의 수량
        ○ 제조자명   ○ 사용목적

위험물의 품명, 위험등급, 위험물의 수량

- 위험물 운반용기의 외부 표시 사항
  ① 위험물의 품명, 위험등급, 화학명 및 수용성(제4류 위험물의 수용성인 것에 한함)
  ② 위험물의 수량
  ③ 수납하는 위험물에 따른 주의사항

류 별	성질에 따른 구분	표시 사항
• 제1류 위험물	알칼리금속의 과산화물	화기·충격주의, 물기엄금 및 가연물접촉주의
	그 밖의 것	화기·충격주의 및 가연물접촉주의
• 제2류 위험물	철분·금속분·마그네슘	화기주의 및 물기엄금
	인화성 고체	화기엄금
	그 밖의 것	화기주의
• 제3류 위험물	자연발화성 물질	화기엄금 및 공기접촉엄금
	금수성 물질	물기엄금
• 제4류 위험물	인화성 액체	화기엄금
• 제5류 위험물	자기반응성 물질	화기엄금 및 충격주의
• 제6류 위험물	산화성 액체	가연물접촉주의

16 다음 [보기]의 위험물에 대한 위험등급을 각각 구분하시오.
(단, 없으면 "해당없음"으로 표시하시오.)

[보기] 황린, 과산화수소, 칼륨, 제2석유류, 질산염류, 알코올류, 특수인화물

(1) Ⅰ등급
(2) Ⅱ등급

 (1) Ⅰ등급 : 황린, 과산화수소, 칼륨, 특수인화물
(2) Ⅱ등급 : 질산염류, 알코올류

① 황린   - 제3류 - Ⅰ등급
② 과산화수소 - 제6류 - Ⅰ등급
③ 칼륨   - 제3류 - Ⅰ등급
④ 제2석유류   - 제4류 - Ⅲ등급
⑤ 질산염류   - 제1류 - Ⅱ등급
⑥ 알코올류   - 제4류 - Ⅱ등급
⑦ 특수인화물 - 제4류 - Ⅰ등급

17 다음은 제4류 위험물인 아세트알데하이드에 대한 물리적 성질이다. 아세트알데하이드의 설명 중 옳은 것을 모두 선택하여 번호로 답하시오.

> ① 물, 알코올, 에터에 잘 녹는다.
> ② 금속과 반응하여 수소기체가 발생한다.
> ③ 분자량 44, 증기비중 0.78, 인화점 약 −39℃ 이다.
> ④ 무색, 무취의 투명한 액체이다.

 ①

상세해설

- 아세트알데하이드(CH_3CHO) : 제4류 위험물 중 특수인화물

화학식	분자량	비중	비점	인화점	착화점	연소범위
CH_3CHO	44	0.78	21℃	−38℃	185℃	4~60%

① 휘발성이 강하고 과일냄새가 있는 무색 액체
② 물, 에탄올에 잘 녹는다.
③ 산화되어 아세트산(초산)(CH_3COOH)이 된다.

$$2CH_3CHO + O_2 \rightarrow 2CH_3COOH$$

④ 저장용기 사용 시 구리, 마그네슘, 은, 수은 및 합금용기는 사용금지
⑤ 환원되어 에틸알코올(C_2H_5OH)이 된다.

$$CH_3CHO + H_2 \rightarrow C_2H_5OH$$

⑥ 에틸알코올을 산화시켜 제조한다.

$$2C_2H_5OH + O_2 \rightarrow 2H_2O + 2CH_3CHO$$

18 클로로벤젠의 화학식과 위험물안전관리법령에서 정한 지정수량 및 품명을 쓰시오.

(1) 화학식
(2) 지정수량
(3) 품명

 (1) C_6H_5Cl
(2) 1000L
(3) 제2석유류

19 위험물제조소의 옥외에 용량이 500L와 200L인 액체위험물(이황화탄소 제외) 취급탱크 2기가 있다. 2기의 탱크주위에 하나의 방유제를 설치하는 경우 방유제의 용량은 얼마 이상이 되게 하여야 하는지 구하시오.(단, 지정수량이상을 취급하는 경우이다.) **(4점)**

[계산과정] $Q = 500 \times 0.5 + 200 \times 0.1 = 270L$
[답] 270L

- 옥외 위험물취급탱크의 방유제 설치기준 ★★

구분	방유제의 용량
하나의 탱크 주위에 설치하는 경우	탱크용량의 50% 이상
2 이상의 탱크 주위에 설치하는 경우	탱크 중 용량이 최대인 것의 50%+나머지 탱크용량 합계의 10% 이상

20 제3류 위험물인 나트륨에 대하여 각 물음에 알맞은 답을 쓰시오.

(1) 물과의 반응식
(2) 물과 반응할 경우 위험성을 설명하시오.

(1) $2Na + 2H_2O \rightarrow 2NaOH + H_2$
(2) 가연성기체인 수소를 발생하여 폭발의 위험성이 있다.

- 나트륨(Na)-제3류-금수성물질

화학식	원자량	비점	융점	비중	불꽃색상
Na	23	880℃	97.8℃	0.97	노란색

① 가열시 노란색 불꽃을 내면서 연소한다.
② 물과 반응하여 수소 및 열을 발생한다.(금수성 물질)

$$2Na + 2H_2O \rightarrow 2NaOH + H_2$$

③ 에틸알코올과 반응하여 나트륨에틸레이트를 생성한다.

$$2Na + 2C_2H_5OH \rightarrow 2C_2H_5ONa + H_2$$

④ 보호액으로 파라핀 · 경유 · 등유 등을 사용한다.
⑤ 마른모래 등으로 질식 소화한다.

금속나트륨 화재 시 CO_2소화기 사용금지 이유
금속나트륨과 이산화탄소는 폭발적으로 반응하기 때문에 위험
$$4Na + 3CO_2 \rightarrow 2Na_2CO_3 + C$$

[저자소개]

강석민 교수
- 서영대 소방안전과 겸임교수
- ㈜태경소방 대표이사
- 서울과학기술대학원 안전공학과
- 세진북스 소방 및 위험물분야 저자
  소방시설관리사/소방설비기사/위험물기능장
  /위험물산업기사/위험물기능사

정진홍 교수
- ㈜태경소방(현)
- 소방학교 외래교수(현)
- ㈜주경야독 소방 및 위험물분야 전임교수(현)
- ㈜OCI DAS(동양화학계열사) 인천공장 환경안전팀 23년근무(전)
- 세진북스 소방 및 위험물분야 저자
  소방시설관리사/소방설비기사/위험물기능장
  /위험물산업기사/위험물기능사

위험물기능사 실기

초판 발행	2015년 4월 15일
개정2판 발행	2016년 2월 15일
개정3판 발행	2017년 1월 5일
개정4판 발행	2018년 1월 10일
개정5판 발행	2019년 1월 15일
개정6판 발행	2020년 1월 5일
개정7판 발행	2021년 1월 20일
개정8판 발행	2022년 1월 10일
개정9판 발행	2023년 2월 20일
개정10판 발행	2024년 2월 20일
개정11판 발행	2025년 1월 20일

지은이 ▪ 강석민 · 정진홍
펴낸이 ▪ 홍세진
펴낸곳 ▪ 세진북스

주소 ▪ (우)10207 경기도 고양시 일산서구 산율길 56(구산동 145-1)
전화 ▪ 031-924-3092
팩스 ▪ 031-924-3093
홈페이지 ▪ http://www.sejinbooks.kr

출판등록 ▪ 제 315-2008-042호(2008.12.9)
ISBN ▪ 979-11-5745-692-5 13530

값 ▪ **25,000원**

- 이 책의 출판권은 도서출판 세진북스가 가지고 있습니다.
- 이 책의 일부 또는 전체에 대한 무단 복제와 전재를 금합니다.

세진북스에는 당신과 나
그리고 우리의 미래가 있습니다.